房屋建筑与装饰工程量清单计价

——识图、工程量及消耗量计算

李宏扬　主编

中国建材工业出版社

图书在版编目（CIP）数据

房屋建筑与装饰工程量清单计价：识图、工程量及消耗量计算/李宏扬主编. —北京：中国建材工业出版社，2015.1

ISBN 978-7-5160-0768-6

Ⅰ.①房…　Ⅱ.①李…　Ⅲ.①建筑工程-工程造价-中国②建筑装饰-工程造价-中国　Ⅳ.①TU723.3

中国版本图书馆 CIP 数据核字（2014）第 041216 号

内 容 简 介

本书依据最新国家标准《建设工程工程量清单计价规范》（GB 50500—2013）、《房屋建筑与装饰工程工程量计算规范》（GB 50854—2013）和部分省（市）计价定额（表），以及相关资料编写而成。主要内容包括：（1）工程计量基础，工程量清单编制及消耗量定额；（2）施工图阅读，选用目前建造中使用最多的框架结构为实例，详细讲解建筑施工图、结构施工图、装饰施工图，以及平法规则；（3）工程量计算，详细讲述建筑工程、装饰工程、拆除工程、措施项目的分部分项工程量计算规则和计算方法，并详述了建筑面积计算；（4）附有大量的工程量计算和消耗量定额应用实例，以解析计量规范的具体应用，有极高的可操作性；（5）对规范涉及的房屋建筑及装饰工程构造、材料及做法作了简要阐述，以拓宽专业知识领域。

本书可供工程造价，工程管理和经济管理及相关经济类专业师生选用，也可作为上述从业人员，如工程造价、工程监理、施工人员、审计人员、会计，以及工程咨询相关人员和作为继续教育的学习教材。

房屋建筑与装饰工程量清单计价——识图、工程量及消耗量计算

李宏扬　主编

出版发行：中国建材工业出版社

地　　址：北京市海淀区三里河路 1 号

邮　　编：100044

经　　销：全国各地新华书店

印　　刷：北京雁林吉兆印刷有限公司

开　　本：787mm×1092mm　　1/16

印　　张：22　插页：21

字　　数：670 千字

版　　次：2015 年 1 月第 1 版

印　　次：2015 年 1 月第 1 次

定　　价：**76.80 元**

本社网址：www.jccbs.com.cn　　微信公众号：zgjcgycbs

本书如出现印装质量问题，由我社营销部负责调换。联系电话：（010）88386906

前　言

为适应我国建设市场发展的需要，进一步规范建设工程各方的计价行为，建立并完善市场形成工程造价机制，根据住房和城乡建设部 2012 年 12 月发布的《建设工程工程量清单计价规范》（GB 50500—2013）和《房屋建筑与装饰工程工程量计算规范》（GB 50854—2013）编写此书。

本书以上述国家标准及相关的工程建设法规为准绳，详细讨论房屋建筑与装饰工程的计量问题，重点阐述工程量计算规则和计算方法，比较全面地综合了近十多年来国家计价规范和相关规定，内容涵盖工程计价、计量的诸多方面，主要围绕"GB 50854—2013 规范"中各分部分项工程逐一详解其工程量计算，对大部分分项工程的工程量计算规则采用了易于操作的计算表达式，并配有充足的计算实例和计价定额（表）应用案例，以解读工程量计算规则的实际应用，这部分内容共有 19 章，是本书重点所在。

本书撰写的特点是叙述简明扼要，表达形式灵活，文字与图表相结合，工程量计算方法、定额应用与实例相结合，难易与繁简相结合，可操作性强，便于自学，可适应多层次读者需求。

限于作者水平，书中不当之处在所难免，诚请读者批评指正。

编者

2014 年 10 月于南京

China Building Materials Press

目　　录

第六篇 措施项目

第七篇 工程量清单编制案例

第一篇　工程计量基本原理

本书是建设工程工程量清单计价的计量部分，工程量是计价的基础，没有物质的量就谈不上价。建设工程的计量包含着两个方面：一个是工程量，综合单价×工程量就等于分部分项工程合价；另一个是消耗量，完成建设工程量必定要消耗活劳动和物化劳动，即人工、材料和机械，人工（材料、机械台班）定额消耗量×工程量＝最终的社会资源消耗量，它是计算综合单价、工程备料，施工单位工料分析的重要技术经济指标。

本书以《建设工程工程量清单计价规范》（GB 50500—2013，以下简称"13 计价规范"）和《房屋建筑与装饰工程工程量计算规范》（GB 50854—2013，以下简称"13 计算规范"）为准绳，详细讨论房屋建筑与装饰工程的计量问题，重点阐述工程量计算规则和计算方法。

第一章　工　程　计　量

第一节　工程计量的概念及正确计算工程量的意义

按照国家最新计价规范"13 计价规范"，"工程计量"应表述为：发承包双方根据合同约定，对承包人完成合同工程的数量进行的计算和确认。正确的计量是支付的前提，可见工程计量的重要性。

工程计量其实是工程量计算的简称"13 计算规范"定义的"工程量计算"是指：建设工程项目以工程设计图纸、施工组织设计或施工方案及有关技术经济文件为依据，按照相关工程国家标准的计算规则、计量单位等规定，进行工程数量的计算活动，在工程建设中简称工程计量。

工程数量就是习惯上所称的工程量，工程量是以物理计量单位或自然计量单位表示的各分项工程或结构构件的数量。

物理计量单位是以物体的某种物理属性为计量单位，一般以长度（米，m）、面积（平方米，m²）、体积（立方米，m³）、质量（吨，t）等为单位。例如，各种材料的楼地面以"平方米（m²）"为单位，混凝土以"立方米（m³）"为单位，钢筋以"吨（t）"为单位。

自然计量单位是以物体本身的自然属性为计量单位，一般用件、个、根、座、套为计量单位。例如钢筋混凝土桩以"根"为单位，化粪池、检查井以"座"为单位。

计算工程量是贯穿于工程建设全过程的活动，包括招投标、工程实施，直至最终结算，都离不开工程计量工作，它是工程预算造价（招标控制价、投标报价、合同价）的重要组成部分，是工程价款支付的前提。工程造价主要取决于两个因素：一是工程量，二是工程综合单价，为正确进行工程计价，这两个要素缺一不可。因此，工程量计算的准确与否，将直接影响分部分项工程费、措施项目费和其他项目费，进而影响整个工程项目的造价。

工程量又是施工企业编制施工计划，组织劳动力和供应材料、机具的重要依据。同时，工程量也是工程建设管理部门（例如计划和统计部门）工作的内容之一。因此，正确计算工程量对建设单位、施工企业和管理部门加强管理，对正确确定工程造价都具有重要的现实意义。

第二节　工程量计算依据

1. 经审定通过的施工设计图纸及其说明

设计施工图是计算工程量的基础资料，因为施工图纸反映工程的构造、结构和各部位尺寸，是计算工程量的基本依据。在取得施工图和设计说明等资料后，必须全面、细致地熟悉和核对有关图纸和资料，检查图纸是否齐全、正确。如果发现设计图纸有错漏或相互间有矛盾，应及时向设计人员提出修改意见，予以更正。经过审核、修正后的施工图方能作为计算工程量的依据。

2. 房屋建筑与装饰工程工程量计算规范

为适应市场经济体制的要求，规范房屋建筑与装饰工程造价计量行为，统一房屋建筑与装饰工程工程量计算规则、工程量清单的编制方法，维护招标人与投标人的合法权益，住房和城乡建设部于2012年12月25日发布，并自2013年7月1日起实施"13计算规范"。"13计算规范"是房屋建筑与装饰工程计算工程量的重要依据，必须严格执行本规范的各项规定。

3. 经审定通过的施工组织设计或施工方案

计算工程量时，还必须参照施工组织设计或施工方案进行。例如计算土方工程量仅仅依据施工图是不够的，因为施工图上并未标明实际施工场地土壤的类别以及施工中是否采取放坡等方式进行。对这类问题就需要借助于施工组织设计或者施工方案予以解决。

计算工程量中有时还要结合施工现场的实际情况进行。例如平整场地和余方弃置工程量，在施工图纸上是不反映的，应根据建设基地的具体情况计算确定。

4. 房屋建筑与装饰工程计价定额

"13计价规范"明确规定在编制招标控制价（或投标报价）时，应遵守有关的计价规定，因此使用的计价标准、计价政策应该是国家或省级、行业建设主管部门发布的计价定额、计价办法。施工企业投标报价使用企业定额，也可以使用国家或省级、行业建设主管部门发布的计价定额。

目前，全国统一的定额仍是《全国统一建筑工程基础定额》（以下简称"95土建基础定额"）和《全国统一建筑装饰装修工程消耗量定额》。

各地区、各部门的工程造价管理机构已经制定或正在修订与"13计算规范"相适应并反映社会平均水平的消耗量标准，供建筑市场各主体方参考。

5. 经审定通过的其他有关技术经济文件

包括与建设项目相关的标准、规范、技术资料等。

以上工程量计算依据包含如下三个要点：一是应遵守"13计算规范"的各项规定；二是应依据施工图纸、施工组织设计或施工方案和其他有关技术经济文件进行计算；三是各项计算依据必须是经审定通过的。

第三节　计算工程量应遵循的原则

1. 计量单位

计算工程量时，所计算工程分项的工程量单位必须与规定的相应子目的单位相一致。如"13 计算规范"或计价定额是以立方米作单位的，所计算的工程量也必须以立方米作单位。在"13 计算规范"中工程量的计算单位规定为：

（1）以体积计算的为立方米（m^3）；

（2）以面积计算的为平方米（m^2）；

（3）以长度计算的为米（m）；

（4）以质量计算的为吨或千克（t 或 kg）；

（5）以个、件、根、套等为计量单位。

计价定额中有时用扩大定额（按计量单位的倍数）单位的方法来计量，如"10 米"，"100 平方米"，"10 立方米"等。因此，在计算时应注意分清，务必使工程子项的计量单位与定额一致，不能随意决定工程量的单位，以免由于计量单位搞错而影响工程量计算的正确性。例如，脚手架工程的计量单位就有扩大平方米（$10m^2$）等，使用时不得混淆。还要注意某些定额单位的简化，例如，踢脚线是以"延长米"而不是以"平方米"计算的。

有两个或两个以上计量单位的项目，在工程计量时，应结合拟建工程项目的实际情况，选择其中一个作为计量单位，在同一个建设项目（或标段、合同段）中，有多个单位工程的相同项目，计量单位必须保持一致。

2. 计算工程量所用原始数据必须和设计图纸相一致

工程量是按每一分项工程，根据设计图纸进行计算的，计算时所采用的原始数据都必须以施工图纸所表示的尺寸或施工图纸能读出的尺寸为准进行计算，不得任意加大或缩小各部位尺寸。特别是对工程量有重大影响的尺寸（如建筑物的外包尺寸、轴线尺寸等）以及价值较大的分项工程（如钢筋混凝土工程等）的尺寸，其数据的取定，均应根据图纸所注尺寸线及尺寸数字，通过计算确定。

3. 有效位数取定

工程计量时，每一项目汇总工程量的有效位数应遵守下列规定：

（1）以"t"为单位，应保留三位小数，第四位小数四舍五入；

（2）以"m^2"、"m^3"、"m"、"kg"为单位，应保留两位小数，第三位小数四舍五入；

（3）以"个"、"项"等为单位，应取整数。

4. 项目工作内容

"13 计算规范"对各项目的工作内容进行了规定，除另有规定和说明外，应视为已经包括完成该项目的全部工作内容，未列内容或未发生的工作，不应另行计算。因此，计算工程量时，根据施工图纸列出的工程子目（指工程子目所包括的工作内容），必须与计价定额中相应的工程子目的口径相一致。不能将定额子目中已包含了的工作内容拿出来再列子目计算。例如，定额中的某些工程子目已包括了刷素水泥浆，计算工程时就不应将其另列子目重复计算。

5. 工程量计算必须与"13 计算规范"规则相一致

工程量计算中必须与"13 计算规范"规定的工程量计算规则相一致，才符合定额的要求。"13 计算规范"中对各分项工程的工程量计算规则和计算方法都作了具体规定，计算时必须严格按规定执行。例如墙体工程量计算中，外墙长度按外墙中心线长度计算，内墙长度按内墙净长线计算，又如楼梯面层及台阶面层的工程量按水平投影面积计算。

第四节　房屋建筑与装饰工程和其他 "工程量计算规范"的界线与划分

房屋建筑与装饰工程涉及电气、给水排水、消防等安装工程的项目，按照现行国家标准《通用安装工程工程量计算规范》（GB 50856）的相应项目执行；涉及仿古建筑工程的项目，按现行国家标准《仿古建筑工程工程量计算规范》（GB 50855）的相应项目执行；涉及室外地（路）面、室外给水排水等工程的项目，按现行国家标准《市政工程工程量计算规范》（GB 50857）的相应项目执行；采用爆破法施工的石方工程按照现行国家标准《爆破工程工程量计算规范》（GB 50862）的相应项目执行。

第五节　工程量计算顺序

通常所说的"工程量计算方法"，实际上是个计算顺序问题，合理安排工程量计算顺序，是工程量计算的基本前提，因为一幢建筑物的工程项目（指分项工程）繁多，少则几十项，多则上百项，且这些工程上下、左右、内外交叉，如果计算时不讲究顺序，就很可能出现漏算或重复计算的情况，并给审核带来不便。因此，计算工程量必须按照一定的顺序进行，常用的计算顺序有以下几种。

1. 按施工顺序计算

即按工程施工顺序的先后来计算工程量。计算时，先地下，后地上；先底层，后上层；先主要，后次要。大型和复杂工程应先划成区域，编成区号，分区计算。

2. 按定额项目的顺序计算

即按《全国统一建筑工程基础定额》所列分部分项工程的次序来计算工程量。其次序为：土、石方工程，桩基础工程，脚手架工程，砌筑工程，混凝土及钢筋混凝土工程，构件运输及安装工程，门窗及木结构工程，楼地面工程，屋面及防水工程，防腐、保温、防热工程，装饰工程，金属结构制作工程等。或者说，使用什么计价定额，就以该定额的顺序列分部分项的次序计算工程量。

3. 按顺时针顺序计算

先从工程平面图左上角开始，按顺时针方向自左至右，由上而下逐步计算，环绕一周后再回到左上方为止。如计算外墙、外墙基础、楼地面、天棚等都可按此法进行，如图 1-1 所示。

例如：计算外墙工程量，由左上角开始，沿图中箭头所示方向逐段计算；楼地面、天棚的工程量亦可按图中箭头或编号顺序进行。

4. 按先横后竖计算

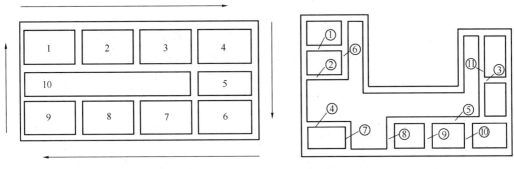

图 1-1　顺时针计算法　　　　　　　　图 1-2　横竖计算法

这种方法是依据平面图，按先横后竖，先上后下，先左后右依次计算，如图 1-2 所示。计算内墙、内墙基础、隔墙等可用这种顺序。

例如计算内墙工程量，先计算横线，由上而下为①、②、③，在同一横线上的②和③墙、④和⑤墙，则应先左后右，即先②后③，先④后⑤。横线上的内墙计算完毕再计算竖线，仍然是从左至右直至⑪为止。

5. 按编号顺序计算

按图纸上所注各种构件、配件的编号顺序进行计算。例如在施工图上，对钢、木门窗构件、钢筋混凝土构件（柱、梁、板等）、木结构构件、金属结构构件、屋架等都按序编号，计算它们的工程量时，可分别按所注编号逐一分别计算。

图 1-3 表示基础圈梁和构造柱的平面布置图，其工程量可分别按图中编号进行计算。

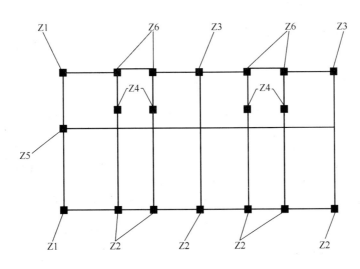

图 1-3　编号计算法

6. 按定位轴线编号计算

对于比较复杂的建筑工程，按设计图纸上标注的定位轴线编号顺序计算，不易出现漏项或重复计算，并可将各工程子项所在的位置标注出来。如图 1-4 所示。

例如，计算图中轴线Ⓐ上的外墙，可标记为外墙Ⓐ轴上①→⑥；①轴上的外墙，则标记为外墙①轴上Ⓐ→Ⓓ；②轴线上的内墙，可标记为内墙②轴上Ⓐ→Ⓑ及Ⓒ→Ⓓ，其余类推。

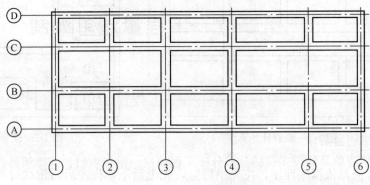

图 1-4　轴线顺序计算法

第二章　工程量清单编制

第一节　工程量清单

一、工程量清单

工程量清单是建设工程的分部分项工程项目、措施项目、其他项目、规费项目和税金项目的名称和相应数量等的明细清单。

"工程量清单"是建设工程实行清单计价的专用名词，它表示建设工程的分部分项工程项目、措施项目、其他项目的名称和相应数量以及规费项目、税金项目的明细清单。在建设工程发承包及实施过程的不同阶段，又可分别称为"招标工程量清单"、"已标价工程量清单"等，这是对工程量清单的进一步具体化。它是一个工程计价中反映工程量的特定内容的重要概念。

工程量清单是招标文件的组成部分。

二、工程量清单的编制人、编制依据及其作用

1. 工程量清单的编制人

招标工程量清单应由具有编制能力的招标人或受其委托，具有相应资质的工程造价咨询人编制。

2. 编制工程量清单的依据

（1）《房屋建筑与装饰工程工程量计算规范》（GB 50854—2013）和《建设工程工程量清单计价规范》（GB 50500—2013）；

（2）国家或省级、行业建设主管部门颁发的计价依据和办法；

（3）建设工程设计文件，包括施工图纸及相关资料；

（4）与建设工程项目有关的标准、规范、技术资料；

（5）拟定的招标文件及其补充通知；

（6）施工现场情况、工程特点及常规施工方案；

（7）其他相关资料。

3. 工程量清单的主要作用

（1）工程量清单是建设工程各建设阶段计算工程量的依据；

（2）工程量清单是招标人编制并确定招标控制价的依据；

（3）工程量清单是投标人编制投标报价，策划投标方案的依据；

（4）工程量清单是招标人、投标人签订工程施工合同、调整合同价款的依据；

（5）工程量清单也是工程结算、支付工程款和办理工程竣工结算以及工程索赔等的依据。

三、工程量清单的组成

招标工程量清单必须作为招标文件的组成部分，是招标工程信息的载体，招标人对其负责。为了使投标人能对工程有全面充分的了解，工程量清单的内容应全面、准确。

根据国家标准《建设工程工程量清单计价规范》规定，工程量清单应由分部分项工程量清单、措施项目清单、其他项目清单、规费和税金项目清单组成。

四、工程量清单的格式

工程量清单应采用统一格式，应由招标人填写。其核心内容主要包括清单说明和清单表两部分。工程量清单表作为清单项目和工程数量的载体，是工程量清单的重要组成部分。合理的清单项目设置和准确的工程数量，是清单计价的前提和基础。

国家标准《建设工程工程量清单计价规范》（GB 50500—2013）中，工程量清单表的格式如下：

(1) 封面（封-1）；

(2) 招标工程量清单（扉-1）；

(3) 总说明（表-01）；

(4) 分部分项工程和单价措施项目清单与计价表（表-08）；

(5) 总价措施项目清单与计价表（表-11）；

(6) 其他项目计价表（表-12，不含表-12-6～表-12-8）；

(7) 规费、税费项目计价表（表-13）。

注：以上编号为"表-序号"及"封-序号"、"扉-序号"的表格，是引用"13计价规范"正文"第16章 工程计价表格"的编号方法，以便读者查对。表格应用可参见本书第二十五章建筑与装饰工程量清单编制实例及有关示例。

第二节 分部分项工程量清单编制

首先"13计算规范"规定了组成分部分项工程量清单的五个要件，即项目编码、项目名称、项目特征、计量单位和工程量计算规则五大要件的编制要求，缺一不可。

分部分项工程量清单既应满足工程计价的要求，同时还应满足规范管理、方便管理的要求。为此"13计算规范"按照"统一项目编码、统一项目名称、统一项目特征描述、统一计量单位、统一工程量计算规则"的原则（称五个要件，也称五统一），设计了如表-08所示的分部分项工程量清单表，该表由序号、项目编码、项目名称、项目特征描述、计量单位、工程（数）量等栏目组成。

1. 项目编码

项目编码是分部分项工程量清单项目名称的阿拉伯数字标识码。分部分项工程量清单中的项目编码统一用12位阿拉伯数字表示，1～9位为全国统一编码，在编制分部分项工程量清单时，应按"13计算规范"附录的规定设置，不得变动；10～12位是清单项目名称编码，应根据拟建工程的工程量清单项目名称和项目特征设置。同一招标工程的项目编码不得有重码。

图2-1所示为一具体示例，第1、2位为专业工程代码（01-建筑与装饰工程，02-仿古建筑工程，03-通用安装工程，04-市政工程，05-园林绿化工程，06-矿山工程，07-构筑物工程，08-城市轨道交通工程，09-爆破工程），图中01表示建筑与装饰工程编码；第3、4位表示附录分类顺序码，即"13计算规范"附录中的第11个附录；第5、6位表示分部工程顺序编码，第7、8、9位表示分项工程项目名称顺序编码，第10、11、12位表示清单项目

（子目）名称顺序编码。其中第 10、11、12 位项目编码及项目名称亦可按各省、自治区、直辖市根据各地具体情况编制。

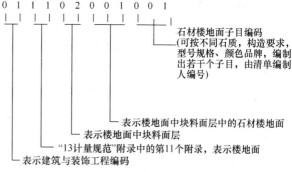

图 2-1　项目编码示例

石材楼地面子目编码（可按不同石质，构造要求，型号规格、颜色品牌，编制出若干个子目，由清单编制人编号）

表示楼地面中块料面层中的石材楼地面

表示楼地面中块料面层

"13计量规范"附录中的第11个附录，表示楼地面

表示建筑与装饰工程编码

2. 项目名称

分部分项工程量清单的项目名称应按附录的项目名称结合拟建工程的实际确定。应考虑如下因素：

（1）施工图纸；

（2）附录中的项目名称；

（3）拟建工程的实际情况。

需要特别说明的是，在归并或综合较大的项目时，应区分项目名称，分别编码列项。例如，门窗工程中的特种门应区分冷藏门、冷冻间门、保温门、变电室门、隔声门、防射线门、人防门、金库门等。

当出现"13计算规范"附录中未包括的项目时，编制人应作补充。在编制补充项目时应按以下三点进行：

（1）项目的编码由"13计算规范"的代码 01 与 B 和三位阿拉伯数字组成，并应从01B001 起按顺序编制，同一招标工程的项目不得重码。例如 01B001、01B002 等。

（2）补充的工程量清单中需附有补充项目的项目名称、项目特征、计量单位、工程量计算规则、工程内容，以方便投标人报价和后期变更、结算。

（3）编制的补充项目报省级或行业工程造价管理机构备案。

现以分部工程"墙、柱面装饰与隔断、幕墙工程"中的隔墙为例编制补充项目示例（表2-1）。

表 2-1　隔墙 (011211)

项目编码	项目名称	项目特征	计量单位	工程量计算规则	工作内容
01B001	成品 GRC 隔墙	1. 隔墙材料品种、规格 2. 隔墙厚度 3. 嵌缝、塞口材料品种	m²	按设计图示尺寸以面积计算，扣除门窗洞口及单个≥0.3m² 的孔洞所占面积	1. 骨架及边框安装 2. 隔板安装 3. 嵌缝、塞口

3. 项目特征描述

项目特征是构成分部分项工程量清单项目、措施项目自身价值的本质特征。

分部分项工程量清单项目特征应按附录中规定的项目特征，结合拟建工程项目的实际予以描述。附录中的项目特征包括项目的要求（型号、类型、尺寸等），材料的品种、规格、型号、材质等特征要求。

工程量清单的项目特征是确定一个清单项目综合单价不可缺少的重要依据，主编制的工程量清单中必须对其项目特征进行准确和全面的描述。但在实际的工程量清单项目特征描述中有些项目特征用文字往往又难以准确和全面地描述清楚，因此为达到规范、统一、简捷、准确、全面描述项目特征的要求，在描述工呈量清单项目特征时应按以下原则进行：

（1）项目特征描述的内容应按"13计算规范"附录中规定的内容，结合拟建工程的实际要求，能满足确定综合单价的需要。

（2）若采用标准图集或施工图纸能够全部或部分满足项目特征描述的要求，项目特征描述可直接采用详见××图集或××图号的方式。对不能满足项目特征描述要求的部分，仍应用文字描述。

4. 计量单位

工程量清单的计量单位均应按附录中（装饰工程为附录B）各分部分项工程规定的"计量单位"执行。如建筑与装饰工程中大多数分项的计量单位为 m^2、m，门、窗的单位为樘或 m^2。

当附录中某项目有两个或两个以上计量单位时，应根据所编项目的特征要求、选择最适宜表现该项目特征并方便计量和组成综合单价的单位。如门窗工程的单位（樘或 m^2）是两个，实际应用中就应选择一个最适宜的。

5. 工程量

工程量清单表中所列工程数量应按所列工程子目逐项计算，计算时应按"13计算规范"附录中规定的工程量计算规则进行，计算式应符合计算规则的要求。

工程量的有效位数应遵守第一章第三节之规定。

分部分项工程量计算格式应符合表2-2。

表2-2　清单工程量计算表

序号	清单项目编码	清单项目名称	计算式	工程量合计	计量单位
1					
2					

第三节　措施项目清单编制

措施项目指为完成工程项目施工，发生于该工程施工准备和施工过程中的技术、生活、安全、环境保护等方面的非工程实体项目。

按能否计算工程量，措施项目清单分为两种情况：

（1）单价措施项目，指能计算工程量的措施项目，采用分部分项工程量清单的方式编制，列出项目编码、项目名称、项目特征、计量单位和工程量。混凝土浇筑的模板及支架工程、脚手架工程就属此类，这时的措施项目清单表格按"13计价规范"表-08执行，由表可见，单价措施项目清单与分部分项工程量清单表格合一，方便使用。表2-3是措施项目综合脚手架的清单示例。

表2-3　分部分项工程和单价措施项目清单与计价表

序号	项目编码	项目名称	项目特征描述	计量单位	工程量	金额（元）	
						综合单价	合价
1	011701001001	综合脚手架	1. 建筑结构形式：框剪 2. 檐口高度：60m	m^2	1500		

（2）总价措施项目，指不能计算工程量的措施项目，编制清单时应列出项目编码、项目名称确定清单项目，不必描述项目特征、计量单位和工程量计算规则。这种情况用"13 计价规范"表-11 所示的总价措施项目清单与计价表，表 2-4 是安全文明施工、冬雨季施工措施项目清单与计价表示例。

表 2-4　总价措施项目清单与计价表

序号	项目编码	项目名称	计算基础	费率（%）	金额（元）	调整费率（%）	调整后金额（元）	备注
1	011707001	安全文明施工	分部分项工程费					
2	011707005	冬雨季施工	分部分项工程费					

第三章　消耗量及计价定额

第一节　简单描述

1. 定额

定额就是某种标准，它是根据当前社会必要劳动消耗的水平，对工程建设中消耗在单位产品上劳动力、材料、机械台班的规定数量标准或额度。

2. 建筑与装饰工程预算定额

是指在正常施工条件下，完成规定计量单位的分项工程产品或结构构件的人工、材料和机械台班消耗量的数量标准。预算定额的各项指标，反映了在完成规定计量单位符合设计标准和施工及验收规范要求的分项工程消耗的活劳动和物化劳动的数量限度，包括应完成的工程内容和相应的质量标准及安全要求等内容，现在统称为消耗量定额。

所谓规定计量单位分项工程产品，实际上就是指某个定额子目所规定的计量单位和工作内容，是一种"假想"的产品，在工程中常用的计量单位有 m²、m 等。分项工程产品在消耗量定额中通常称为定额子项（或子目），在计量规范中对应于每个"项目编码"（或"项目名称"）的工程就是分项工程，如现浇混凝土基础梁、矩形梁、异形梁等。

3. 消耗量定额与传统概念预算定额的主要区别

消耗量定额反映的是人工、材料和机械台班的消耗量标准，适用于市场经济条件下建筑安装工程计价，体现了工程计价"量价分离"的原则；而传统的预算定额是"量价合一"的，不利于新形势下工程造价的形成。

第二节　定额分类

消耗量定额是建设工程定额体系的一个组成部分。现介绍建筑与装饰工程定额的几种分类方法（图 3-1）。

一、按组成要素划分

1. 劳动定额

劳动定额，又称人工定额。是指在正常的施工技术和组织条件下，施工企业的生产工人生产某一单位建筑工程合格产品所需必要劳动消耗量的标准。劳动定额的表现形式有时间定额和产量定额两种。

（1）时间定额：时间定额是指为生产某一单位合格装饰工程产品所必须消耗的劳动时间。单位为"工日"，每工日为 8 小时。

$$单位产品的时间定额（工日）＝\frac{1}{每工日产量} \tag{3-1}$$

或以小组计算。

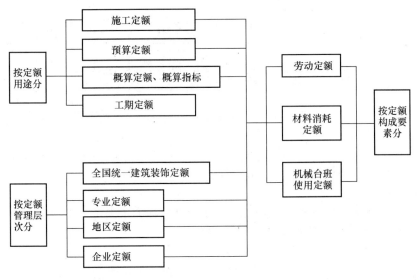

图 3-1 定额分类系统图

$$单位产品的时间定额（工日）=\frac{小组成员工日数总和}{小组班产量} \tag{3-2}$$

（2）产量定额：它是指规定在单位时间内必须完成的合格装饰产品的数量标准。每工日产量定额表达为：

$$每工日产量定额=\frac{1}{单位产品时间定额（工日）} \tag{3-3}$$

或

$$每工日产量定额=\frac{小组成员工日数总和}{小组单位产品时间定额} \tag{3-4}$$

从以上计算可见，时间定额与产量定额互为倒数关系，即

$$时间定额=\frac{1}{产量定额} \tag{3-5}$$

2. 材料消耗量定额

材料消耗量定额是指为生产单位合格建筑产品，所必须消耗某种品种、规格的建筑材料的数量标准。

材料消耗量定额用材料消耗量表示，构成工程实体的消耗量称为材料净用量；不可避免的施工损耗和不可避免的场内堆放、运输损耗，不能直接构成工程实体，称为材料损耗量。材料消耗定额的组成如图 3-2 所示，其数学表达式为：

$$材料消耗量=材料净用量+材料损耗量 \tag{3-6}$$

其中，材料损耗量与材料净用量之比称为材料损耗率，则上式改写为

$$材料消耗量=材料净用量\times（1+损耗率） \tag{3-7}$$

材料损耗率是指在正常条件下，采用比较先进的施工方法而形成的合理的材料损耗。各地区、部门应通过合理的测定和统计分析，确定一个平均先进水平的损耗率，供计算时查用。

3. 机械台班消耗量定额

机械台班消耗量定额是指在正常生产条件下，生产单位装饰装修工程产品所必须消耗的

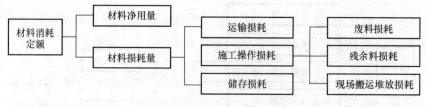

图 3-2　材料消耗定额组成

机械工作时间（台班）。

机械台班消耗量定额有时间定额和产量定额两种表现形式：

（1）机械台班时间定额

台班时间定额是指在正常施工条件下，某种机械完成单位质量合格产品所必须消耗的工作时间，可按式（3-8）计算：

$$机械时间定额（台班）＝\frac{1}{机械台班产量} \tag{3-8}$$

（2）机械台班产量定额

台班产量定额是指在正常施工条件下，单位时间内完成质量合格产品的数量，可用下式计算：

机械台班产量定额＝机械纯工作 1 小时的正常生产率×工作班延续时间×机械正常利用
　　　　　　系数　　　　　　　　　　　　　　　　　　　　　　　　　　　　　（3-9）

其中，机械纯工作 1 小时的正常生产率，是指在正常工作条件下，由技术工人操作机械工作 1 小时的生产率；机械正常利用系数，是指机械纯工作时间占定额时间的百分比。

同样，机械台班消耗定额的两种形式间仍具有如下关系：

$$机械台班产量定额×时间定额＝1 \tag{3-10}$$

二、按定额的用途划分

1. 施工企业定额（常称企业定额）

施工企业定额是施工企业根据本企业具有的管理水平、拥有的施工技术和施工机械装备水平而编制的，完成一个规定计量单位的工程项目所需的人工、材料、施工机械台班等的消耗标准，是施工企业进行投标报价的依据，也是施工企业进行内部施工管理的标准之一。

施工企业定额是以分部分项工程的施工过程或工序为测定对象，确定在正常施工条件下，完成单位合格产品所需消耗的人工、材料和机械台班的数量标准。企业施工定额也由劳动消耗定额（即人工工日定额）、材料消耗定额和机械台班消耗定额三部分组成。

2. 概算定额与概算指标

概算定额与消耗量定额具有相同的定额性质，但它比预算定额的内容更综合、扩大，是介于预算定额与概算指标之间的一种定额。

概算定额是根据工程初步设计阶段编制工程概算的需要而编制的。它是确定一定计量单位扩大分项工程或扩大结构构件所需的人工、材料和机械台班消耗量的标准。它的项目划分粗细与初步设计深度相适应，它是在预算定额的基础上，经过适当的综合、扩大或合并而成的。概算指标也是在工程初步设计阶段，为编制工程概算、计算和确定工程初步设计造价，计算人工、材料和机械台班需要量而采用的一种定额。

概算指标是在概算定额的基础上进行综合扩大，它是以整个建筑物为编制对象，以建筑面积（如 100m²）为计量单位，规定所需要的人工、材料、机械台班消耗数量的定额指标。因此，概算指标比概算定额更加综合扩大、更具有综合性。

3. 工期定额

工期定额是按各类建筑安装工程的不同类型、结构、部位和用途规定其所需施工周期日历天数的多少而编制的，工期定额是编制施工组织设计方案，安排施工计划和考核施工工期的依据，也是制定招标文件、投标报价和签定工程施工合同的重要依据。

三、按定额管理层次划分

1. 全国统一建筑装饰工程消耗量定额

全国统一工程消耗量定额是综合全国各地的施工技术、物耗、劳动生产率和施工管理等情况而编制的。全国统一消耗量定额在全国范围内执行，我国于 1992 年曾以建标［1992］925 号文本颁发《全国统一建筑装饰工程预算定额》，1995 年以建标［1995］736 号文发布新的《全国统一建筑工程基础定额》，2001 年 12 月以建标［2001］271 号文发布《全国统一建筑装饰装修工程消耗量定额》。

2. 专业定额

专业定额是由各专业主管部颁发的定额，它是按照国家标准、规范和定额水平，结合本专业对工业和民用房屋的特殊工艺、材料和管理水平等特点而编制的。这类定额的专业性很强（例如城市轨道交通、矿山工程、爆破工程、石油、化工、航天航空等），一般只在本专业范围内适用，具有"专业通用"的性质。

3. 地方消耗量定额

地方消耗量定额是由各省、自治区和直辖市，结合本地区的特点，参照全国统一消耗量定额的水平编制，并在本地区使用的定额。目前，各省、自治区和直辖市都有各自的定额，这种定额具有较强的地方特色。例如，各省、自治区和直辖市的计价定额、计价表等均属此列。

第三节 定额结构组成与应用

一、定额的结构、内容

工程消耗量定额，通常简称为计价定额或计价表，是编制工程预算造价（如招标控制价、投标报价）的基础资料，现以《江苏省建筑与装饰工程计价表》（2004 年）为例介绍消耗量定额的结构和内容：

1. 消耗量定额结构组成（图 3-3）

建设工程消耗量定额的结构按其组成顺序，由下述几部分组成：①总说明，②目录，③分部、分项章节（表），④附录。按其内容可分为四个部分，即①定额说明部分，包括定额总说明、各章（分部）说明和定额表说明；②工程量计算规则；③定额表，定额表是定额的主体内容，用表格的形式表示出来，是定额的主part；④附录，一般编在定额手册的最后，主要提供编制定额的有关数据资料，如主要材料、半成品的损耗率。此外，在定额表的下方常有"注脚"，这也是重要的组成内容，供定额换算和调整用。工程量计算规则是定额的重要组成部分，工程量计算规则和定额表格配套使用，才能正确计算分项工程的人工、材料、机械台班消耗量。工程量计算规则是依据全国"13 计算规范"并结合当地实际确定的，是计算工程量的重要依据，工程量计算规则按分部工程列入相应的各分部工程（章）内。

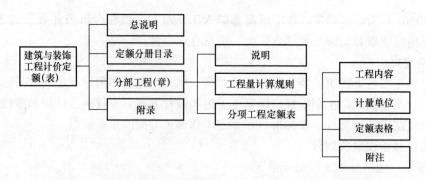

图 3-3　建筑与装饰工程消耗量（计价）定额（表）结构框图

2. 消耗量定额表的内容

定额表是定额的核心内容，表 3-1、表 3-2 是《江苏省建筑与装饰工程计价表》（2004年）中几个分项工程的定额表。由表可见，定额表格基本上包括四个方面的内容，即分项工程项目的施工工作内容，工程量计量单位，定额表格和必要的注脚。现以表 3-1 砖砌外墙定额表为例，说明定额表的构成和内容。

表 3-1　砖砌外墙

工作内容：1. 清理地槽、递砖、调制砂浆、砌砖。

　　　　　2. 砌砖过梁、砌平拱、模板制作、安装、拆除。

　　　　　3. 安放预制过梁板、垫块、木砖。　　　　　　　　　　　　　　　计量单位：m³

定 额 编 号				3-27		3-28		3-29		3-30	
项　　目		单位	单价	$\frac{1}{2}$砖外墙		$\frac{3}{4}$砖外墙		1砖外墙		1砖弧形外墙	
				标准砖							
				数量	合价	数量	合价	数量	合价	数量	合价
综合单价		元		205.95		204.99		197.70		210.60	
其中	人工费	元		41.34		40.30		35.88		41.08	
	材料费	元		146.49		146.62		145.22		151.00	
	机械费	元		2.06		2.31		2.42		2.42	
	管理费	元		10.85		10.65		9.58		10.88	
	利　润	元		5.21		5.11		4.60		5.22	
二类工		工日	26.00	1.59	41.34	1.55	40.30	1.38	35.88	1.58	41.08
材料	201008　标准砖 240×115×53mm	百块	21.42	5.60	119.95	5.43	116.31	5.36	114.81	5.63	120.59
	301023　水泥 32.5 级	kg	0.28			0.30	0.08	0.30	0.08	0.30	0.08
	401035　周转木材	m³	1249.00			0.0002	0.25	0.0002	0.25	0.0002	0.25
	511533　铁钉	kg	3.60			0.002	0.01	0.002	0.01	0.002	0.01
	613206　水	m³	2.80	0.112	0.31	0.109	0.31	0.107	0.30	0.107	0.30
机械	06016　灰浆拌和机 200L	台班	51.43	0.04	2.06	0.045	2.31	0.047	2.42	0.047	2.42
小　计					163.66		159.57		153.75		164.73

定额编号				3-27		3-28		3-29		3-30	
项目		单位	单价	$\frac{1}{2}$砖外墙		$\frac{3}{4}$砖外墙		1砖外墙		1砖弧形外墙	
				标准砖							
				数量	合价	数量	合价	数量	合价	数量	合价
(1)	012004 水泥砂浆 M10 合计	m³	132.86	(0.199)	(26.44) (190.10)	(0.225)	(29.89) (189.46)	(0.234)	(31.09) (184.84)	(0.234)	(31.09) (195.82)
(2)	012003 水泥砂浆 M7.5 合计	m³	124.46	(0.199)	(24.77) (188.43)	(0.225)	(28.00) (187.57)	(0.234)	(29.12) (182.87)	(0.234)	(29.12) (193.85)
(3)	012002 水泥砂浆 M5 合计	m³	122.78	(0.199)	(24.43) (188.09)	(0.225)	(27.63) (187.20)	(0.234)	(28.73) (182.48)	(0.234)	(28.73) (193.46)
(4)	012008 混合砂浆 M10 合计	m³	137.50	(0.199)	(27.36) (191.02)	(0.225)	(30.94) (190.51)	(0.234)	(32.18) (185.93)	(0.234)	(32.18) (196.91)
(5)	012007 混合砂浆 M7.5 合计	m³	131.82	0.199	26.23 189.89	0.225	29.66 189.23	(0.234)	(30.85) (184.60)	(0.234)	(30.85) (195.58)
(6)	012006 混合砂浆 M5 合计	m³	127.22	(0.199)	(25.32) (188.98)	(0.225)	(28.62) (188.19)	0.234	29.77 183.52	0.234	29.77 194.50

注：砖砌圆形水池按弧形外墙定额执行。

表3-2 楼地面地砖面层

工作内容：清理基层、锯板磨细、贴地砖、擦缝、清理净面。

调制水泥砂浆、刷素水泥浆、调制粘结剂。　　　　　　　　　　　　　计量单位：10m²

定额编号			单位	单价	12-90		12-91		12-92		12-93	
项目					楼地面							
					300mm×300mm				400mm×400mm			
					水泥砂浆		干粉型粘结剂		水泥砂浆		干粉型粘结剂	
					数量	合价	数量	合价	数量	合价	数量	合价
综合单价			元		490.68		548.48		391.21		446.71	
其中	人工费		元		117.04		125.44		93.52		100.24	
	材料费		元		326.72		373.01		259.98		306.27	
	机械费		元		2.64		2.64		2.27		2.27	
	管理费		元		29.92		32.02		23.95		25.63	
	利润		元		14.36		15.37		11.49		12.30	
一类工		工日	28.00		4.18	117.04	4.48	125.44	3.34	93.52	3.58	100.24

定额编号			12-90		12-91		12-92		12-93	
项目	单位	单价	楼地面							
			300mm×300mm				400mm×400mm			
			水泥砂浆		干粉型粘结剂		水泥砂浆		干粉型粘结剂	
			数量	合价	数量	合价	数量	合价	数量	合价
材料 204054 同质地砖 300mm×300mm	块	2.35	114.00	267.90	114.00	267.90				
204055 同质地砖 400mm×400mm	块	3.15					64.00	201.60	64.00	201.60
013003 水泥砂浆 1:2	m³	212.43	0.051	10.83			0.051	10.83		
013005 水泥砂浆 1:3	m³	176.30	0.202	35.61	0.202	35.61	0.202	35.61	0.202	35.61
609042 干粉型粘结剂	kg	1.52			40.00	60.80			40.00	60.80
013075 素水泥浆	m³	426.22	0.01	4.26			0.01	4.26		
301002 白水泥	kg	0.58	1.00	0.58	2.00	1.16	1.00	0.58	2.00	1.16
608110 棉纱头	kg	6.00	0.10	0.60	0.10	0.60	0.10	0.60	0.10	0.60
407007 锯(木)屑	m³	10.45	0.06	0.63	0.06	0.63	0.06	0.63	0.06	0.63
510165 合金钢切割锯片	片	61.75	0.032	1.98	0.032	1.98	0.025	1.54	0.025	1.54
613206 水	m³	2.80	0.26	0.73	0.26	0.73	0.26	0.73	0.26	0.73
其他材料费	元					3.60		3.60		3.60
机械 06016 灰浆拌和机 200L	台班	51.43	0.017	0.87	0.017	0.87	0.017	0.87	0.017	0.87
13090 石料切割机	台班	14.04	0.126	1.77	0.126	1.77	0.10	1.40	0.10	1.40

注：1. 当地面遇到弧形墙面时，其弧形部分的地砖损耗可按实调整，并按弧形图示尺寸每10m增加切贴人工0.3工日。

2. 地砖规格不同按设计用量加2%损耗进行调整。

3. 镜面同质地砖执行本定额：地砖单价换算，其他不变。

4. 地砖结合层若用干硬性水泥砂浆、取消子目中1:2及1:3水泥砂浆，另增32.5水泥45.97kg，干硬性水泥砂浆0.303m³。

定额表的左上方是"工作内容"，表示完成下表各分项工程必须要做的工作。定额表的右上方是"计量单位"，表示下面定额表中各分项工程的工程量单位。定额表下面的"注"，是对该表中相关项目的有关说明，主要是对某些分项套用定额的注意事项或换算的说明。

定额表格的第一行是"定额编号"，每个编号表示一个分项工程，如表3-1中3-29，表示标准砖砌1砖外墙分项工程，表格的左上角是"项目"，即表示横行所标的工程项目，表中分$\frac{1}{2}$砖外墙、$\frac{3}{4}$砖外墙、1砖外墙、1砖弧形外墙等；该"项目"又表示竖列所标的定额项目构成要素，这些要素包括人工、材料和机械台班消耗量。例如，定额编号3-29分项中的人工按二类工，以工日为单位，其消耗量为1.38工日/m³。

材料栏中，定额列出主要和次要材料的名称，规格（配合比），计量单位，用量（常称为定额含量）和材料代码（如标准砖代码是201008）。

施工机械台班消耗量定额同样反映出各类机械的名称、规格、台班用量和代码。

概括以上分解说明可知，消耗量定额表格所表述的内容主要是分（子）项工程的人工、材料和机械台班消耗量的数量标准。这些消耗量标准是计算分项工程综合单价和材料价格的重要依据，因此，了解并熟悉定额表中各栏目及数据间关系，对正确使用定额至关重要。

将表 3-1 和表 3-2 的单个子项提取出来单独立表，就变成表 3-3 和表 3-4 所示的单个分项工程消耗量计价表，这就是清单计价软件中计价定额的表现形式。

表 3-3　标准 1 砖外墙（M5 混合砂浆）工程消耗量计价表

定额编号		3-29				
定额项目		标准 1 砖外墙（M5 混合砂浆）				
单位		m³				
材料类别	材料编号	材料名称	数量	单价（元）	费用（元）	单位
人工费	GR2	二类工	1.38	26.00	35.88	工日
材料费	012006	混合砂浆 M5	0.23	127.22	29.26	m³
	613206	水	0.10	2.80	0.31	m³
	511533	铁钉	0.00	3.60	0.00	kg
	401035	周转木材	0.00	1249.00	0.00	m³
	301023	水泥 32.5 级	0.30	0.28	0.08	kg
	201008	标准砖（240×115×53）mm	5.36	21.42	114.81	百块
机械费	06016	灰浆拌和机 200L	0.04	51.43	2.57	台班
其他费用	LR	利润	4.60	1.00	4.60	元
	GLF	管理费	11.87	1.00	11.87	元

表 3-4　300mm×300mm 地砖楼地面（水泥砂浆粘贴）工程消耗量计价表

定额编号		12-90				
定额项目		300mm×300mm 地砖楼地面水泥砂浆粘贴				
单位		10m²				
材料类别	材料编号	材料名称	数量	单价（元）	费用（元）	单位
人工费	GR1	一类工	4.18	23.00	117.04	工日
材料费	QTCLF	其他材料费	3.60	1.00	3.60	元
	613206	水	0.26	2.80	0.73	m³
	510165	合金钢切割锯片	0.03	61.75	1.85	片
	407007	锯（木）屑	0.06	10.45	0.63	m³
	608110	棉纱头	0.10	6.00	0.60	kg
	301002	白水泥	1.00	0.58	0.58	kg
	013075	素水泥浆	0.01	426.22	4.26	m³
	013005	水泥砂浆 1∶3	0.20	176.30	35.26	m³
	013003	水泥砂浆 1∶2	0.05	212.43	10.62	m³
	204054	同质地砖 300mm×300mm	114.00	2.35	267.90	块
机械费	13090	电动切割机	0.12	14.04	1.83	台班
	06916	灰浆拌和机 200L	0.01	51.43	1.03	台班
其他费用	LR	利润	14.36	1.00	14.36	元
	GLF	管理费	37.10	1.00	37.10	元

二、消耗量定额的应用

计价表或计价定额的应用包括两个方面：其一，是根据清单项目所列分（子）项工程，利用定额查出相应的人工、材料、机械台班消耗量，依据此消耗量及其各自单价计算分项工程的综合单价，以完成工程量清单计价表（表-08）。其二，是利用定额求出各分（子）项工程所必须消耗的人工、材料及机械台班数量，汇总后得出单位建筑装饰工程的人工、材料、机械台班消耗总量，为施工企业组织人力和准备材料、机械台班作依据。

一般说来，应用定额的方法可归纳为直接套用，定额调整与换算，编制补充定额三种情况。本节先介绍定额的直接套用（或称简单应用或定额套用），定额的调整换算将在第四节讨论。

定额的直接套用是指工程项目（指工程子项）的内容和施工要求与定额（子）项目中规定的各种条件和要求完全一致时，直接套用定额中规定的人工、材料、机械台班的单位消耗量，以求出实际工程的人工、材料、机械台班数量。

【例 3-1】 某学校教学大楼大厅采用水泥砂浆铺陶瓷地砖（400mm×400mm）地面，工程量 120m²，请确定定额计量单位的人工、材料和机械台班消耗量（定额含量），以及该项目所需人工、材料、机械台班的数量。

【解】 直接套用定额的选套步骤一般是：

（1）查阅定额目录，确定工程所属分部分项；

（2）按实际工程内容及条件，与定额子项对照，确认项目名称，做法，用料及规格是否一致，查找定额子项，确定定额编号；

（3）查出人工、材料、机械台班消耗量，习惯上称这些消耗量为定额含量；

（4）计算分项工程规定计量单位消耗量及其工料机消耗数量。

根据本例的要求，查阅消耗量定额得知，在楼地面工程的地砖项目中 12-92（表 3-2）与本例条件一致，直接套用定额，定额计量单位是 10m²，则该教学楼大厅地面的人工、材料、机械台班的相关数值如表 3-5 所示。

表 3-5 陶瓷地砖地面工料机计算表

序号	项目名称	单位	代码	定额含量	工程用量
	一类工	工日		3.34	40.08
2	陶瓷地砖 400mm×400mm	块	204055	64.00	768
3	水泥砂浆 1:2	m³	013003	0.051	0.61
4	水泥砂浆 1:3	m³	013005	0.202	2.42
5	素水泥浆	m³	013075	0.01	0.12
6	白水泥	kg	301002	1.00	12.00
7	棉纱头	kg	608110	0.10	1.20
8	锯（木）屑	m³	407007	0.060	0.72
9	合金钢切割锯片	片	510165	0.025	0.30
10	水	m³	613206	0.260	3.12
11	灰浆拌和机 200L	台班	06016	0.017	0.20
12	石料切割机	台班	13090	0.10	1.20

第四节 人工、材料、机械台班消耗量的确定

一、人工消耗量指标的确定

人工定额，也称劳动定额，是指在正常的施工技术、组织条件下，为完成一定量的合格产品，或完成一定量的工作所预先规定的人工消耗量标准。2002 年新定额人工消耗量标准是以劳动定额为基础确定的，其原则是：人工不分工种、技术等级，以综合工日表示。内容包括基本用工、超运距用工、人工幅度差、辅助用工。

1. 基本工：是指完成单位合格产品所必须消耗的技术工种用工。按技术工种相应劳动定额工时定额计算，以不同工种列出定额工日。

2. 超运距用工：指预算定额的平均水平运距超过劳动定额规定水平运距部分。可表示为：

$$超运距 = 预算定额取定运距 - 劳动定额已包括的运距 \tag{3-11}$$

3. 人工幅度差：指在劳动定额作业时间之外，在预算定额应考虑的在正常施工条件下所发生的各种工时损耗。内容包括：

（1）各工种间的工序搭接及交叉作业互相配合所发生的停歇用工；

（2）施工机械在单位工程之间转移及临时水电线路移动所造成的停工；

（3）质量检查和隐蔽工程验收工作的影响；

（4）班组操作地点转移用工；

（5）工序交接时对前一工序不可避免的修整用工；

（6）施工中不可避免的其他零星用工。

人工幅度差的计算公式：

$$人工幅度差 = （基本用工 + 超运距用工） \times 人工幅度差系数 \tag{3-12}$$

人工幅度差系数在 10% 左右。

4. 辅助用工：指技术工种劳动定额内不包括而在此预算定额内又必须考虑的工时。如电焊着火用工等。

二、施工机械台班消耗量指标的确定

预算定额中的施工机械台班消耗量指标，是以台班为单位计算的，每台班为 8 小时。定额的机械化水平是以多数施工企业采用和已推广的先进方法为标准。确定机械台班消耗量是以统一劳动定额中机械施工项目的台班产量为基础进行计算，还应考虑在合理的施工组织条件下机械的停歇因素，这些因素会影响机械的效率，因而需加上一定的机械幅度差（以机械幅度差系数表示）。

三、材料消耗量指标的确定

定额材料消耗量或称定额材料含量，是指完成一定计量单位合格产品所规定消耗某种材料的数量标准。在定额表中，定额含量列在各子项的"数量"栏内，是计算分项工程综合单价和单位工程材料用量的重要指标。

以下根据材料消耗量计算式（3-7），通过几个示例来说明计算主要材料定额含量的方法。由式（3-7）可知，材料消耗量是由材料净用量和损耗率决定的。

净用量：是直接用于工程项目的材料数量，材料净用量的计算方法主要有以下几种：

（1）理论计算方法：根据设计、施工验收规范和材料规格等，从理论上计算用于工程的材料净用量，消耗量定额中的材料消耗量主要是用这种方法计算的；

（2）施工图纸计算方法：根据装饰装修工程的设计图纸，计算各种材料的体积、质量或延长米；

（3）现场测定法：根据现场测定的资料，再计算材料用量；

（4）经验方法：根据以往的经验进行估算。

以下用理论计算法计算一些常见材料的定额含量：

1. 板材用量计算

装饰工程中使用多种板材，包括大理石、花岗岩板、塑胶板、木地板、各种墙柱面饰面板，及各种天棚面层及饰面，以及墙纸饰面等。定额中板材按面积 m^2 表示，故其含量的计算就比较简单，可用下式表示：

$$板材定额含量＝定额规定实贴(铺)面积×(1＋损耗率)$$
$$＝定额计量单位×(1＋损耗率) \tag{3-13}$$

【例 3-2】 计算大理石、花岗岩镶贴楼地面和墙面的石板材定额含量。

【解】 定额计量单位 $10m^2$，按计价表，石料块料镶贴地面、墙面及零星项目，损耗率 2%，则：

$$大理石花岗岩板材定额含量＝10×(1＋2\%)＝10.20m^2/10m^2$$

这就是苏 04 计价表 12-45、12-48、12-54、12-57，13-73、13-76、13-80 等子项中的板材含量取定的依据。

2. 块料用量计算

工程中使用块料的数量、品种较多，常见的有砖砌、砖地面，各种楼地面地砖、缸砖、内外墙面砖、瓷砖等。块料定额含量的计算公式为：

$$块料用量(含量)＝\frac{定额计量单位}{(块料长＋灰缝宽)(块料宽＋灰缝宽)}×(1＋损耗率) \tag{3-14}$$

【例 3-3】 计算水泥砂浆贴地砖的地砖定额含量，若地砖规格为 400mm × 400mm。计价表计量单位 $10m^2$，按计价表，地砖损耗率为 2%，则

$$地砖块数＝\frac{1}{0.4×0.4}×10×(1＋2\%)＝63.75≈64 块/10m^2$$

【例 3-4】 砖外墙贴釉面砖，若面砖规格为 150mm×75mm，试计算：（1）密缝；（2）勾缝时的釉面砖定额含量。

【解】 根据消耗量定额，损耗率为 2.5%，定额计量单位 m^2。

（1）密缝即不计灰缝宽度，由式（3-14）有：

$$面砖块数＝\frac{1}{0.15×0.075}×10×(1＋2.5\%)＝911 块/10m^2。$$

（2）勾缝，考虑灰缝宽 10mm，则：

$$面砖块数＝\frac{1}{(0.15＋0.01)(0.075＋0.01)}×10×(1＋2.5\%)＝754 块/m^2。$$

这就是 13-123、13-124 分项的釉面砖含量。

3. 标准砖用量计算

工程中标准砖用得很多，$1m^3$ 砖的用量常用以下公式计算：

$$\text{砖的块数} = \frac{K}{\text{墙厚}(\text{砖长}+\text{灰缝}) \times (\text{砖厚}+\text{灰缝})} \times (1+\text{损耗率}) \qquad (3\text{-}15)$$

式中系数 K 为：半砖墙 $K=1$，1 砖墙 $K=2$，$1\frac{1}{2}$ 砖墙 $K=3$；

墙厚取值：半砖 115mm，1 砖 240mm，1 砖半 365mm。

【例 3-5】 试计算 1 砖墙的砖用量。

【解】 1 砖墙的系数 $K=2$，墙厚为 240mm。则：

$$\text{砖的块数（块）} = \frac{2}{0.24(0.24+0.01)(0.053+0.01)} \times 1.01$$
$$= 535 \text{ 块/m}^3$$

4. 砂浆用量计算

工程上常用砌筑砂浆、抹灰砂浆，如砖墙砖基础，装饰中的结合层、找平层、面层及粘贴层均使用各种不同配合比的砂浆，包括水泥砂浆、混合砂浆、石灰砂浆、素水泥浆等。这些砂浆的定额含量可用下式计算：

$$\text{砂浆用量}(\text{m}^3/\text{m}^2) = \text{定额规定计量单位} \times \text{层厚} \times (1+\text{损耗率}) \qquad (3\text{-}16)$$

【例 3-6】 计算水泥砂浆铺贴陶瓷地面砖的水泥砂浆（1：3）及素水泥浆的计价定额含量，定额计量单位 10m²。

【解】 水泥砂浆用于地面，损耗率 1%，面层厚为 20mm，按（3-16）式有：

水泥砂浆（1：3）含量 $=10 \times 0.02 \times 1.01 = 0.202 \text{m}^3/10\text{m}^2$

素水泥浆含量 $=10 \times 0.001 \times 1.01 = 0.0101 \text{m}^3/10\text{m}^2 = 0.010 \text{m}^3/10\text{m}^2$

第二篇 建筑工程图阅读

第四章 建筑制图基础

第一节 投影与正投影

一、投影的概念

1. 投影图

光线投影于物体产生影子的现象就称投影，例如光线照射物体在地面或其他背景上产生影子，这个影子就是物体的投影。在制图学上把此投影称为投影图（亦称视图）。

用一组假想的光线把物体的形状投射到投影面上，并在其上形成物体的图像，这种用投影图表示物体的方法称投影法，它表示光源、物体和投影面三者间的关系。投影法是绘制工程图的基础。

2. 投影法分类

$$投影法\begin{cases} 中心投影法 \\ 平行投影法\begin{cases} 正投影法 \\ 斜投影法 \end{cases} \end{cases}$$

投射光线从一点发射对物体作投影图的方法称为中心投影法，如图 4-1（a）所示；用互相平行的投射光线对物体作投影图的方法称为平行投影法。投射光线相互平行且垂直于投影面时称正投影法，如图 4-1（b）所示；投影光线相互平行但与投影面斜交时，称斜投影法，如图 4-1（c）所示。

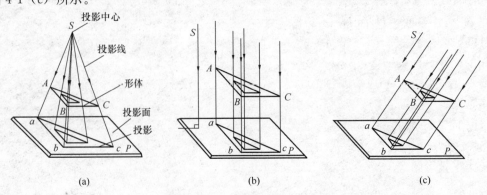

(a)　　　　　　　(b)　　　　　　　(c)

图 4-1　投影的种类

（a）中心投影；（b）正投影；（c）斜投影

正投影图能反映物体的真实形状和大小，在工程制图中得到广泛应用，因此，本节主要讨论正投影图。

3．正投影的基本特性

（1）显实性

直线、平面平行于投影面时，其投影反映实长、实形，形状和大小均不变，这种特性称为投影的显实性。如图4-2（a）所示。

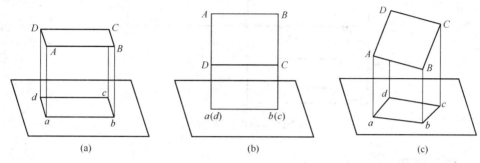

图4-2　正投影规律

（a）平面平行投影面；（b）平面垂直投影面；（c）平面倾斜投影面

（2）积聚性

直线、平面垂直于投影面时，其投影积聚为一点、直线，称投影的积聚性。如图4-2（b）所示。

（3）类似性

直线、平面倾斜于投影面时，其投影仍为直线（长度缩短）、平面（形状缩小），称投影的类似性。如图4-2（c）所示。

二、三面正投影图

1．三面投影体系

反映一个空间物体的全部形状需要六个投影面，但一般物体用三个相互垂直的投影面上的三个投影图，就能比较充分地反映它的形状和大小。这三个相互垂直的投影面称为三面投影体系，如图4-3所示。三个投影面分别称为水平投影面（简称水平面，H 面），正立投影面（立面、V 面）和侧立投影面（侧面，W 面）。各投影面间的交线称为投影轴。

2．三面投影图的形成与展开

将物体置于三面投影体系之中，用三组分别垂直于 V 面、H 面和 W 面的平行投影线（如图4-3中箭头所示）向三个投影面作投影，即得物体的三面正投影图。

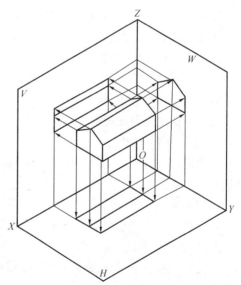

图4-3　三面投影体系

上述所得到的三个投影图是相互垂直的，为了能在图纸平面上同时反映出这三个投影，需要将三个投影面及面上的投影图进行展开，展开的方法是：V 面不动，H 面绕 OX 轴向下转 90°；W 面绕 OZ 轴向右转 90°。这样三个投影面及投影图就展平在与 V 面重合的平面上，如图 4-4 所示。在实际制图中，投影面与投影轴省略不画，但三个投影图的位置必须正确。

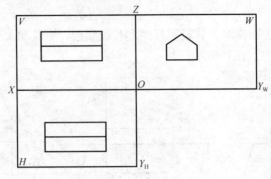

图 4-4　投影面展开图

  3. 三面投影图的投影规律

（1）三个投影图中的每一个投影图表示物体的两个向度和一个面的形状，即

1）V 面投影反映物体的长度和高度。

2）H 面投影反映物体的长度和宽度。

3）W 面投影反映物体的高度和宽度。

（2）三面投影图的"三等关系"

1）长对正　即 H 面投影图的长与 V 面投影图的长相等。

2）高平齐　即 V 面投影图的高与 W 面投影图的高相等。

3）宽相等　即 H 面投影图中的宽与 W 投影图的宽相等。

（3）三面投影图与各方位之间的关系

物体都具有左、右、前、后、上、下六个方向，在三面图中，它们的对应关系为：

1）V 面图反映物体的上、下和左、右的关系。

2）H 面图反映物体的左、右和前、后的关系。

3）W 面图反映物体的前、后和上、下的关系。

三、平面的三面正投影特性

1. 投影面平行面

此类平面平行于一个投影面，同时垂直于另外两个投影面，如图 4-5 所示，其投影特点是：

（1）平面在它所平行的投影面上的投影反映实形；

（2）平面在另两个投影面上的投影积聚为直线，且分别平行于相应的投影轴。

2. 投影面垂直面

此类平面垂直于一个投影面，同时倾斜于另外两个投影面，如图 4-6 所示。其投影图的特征为：

（1）垂直面在它所垂直的投影面上的投影积聚为一条与投影轴倾斜的直线；

（2）垂直面在另两个面上的投影不反映实形。

3. 一般位置平面

对三个投影面都倾斜的平面称一般位置平面，其投影的特点是：三个投影均为封闭图形，小于实形没有积聚性，但具有类似性。

名称	直 观 图	投 影 图	投 影 特 点
水平面	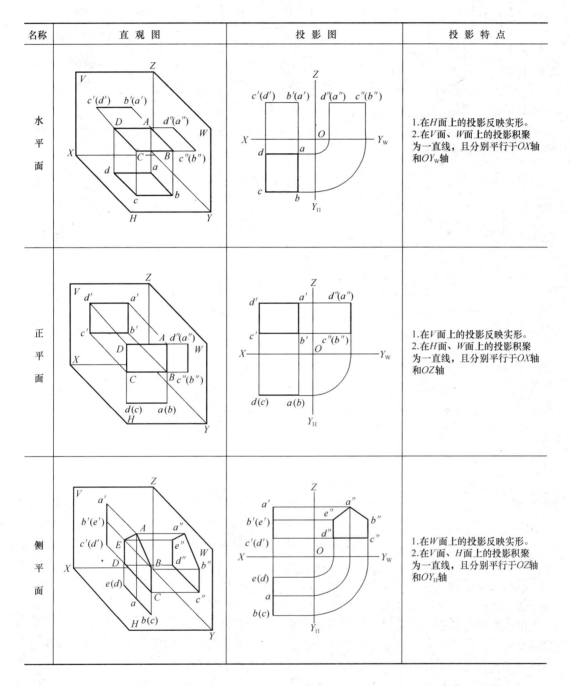		1.在H面上的投影反映实形。 2.在V面、W面上的投影积聚为一直线，且分别平行于OX轴和OYw轴
正平面			1.在V面上的投影反映实形。 2.在H面、W面上的投影积聚为一直线，且分别平行于OX轴和OZ轴
侧平面			1.在W面上的投影反映实形。 2.在V面、H面上的投影积聚为一直线，且分别平行于OZ轴和OYH轴

图 4-5　投影面平行面

27

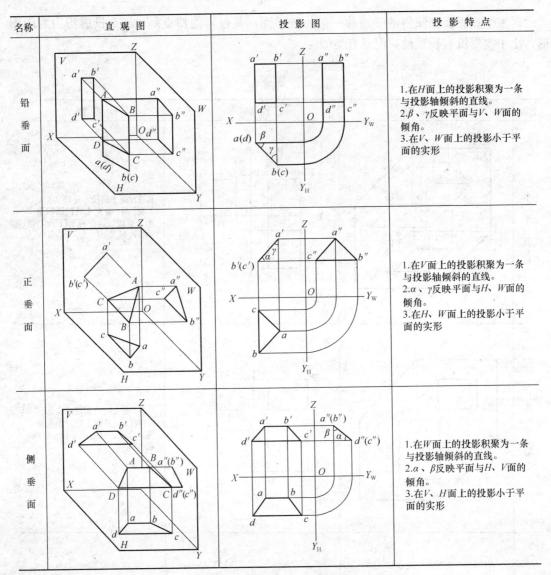

名称	直观图	投影图	投影特点
铅垂面			1.在H面上的投影积聚为一条与投影轴倾斜的直线。 2.β、γ反映平面与V、W面的倾角。 3.在V、W面上的投影小于平面的实形。
正垂面			1.在V面上的投影积聚为一条与投影轴倾斜的直线。 2.α、γ反映平面与H、W面的倾角。 3.在H、W面上的投影小于平面的实形
侧垂面			1.在W面上的投影积聚为一条与投影轴倾斜的直线。 2.α、β反映平面与H、V面的倾角。 3.在V、H面上的投影小于平面的实形

图 4-6　投影面垂直面

第二节　形体的投影

任何复杂的物体都可以分解为若干个简单的几何形体，也称为基本形体。掌握基本形体的投影图阅读，建筑物等复杂形体的投影图阅读就不成问题了。

基本形体按其表面的几何性质，可分为平面体和曲面体两类。平面体是由若干个平面围成的几何体，工程上常见的平面体有：棱柱、棱锥、棱台等。曲面体是由曲面或由曲面与平面围成的几何体，工程上常见的曲面体有：圆柱、圆锥、球等。

一、平面体的投影

图 4-7 (a) 为正四棱台的立体图，它是由四棱锥被平行于底面的平面所截而成。图 4-7 (b) 是该四棱台的三面投影图，为作图和阅读图方便，令四棱台的底面平行于 H 面，左右

两棱面垂直于 V 面，前后棱面垂直于 W 面，对 V 面的投影方向如图 4-7（a）所示。

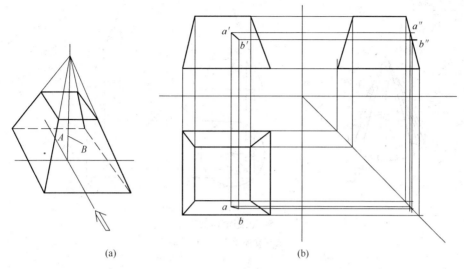

图 4-7　正四棱台的投影
（a）直观立体图；（b）投影图

若四棱台前面的棱面上有一直线 AB，如图 4-7（a）所示，现作该直线在三个投影面上的投影。

平面上直线的投影同样符合三面正投影的投影规律，而作直线的投影时，只要先按三面投影规律作该直线两个端点的投影，然后连接两端点的投影，就得该直线在三个投影面上的投影。具体的作图方法为：

（1）首先，设 AB 直线在 V 面上的投影为 $a'b'$；

（2）作 a' 点在 W 面的投影 a''，通过。a' 和 b' 求出 H 面的投影 a；

（3）同法求 b'' 及 b 点；

（4）连接 $a'b'$，ab，及 $a''b''$，即为 AB 在三个投影面上的投影。

二、曲面体的投影

图 4-8 是正圆锥体的直观图和投影图，图中正圆锥体底面平行于 H 面，故其在 H 面上的投影为圆，反映实形，而在 W 面、V 面上的投影积聚为直线。锥面的水平投影与底面在 H 面上的投影重合，且圆心即为锥顶的投影。锥面在 V 面及 W 面上的投影，是轮廓素线的投影。

若图 4-8 所示的圆锥体表面上设有 A 点，且 A 点在 V 投影面上的投影为 a'，求 A 点在三个投影面上的投影 a，a'，a''。

求曲面上点的投影的方法有素线法和纬圆法两种，图 4-8（b）中是用素线法求作的 a 及 a''。

三、组合体的投影

工程中常见的形体，多由若干个基本形体所组成，称为组合体。

1. 平面组合体的投影

图 4-9（a）是一台阶，图 4-9（b）是该台阶的三面投影图。画投影图时，先把它看成是由 4 个踏步（均为柱体）和两个边墙（为多棱柱体）所组成，这种将复杂的组合体分解为若干个基本形体的方法称为形体分析法。组合体投影图的画法一般是先用形体分析法将物体分解为多个形体（即几何体），再把组成该物体的各个基本形体的投影图一一画出，画图时

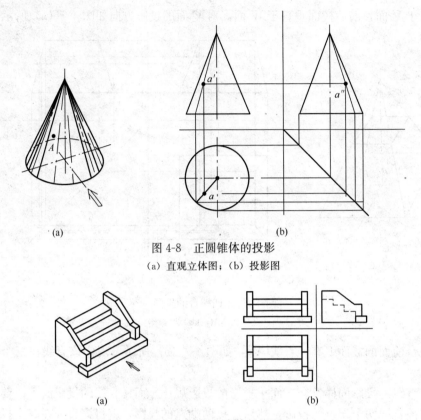

(a)   (b)

图 4-8　正圆锥体的投影

（a）直观立体图；（b）投影图

(a)   (b)

图 4-9　平面组合体投影图

（a）台阶立体图；（b）投影图

注意处理好各个组成几何体之间的结合问题，就可得出组合体的投影图。按此法画出的台阶三视图如图 4-9（b）所示。

　　2. 平面体与曲面体的组合体投影

　　图 4-10 是平面体与曲面体的组合投影图，图 4-10（a）是矩形梁与圆形柱的组合立体

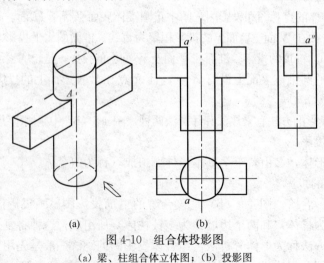

(a)   (b)

图 4-10　组合体投影图

（a）梁、柱组合体立体图；（b）投影图

图，图 4-10（b）是该组合体的三面投影图。本例图 4-10（a）的三视图是先用细实线画出柱和梁各自的三视图底稿，再按它们间的位置关系加深可见轮廓线（用粗实线），即得图 4-10（b）的投影图。

第三节　投影图阅读

一、投影图阅读方法

1. 形体分析法

形体分析法也称堆积法，是把复杂的组合体分解为多个简单的几何体（即基本形体），然后根据各部分的相对位置，就可综合想象出组合形体的形状、样式。如图 4-9 所示组合体由六个柱体组成，每个柱体的投影图弄清楚了，综合叠加就形成具有立体感的台阶的形状。

2. 线面分析法

线面分析法是以线和面的投影规律为基础，根据投影图中的某些棱线和线框，分析它们的形状和相互位置，从而想象出它们所围成形体的整体形状。

为应用线面分析法，必须掌握投影图上线和线框的含义，才能结合起来综合分析，想象出物体的整体形状。投影图中的图线（直线或曲线）可能代表的含义有：

（1）形体的一条棱线，即形体上两相邻表面交线的投影；

（2）与投影面垂直的表面（平面或曲面）的投影，即为积聚投影；

（3）曲面的轮廓素线的投影。

投影图中的线框，可能有如下含义：

（1）形体上某一平行于投影面的平面的投影；

（2）形体上某平面类似性的投影（即平面处于一般位置）；

（3）形体上某曲面的投影；

（4）形体上孔洞的投影。

二、投影图阅读步骤

阅读图纸的顺序一般是：先外形，后内部；先整体，后局部；最后由局部回到整体，综合想象出物体的形状。读图的方法，一般以形体分析法为主，线面分析法为辅。

阅读投影图的基本步骤为：

（1）从最能反映形体特征的投影图入手，一般以正立面（或平面）投影图为主，粗略分析形体的大致形状和组成；

（2）结合其他投影图阅读，正立面图与平面图对照，三个视图联合起来，运用形体分析和线面分析法，形成立体感，综合想象，得出组合体的全貌；

（3）结合详图（剖面图、断面图），综合各投影图，想象整个形体的形状与构造。

图 4-11 是某建筑物形体的三面投影图，但其中每个投影图都缺图线，试将缺线补全（称补线），并绘出

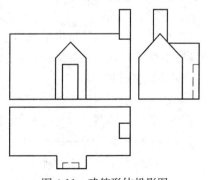

图 4-11　建筑形体投影图

该建筑的直观立体图。

第四节 轴测投影基础

一、轴测投影图的概念

轴测投影图，简称轴测图，是用一组平行投射线将物体连同确定该物体的坐标轴一起投影到一个投影面上所得到的立体图。如图 4-12 所示。轴测图能把物体三个方向的面同时反映出来，具有立体感，是一种直观性好的图。

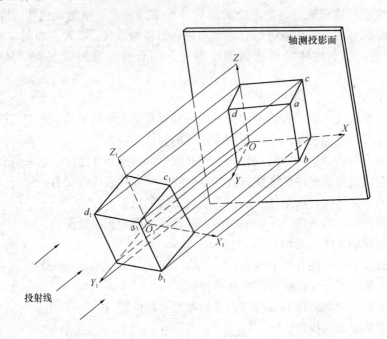

图 4-12 轴测投影图

O_1X_1、O_1Y_1、O_1Z_1 为坐标轴；

OX、OY、OZ 为轴测轴；$\angle XOY$、$\angle ZOX$、$\angle ZOY$ 为轴间角

二、轴测投影图的分类

1. 轴测正投影

当物体三个方向的坐标轴倾斜于投影面，而平行投射线垂直于投影面所得的轴测投影称为轴测正投影，也称正轴测。常见的正轴测图有正等测和正二测图。

2. 轴测斜投影

当物体两个方向的坐标轴与投影面平行，投射线与投影面倾斜所形成的轴测投影称轴测斜投影，简称斜轴测。常见的斜轴测图有正面斜轴测和水平斜轴测图。

三、常用轴测投影图的画法

在轴测投影中，随着物体坐标轴与投影面的相对位置不同以及投影方向的不同，可得到不同的轴间角和轴向变形系数。几种常用的轴测图示于图 4-13～图 4-16 中。

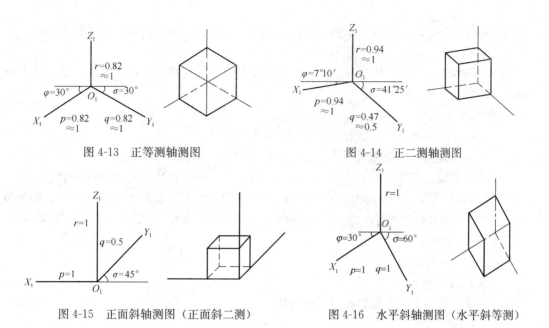

图 4-13　正等测轴测图　　　　　　　　图 4-14　正二测轴测图

图 4-15　正面斜轴测图（正面斜二测）　　　图 4-16　水平斜轴测图（水平斜等测）

第五节　剖面图与断面图

一、剖面图

1. 剖面图的形成

用假想的剖切平面将形体剖开，移去剖切平面与观察者之间的那部分形体，画出余下部分的正投影图，即得该物体的剖面图。如图 4-17 及图 4-18 所示。

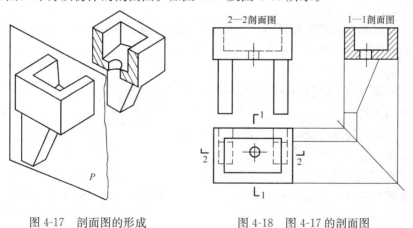

图 4-17　剖面图的形成　　　　　图 4-18　图 4-17 的剖面图

2. 剖面图的标注方法

（1）剖切位置

一般把剖切平面设置成平行于某一投影面的位置，或设置在图形的对称轴线位置及需要剖切的洞口中心。

（2）剖切符号

也叫剖切线，由剖切位置线和剖视方向所组成。用断开的两段粗短线表示剖切位置，在它的两端画与其垂直的短粗线表示剖视方向，短线在哪一侧即表示向该方向投影。

（3）编号

用阿拉伯数字编号，并注写在剖视方向线的端部，编号应按顺序由左至右，由下而上连续编排，如图 4-18 所示。

3. 剖面图的画法

剖面图应画出剖切后留下部分的投影图，绘图要点是：

（1）图线　被剖切的轮廓线用粗实线，未剖切的可见轮廓线为中或细实线。

（2）不可见线　在剖面图中，看不见的轮廓线一般不画，特殊情况可用虚线表示。

（3）被剖切面的表示　剖面图中的切口部分（剖切面上），一般画上表示材料种类的图例符号；当不需示出材料种类时，用 45°平行细线表示；当切口截面比较狭小时，可涂黑表示。

4. 剖面图的种类

按剖切位置可分为两种：

（1）水平剖面图

当剖切平面平行于水平投影面时，所得的剖面图称为水平剖面图，建筑施工图中的水平剖面图称平面图。

（2）垂直剖面图

若剖切平面垂直于水平投影面所得到的图称垂直剖面图，图 4-18 中的 1—1 剖面称横向剖面图，2—2 剖面称纵向剖面图，二者均为垂直剖面图。

按剖切面的形式可分为：

（1）全剖面图

用一个剖切平面将形体全部剖开后所画的剖面图。如图 4-18 所示的两个剖面均为全剖面图。

（2）半剖面图

当物体的投影图和剖面图都是对称图形时，采用半剖的表示方法，如图 4-19 所示。图中投影图与剖面图各占一半。

（3）阶梯剖面图

用阶梯形平面剖切形体后得到的剖面图，如图 4-20 所示。

（4）局部剖面图

形体局部剖切后所画的剖面图，如图 4-21 所示。

二、断面图

1. 断面图的形成

断面图亦称截面图。剖切平面将形体剖开后，画出剖切平面与形体相截部分的投影图即得断面图，如图 4-22 所示。

2. 断面图的标注方法与画法

断面图的剖切位置线仍用断开的两段短粗线表示；剖视方向用编号所在的位置来表示，编号在哪方，就向哪方投影；编号用阿拉伯数字。

断面图只画被切断面的轮廓线，用粗实线画出，不画未被剖切部分和看不见部分。断面内按材料图例画；断面狭窄时，涂黑表示；或不画图例线，用文字予以说明。

3. 断面图的三种表示方法

（1）将断面图画在视图之外适当位置称移出断面图。移出断面图适用于形体的截面形状变化较多的情况。如图 4-22 中 1—1 和 2—2 断面图。

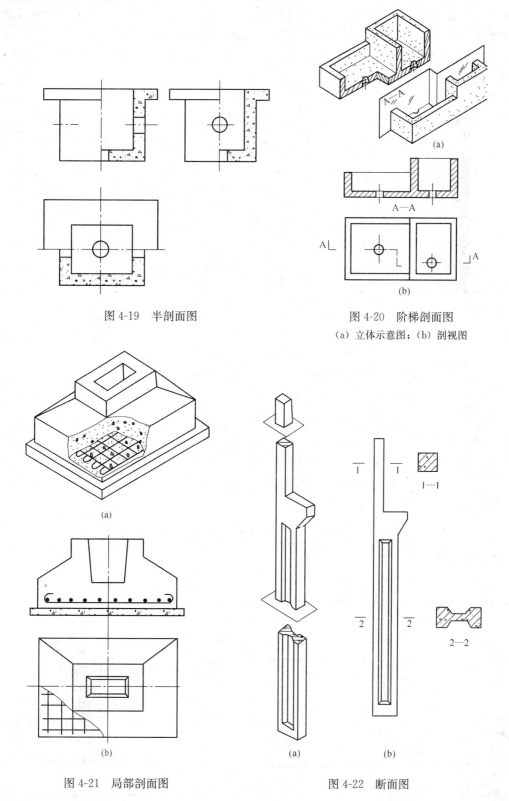

图 4-19　半剖面图

图 4-20　阶梯剖面图
（a）立体示意图；（b）剖视图

A—A

1—1

2—2

图 4-21　局部剖面图

图 4-22　断面图

（2）将断面图画在视图之内称折倒断面图或重合断面图。它适用于形体截面形状变化较少的情况。断面图的轮廓线用粗实线，剖切面画材料符号；不标注符号及编号。图 4-23 是现浇楼层结构平面图中表示梁、板及标高所用的断面图。

（3）将断面图画在视图的断开处，称中断断面图。此种图适用于形体为较长的杆件且截面单一的情况。如图 4-24 所示。

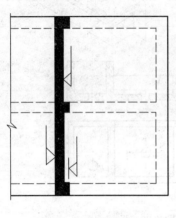

图 4-23　折倒断面图

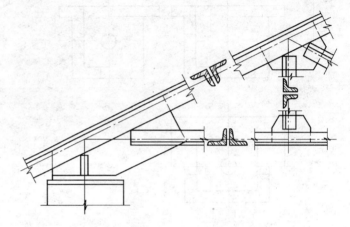

图 4-24　中断断面图

第六节　建筑制图国家标准

本节所列制图标准系按住房和城乡建设部发布的国标 GB 50001—2010 编制，本书其他章节所涉及的材料，构件图例以及构件代号等均以该标准为依据，该标准为现行国家标准。

一、线型

工程图样是由各种不同型式、不同宽度的图线组成的。建筑制图应根据图样的复杂程度和比例大小选用表 4-1 所示的线型。

表 4-1　图线类型及应用范围

序号	名称	线　型	宽度	适　用　范　围
1	粗实线		b	1. 立面图外轮廓线，剖切线； 2. 平面图、剖面图的截面轮廓； 3. 图框线
2	中实线		$b/2$	平、立面图上门、窗和突出部分（檐口、窗口、台阶等）的外轮廓线
3	细实线		$b/4$	1. 尺寸线、尺寸界线及引出线等； 2. 剖面图中的次要线条（如粉刷线）
4	粗单点长细线		b	结构平面图中梁和桁架的轴线位置线、吊车轨道

序号	名称	线　型	宽度	适　用　范　围
5	细单点长画线	—————·—————	$b/4$	1. 定位轴线； 2. 中心线
6	粗虚线	▬▬ ▬▬ ▬▬ ▬▬	b	地下管道
7	中虚线	▬ ▬ ▬ ▬ ▬	$b/2$	1. 不可见轮廓线； 2. 一些图例（如吊车、搁板、阁楼等）
8	折断线	——————／\／———	$b/4$	被断开部分的界线
9	波浪线	∿∿∿∿	$b/4$	表示构造层次的局部界线

二、比例

图样的比例是图形与实际建筑物相对应的线性尺寸之比。例如 1∶100 就是用图上 1m 的长度表示房屋实际长度 100m。比例的大小系指比值的大小，如 1∶50 大于 1∶100。建筑工程中大都用缩小比例。比例宜注写在图名的右侧。绘图所用比例，应根据图样的用途和复杂程度选用，表 4-2 是建筑制图常用比例。

表 4-2　常　用　比　例

常用比例	1∶1，1∶2，1∶5，1∶10，1∶20，1∶50，1∶100，1∶200，1∶500， 1∶1000，1∶2000，1∶5000，1∶10000，1∶20000，1∶50000，1∶100000， 1∶200000

三、尺寸标注

1. 图样上的尺寸

图样上的尺寸应包括：尺寸界线、尺寸线、尺寸起止符号和尺寸数字。如图 4-25 所示。

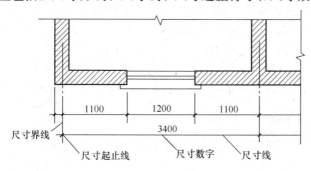

图 4-25　尺寸的组成与标注

2. 尺寸数字的读数方向

当尺寸线为水平时，尺寸数字注写在尺寸线上方中部，从左至右顺序读数；当尺寸线为竖直时，尺寸数字注写在尺寸线的左侧中部，从下至上顺序读数；当尺寸线为倾斜时，则以读数方便为准。

3. 半径、直径、角度的标注

半径的尺寸线、应一端从圆心开始，另一端画箭头指至圆弧。半径数字前应加半径符号

37

"R"。直径的尺寸线应通过圆心，两端画箭头指至圆周，直径数字前，应加符号"φ"。角度的尺寸线应以圆弧表示。角度的起止符号以箭头表示，或用圆点代替。

4. 尺寸单位

图样上的尺寸单位，除标高和总平面图以米（m）为单位外，均以毫米（mm）为单位。

四、标高

房屋各主要部位的高度用标高表示。标高符号用细实线绘制，其形式如图 4-26 所示。其中图 4-26（a）为一般情况下使用，图 4-26（b）是标注位置不够时使用，图 4-26（c）是总平面图的室外地坪标高使用的标高符号。标高数字应以 m 为单位，注至小数点后第三位。零点的标高应写成±0.000，正数标高不注"＋"，负数标高应注"－"。

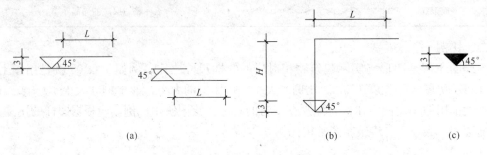

图 4-26　建筑标高符号

五、索引符号和详图符号

表示详图与基本图，详图与详图之间关系的一套符号称索引符号和详图符号。

1. 索引符号

图样中的某一局部或构件，如需另画详图表示时，采用索引符号索引，如图 4-27（a）所示。索引符号用细实线绘制直径为 10mm 的圆及水平直径，上半圆内标注详图编号，下半圆中标注详图所在的图纸编号，如图 4-27 所示。其中图 4-27（b）表示所画的详图在同一张图纸内；图 4-27（c）表示所画的详图不在同一张图纸内，而在图纸编号为"2"的图纸内；图 4-27（d）表示采用标准图，其标准图册的编号为 J103。

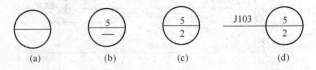

图 4-27　索引符号

索引符号用于索引剖面详图时，应在索引符号的引出线一侧画一粗实线，表示剖切位置线，引出线所在的一侧应为投射方向，如图 4-28 所示。

2. 详图符号

详图的位置和编号以详图符号表示，详图符号用粗实线绘制，编号的规定为：

（1）图 4-29（a）表示详图与被索引的图样在同一张图纸上，详图符号内注写详图的编号；

（2）图 4-29（b）表示详图与被索引的图样不在同一张图纸上，详图符号的上半圆中注写详图编号，下半圆中注写被索引图纸编号。

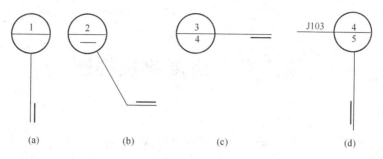

图 4-28　用于索引剖面详图的索引符号

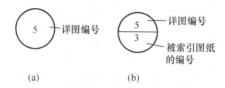

图 4-29　详图符号

第五章　房屋建筑构造

第一节　民用建筑构造

一、建筑物的构造组成

1. 建筑物的分类

（1）按房屋的用途分为四大类

民用建筑：包括居住建筑和公共建筑。

工业建筑：各类工业生产用生产车间、辅助车间、动力设施、仓库等。

农业建筑：农、禽、牧、渔等生产用房，如饲养场、农机站。

工程构筑物：指非房屋类的土建工程，如水塔、电视塔、烟囱等。

（2）按主要承重结构材料分为五大类

木结构：主要由木柱、木梁形成构架的建筑物。

砖木结构：墙柱用砖砌筑，楼板、屋架用木料制作。

混合结构：建筑物的墙柱用砖砌筑，楼板、楼梯、屋顶为钢筋混凝土。

钢筋混凝土结构：梁、柱、楼板、楼梯、屋架、屋面板均为钢筋混凝土，墙用砖或其他材料。

钢结构：承重的梁、柱、屋架用钢材，楼板用钢筋混凝土，墙用砖或其他材料。

（3）按结构形式分为三大类

1）混合结构体系：指同一结构体系中采用两种或两种以上不同材料组成的承重结构，包括砖混结构、内框架和底层框架结构等。

2）框架结构体系：是指以梁柱组成整体框架作为建筑物的承重体系。目前，多层工业厂房和仓库、办公楼、旅馆、医院、学校、商场等广为采用框架结构。框架结构的合理层数，一般为 6～15 层，最经济的层数是 10 层左右。

3）剪力墙结构体系：当前剪力墙结构体系主要有框架-剪力墙结构、剪力墙结构、框支剪力墙结构和筒式结构四大类。

各种结构体系适用层数范围如图 5-1 所示。

2. 民用建筑的构造组成

一般民用房屋的构造由基础、墙或柱、楼地面、屋顶、楼梯、门窗六大部分组成，如图 5-2 所示。

二、基础

1. 地基的种类

建筑物埋置在土层中的那部分承重结构称为基础，而支承基础传来荷载的土（岩）层称为地基。工程中用作地基的土壤有：砂土、黏土、碎石土、杂填土及岩石。按工程预算定额将土壤分为四类，其中一、二类土合并为普通土；岩石分为两类：普通岩和坚硬岩。

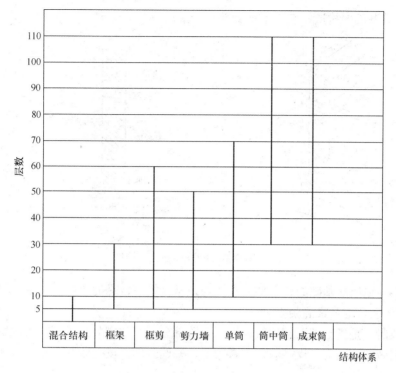

图 5-1 各种结构体系适用层数范围

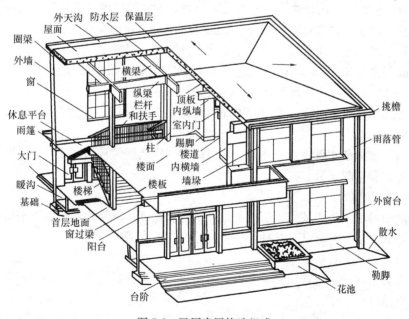

图 5-2 民用房屋构造组成

地基分为天然地基和人工地基两大类。应用自然土层作地基的称天然地基；经过人工加固处理的地基称人工地基，常用的人工地基有：压实地基、换土地基和桩基。

2. 基础的构造组成

图 5-3 是砖基础的构造，它由下列五部分组成。

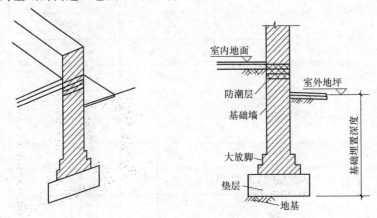

图 5-3　砖基础的构造

（1）垫层　垫层在基础的最下部，直接与地基接触。常见的垫层有灰土（二八灰土或三七灰土），碎砖三合土及素混凝土。

（2）大放脚　是指基础下部逐级放大的台阶部分。大放脚分为等高式大放脚和间隔式大放脚两种。前者的砌法为二皮一收；后者为二、一间收即二皮一收与一皮一收相间隔。每次收进宽度均为 1/4 砖长。

（3）防潮层　为防止地下水或室外地面水对墙及室内的浸入而设置的一道防水处理层。防潮层的位置一般设在室内地面以下一皮砖处（并在地面层厚度之内，室外地坪以上）。

墙身防潮层的主要做法有以下三种。①油毡防潮层：在防潮层位置（-0.060）的墙身找平层上干铺一层油毡，或在找平层上涂冷底子油一道，做成"一毡二油"；②防水砂浆防潮层：在防潮层位置抹 25mm 厚 1∶2 防水砂浆；③钢筋混凝土防潮层：在防潮层位置做 60mm 厚的 C20 细石混凝土，每半砖配 1ϕ6 纵筋。

（4）基础墙　从构造上讲，大放脚顶面至防潮层为基础墙；在预算中的工程量计算上，一般以室内地坪±0.000 为上界，上界以下为基础。

（5）勒脚　勒脚是外墙接近室外地面部位的加固构造层。常用做法有：贴面类、铺砌类及抹灰类三种，参见图 5-11。

3. 常用基础种类

按基础的材料可分为砖基础、灰土基础、三合土基础、混凝土基础及钢筋混凝土基础。

按构造形式，常见的有以下几种：

（1）条形（或带形）基础

一般用于墙下基础，通常用砖、毛石、混凝土或钢筋混凝土砌筑。如图 5-3 所示。

（2）独立基础

也称单独基础或点式基础，这是柱下基础的主要形式，基础呈台阶形或台锥形或杯形，底面可为方形、矩形或圆形，图 5-4 是常见的几种独立基础。

（3）井格基础

当柱子荷载较大，地基又比较软弱不匀时，可将柱下各单独基础单向连接，做成柱下条形基础（图 5-5）或双向连接成井格基础，如图 5-6 所示。

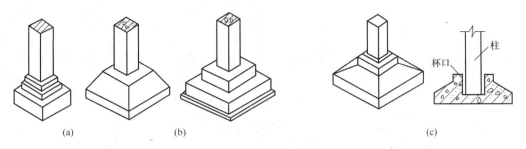

图 5-4 独立基础

(a) 砖柱基础；(b) 现浇钢筋混凝土柱基础；(c) 杯形基础

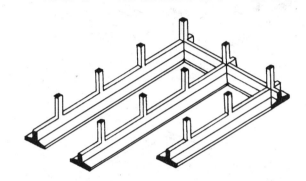

图 5-5 柱下条形基础

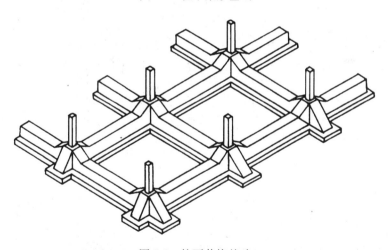

图 5-6 柱下井格基础

（4）满堂基础

满堂基础又称板式基础或筏形基础，它是将井格基础的底面连成整板，如图 5-7 所示。筏形基础一般分柱下筏基（框架结构下的筏基）和墙下筏基（承重墙结构下的筏基）两类。

（5）箱形基础

箱形基础是由顶板、底板和纵横隔墙所组成的连续整体式基础，用于高层或超高层建筑，其内部空间可用作地下室、仓库或车库等。构造形式见图 5-8。

（6）桩基础

当建筑物荷载很大，地基的软弱土层又较厚时，常用桩基础。桩基础由若干根桩和承台

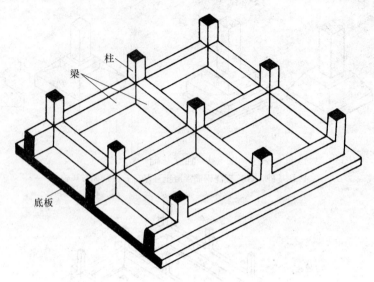

图 5-7 满堂基础

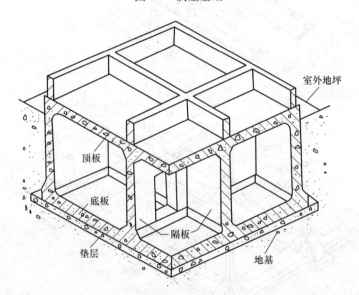

图 5-8 箱形基础

组成。按桩的受力状态可分为端承桩和摩擦桩两类,如图 5-9 所示。

当前使用最多的是钢筋混凝土桩,分为预制桩和灌注桩两大类。预制桩按制作材料不同可分为钢筋混凝土桩、预应力钢筋混凝土桩和钢桩等;灌注桩是先在桩位上成孔,然后在孔中放入钢筋笼,再灌注混凝土等材料而形成的桩,按成孔的方法不同,又可分为钻孔灌注桩、冲孔灌注桩、套管成孔灌注桩和爆扩灌注桩等。图 5-10 是几种桩基示意图。

三、墙体

1. 墙体的类型

墙是建筑物的重要组成部分,其主要作用是承重、围护和分隔。按其位置不同,有外墙和内墙之分,凡位于房屋四周的墙称为外墙,其中在房屋两端的墙称山墙,与屋檐平行的墙称檐墙。凡位于房屋内部的墙称内墙。另外,与房屋长轴方向一致的墙称纵墙,与房屋短轴

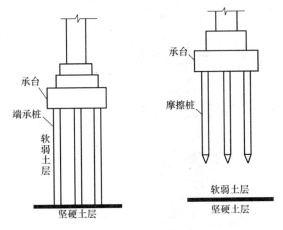

图 5-9　端承桩和摩擦桩

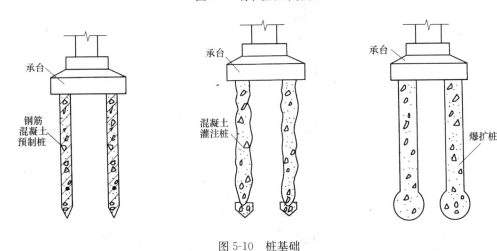

图 5-10　桩基础

方向一致的墙称横墙。

按其受力情况，墙可分为承重墙和非承重墙，非承重墙不承受上部传来的荷载，包括自承重墙、框架墙和隔墙。

按墙体所用材料可分为砖墙、石墙、砌块墙和混凝土墙及板材墙等。

按墙体的厚度分，常用的有 490（二砖）墙，370（一砖半）墙，240（一砖）墙，180（一平一立）墙，120（半砖）墙和 60（1/4 砖）墙。

2. 砖砌墙体的构造

砖墙由砖和砂浆叠砌而成，常见的墙体有实心墙、空斗墙、空花墙（花格墙）和空心砖墙（多孔砖墙）等。砖墙体的细部构造包括门窗过梁、窗台、圈梁、构造柱、变形缝等。如图 5-11 所示。

（1）门窗过梁

门窗过梁是指门窗洞口顶上的横梁。过梁的种类很多，目前常用的有砖砌过梁和钢筋混凝土过梁两类。砖砌过梁又分为砖砌平拱过梁和钢筋砖过梁两种；钢筋混凝土过梁分为现浇和预制两种，如图 5-12 所示。

（2）窗台

45

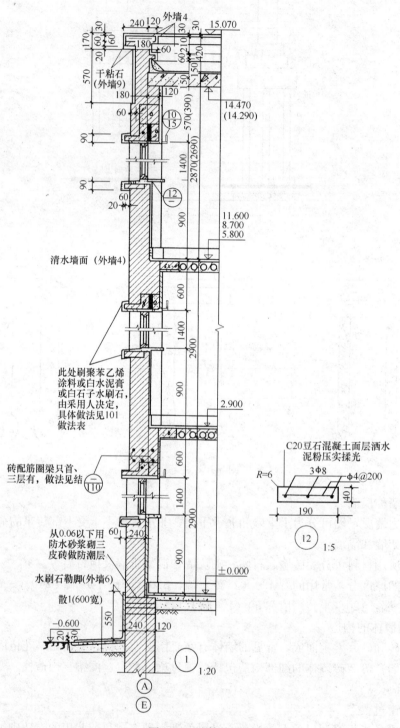

图 5-11 墙体构造

窗台是窗洞下部的排水构造，分室外窗台和室内窗台，按所用材料不同，有砖砌窗台和预制钢筋混凝土窗台两种。图 5-13 是几种窗台的构造。

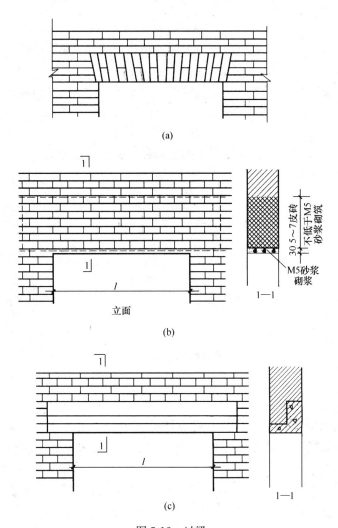

图 5-12 过梁

（a）砖砌平拱过梁；（b）钢筋砖过梁；（c）钢筋混凝土过梁

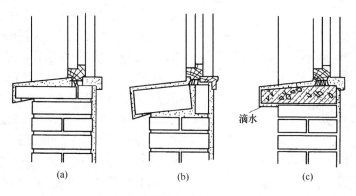

图 5-13 窗台

（a）平砌外窗台；（b）侧砌外窗台，木内窗台；（c）预制钢筋混凝土窗台，抹灰内窗台

（3）圈梁

圈梁是沿房屋周边外墙及部分内墙设置的连续封闭的梁。圈梁的位置一般设置在：

1）设在檐口部位的称檐口圈梁；

2）设在层间楼板下口的墙上或与门窗洞口过梁结合（圈梁代替过梁）的圈梁称楼层圈梁；

3）设在基础顶面的称地圈梁或地（基）梁。

圈梁一般有钢筋砖圈梁和钢筋混凝土圈梁两种，如图 5-14 所示。

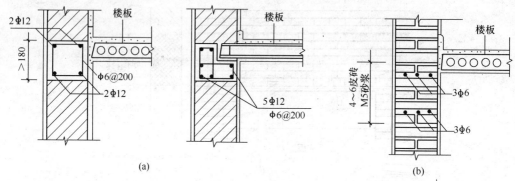

(a)　　　　　　　　　　　　　　　　　　(b)

图 5-14　圈梁

（a）钢筋混凝土圈梁；（b）钢筋砖圈梁

（4）构造柱

构造柱是建筑物的抗震措施，用以增强房屋的整体性，并不作为承重构件。构造柱通常设在建筑物的外墙转角处，内外墙交接处，楼梯间的四角以及某些薄弱部位。构造柱嵌做在墙内，且要与圈梁连接成整体，形成空间骨架，提高墙体抵抗变形的能力，如图 5-15 所示。

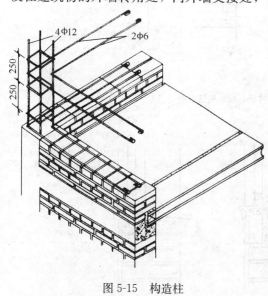

图 5-15　构造柱

（5）变形缝

变形缝包括伸缩（温度）缝、沉降缝和防震缝，用以避免温度变化、基础不均匀沉降和地震引起的墙体破坏。

变形缝的设置：若为伸缩缝，应将基础顶面以上的全部结构分开，缝宽一般在 20～30mm 之间；沉降缝应从基础底开始贯穿到屋顶全部断开，缝宽与地基及建筑物高度有关，一般在 30～120mm；设防烈度为 8～9 级的地震区，应从房屋的基础顶面开始，沿全高设置防震缝，缝隙宽度常取 50～70mm。变形缝处墙体构造参见图 16-4 及图 16-5。

四、楼板与楼地面

1. 楼板

楼板是房屋的水平承重构件，搁置在墙上或梁上，楼板的上表面层称楼层地面，下表面是天棚。

按所用材料不同，楼板可分为现浇钢筋混凝土楼板和预制钢筋混凝土楼板、砖拱楼板和木楼板等，使用最多的是前两种。

（1）现浇钢筋混凝土楼板

常用的现浇钢筋混凝土楼板按结构类型可分为板式楼板、梁板式（肋形）楼板和无梁楼板三种。梁板式楼板一般由主梁、次梁和板组成（图5-16）；当房间接近方形时，便无主梁次梁之分，梁的截面等高，形成井格式梁板结构，如图5-17所示。无梁楼板是将楼板直接支承在墙或柱上，是不设梁的楼板（图5-18）。

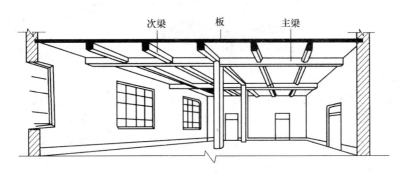

图 5-16　梁板式楼板

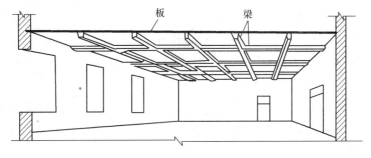

图 5-17　井格式楼板

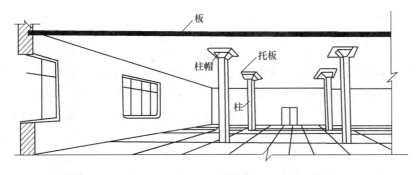

图 5-18　无梁楼板

（2）预制钢筋混凝土楼板

常见的预制楼板有实心板、空心板、槽形板（分正槽形板和反槽形板）和 T 形板等，每种类型的板又有多种规格，其构造形式见图5-19，其中以圆孔空心板使用居多。

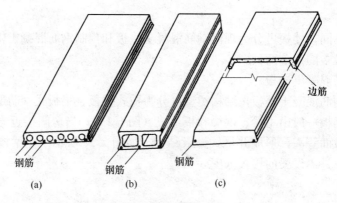

图 5-19 预制钢筋混凝土楼板
(a) 圆孔空心板；(b) 方孔空心板；(c) 正槽形板

2. 楼地面

楼地面是楼层地面和底层地面的总称。楼地面的基本组成为面层、垫层和基层。按楼地面面层的材料和做法不同，大致分为整体地面、铺贴地面和木地面等。

（1）整体地面包括水泥砂浆地面、混凝土地面和现浇水磨石地面，图 5-20 是它们的典型构造简图。

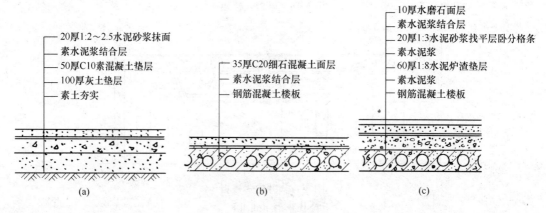

图 5-20 整体地面
(a) 水泥砂浆地面；(b) 细石混凝土楼面；(c) 现浇水磨石楼面

（2）铺贴地面是利用各种块料铺贴在基层上的地面。常用的铺贴材料有天然大理石板、天然花岗岩板、预制水磨石板、地（缸）砖、陶瓷锦砖（马赛克）和塑料板块等。

（3）木地面有长条和拼花两种，可空铺也可实铺，实铺法是在混凝土上铺木板（条）而制成，图 5-21 是几种常见的木地板构造。

五、楼梯

楼梯是房屋各楼层间的垂直交通设施。常见的楼梯有木楼梯、钢筋混凝土楼梯和钢楼梯等。一般采用单跑楼梯、双跑楼梯、三跑楼梯和圆形楼梯等，其中钢筋混凝土楼梯及双跑式楼梯应用最广。楼梯由楼梯段、平台、栏杆（或栏板）和扶手三部分组成，图 5-22 是双跑楼梯的组成。

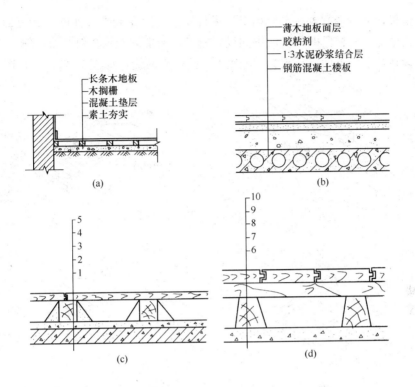

图 5-21　常见木地板构造

（a）有搁栅木地板；（b）直接铺贴木地板；（c）单层企口硬木地板；（d）双层企口硬木地板

1—钢筋混凝土楼板；2—细石混凝土基层；3—木楞（预埋铁件固定、1∶3水泥砂浆坞龙骨）；4—防腐油；

5—硬木企口地板条；6—细石混凝土基层；7—木楞；8—防腐油；9—毛地板；10—硬木企口地板条

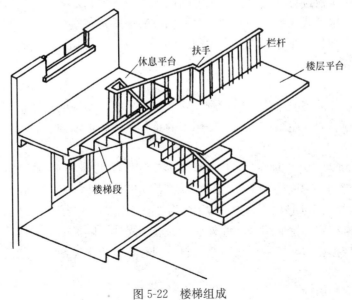

图 5-22　楼梯组成

1.现浇钢筋混凝土楼梯

现浇钢筋混凝土楼梯的结构形式分板式楼梯和梁板式楼梯两种。板式楼梯的梯段可视为一块斜放的整板，上下端搁置在平台梁上，平台梁又支承在墙上，如图 5-23 （a）所示。另一种是梁板式楼梯，楼梯段的两侧或中间设置斜梁，踏步板支承在斜梁上，斜梁支承在平台上。斜梁可设在踏步的下面（正置）、上面（反置）或两侧，如图 5-23 （b）、图 5-23 （c）、图 5-23 （d）所示。

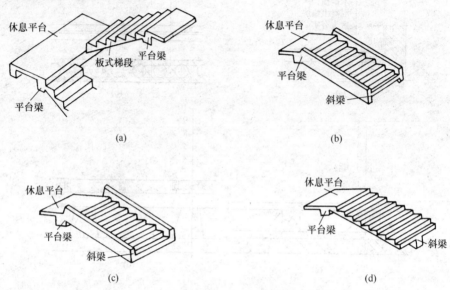

图 5-23　现浇钢筋混凝土楼梯
(a) 板式楼梯；(b)、(c)、(d) 梁板式楼梯

2. 预制钢筋混凝土楼梯

预制装配式钢筋混凝土楼梯种类较多，一般分为小型构件和大型构件两种。小型构件装配式是用预制的踏步板进行安装，踏步板的断面可为一字形，三角形，L 形或 ┌ 形，安装方式主要有梁承式、墙承式和悬挑式三种。大型构件装配式是将整个楼梯段（板式梯段或梁板式梯段）做成一个构件，平台板与平台梁可分可合，甚至可以将平台板、梁和梯段连在一起，整体预制安装。

六、屋顶

屋顶是房屋顶部的围护结构，用于避风雨，防寒隔热。屋顶的形式很多，从外形看主要有平屋顶、坡屋顶和曲面屋顶三大类，使用多的是平屋顶和坡屋顶。

1. 平屋顶

平屋顶是一种坡度很小的坡屋顶，一般坡度在 5% 以内，以利排水。排水可分为有组织排水和无组织排水两类。无组织排水是将屋面做成挑檐，伸出檐墙外，使屋面雨水经挑檐自由下落；有组织排水是利用屋面排水坡度，将雨水排到檐沟，汇入雨水口，再经雨水管排到地面。

平屋顶由承重结构和屋面组成，此外还有保温、隔热、隔汽层等，应根据地区和需要设置。承重结构与楼板相似，屋面层按防水材料不同有卷材防水屋面、涂膜防水屋面和刚性防水屋面等。

（1）卷材防水平屋顶

卷材防水平屋顶又可分为保温平屋顶、不保温平屋顶和隔热平屋顶三种。保温隔热隔汽平屋顶的典型构造层次如图 5-24 所示。图 5-25 是常见的架空隔热屋面构造简图。

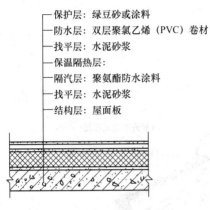

保护层：绿豆砂或涂料
防水层：双层聚氯乙烯（PVC）卷材
找平层：水泥砂浆
保温隔热层：
隔汽层：聚氨酯防水涂料
找平层：水泥砂浆
结构层：屋面板

图 5-24　保温隔热隔汽不上人
平屋顶节能构造层次图

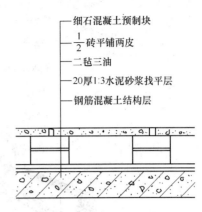

细石混凝土预制块
$\frac{1}{2}$ 砖平铺两皮
二毡三油
20厚1:3水泥砂浆找平层
钢筋混凝土结构层

图 5-25　架空隔热板平屋顶

（2）刚性防水平屋顶

刚性防水平屋顶是以防水砂浆或细石混凝土等刚性材料为防水层的屋面。细石混凝土防水层是在屋面板上用 C20 防水细石混凝土浇筑 40～50mm 厚，内配 $\phi6$ 或冷拔 $\phi4^b$ 双向钢筋网，刚性防水层应设置分格缝，纵横缝的间距为 3～5m，每块面积不应大于 20m²。如图 5-26 所示。

2. 坡屋顶

坡屋顶的坡度较陡，一般在 10％ 以上，通常由承重层、屋面层和顶棚组成。常用屋架作承重层，按材料分有木屋架、钢屋架、钢木屋架、钢筋混凝土屋架等；屋面层由屋面支承构件和屋面防水层组成，屋面防水材料多用黏土瓦（包括平瓦、小青瓦、筒瓦）、水泥瓦和石棉瓦，以及瓦楞铁皮、玻璃钢波形瓦等。图 5-27 是平瓦坡屋面构造，图 5-28 是钢筋混凝土屋面板平瓦坡屋面构造。

3. 顶棚

顶棚，又称天棚、平顶、吊顶或天花。主要用来把屋顶（或楼板）承重结构隐蔽起来，使房间顶部平整、室内明亮、洁净美观，同时也可增加屋顶的保温隔热性能。顶棚通常做成水平的，也可沿屋面坡度做

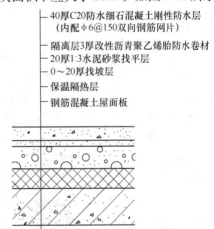

40厚C20防水细石混凝土刚性防水层
（内配 $\phi6@150$ 双向钢筋网片）
隔离层3厚改性沥青聚乙烯胎防水卷材
20厚1:3水泥砂浆找平层
0～20厚找坡层
保温隔热层
钢筋混凝土屋面板

图 5-26　刚性防水节能屋面

成倾斜的，以增加室内使用空间。按不同要求，天棚分为吊顶天棚和抹灰天棚两类。

（1）吊顶天棚

吊顶天棚，亦称吊平顶，是悬吊在屋顶下或楼板层下的顶板，其构造基本上是由吊筋，主、次龙骨（搁栅）和面层三部分组成。吊筋有木条、钢筋、铅丝等，吊于屋架下弦（或檩条）及楼板下，吊筋的下端再悬吊主、次龙骨，龙骨是吊顶的承重结构，有木龙骨、轻钢龙骨和铝合金龙骨。顶棚面层可用多种材料，常用的有抹灰类和板材类。抹灰类包括木板条抹灰、钢丝网抹灰；板材类木质类的如胶合板、纤维板、木丝板、刨花板等；矿物类的如石棉水泥板、石棉吸声板、石膏板、矿棉板等；金属吊顶板，其中铝扣板、铝蜂窝吊顶板使用较多。图 5-29 和图 5-30 分别是 T 形和 U 形轻钢龙骨板材面吊顶的构造图。

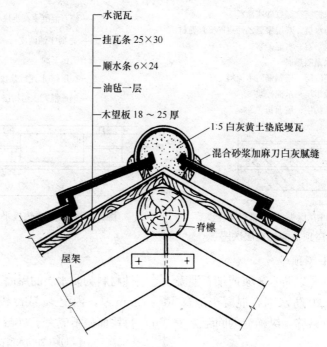

水泥瓦

挂瓦条 25×30

顺水条 6×24

油毡一层

木望板 18~25 厚

1:5 白灰黄土垫底塂瓦

混合砂浆加麻刀白灰腻缝

脊檩

屋架

图 5-27　平瓦屋面构造

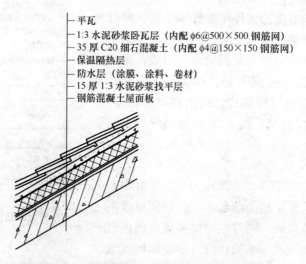

平瓦
1:3 水泥砂浆卧瓦层（内配 φ6@500×500 钢筋网）
35 厚 C20 细石混凝土（内配 φ4@150×150 钢筋网）
保温隔热层
防水层（涂膜、涂料、卷材）
15 厚 1:3 水泥砂浆找平层
钢筋混凝土屋面板

图 5-28　钢筋混凝土屋面板节能平瓦坡屋面构造

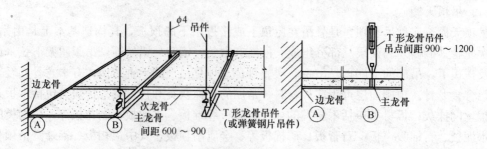

φ4
吊件
T 形龙骨吊件
吊点间距 900~1200

边龙骨

次龙骨
主龙骨
间距 600~900

T 形龙骨吊件
（或弹簧钢片吊件）

边龙骨　　主龙骨

Ⓐ　　Ⓑ

Ⓐ　　Ⓑ

图 5-29　T 形轻钢龙骨板材面吊顶构造

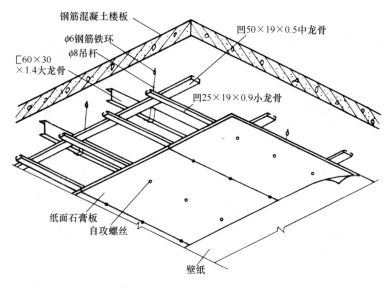

钢筋混凝土楼板
φ6钢筋铁环
φ8吊杆
凹50×19×0.5中龙骨
[60×30×1.4大龙骨
凹25×19×0.9小龙骨
纸面石膏板
自攻螺丝
壁纸

图 5-30　U 形轻钢龙骨纸面石膏板吊顶构造

（2）抹灰顶棚

抹灰顶棚是直接对楼板层底面或屋顶的板底进行抹灰、喷浆或贴塑料壁纸等。最简单的做法是：当楼板底面较平或不需要平整时，可直接抹灰，厚度 810mm；当底面不平整或有缝隙时，应先嵌缝，再刷石灰水二度或喷浆一道。

七、门窗

1. 门

门是由门框、门扇、亮子、玻璃及五金零件等部分组成。亮子又称腰头窗（简称腰头、腰窗）；门框又叫门樘子，由边框、上框、中横框等组成；门扇由上冒头、中冒头、下冒头、边梃、门芯板等组成；五金零件包括铰链、插销、门锁、风钩、拉手等。图 5-31 是木门的构造简图。

制门的材料有多种，常见的主要有木门、塑钢门和铝合金门等；按门的开启形式可分为：平开门、弹簧门、折叠门、转门、卷帘门等；若按门的用料和构造可分为镶板门、夹板门、玻璃门、纱门、百叶门等；此外，还有一些特殊要求的门，如自动门、隔声门、保温门、防火门、防射线门等。

塑钢门和铝合金门是目前使用较多的高档门，按结构和开启方式可分为平开门、推拉门、弹簧门等，图 5-32 是铝合金地弹簧门的构造。

2. 窗

窗按所用材料不同分为木窗、塑钢窗、铝合金窗等；按开启方式可分为平开窗，中悬窗，上、下悬窗，立式转窗，水平、垂直推拉窗，百叶窗，隔声保温窗，固定窗，防火窗，橱窗，防射线观

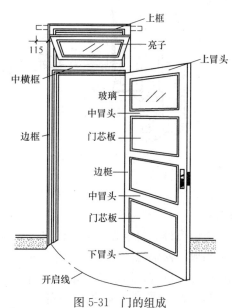

上框
亮子
115
上冒头
中横框
玻璃
中冒头
门芯板
边框
边框
中冒头
门芯板
下冒头
开启线

图 5-31　门的组成

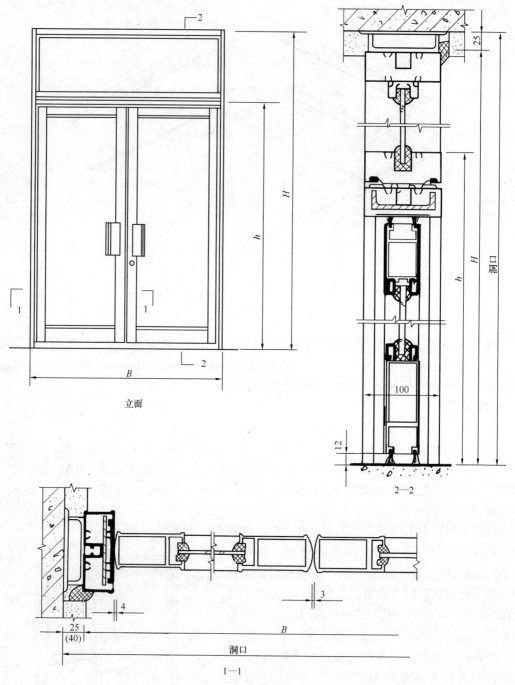

立面

2—2

1—1

图 5-32 铝合金门

察窗等。

　　窗由窗框、窗扇和五金零件组成。窗框为固定部分，由边框、上框、下框、中横框和中竖框构成；窗扇为活动部分，由上冒头、下冒头、边梃、窗芯及玻璃构成；五金零件及附件包括铰链、风钩、插销和窗帘盒、窗台板、筒子板、贴脸板等，图 5-33 是平开窗的构造组成。图 5-34 是平开木窗的构造详图。

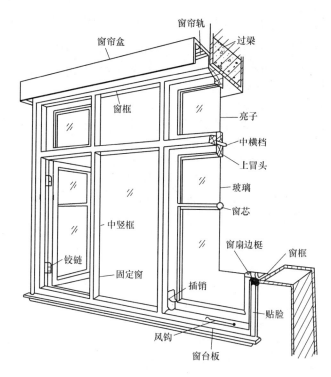

图 5-33　窗的构造组成

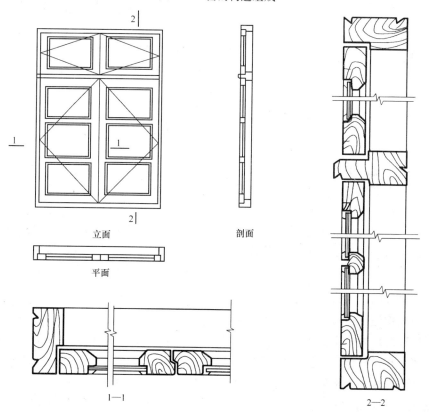

图 5-34　平开木窗构造

塑钢门窗是继木、钢、铝合金门窗之后而崛起的第四代新型建筑门窗。是目前世界上所知最佳的耐腐蚀、不变形、密封性好、隔热保温、隔声、节约能源和耐久性好的门窗，是国家推广应用的节能门窗。塑钢门窗是由塑料型材内腔加装增强型钢，经焊接加工制成的。图5-35是PVC-U塑钢88系列推拉窗构造图。

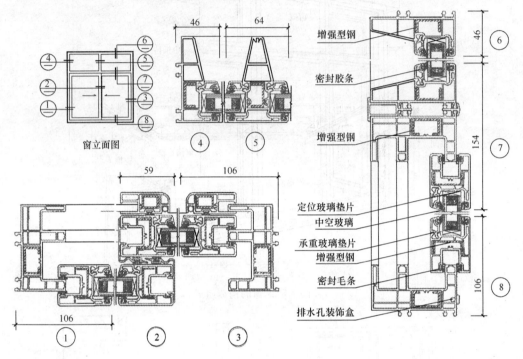

图5-35　塑钢推拉窗构造

第二节　单层厂房构造

一、单层工业厂房构造组成

工业厂房按层数可分为单层厂房、多层厂房和层数混合厂房，其中单层厂房应用较广。单层厂房按结构组成有两种类型：一是墙承重结构，采用砖外墙、砖柱承重；二是骨架承重结构，由钢筋混凝土或钢构件组成骨架承重，墙体只起围护和分隔作用。图5-36是钢筋混凝土骨架结构单层厂房示意图，由图看到，厂房承重结构由横向骨架和纵向联系构件组成，横向骨架包括基础、柱、屋架（屋面梁），纵向联系构件有屋面板、吊车梁、连系梁、支撑等，此外还有外墙、天窗及其他附属构件。

二、外墙构造

单层厂房的外墙一般只起围护作用，不承受重量。按使用材料外墙可分为块材墙（砖墙、砌块墙）和板材墙（预制大型墙板）。砖墙或砌块墙一般砌在基础梁上，做成双面清水墙；当墙体较高时，上部墙体砌在连系梁上，其重量传给柱承担，如图5-37所示。

砖墙与柱子（包括抗风柱）之间采用钢筋拉结，在柱外侧沿高度每隔500mm伸出2φ6钢筋，砌入墙体内即成；墙与屋架的连接是由屋架端部竖杆中预留2φ6钢筋，间距500mm，

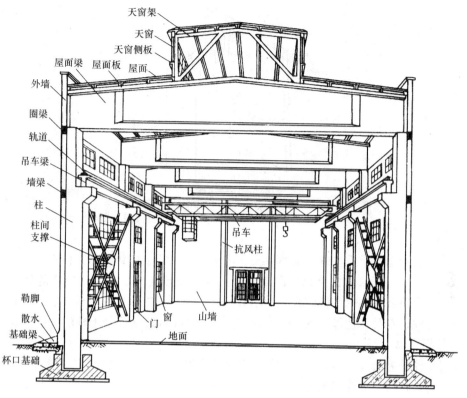

图 5-36　单层厂房构造组成

砌入墙体内。

墙板为各种预制钢筋混凝土板,按断面形状有槽形板、空心板、夹心板、折板、T形和 π 形板等,墙板与柱的连接方法有预埋件焊接(刚性连接)和螺栓连接(柔性连接)两种,图 5-38 是墙板与柱的刚性连接。

三、柱与梁

1. 梁

工业厂房中的梁有基础梁(图 5-37)、吊车梁、连系梁和圈梁几种。

当单层厂房的砖墙高度超过 15m 时,一般要设连系梁,以承受上部墙体(常称填充墙)的重量,并可增加柱列的纵向刚度。钢筋混凝土连系梁有现浇和预制两种,其断面形式有矩形和 L 形,一般是通过预埋铁件或预埋钢筋与柱上牛腿连接(图 5-37)。

圈梁是为提高厂房稳定性而设置的,一般沿高度每 6m 左右设一道,每道圈梁必须连续封闭,圈梁的位置通常设在柱顶、吊车梁和窗过梁等处,并尽可能与连系梁结合。

吊车梁是承受吊车荷载并传递厂房纵向荷载的承重构件,常见的是钢筋混凝土吊车梁,断面形式有 T 形、鱼腹式、折线式和桁架式(图 12-22、图 12-26)。

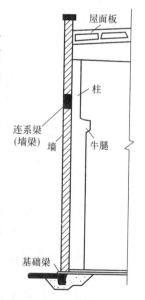

图 5-37　墙与柱的连接

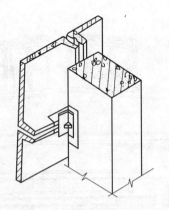

图 5-38　墙板与柱的连接

2. 柱

柱是厂房的垂直承重构件，支承屋架、吊车梁、墙梁上墙体等传来的全部荷载，并将其传递给基础。单层厂房的柱有钢筋混凝土柱、钢柱和砖柱。目前应用较广的为钢筋混凝土柱，它又分为单肢柱和双肢柱两大类，单肢柱有矩形柱、工字形柱、管柱；双肢柱有平腹杆柱、斜腹杆柱、双肢管柱等，第十二章的图 12-21 是几种钢筋混凝土柱的构造形式。

3. 柱间支撑

柱间支撑是为加强厂房纵向柱列的刚度和稳定性而设置的。柱间支撑通常设于厂房中间一个柱间内，材料一般为钢型材，也有用钢筋混凝土制成的。

柱间支撑的形式常采用交叉式，其倾角在 35°～55° 之间，也有用门式柱间支撑。如图 5-39 所示。

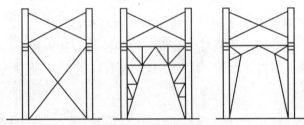

图 5-39　柱间支撑简图

四、屋架与天窗

1. 屋架

屋架或屋面梁是屋盖结构的主要承重构件。屋架的种类很多，常用的有三角形屋架、拱形屋架和梯形屋架（图 12-23～图 12-26）。

屋面梁又称薄腹梁、薄腹屋架、有单坡和双坡之分。

2. 天窗

天窗用于厂房的采光、通风、排气和散热等。天窗的形式有三类：（1）上凸式天窗，包括矩形天窗、M 形天窗、三角形天窗和锯齿形天窗等；（2）下沉式天窗，包括纵向下沉式天窗、横向下沉式天窗和井式天窗三种；（3）平天窗，亦称点式天窗，如图 5-40 所示。图 5-41 是目前常用的矩形天窗的构造组成，它包括天窗架、天窗侧板、天窗窗扇、天窗屋面板及天窗端壁等。图 12-29 是几种天窗架的构造形式。

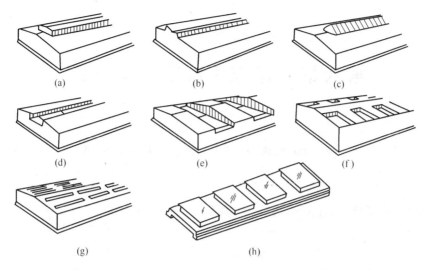

图 5-40 天窗的形式

（a）矩形天窗；（b）M 形天窗；（c）三角形天窗；（d）纵向下沉式天窗；
（e）横向下沉式天窗；（f）井式天窗；（g）、（h）平天窗

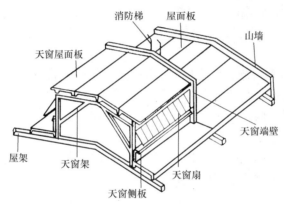

图 5-41 矩形天窗构成

第六章 建筑工程施工图阅读

第一节 房屋建筑施工图的分类和编排顺序

一、分类

一套完整的房屋施工图，按其内容和作用的不同，可分为四大类。

1. 建筑施工图，简称建施。它的基本图纸包括：建筑总平面图、平面图、立面图和剖面图、详图等；它的建筑详图包括墙身剖面图、楼梯详图、浴厕详图、门窗详图及门窗表，以及各种装修、构造做法说明等。在建筑施工图的标题栏内均注写建施××号，可供查阅。

2. 结构施工图，简称结施。它的基本图纸包括：基础平面图、楼层结构平面图、屋顶结构平面图、楼梯结构图等；它的结构详图有：基础详图，梁、板、柱等构件详图及节点详图等。在结构施工图的标题栏内均注写结施××号，可供查阅。

3. 装饰装修施工图，简称装施。图纸包括：平面图、立面图、剖面图、详图、效果图等。编号为：装施××号。

4. 设备施工图，简称设施。设施包括三部分专业图纸：给水排水施工图，采暖通风施工图，电气施工图。它们的图纸由平面布置图、管线走向系统图（轴测图）和设备详阅等组成。在这些图纸的标题栏内分别注写水施××号，暖施××号，电施××号，以便查阅。

二、施工图的编排顺序

一套房屋施工图的编排顺序：一般是代表全局性的图纸在前，表示局部的图纸在后；先施工的图纸在前，后施工的图纸在后；重要的图纸在前，次要的图纸在后；基本图纸在前，详图在后。

整套图纸的编排顺序是：（1）图纸目录；（2）总说明：说明工程概况和总的要求，对于中小型工程，总说明可编在建筑施工图内；（3）建筑施工图；（4）结构施工图；（5）装饰装修施工图；（6）设备施工图，一般按水施、暖施、电施的顺序排列。

第二节 建筑施工图阅读

建筑施工图是表达建筑物的外形轮廓、尺寸大小、内部布置、内外装修、各部构造和材料做法的图纸。

一、建筑总平面图的阅读

1. 总平面图的用途

总平面图是一个建设项目的总体布局，表示新建房屋所在基地范围内的平面布置、具体位置以及周围情况。总平面图通常画在具有等高线的地形图上，如图 6-1 所示。

总平面图的主要用途是：（1）工程施工的依据（如施工定位，施工放线和土方工程）；（2）室外管线布置的依据；（3）工程预算的重要依据（如土石方工程量，室外管线工程量的计算）。

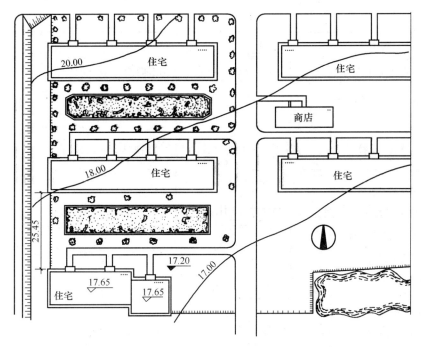

图 6-1　总平面图

2. 总平面图的基本内容

（1）表明新建区域的地形、地貌、平面布置，包括红线位置，各建（构）筑物、道路、河流、绿化等的位置及其相互间的位置关系。

（2）确定新建房屋的平面位置。一般根据原有建筑物或道路定位，标注定位尺寸；也可用坐标法定位。

（3）表明新建筑物的室内地坪、室外地坪、道路的绝对标高；房屋的朝向，一般用指北针，有时用风向频率玫瑰图表示；用小黑点表示建筑物的层数，高层建筑用数字表示。

3. 总平面图阅读要点

（1）熟悉总平面图的图例（表 6-1），查阅图标及文字说明，了解工程性质、位置、规模及图纸比例。

表 6-1　总平面图图例

序号	名　称	图　例	备　注
1	新建建筑物	$X=$ $Y=$ ① 12F/2D H=59.00m	新建建筑物以粗实线表示与室外地坪相接处±0.00 外墙定位轮廓线 建筑物一般以±0.00 高度处的外墙定位轴线交叉点坐标定位。轴线用细实线表示，并标明轴线号 根据不同设计阶段标注建筑编号，地上、地下层数，建筑高度，建筑出入口位置（两种表示方法均可，但同一图纸采用一种表示方法） 地下建筑物以粗虚线表示其轮廓 建筑上部（±0.00 以上）外挑建筑用细实线表示

序号	名 称	图 例	备 注
2	原有建筑物	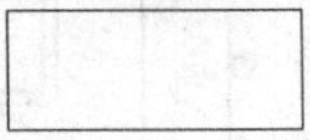	用细实线表示
3	计划扩建的预留地或建筑物		用中粗虚线表示
4	拆除的建筑物	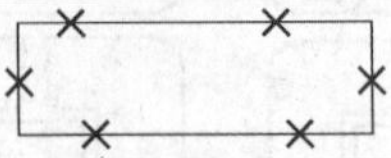	用细实线表示
5	建筑物下面的通道	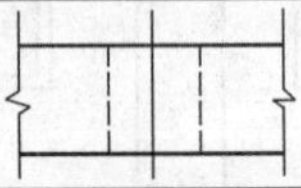	
6	散状材料露天堆场	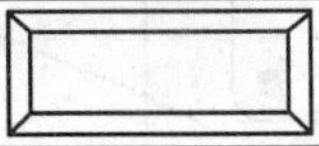	需要时可注明材料名称
7	其他材料露天堆场或露天作业场	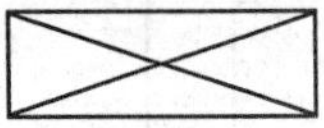	
8	铺砌场地	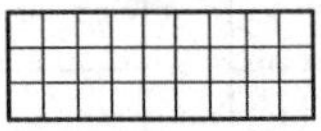	
9	水塔、贮罐	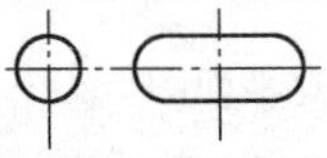	左图为水塔或立式贮罐，右图为卧式贮罐
10	水池、坑槽		也可以不涂黑
11	烟囱		实线为烟囱下部直径，虚线为基础，必要时可注写烟囱高度和上、下口直径
12	围墙及大门	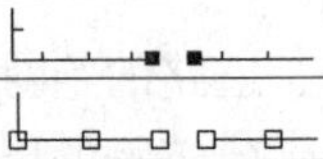	上图为实体性质的围墙，下图为通透性质的围墙，若仅表示围墙时不画大门
13	挡土墙	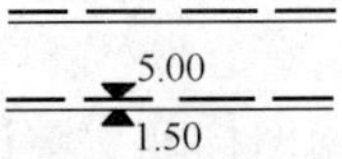 5.00 / 1.50	挡土墙根据不同设计阶段的需要标注墙顶标高墙底标高
14	挡土墙上设围墙	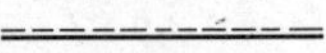	—
15	台阶及无障碍坡道	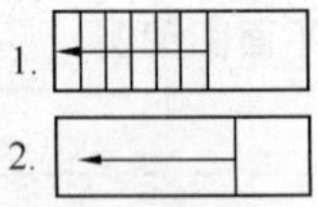 1. / 2.	1. 表示台阶（级数仅为示意） 2. 表示无障碍坡道
16	坐标	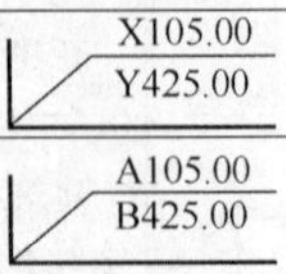 X105.00 / Y425.00 A105.00 / B425.00	上图表示测量坐标； 下图表示建筑坐标
17	方格网交叉点标高	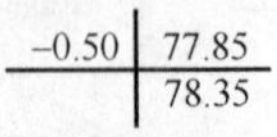 −0.50 | 77.85 / 78.35	"78.35"为原地面标高； "77.85"为设计标高； "−0.50"为施工高度； "−"表示挖方（"＋"表示填方）
18	填方区、挖方区、未整平区及零点线	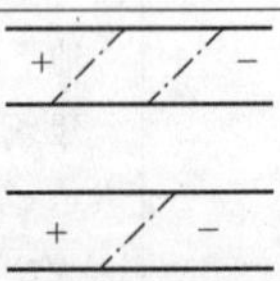 ＋ / − / ＋ / −	"＋"表示填方区； "−"表示挖方区； 中间为未整平区； 点画线为零点线

序号	名　称	图　例	备　注
19	填挖边坡	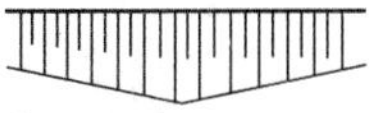	1. 边坡较长时，可在一端或两端局部表示； 2. 下边线为虚线时表示填方
20	护坡	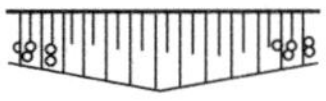	
21	分水脊线与谷线	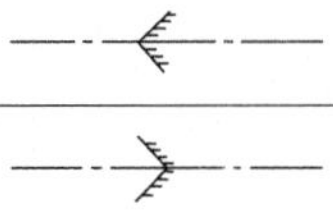	上图表示脊线； 下图表示谷线
22	地表排水方向		
23	截水沟	 40.00	"1"表示1%的沟底纵向坡度，"40.00"表示变坡点间距离，箭头表示水流方向
24	排水明沟	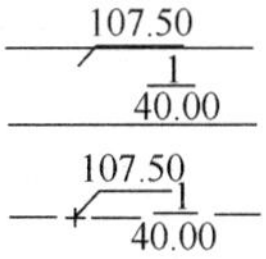 107.50 1 40.00 107.50 1 40.00	上图用于比例较大的图面 下图用于比例较小的图面 "1"表示1%的沟底纵向坡度，"40.00"表示变坡点间距离，箭头表示水流方向 "107.50"表示沟底变坡点标高（变坡点以"＋"表示）
25	有盖板的排水沟	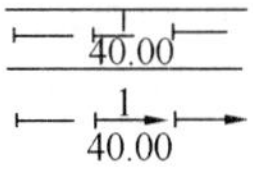 1 40.00 1 40.00	—
26	雨水口	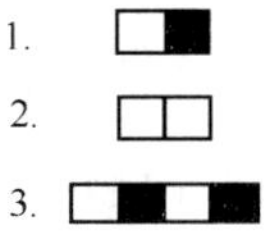 1. 2. 3.	1. 雨水口 2. 原有雨水口 3. 双落式雨水口
27	消火栓井		—
28	急流槽		箭头表示水流方向
29	跌水	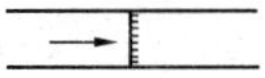	
30	拦水（闸）坝	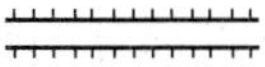	
31	透水路堤	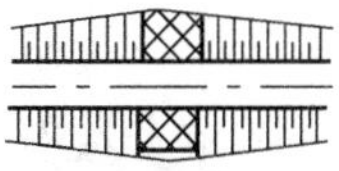	边坡较长时，可在一端或两端局部表示
32	过水路面	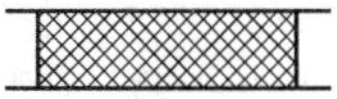	
33	室内标高	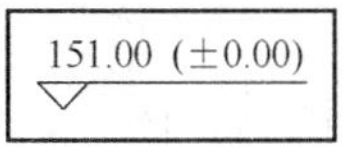 151.00 (±0.00)	
34	室外标高	● 143.00　▼ 143.00	室外标高也可采用等高线表示

（2）查看建设基地的地形、地貌、用地范围及周围环境等，了解新建房屋和道路、绿化布置情况。

（3）了解新建房屋的具体位置和定位依据。

（4）了解新建房屋的室内、外高差，道路标高，坡度以及地表水排流情况。

二、建筑平面图阅读

1. 平面图的形成

建筑平面图，简称平面图，实际上是一幢房屋的水平剖面图。它是假想用一水平剖面将房屋沿门窗洞口剖开，移去上面部分，画出的剖面以下部分的水平投影图。

对于多层或高层房屋，一般应每一层都画一个平面图，当有几层平面布置完全相同时，可只画一个平面图作为代表，称标准平面图，但底层和顶层要分别画出。

2. 平面图的用途

平面图主要表达房屋内部水平方向的布置情况，其主要用途是：

（1）平面图是施工放线，砌墙、柱，安装门窗框、设备的依据。

（2）平面图是编制和审查工程造价、计算工程量的主要依据。

3. 平面图的基本内容

（1）表明建筑物的平面形状，内部各房间包括走廊、楼梯、出入口的布置及朝向。

（2）表明建筑物及其各部分的平面尺寸。平面图中用轴线和尺寸线标注各部分的长宽尺寸和位置。平面图一般标注三道外部尺寸。最外面一道表示建筑物总长度和总宽度的尺寸称外包尺寸；中间一道是轴线之间的尺寸，表示开间和进深，称轴线尺寸；最里面一道表示门窗洞口、窗间墙、墙厚等局部尺寸，称细部尺寸。平面图内还标注内墙、门、窗洞口尺寸，内墙厚以及内部设备等称内部尺寸。此外，平面图还标注柱、墙垛、台阶、花池、散水等局部尺寸。

（3）表明地面及各层楼面的标高。

（4）表明各种门、窗位置、代号和编号，以及门的开启方向。门的代号用 M 表示，窗的代号用 C 表示，编号序数用阿拉伯数字表示。

（5）表示剖面图的剖切符号、详图索引符号的位置及编号。

4. 图线画法规定

在平面图中，被水平剖面剖切到的墙、柱断面的轮廓线用粗实线表示；被剖切到的次要部分的轮廓线（如墙面抹灰、隔墙等）和未剖切到的可见部分的轮廓线（如墙身、阳台等）用中实线表示；未剖切到的吊柜、高窗等和不可见部分的轮廓线（如管沟）用中虚线表示；比例较小的构造柱在底层图上以涂黑表示。

5. 底层平面图阅读要点

下面以某居住小区社区附属商业楼 C-A♯（附录Ⅰ）为例，说明建筑施工图和结构施工图的阅读。

附录Ⅰ建施-01 为 C-A♯商业楼底层平面图（也称一层平面图），识读顺序及具体内容如下：

（1）熟悉建筑构造及配件图例（表 6-2）、图名、图号、比例及文字说明。

表 6-2　建筑构造及配件图例

序号	名　称	图　例	说　明
1	墙体	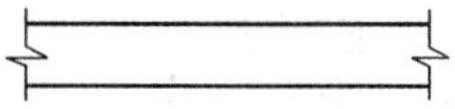	应加注文字或填充图例表示墙体材料，在项目设计图纸说明中列材料图例表给予说明
2	隔断		1. 包括板条抹灰、木制、石膏板、金属材料等隔断； 2. 适用于到顶与不到顶隔断
3	栏杆	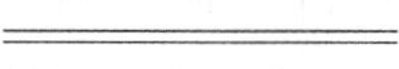	
4	楼梯	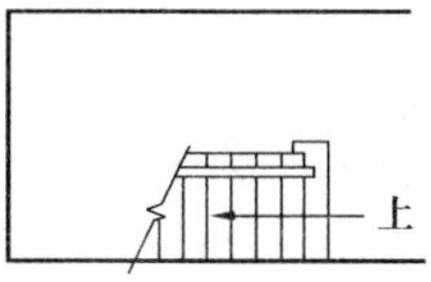 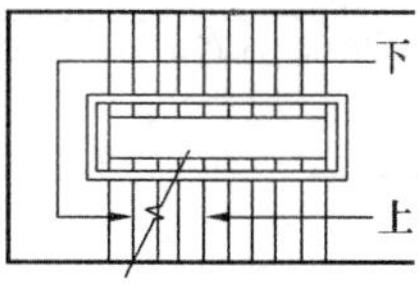 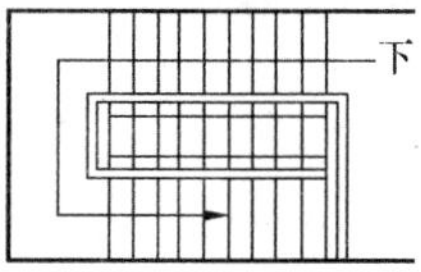	1. 上图为底层楼梯平面，中图为中间层楼梯平面，下图为顶层楼梯平面； 2. 楼梯及栏杆扶手的形式和梯段踏步数应按实际情况绘制
5	坡道	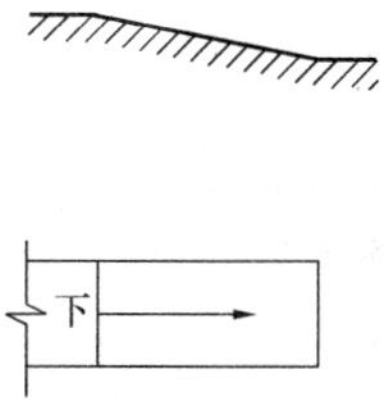 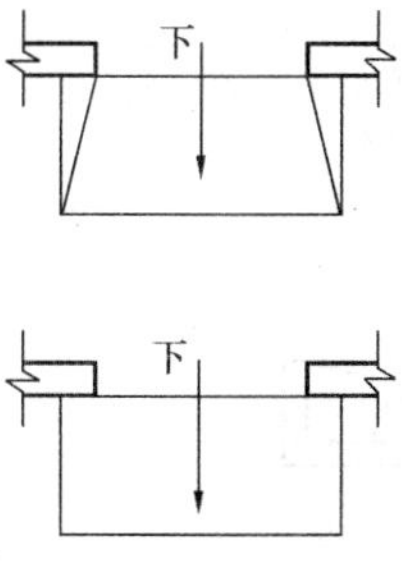	上图为长坡道，下图为门口坡道

序号	名　称	图　例	说　明
6	平面高差	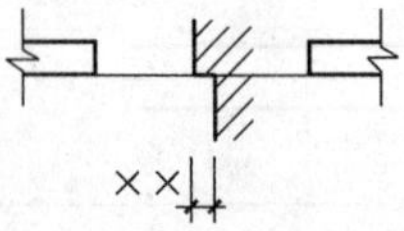	适用于高差小于100的两个地面或楼面相接处
7	检查口		左图为可见检查口；右图为不可见检查口
8	孔洞		阴影部分可以涂色代替
9	坑槽		
10	墙预留洞	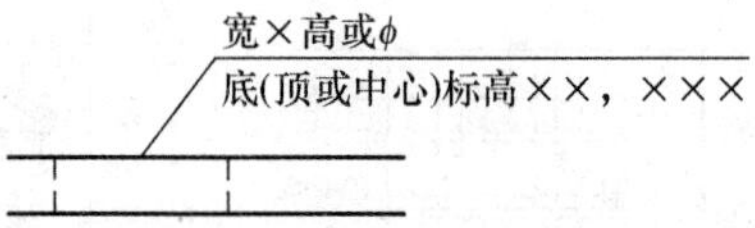 宽×高或φ 底(顶或中心)标高××，×××	1. 以洞中心或洞边定位； 2. 宜以涂色区别墙体和留洞位置
11	墙预留槽	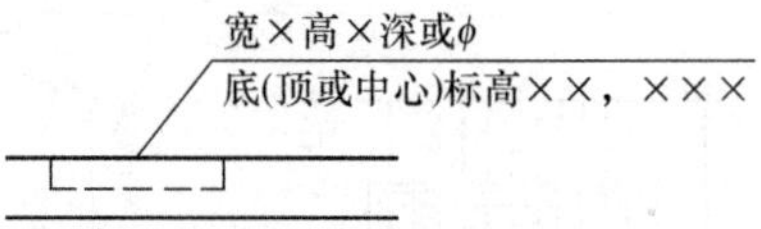 宽×高×深或φ 底(顶或中心)标高××，×××	
12	烟道	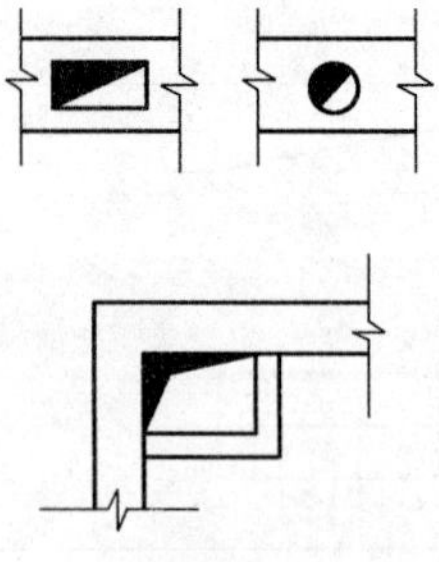	1. 阴影部分可以涂色代替； 2. 烟道与墙体为同一材料，其相接处墙身线应断开
13	通风道	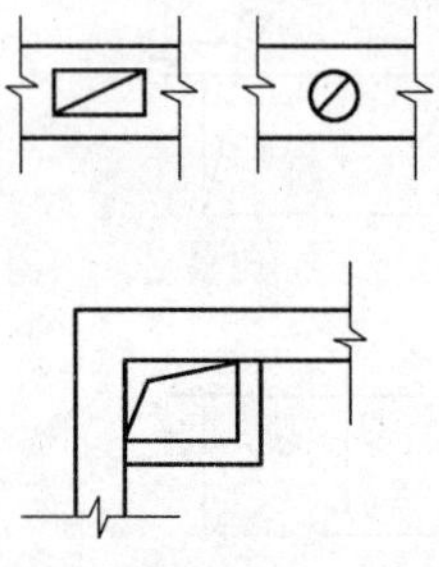	

序号	名 称	图 例	说 明
14	单扇门（包括平开或单面弹簧）	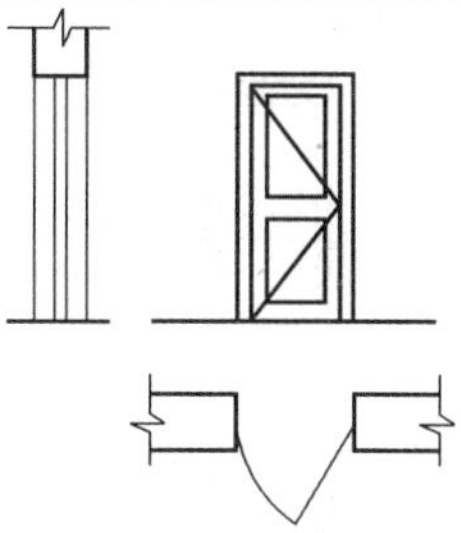	1. 门的名称代号用 M； 2. 图例中剖面图左为外、右为内，平面图下为外、上为内； 3. 立面图上开启方向线交角的一侧为安装合页的一侧，实线为外开，虚线为内开；
15	双扇门（包括平开或单面弹簧）		4. 平面图上门线应 90°或 45°开启，开启弧线宜绘出； 5. 立面图上的开启线在一般设计图中可不表示，在详图及室内设计图上应表示； 6. 立面形式应按实际情况绘制
16	对开折叠门	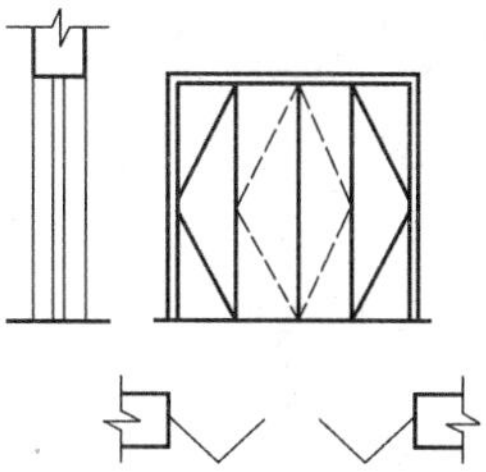	与序号 14、15 说明同
17	推拉门	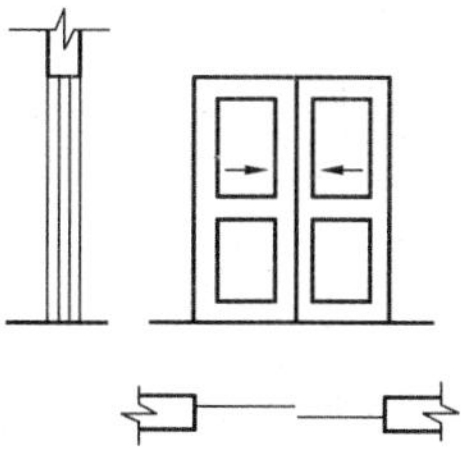	1. 门的名称代号用 M； 2. 图例中剖面图左为外、右为内，平面图下为外、上为内； 3. 立面形式应按实际情况绘制
18	墙外单扇推拉门	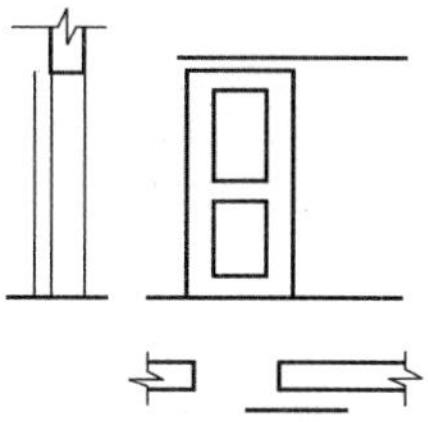	1. 门的名称代号用 M； 2. 图例中剖面图左为外、右为内，平面图下为外、上为内； 3. 立面形式应按实际情况绘制
19	墙中双扇推拉门		

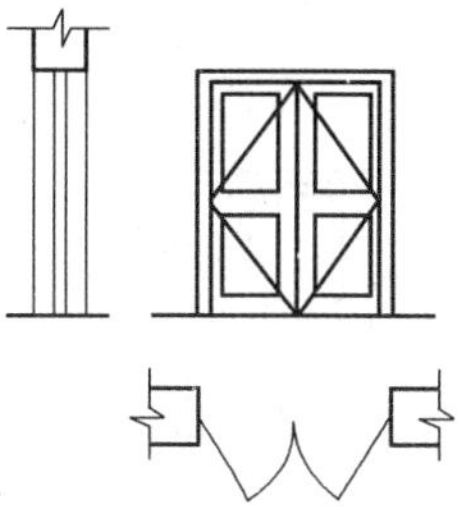

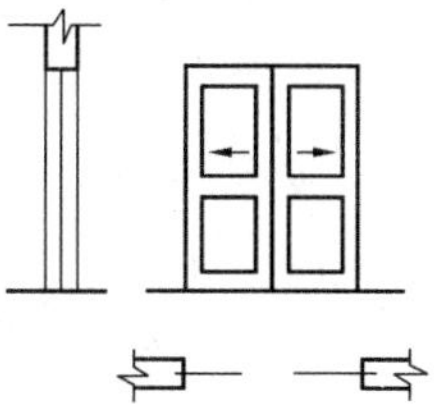

序号	名　称	图　例	说　明
20	单扇双面弹簧门	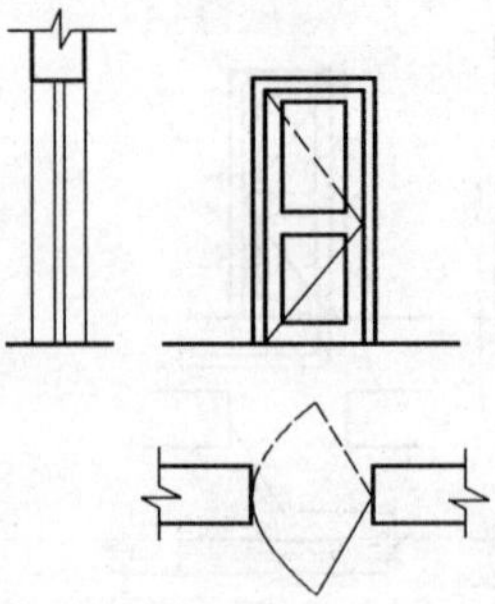	1. 门的名称代号用 M； 2. 图例中剖面图左为外、右为内，平面图下为外、上为内； 3. 立面图上开启方向线交角的一侧为安装合页的一侧，实线为外开，虚线为内开；
21	双扇双面弹簧门	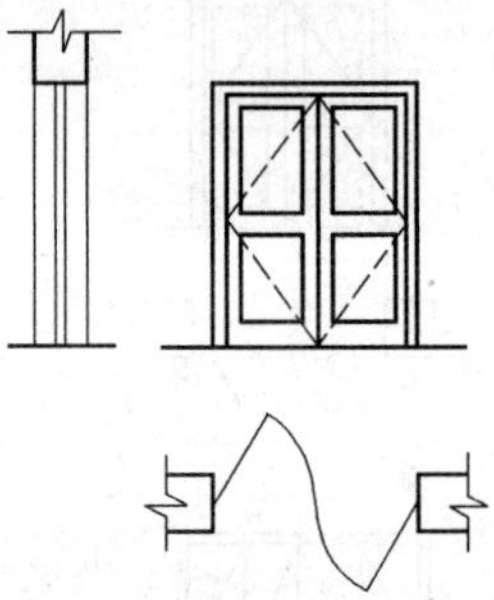	4. 平面图上门线应 90°或 45°开启，开启弧线宜绘出； 5. 立面图上的开启线在一般设计图中可不表示，在详图及室内设计图上应表示； 6. 立面形式应按实际情况绘制
22	推拉窗	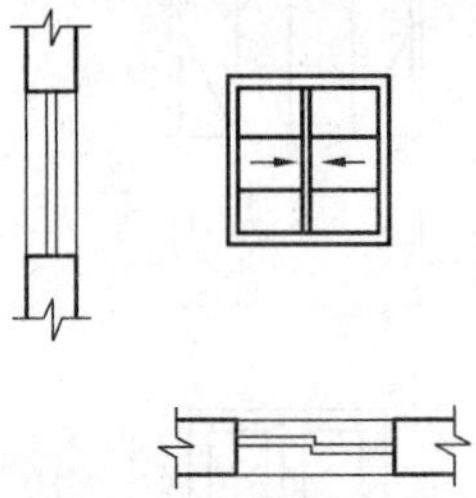	1. 窗的名称代号用 C 表示； 2. 图例中，剖面图所示左为外、右为内，平面图所示下为外、上为内； 3. 窗的立面形式应按实际绘制； 4. 小比例绘图时平、剖面的窗线可用单粗实线表示
23	上推窗	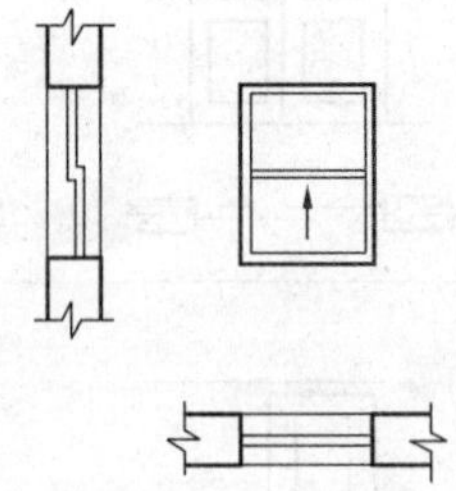	1. 窗的名称代号用 C 表示； 2. 图例中，剖面图所示左为外、右为内，平面图所示下为外、上为内； 3. 窗的立面形式应按实际绘制； 4. 小比例绘图时平、剖面的窗线可用单粗实线表示
24	百叶窗	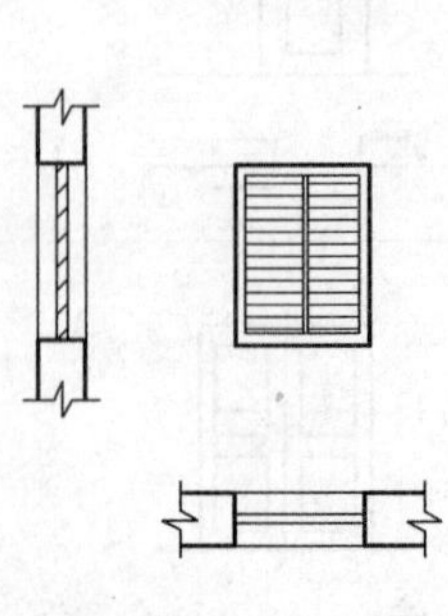	1. 窗的名称代号用 C 表示； 2. 立面图中的斜线表示窗的开启方向，实线为外开，虚线为内开；开启方向线交角的一侧为安装合页的一侧，一般设计图中可不表示； 3. 图例中，剖面图所示左为外、右为内，平面图所示下为外、上为内； 4. 平面图和剖面图上的虚线仅说明开关方式，在设计图中不需表示； 5. 窗的立面形式应按实际绘制

序号	名 称	图 例	说 明
25	高窗		1. 窗的名称代号用 C 表示； 2. 立面图中的斜线表示窗的开启方向，实线为外开，虚线为内开；开启方向线交角的一侧为安装合页的一侧，一般设计图中可不表示； 3. 图例中，剖面图所示左为外、右为内，平面图所示下为外、上为内； 4. 平面图和剖面图上的虚线仅说明开关方式，在设计图中不需表示； 5. 窗的立面形式应按实际绘制； 6. h 为窗底距本层楼地面的高度

（2）定位轴线。所谓定位轴线是表示建筑物主要结构或构件位置的点画线。凡是承重墙、柱、梁、屋架等主要承重构件都应画上轴线，并编上轴线号，以确定其位置；对于次要的墙、柱等承重构件，则编附加轴线号确定其位置；组合较复杂的平面图中定位轴线采用分区编号的方法；一个详图适用于几根轴线时，应同时注明各有关轴线的编号；通用详图中的定位轴线，只画圆圈而不注写轴线编号。图 6-2 表示定位轴线的画法和编号方法。附录Ⅰ建施-01 中平面图形状最为常见的矩形，但此建筑为东西向，故采用了竖方向布置。由图可见，这里的定位轴线编写形式为"分区编号"。

（3）房屋平面布置，包括平面形状、朝向、出入口、房间、走廊、门厅、楼梯间等的布置组合情况。建施-01 中一层平面为矩形，基本上为东西向，门朝东，有 5 个双开门独立入口，相应的是①～⑤号小商业经营厅，里面小间分别有 5 个独立洗手间和 5 个 1-C 型楼梯。

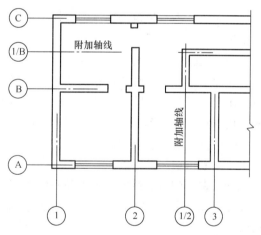

图 6-2　定位轴线和编号方法

（4）阅读各类尺寸。图中标注房屋总长及总宽尺寸，各房间开间、进深、细部尺寸和室内外地面标高。阅读时应依次查阅总长和总宽尺寸，轴线间尺寸，门窗洞口和窗间墙尺寸；外部及内部局（细）部尺寸和高度尺寸（标高）。

结合 C-A♯商业楼，房屋总长 30.60m，总宽 13.00m，开间 6.00m。室内地面标高 ±0.000（18.450）m，室外地坪标高－0.300（18.15）m，室内外高差 0.30m。图中还标注了各营业厅的面积，75.62m²，72.60m²。

（5）门窗的类型、数量、位置及开启方向。

本案例 C-A♯一层平面图中的门窗位置及编号，如门 LMC37523，M1221 及 M0821，窗 C0808。详细见门窗表及门窗大样。

（6）墙体、柱的位置、材料、尺寸。

（7）阅读剖切符号和索引符号的位置和数量。本例中剖切符号：1-1、2-2剖面，索引符号有1-C型楼梯、外墙变形键做法。

6．中间（二）层平面图阅读

阅读内容及方法与底层相同，但有所区别。二层平面与底层布局相同，每厅设有楼梯，但无洗手间。由图可见二层标高为4.000m。

7．屋顶平面图阅读

屋顶平面图是俯视屋顶时的水平投影图，主要表示屋面的形状及排水情况和突出屋面的构造位置。

建施-01是C-A♯的屋顶平面图，由图可见屋面排水情况，如排水坡度、排水分区、天沟及女儿墙的位置等。图中横向坡度2%，纵向坡度1%。

三、建筑立面图阅读

1．立面图的形成及名称

建筑立面图，简称立面图，就是对房屋的前后左右各个方向所作的正投影图。立面图的命名方法有：

（1）按房屋朝向，如南立面图，北立面图，东立面图，西立面图。

（2）按轴线的编号，如S2-A～S2-F立面图。

（3）按房屋的外貌特征命名，如正立面图，背立面图等。对于简单的对称式房屋，立面图可只绘一半，但应画出对称轴线和对称符号。

2．立面图的用途

立面图是表示建筑物的体型、外貌和室外装修要求的图样。主要用于外墙的装修施工和编制工程造价。

3．图线规定

立面图的外形轮廓线用粗实线表示；室外地坪线用特粗实线绘制，勒脚、门窗洞口、檐口、阳台、雨篷、台阶、花池等的轮廓线用中实线画出；其他次要部分如门窗扇、墙面分格线等用细实线表示等。

4．立面图的基本内容

（1）表示房屋的外貌。

（2）表示门窗的位置、外形与开启方向（用图例表示）。

（3）表示主要出入口、台阶、勒脚、雨篷、阳台、檐沟及雨水管等的布置位置、立面形状。

（4）外墙装修材料与做法。

（5）标高及竖向尺寸，表示建筑物的总高及各部位的高度。

（6）另画详图的部位用详图索引符号表示。

5．立面图阅读要点

附录Ⅰ建施-01中的立面图，共有2张图，即 ⑤₂₋ₐ — ⑤₂₋բ 轴立面，⑤₂₋ₐ — ⑤₂₋բ 轴立面，现简要说明立面图的阅读要点。

（1）了解立面图的朝向及外貌特征。房屋共两层，图中表示出门窗的位置和形式，以及屋顶形式等。

（2）外墙面装饰做法。外墙面主色调采用红色面砖、米黄色涂料，纵横灰色涂料条镶嵌其间，再配以塑钢门窗，看起来显得气派。

（3）各部位标高尺寸。图中标出室内外地坪、窗台、门窗顶及屋顶、女儿墙等处的竖向高度和标高，立面中最高标高 7.900m。

四、建筑剖面图阅读

1. 剖面图的形成和用途

建筑剖面图简称剖面图，一般是指建筑物的垂直剖面图，且多为横向剖切形式。剖面图的用途：（1）主要表示建筑物内部垂直方向的结构形式、分层情况、内部构造及各部位的高度等，用于指导施工。（2）编制工程预算时，与平、立面图配合计算墙体、内部装修等的工程量。

2. 图线画法规定

剖面图中的室内外地坪用特粗实线表示；剖切到的部位如墙、楼板、楼梯等用粗实线画出；没有剖切到的可见部分用中实线表示；其他如引出线用细实线表示。习惯上，基础部分用折断线省略，另画基础结构图表达。

3. 剖面图的基本内容

（1）建筑物从地面到屋面的内部构造及其空间组合。

（2）竖向尺寸与标高，表示建筑物的总高、层高、各层楼地面的标高、室内外地坪标高及门窗洞口高度等。

（3）各主要承重构件的位置及其相互关系，如各层梁、板的位置与墙体的关系等。

（4）楼面、地面、墙面、屋顶、顶棚等的内装修材料与做法。

（5）详图索引符号。

4. 剖面图阅读要点

附录Ⅰ建施-01 中的 1-1 及 2-2 是 C-A♯的 2 张剖面图，阅读要点说明如下：

（1）熟悉建筑材料图例，如表 6-3 所示。

表 6-3　常用建筑材料图例

序号	名　称	图　例	备　注
1	自然土壤		包括各种自然土壤
2	夯实土壤	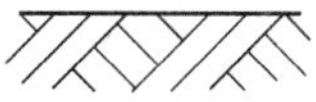	
3	砂、灰土	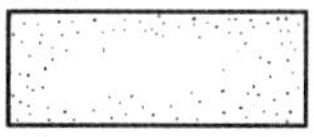	靠近轮廓线绘较密的点
4	砂砾石、碎砖三合土	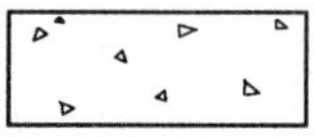	
5	石材	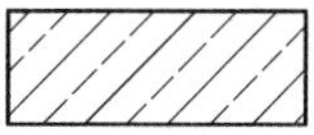	
6	毛石	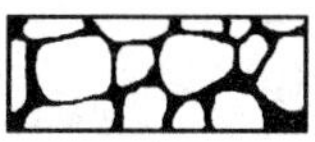	

序号	名　称	图　例	备　注
7	普通砖	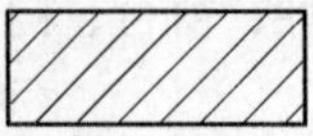	包括实心砖、多孔砖、砌块等砌体。断面较窄不易绘出图例线时，可涂红
8	耐火砖	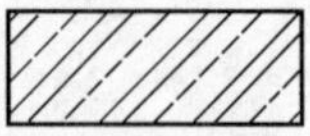	包括耐酸砖等砌体
9	空心砖	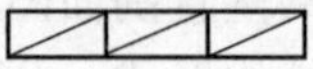	指非承重砖砌体
10	饰面砖	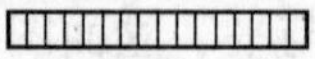	包括铺地砖、马赛克、陶瓷锦砖、人造大理石等
11	焦渣、矿渣	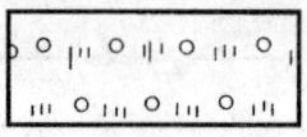	包括与水泥、石灰等混合而成的材料
12	混凝土	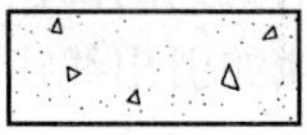	1. 本图例指能承重的混凝土及钢筋混凝土；
13	钢筋混凝土	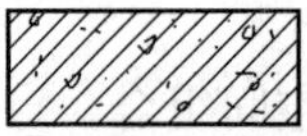	2. 包括各种强度等级、骨料、添加剂的混凝土； 3. 在剖面图上画出钢筋时，不画图例线； 4. 断面图形小，不易画出图例线时，可涂黑
14	多孔材料		包括水泥珍珠岩、沥青珍珠岩、泡沫混凝土、非承重加气混凝土、软木、蛭石制品等
15	纤维材料	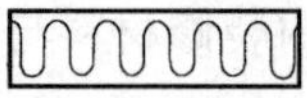	包括矿棉、岩棉、玻璃棉、麻丝、木丝板、纤维板等
16	泡沫塑料材料	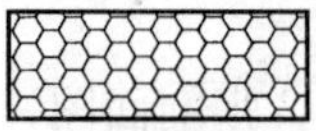	包括聚苯乙烯、聚乙烯、聚氨酯等多孔聚合物类材料
17	木材	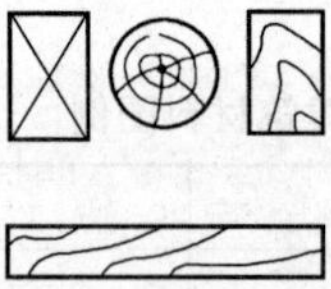	1. 上图为横断面，左上图为垫木、木砖或木龙骨； 2. 下图为纵断面
18	胶合板	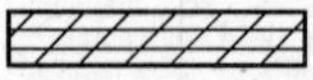	应注明为×层胶合板
19	石膏板	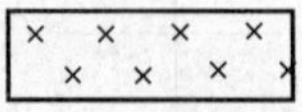	包括圆孔、方孔石膏板、防水石膏板等
20	金属	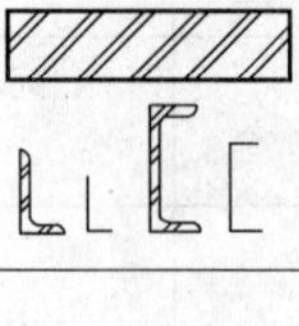	1. 包括各种金属； 2. 图形小时，可涂黑
21	网状材料		1. 包括金属、塑料网状材料； 2. 应注明具体材料名称
22	液体	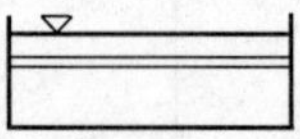	应注明具体液体名称

序号	名　称	图　例	备　注
23	玻璃	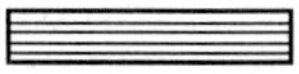	包括平板玻璃、磨砂玻璃、夹丝玻璃、钢化玻璃、中空玻璃、加层玻璃、镀膜玻璃等
24	橡胶		
25	塑料	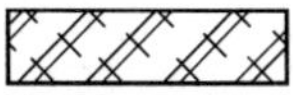	包括各种软、硬塑料及有机玻璃等
26	防水材料		构造层次多或比例大时，采用上面图例
27	粉刷		本图例采用较稀的点

（2）了解剖切位置、投影方向和比例。注意图名及轴线编号应与底层平面图相对应。

（3）分层、楼梯分段与分级情况。1-1 剖面图剖切到外墙和 M1221 门；2-3 剖面图剖切入口门 LMC37523，及楼梯间、洗手间。

（4）标高及竖向尺寸。图中的主要标高有：室内外地坪、入口处、各楼层、屋顶、女儿墙等；主要尺寸有：门、窗高度，上下窗间墙高度及女儿墙高度等。

五、建筑详图阅读

建筑详图是把房屋的某些细部构造及构配件用较大的比例（如 1：20，1：10，1：5 等）将其形状、大小、材料和做法详细表达出来的图样，简称详图或大样图、节点图。常用的详图一般有：墙身、楼梯、门窗、厨房、卫生间、浴室、壁橱及装修详图（吊顶、墙裙、贴面）等。

社区附属商业楼 C-A♯建筑施工图给出了墙体、1-C 型楼梯详图等，现以附录Ⅰ建详-4-1 楼梯详图简述阅读详图的基本要点：

（1）明确详图与被索引图样的对应关系。

（2）查看详图所表达的细部或构配件的名称及其图样组成。图示 1-C 型楼梯详图由两张平面图和一张剖面图组成，读者可将此楼梯详图与建筑平面图对照阅读。有时图样还包括立面图和节点大样图。

（3）将上述图样对照阅读，即可了解详图所表达的具体内容。

（4）建详-6-3、建详-6-4 是墙身的详图，请读者对照平面图阅读。

第三节　结构施工图阅读

结构施工图是表示建筑物的承重构件（如基础、承重墙、梁、板、柱等）的布置，形状大小，内部构造和材料做法及施工要求等的图纸。

结构施工图的主要用途：

（1）施工放线，构件定位，支模板，绑扎钢筋，浇筑混凝土，安装梁、板、柱等构件以及编制施工组织设计的依据；

（2）编制工程造价和工料分析的依据。

常用构件代号如表 6-4 所示。

表 6-4　常用构件代号

序号	名　　称	代号	序号	名　　称	代号
1	板	B	28	屋架	WJ
2	屋面板	WB	29	托架	TJ
3	空心板	KB	30	天窗架	CJ
4	槽形板	CB	31	框架	KJ
5	折板	ZB	32	刚架	GJ
6	密肋板	MB	33	支架	ZJ
7	楼梯板	TB	34	柱	Z
8	盖板或沟盖板	GB	35	框架柱	KZ
9	挡雨板或檐口板	YB	36	构造柱	GZ
10	吊车安全走道板	DB	37	承台	CT
11	墙板	QB	38	设备基础	SJ
12	天沟板	TGB	39	桩	ZH
13	梁	L	40	挡土墙	DQ
14	屋面梁	WL	41	地沟	DG
15	吊车梁	DL	42	柱间支撑	ZC
16	单轨吊车梁	DDL	43	垂直支撑	CC
17	轨道连接	DGL	44	水平支撑	SC
18	车挡	CD	45	梯	T
19	圈梁	QL	46	雨篷	YP
20	过梁	GL	47	阳台	YT
21	连系梁	LL	48	梁垫	LD
22	基础梁	JL	49	预埋件	M—
23	楼梯梁	TL	50	天窗端壁	TD
24	框架梁	KL	51	钢筋网	W
25	框支梁	KZL	52	钢筋骨架	G
26	屋面框架梁	WKL	53	基础	J
27	檩条	LT	54	暗柱	AZ

一、基础结构图

基础结构图或称基础图，是表示建筑物室内地面（±0.000）以下基础部分的平面布置和构造的图样，包括基础平面图、基础详图和文字说明等。

1. 基础平面图

（1）基础平面图的形成及画法规定

基础平面图是假想用一个水平剖切面在地面附近将整幢房屋剖切后，向下投影所得到的剖面图（不考虑覆盖在基础上的泥土）。如附录Ⅰ结施-03 所示。

在基础平面图中，只画基础墙、柱、基础梁以及基础底面的轮廓线，基础的细部轮廓（如大放脚）省略。被剖切的基础墙、柱的外形线用粗实线画出；基础底面外形（包括垫层）边线用中实线表示；基础内留有孔、洞及管沟或有局部落深时，用虚线表示；当绘图比例小于 1∶100 时，可用简化的材料图例表示，如钢筋混凝土涂黑色，砖墙涂红色。

（2）基础平面图的基本内容

①基础的定位轴线、编号及尺寸。

②基础的平面布置，表示基础墙、柱、基础梁、桩承台、垫层的边线及其与轴线的关系。

③基础梁、承台的位置、编号，基础断面图的剖切位置及其编号。

④基础墙预留孔、洞，管沟的位置及基础局部加深时基底标高变化的位置。

2. 基础详图

基础详图是用放大的比例画出的基础局部构造图，它表示基础不同断面处的构造做法、详细尺寸和材料，如附录Ⅰ结施-03中基础模板图及①、②等所示。

基础详图的主要内容有：

①轴线及编号。

②基础的断面形状，基础形式，材料及配筋情况。

③基础详细尺寸：表示基础的各部分长宽高，基础埋深，垫层宽度和厚度等尺寸；主要部位标高，如室内外地坪及基础底面标高等。

④防潮层的位置及做法。

3. 基础图阅读要点

以附录Ⅰ结施-03说明基础图阅读要点，看图时按先阅读平面图，再看详图的顺序进行。

（1）轴线网。轴线的排列、编号应与建施中的平面图一致。

（2）基础的平面布置、尺寸及配筋。基础的平面形状应与底层平面图一致，本商业楼的基础采用柱下独立基础，如结施-03中"基础结构平面图"所示，基础由12个独立基础DJp-01及DJp-02组成，另有两端6个独立基础的结构与1-4♯主楼同（详略），独立基础设计为锥形独立基础（图5-4），基础配筋也示于详图中。

独立基础再用地梁（基础梁）将各独立柱基础联系起来，形成网格，如图5-6所示（称井格基础），地梁横向由DKL1（2A），DKL2（2A），DL1（1）构成；纵向由DKL3（5），DKL4（5），DKL6（5）及DL2（5）构成。

现以DKL2（2A）为例介绍地梁配筋：DKL2（2A）表示2号框架地梁，两跨一端带悬挑，截面尺寸：$b \times h = 250\text{mm} \times 600\text{mm}$；箍筋$\Phi 8@100/200$（2），表示HRB400级直径8mm的钢筋，（ ）中"2"指双肢箍，加密100mm/非加密200mm；梁上、下部纵筋$2\Phi 18$、$3\Phi 18$：上部纵筋$2\Phi 18$表示2根直径为18mm的HRB400级钢筋，下部纵筋为3根18mm的HRB400级钢筋；$G4\Phi 12$为构造筋共4根，梁的两侧面对称各排2根直径12mm的钢筋。再看原位标注，支座上部纵筋，三个支座处均为$3\Phi 18$，其中支座(S2-B) —(S2-2)为中间支座，左边与右边配筋相同，可省略。右端悬挑部分，上部纵筋用3根，下部用2根18mm的HRB400级钢筋；箍筋$\Phi 8@100$（2），双肢箍等间距100mm排布。更详细的读者可参阅"平法"11G101-3有关规定。

（3）由断面符号的位置及编号，阅读详图。详图的图名、编号与基础平面图的编号应一致，对照阅读。详细阅读内容包括：基础各部位的构造形式、材料、配筋、尺寸及标高等。

二、柱结构施工图

首先说明一下混凝土结构施工图平法规则的基本含义：它是指建筑结构施工图平面整体设计方法，简称平法。概括地讲，是把结构构件的尺寸和配筋等，按照平面整体表示方法制图规则，整体直接表达在各类构件的结构平面布置图上，再与标准构造详图相配合，构成一套新型完整的结构设计图。

（一）柱的平法规则（参见"平法"11G101-1）

柱的平法规则：是柱平法施工图制图规则的简称，是指在柱平面布置图上采用列表注写方式或截面注写方式表达的制图规则。

1. 列表注写方式

（1）列表注写方式的含义：是在柱平面布置图上，分别在同一编号的柱中选择一个（有时需要选择几个）截面标注几何参数代号；在柱表中注写柱号、柱段起止标高、几何尺寸（含柱截面对轴线的偏心情况）与配筋的具体数值，并配以各种柱截面形状及其箍筋类型图的方式。采用列表注写方式时，一般只需采用适当比例绘制一张柱平面布置图。

（2）柱表注写内容

①柱编号（表6-5）；

表6-5　柱编号

柱 类 型	代 号	序 号
框架柱	KZ	××
框支柱	KZZ	××
芯柱	XZ	××
梁上柱	LZ	××
剪力墙上柱	QZ	××

②注写各段柱的起止标高；

③（矩形柱时）注写柱截面尺寸 $b \times h$ 及与轴线关系的几何参数代号 b_1、b_2 和 h_1、h_2 的具体数值；

④注写柱纵筋：全部纵筋（纵筋直径相同时），角筋、b 边中部筋和 h 边中部筋；

⑤箍筋类型号；

⑥柱箍筋：钢筋级别、直径、间距（加密/不加密）。

2. 柱截面注写方式

（1）柱截面注写方式的含义：是在分标准层绘制的柱平面布置图的柱截面上，分别在同一编号的柱中选择一个截面，以直接注写截面尺寸和配筋具体数值的方式来表达柱平法施工图。

（2）注写内容：从相同编号的柱中选择一个截面，在原位绘制放大的柱截面配筋图，并在配筋图上注写：

①柱编号；

②柱截面尺寸 $b \times h$ 及柱截面与轴线关系 b_1、b_2 和 h_1、h_2 的具体数值；

③角筋或全部纵筋（当纵筋采用一种直径且能够图示清楚时），当纵筋采用两种直径时，须再注写截面各边中部筋的具体数值；

④箍筋的具体数值。

（二）柱结构平面图阅读

附录Ⅰ结施-04是柱结构平面图，共2张图，以不同标高段表示，即基础～3.950m和

3.950～6.950m 两个标高段绘制柱平面图。图中是以截面注写方式表示的。由两张柱平面图可知，共 18 根框架柱，柱号有：KZ1～KZ6。现以"基础顶标高～3.950m"标高的平面图为例，说明柱平面图的阅读要点。

（1）阅读柱结构图，首先要了解构件的位置、布置、形状及详细尺寸，构件的混凝土强度等级和配筋情况。

（2）结构平面图的平面形状，定位轴线，轴线编号及相应尺寸，应与建施平面图一致。详细数据见图示。

（3）钢筋混凝土柱的混凝土强度等级，由图中说明，柱混凝土强度等级为 C30。

（4）结构尺寸与配筋。

本幢 C-A♯为框架结构，主要承重构件为框架柱，柱在平面图中的位置有定位轴线确定、柱编号、截面尺寸都在图上标注；图中可以看到，本例采用截面注写方式，图中有 KZ1、KZ2、KZ3、KZ4、KZ5 和 KZ6 六种情况，现以 KZ5 为例看截面注写方式所注写的内容：截面图左上角的引出线处标有柱编号 KZ5，截面尺寸 500mm×500mm，角筋 4 Φ 18，箍筋 Φ 8@100/200，其意为箍筋用直径为 8mm 的 HRB400 级钢筋 Φ，等间距排放，加密区间距 100mm，非加密区间距 200mm，箍筋型式为类型 1（4×4）；在放大截面图的上边中部，注写的 2 Φ 16 是 b 边中部筋（下边中部与上边一侧对称配筋，按规则可只注写一侧，即对称边省略），同理 h 边中部筋为 2 Φ 16；在截面图中还可以看到与轴线关系的几何参数代号 b_1、b_2 和 h_1、h_2 的数值，因该柱为轴线中心对称，这些数值均为 250mm。同样方法可识读其他各柱的配筋。

三、梁结构施工图

（一）梁的平法规则（根据"平法"11G101-1）

采用平面注写方式或截面注写方式。

1. 梁平面注写方式

（1）简述

①平面注写方式含义：是在梁的平面布置图上，分别在不同编号的梁中各选一根梁，在其上注写截面尺寸和配筋具体数值的方式。

②平面注写方式分集中注写和原位注写。集中标注表达梁的通用数值，原位标注表达梁的特殊数值，原位标注取值优先。

（2）集中注写的内容

5 项必注和 1 项选注，即必须注写的有 5 项：

①梁编号（表 6-6）。

表 6-6　梁编号

梁 类 型	代 号	序 号	跨数及是否带有悬挑
楼层框架梁	KL	××	(××)、(××A) 或 (××B)
屋面框架梁	WKL	××	(××)、(××A) 或 (××B)
框支梁	KZL	××	(××)、(××A) 或 (××B)
非框架梁	L	××	(××)、(××A) 或 (××B)
悬挑梁	XL	××	
井字梁	JZL	××	(××)、(××A) 或 (××B)

②梁截面尺寸 $b \times h$。

③箍筋：钢筋级别、直径、间距（加密/不加密）及肢数（写在括号内）。

④梁上部筋：梁上部通长筋或架立筋（通长筋可为相同或不同直径的，采用搭接连接、机械连接或对焊连接的钢筋）。当同排纵筋中既有通长筋又有架立筋时，用"＋"相联，角部纵筋写在加号前，架立筋写在加号后的括号内；当全部采用架立筋时，则将其写在括号内。

当梁的上、下部纵筋为全跨相同，且多数跨配筋相同时，可加注下部纵筋的配筋值，用"；"分开，上部纵筋在前，下部纵筋在后。

⑤梁侧面纵向构造钢筋或受扭钢筋配置：

a. 当梁腹板高度 $h_w \geqslant 450\text{mm}$ 时，须配置纵向构造钢筋，注写值以大写字母 G 打头，接续注写配置在梁两个侧面的总配筋值，且对称配置。

b. 当梁侧面需配置受扭钢筋时，注写值以大写字母 N 打头，接续注写配置在梁两个侧面的总配筋值，且对称配置。

选注 1 项：梁顶面标高高差是指相对于结构层楼面标高的高差值，有高差时写在括号内。

（3）原位注写内容

①梁支座上部纵筋（含通长筋）

a. 当分上、下排时，用"／"分开；

b. 当同排两种直径时，用"＋"分开，且角筋在前；

c. 当中间支座两边相同时，可省去一边。

②梁下部纵筋

a. 多于一排时，用"／"分开；

b. 同排两种直径时，用"＋"分开，且角筋在前；

c. 不伸入支座的，减少的数以负值写在（ ）内。

注：当梁（不包括框支梁）下部纵筋不全部伸入支座时，不伸入支座的梁下部纵筋截断点距支座边的距离，在标准构造详图中统一取为 $0.1 l_{ni}$（l_{ni} 为本跨梁的净跨值）。

2. 梁截面注写方式

（1）梁截面注写方式的含义：指在梁平面布置图上，各相同编号的梁中选一根，在剖面号引出的截面配筋图上注写截面尺寸和配筋的具体数值。

（2）注写内容：

①在选择的梁上画"单边截面号"；

②画截面配筋详图（可画在本张图或其他图上）；

③在配筋详图上注写：ⓐ 截面尺寸 $b \times h$；ⓑ 上、下部筋；ⓒ 侧面构造筋或受扭筋；ⓓ 箍筋等的具体数值。

（二）梁结构平面图阅读

附录Ⅰ结施-05 及结施-06 是梁的结构施工图，或称梁配筋平面图，包括 2 张图纸，分别表述二层梁配筋平面图及屋面层梁配筋平面图。二层梁设计为：KL1～KL5，L1～L4；屋面层梁有：WKL1～WKL6，L1～L2。现以二层梁配筋图为例介绍梁配筋图的阅读。由图可知，二层梁包括框架梁 KL 和非框架梁 L，其中，横向梁的编号 KL1～KL3、L1，纵向梁的编号 KL3～KL5、L2～L4 等。图中所有梁的配筋均采用平面注写方式。

现在看 KL2 的配筋，此梁位于 ⑤2-B ～ ⑤2-E 轴线上，共 4 根。先看集中标注，KL2（2A）

表示编号为 KL2 的框架梁，或 2 号框架梁为 2 跨，一端带悬挑；梁截面尺寸为 250mm×600mm；箍筋Φ8@100/200（2），即双肢箍，间距为加密 100mm/非加密 200mm，直径 8mm 的 HRB400 级钢筋；2Φ22 为梁上部纵筋，表示上部纵筋为直径 22mm 的 2 根新 HRB400 级钢筋；G4Φ12 是构造钢筋，4 根直径 12mm 的 HRB400 级钢筋，每边 2 根对称配置。

再看原位标注，支座上部纵筋注写在梁支座左右两侧，图中看到在 (S2-2)、(S2-B) 支座的右边注写 3Φ22/3Φ20，表示共 6 根，分上、下排，上排 3 根直径 22mm，下排也 3 根，但直径为 20mm，上下排均为 HRB400 级钢筋；该支座左边未注写，表示对称配筋，省略；左边支座 2Φ22＋1Φ18，表示配筋直径不同，2Φ22 为角筋。右端悬挑端，上部纵筋 3Φ22。接下来看梁的下部纵筋，右跨下部纵筋 3Φ20/4Φ22，意即 7 根钢筋分两排，上排 3 根 Φ20，下排 4 根 Φ22；左跨下部全跨 3Φ22，但箍筋变为Φ8@100/150（2），即支座处加密为 100mm，（）中的 2 指双肢箍；右端悬挑端下部纵筋 2Φ22，即 2 根直径 22mm 的 HRB400 级钢筋，且此段梁截面改为 250mm×750mm，箍筋为Φ8@100（2），加构造筋 G6Φ12，Φ12 钢筋每侧 3 根，对称配置。此外，还可以看到两处的附加吊筋 2Φ12 和附加箍筋（每侧各 3 根），详情请见图中说明及"平法"规定。

现在看一下非框架梁的配筋，例如 L3（5），L3（5）为 5 跨非框架梁，集中标注为：截面为 200mm×500mm，箍筋Φ8@200（2），梁上部纵筋 2Φ16，下部纵筋 3Φ18，构造筋 G4Φ12，各项标注的含义与框架梁相同，此处不再赘述。再看一下原位标注，支座上部纵筋均为 5Φ16 3/2，即支座处共 5 根直径 16mm 的 HRB400 级钢筋，上排 3 根，下排 2 根；在 L 梁两个端跨的下部纵筋改为 4Φ18。

最后，看屋面梁配筋图，屋面梁的编号一般用 WKL、WL（或 L）表示，但配筋标注的方法还是一样的，均按梁平法规则。例如，WKL3（2）屋面框架梁，是 2 跨 3 支梁，截面积 250mm×600mm，箍筋Φ8@100/200（2）为双肢加密；上部纵筋 2Φ22，构造筋 G4Φ12；原位标注中，轴右侧标注 5Φ22 3/2，共 5 根直径 22mm 的 HRB400 级钢筋，上排 3 根，下排 2 根，支座右侧相同，省略；下部纵筋为：左跨 2Φ25，右跨 6Φ25 4/2。

四、楼层结构平面图

1. 楼层结构平面图的形成和主要内容

楼层结构平面图是假想沿着楼板面（结构层）把房屋剖开，所作的水平投影图。它主要表示楼板、梁、柱、墙等结构的平面布置，现浇楼板、梁等的构造、配筋以及各构件间的联结关系。一般由平面图和详图所组成。

2. 结构平面图的画法规定

（1）预制楼板布置的两种表示方法：

①板块投影法，按实际投影分块绘出，并注写数量和型号；

②对角线法，在楼板布置范围内用细实线画一条对角线，并沿对角线注明预制板的型号和数量。当若干房间的铺设方式相同时，只画出一间的实际布置，其余各间用相同的编号（如甲、乙等）表示。

（2）现浇板（构件）的表示方法：

①直接在结构平面图内画出钢筋的布置情况，注明编号、规格、数量；

②配筋较复杂不便表示时，用对角线表示，并注写代号，如 XB 等。

（3）楼梯在楼层平面图中一般不予表示，只用双对角线表示楼梯间的位置。

（4）当各层结构平面布置相同时，可只画出标准层结构平面图。

3. 楼层结构图阅读

（1）图名、定位轴线及编号，明确承重墙、柱的平面位置。

（2）各种梁、楼板、雨篷、阳台等构件的平面布置及类型、数量、代号等。

（3）结合详图，明确各构件的定位尺寸、轴线尺寸及标高。

附录Ⅰ中结施-05 中为"二层板配筋平面图"，C-A♯为框架结构，轴线交叉位处为框架柱，计 18 根柱，图中虚线所示为框架梁，梁范围内即为二层楼板，其间含 1-C 型楼梯 4 处。楼板为现浇钢筋混凝土板，板厚度由图可见为 100mm、130mm、150mm，板面结构标高为 3.950m，板的配筋均标注在平面图上。现以二层的 (S2-A) ～ (S2-B) 及 (S2-2) ～ (S2-3) 间的板为例，说明楼板的配筋。首先是板底配筋，由图可见，长向和短向均配Φ 8@180，形成钢筋网，在板的下表面附近，弯钩向上，称板底钢筋；接着再看支座筋（也可称负筋），凡是有支座的部位，配支座筋，如在 (S2-A) 轴线的支座处配Φ 8@180 钢筋，意指用直径为 180mm 的新 HRB400 级钢筋，每隔 180mm 从 (S2-2) 到 (S2-3) 均匀放置，钢筋伸入板 950mm，此负筋放在板的上表面附近，弯钩向下，这些钢筋也称板面钢筋；此外，轴线右边部分的配筋方法与上述相同，既配板面筋，也配板底筋。同理，其他支承部位也都配支座筋，如附录Ⅰ结施-05 中的板配筋图所示。

五、屋顶结构平面图

屋顶结构平面图是表示屋顶承重构件布置的平面图，它的图示内容与楼层结构平面图基本相同，对于平屋顶，因屋面排水的需要，承重构件应按一定坡度铺设，并设置天沟、上人孔，有时还有屋顶水箱等。附录Ⅰ结施-06 是屋顶结构平面图，图中称"屋面层板配筋平面图"。由图可知，屋面板厚 130mm，板的混凝土强度等级为 C30，板面结构标高为 6.950m，板的配筋采用双层双向钢筋，支座配负筋。

六、楼梯结构施工图

1. 现浇混凝土板式楼梯平法规则（11G101-2 图集）

现浇混凝土板式楼梯平法，适用于混凝土结构和砌体结构的现浇板式楼梯。在平法中将楼梯分为包括两组共 11 种常用的板式楼梯类型，即：

第一组板式楼梯有 5 种，分别为 AT、BT、CT、DT、ET 型；

第二组板式楼梯有 6 种，分别为 FT、GT、HT、JT、KT、LT 型。

板式楼梯平法采用平面注写方式，现以使用最广的 AT 型楼梯为例给予介绍。

AT 型楼梯为两梯梁之间的一跑矩形梯板全部由踏步段构成，即踏步段两端均以梯梁为支座。凡是满足该条件的楼梯均可视为 AT 型，如双跑楼梯、双分平行楼梯、交叉楼梯等。

（1）平面注写方式含义：在楼梯平面布置图上注写截面尺寸和配筋具体数值的方式。

（2）平面注写内容：分集中标注和外围标注。

①集中标注：集中标注的内容有 4 项，即：

第一项为梯板类型代号与序号 AT××；

第二项为梯板厚度 h;

第三项为踏步段总高度 $H_s=h_s(m+1)$,其中 h_s 为踏步高,$(m+1)$ 为踏步数目;

第四项为梯板配筋,梯板的分布钢筋注写在图名的下方,如图 6-3 所示。

②外围标注:梯板的平面几何尺寸以及楼梯间的平面尺寸,如图 6-3 所示。

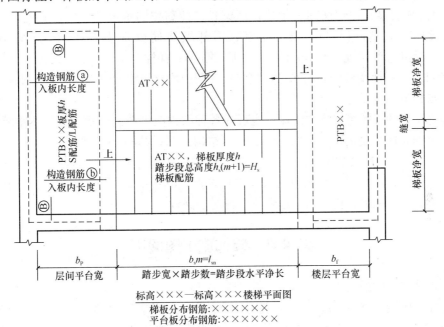

图 6-3 AT 型楼梯平面注写方式

(3) AT 楼梯板钢筋配置标准构造详图,如图 6-4 所示。

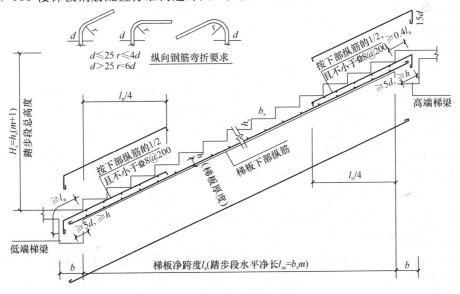

图 6-4 AT 楼梯板钢筋构造

2. 楼梯结构施工图阅读

附录Ⅰ结施-08 为 A 型楼梯结构详图,现说明楼梯结构施工图的阅读内容。

该 A 型楼梯属 AT 类型，其结构图由平面图、剖面图和大样图组成，图中看到两段楼梯板均为 AT1；板厚 h 为 110mm；梯板的配筋Φ8@100，分布筋Φ8@200，梯板钢筋的布置还应符合图 6-4 规定。平台板 PTB 的配筋与楼层板的配筋类似，图中看到平台板 PTB-1 基本上采用双层双向布筋，详细请读者参阅 PTB-1 配筋图。梯梁 TL、平台梁 PTL 及梯柱 TZ 均采用传统的梁、柱钢筋图表示法，即梁长、柱高按图示尺寸取定，其配筋用截面图（或称模板图）表达，如 TL1 梁的上部、下部纵向筋分别为 2Φ16、3Φ16，箍筋Φ8@100，受扭钢筋 N2Φ12 每侧 1 根，并配拉筋φ6；梯柱也一样，TZ1 的竖向纵筋6Φ16，箍筋Φ8@100。楼梯及楼梯间的水平及竖向尺寸图中均有详细标注，读者可仔细阅读。

七、结构详图

结构施工图的详图可以集中绘制，也可在各种结构图中即刻表示，例如本案结施-03 基础平面图中的"柱基模板图"及①、②、③是结构详图；结施-08 中的 TL1、TL2、PTL1、TZ1、GZ1、GZ2 等都属结构详图；结施-07 是结构详图，详图①～⑥是结施-05 的索引图；结施-02 设计总说明（二），是集中绘制的结构详图，其中的详图是整个项目共用的，读者可仔细阅读。各有关的结构详图，读者可自行对照阅读。

第四节　装饰施工图阅读

一、装饰施工图的组成

装饰施工图也称"室内施工图"，简称"室施"或"装施"。装饰施工图一般由装饰平面图、立面图、剖面图、详图和效果图等几种图纸组成，现分别作简要介绍。

二、装饰平面图

装饰平面图包括平面布置图和吊顶平面图两种图纸，首先介绍平面图的阅读，然后再讨论吊顶装饰平面图。

1. 平面布置图

装饰平面布置图，通常简称为平面图，它是在建筑平面图的基础上，侧重表现装饰房间内部各个空间的平面布置情况，包括沙发、床铺、桌椅、厨卫洁具和各种陈设的位置、形状和大小等；室内地面的装饰材料与做法；平面图中的尺寸标注主要表现与装饰相关的内容，其中包括房间的净长和净宽，用以计算铺设地面的工程量，门窗洞口、墙垛、柱以及内部设施的大小和相对位置的尺寸等。

平面布置图可以按层或者按套绘制，也可以分室单独绘制各空间的平面图。图 6-5 是某住户的套房装饰平面布置图，该户为四室、双厅双卫、南阳台、北厨房和独立的玄关。图中，室内的各种陈设用形象而简洁的图例表示；图 6-6 是地面装饰布置图，同样以图例并加详细标注予以表述，有关尺寸也标在图中，请读者自阅。

2. 吊顶装饰平面图

吊顶，也称顶棚、天棚或天花板，因此吊顶装饰平面图也称顶棚、天棚、天花平面图、顶面布置图。

顶面装饰平面布置图主要用来表达顶棚的造型、尺寸、材料、规格与做法、灯具式样、规格与安装位置等。

顶面布置图应分室绘制，家庭装饰也可按户绘制，以显示总体效果。顶面平面图通常有

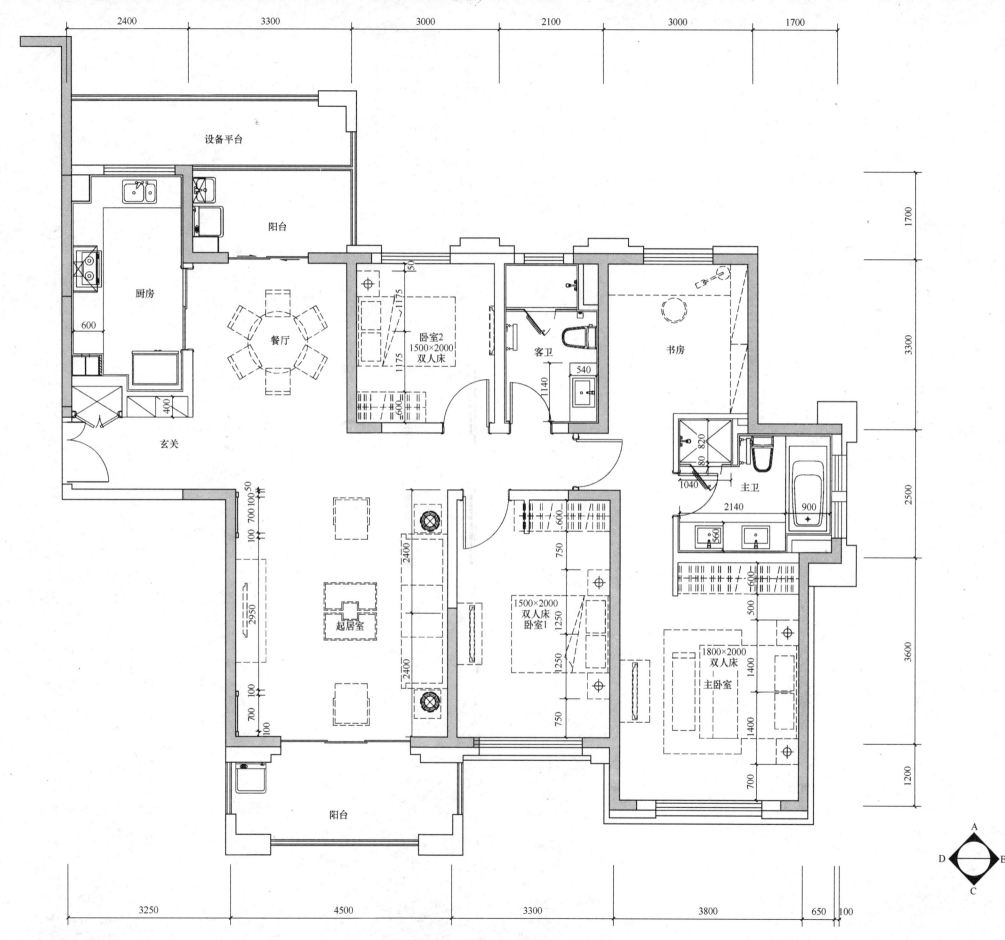

设备平台

阳台

厨房

600

餐厅

卧室2
1500×2000
双人床

客卫

540

书房

820

80

1040

主卫

2140

900

560

玄关

起居室

1500×2000
双人床
卧室1

1800×2000
双人床
主卧室

阳台

2400

2400

2950

2400

3300

3000

2100

3000

1700

1700

3300

2500

3600

1200

3250

4500

3300

3800

650

100

A

D

B

C

图 6-5 装施-01 平面布置图（1：50）

图 6-6 装施-02 地面布置图（1:50）

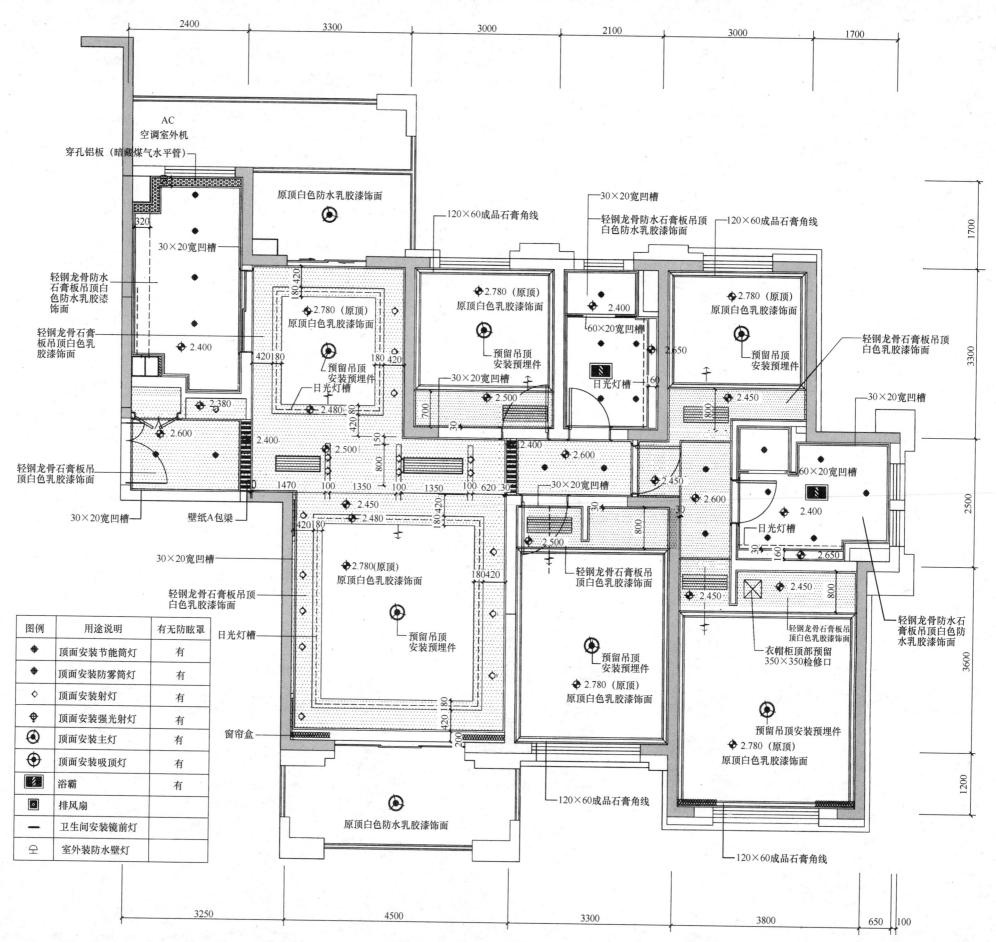

图 6-7　装施-03顶面布置图（1∶50）

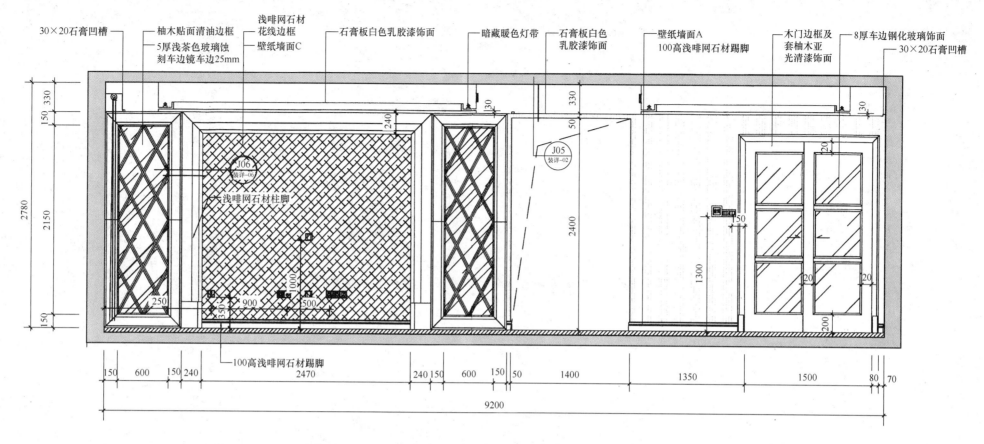

客厅、餐厅D立面图(1:30)

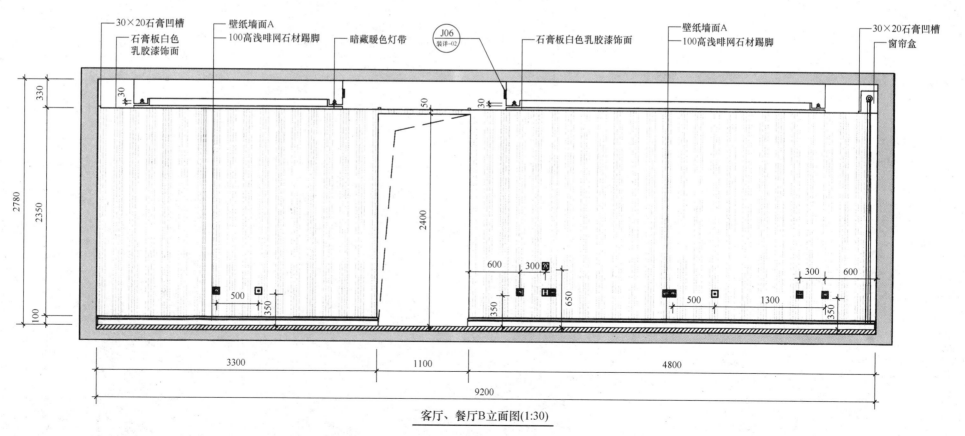

客厅、餐厅B立面图(1:30)

图6-8 装施-04 客厅、餐厅立面图

两种表达方法：一种是假想观察者仰面向上看，对顶棚作正投影图，这种平面图称仰视平面图；另一种方法是设想把与顶棚相对的地面视为整片镜面，顶棚的所有形象都如实地反映在该镜面中，画出镜面内的图像就是顶棚的平面图，称为镜像视图，此方法也称镜像投影法，目前大都采用后一种方法。

图 6-7 是图 6-5 所示住户套房的吊顶平面图，该图按镜像投影法绘制。此吊顶平面图所用比例与平面布置图相同，以便一一对应阅读。由图可见，吊顶平面图与平面布置图相似，尺寸也一致，吊顶平面图上标注的标高尺寸是相对于本层地面的净空高度，例如卫生间的吊顶面标高为 2.4m，玄关的吊顶面标高为 2.6m，卧室、客厅吊顶标高 2.78m。图中对不同部位吊顶的做法均有具体说明。基本分两种情况，即轻钢龙骨石膏板另刷白色（或防水）乳胶漆，另一种是原顶白色乳胶漆饰面，以增加室内净空高度。图中还可以看到吊顶按不同部位设置吸顶灯、（防雾）筒灯、（强光）射灯和荧光灯等照明灯具。此外，两个卫生间均设有浴霸及排风扇，以便通风排污。

三、室内装饰立面图

立面图是按水平方向观察物体所形成的正投影图。装饰立面图有外观立面图和内观立面图之分：外观立面图多用于表现建筑物的外观，常称为建筑立面图，建筑物的外部装饰也借助于外观立面图来表达；内视立面图是指在室内空间所见到的内墙面的正投影图，它主要图示墙面的装饰布置、造型及色彩，相应的材料和规格，装饰构件（如壁灯）做法等内容，与墙面连在一起的家具、陈设也应表现出来。

按正投影原理，内视立面图只能显示室内一面墙的图像，要想把室内所围绕的各个墙面的图像同时表现出来，就要用立面展开图。室内立面展开图是设想把构成室内空间所围绕的各墙面拉平展现在一个连续的立面上，像是一条横幅画卷。立面展开图的图示方法是：首先用粗实线把连续的墙面轮廓线和面与面转折的阴角线示出，然后用中（或细）实线画出各墙面上的正投影图像。

内视立面图（也可称内墙立面图）的另一种画法是按建筑剖面图的画法，将房间竖向剖切后作该墙面的正投影图像，此图像实际上是墙面剖面图，因此也可称之为内墙剖立面图，不过此种立面图较少使用。

装饰立面图的投影方向是在平面布置图上用带箭号的图示符号来表示，如图 6-5 所示，其中涂黑的箭头表示投影方向，字母代表立面图的名称，如客厅要分别画出四个方向的立面图。

图 6-8 是图 6-5 住户客厅、餐厅 B、D 方向立面图，由图可见，该方向的立面处理主要是墙面壁纸及茶色玻璃蚀刻车边镜，并配以木、石边框，灯带以及石材踢脚线等，形成总体装饰效果。

四、装饰剖面图及详图

装饰剖面图的图示方法与建筑剖面图一样，在室内装饰中主要有墙身剖面图和吊顶剖面图两种，各种详图也用剖面图表示。

墙身剖面图主要用来表示在内墙立面图中无法表现的墙面装饰造型、构造层次、做法、所用材料及其规格，各装饰结构之间、装饰结构与建筑结构之间的连接与固定方式等，图 6-9 是卧室墙身的纵剖面构造。

吊顶剖面图主要用以表达吊顶装饰面层（或凹凸饰面）、龙骨、吊筋等各层次的构造做法、材料与规格，及其与楼板、墙面的连接和固定方法等。

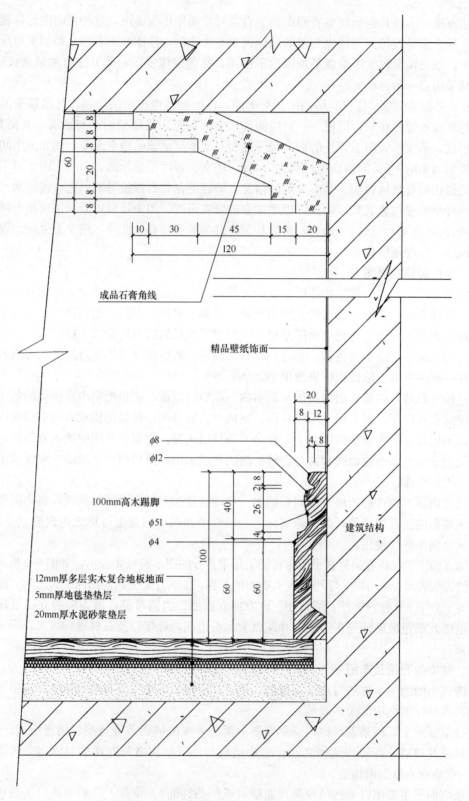

成品石膏角线

精品壁纸饰面

$\phi8$

$\phi12$

100mm高木踢脚

$\phi51$

$\phi4$

12mm厚多层实木复合地板地面

5mm厚地毯垫垫层

20mm厚水泥砂浆垫层

建筑结构

图 6-9　装施-05卧室墙身纵剖大样图（1∶2）

也常用详图（节点图）来表示局部构造和表面装饰做法，图 6-10 是玄关与客厅天花交接处的节点做法大样。

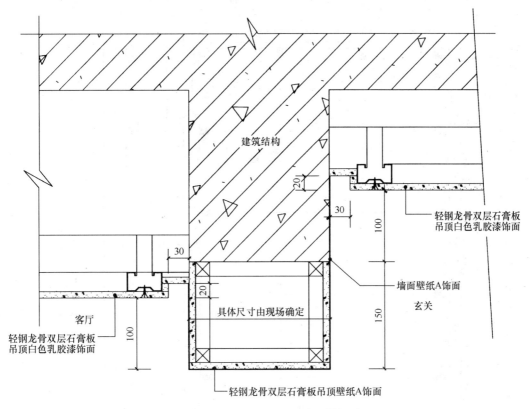

图 6-10　装施-06 玄关与客厅天花交接处横剖详图（1:5）

第五节　单层工业厂房施工图阅读

单层工业厂房施工图包括建筑、结构、水暖电、通风等图纸。本节介绍建筑施工图和结构施工图，其他图纸与民用建筑图纸相似，不再赘述。

一、厂房建筑施工图的阅读

厂房建筑施工图包括总平面图，平、立、剖面图，屋顶平面图等，现以图 6-11～图 6-15 某单层厂房为例作如下说明。

1. 厂房平面图

图 6-11 是厂房平面图，阅读内容包括：

（1）厂房的平面形状，内部布置。图中表示出该厂房柱的定位轴线，柱网尺寸 6m，其中两头端部的柱距为 5.5m，如轴线②、⑩处所示；轴线间距 6m 处，是抗风柱的外皮线，又是厂房山墙的里皮线，如①、⑪轴所示。这种设计有利于使用统一规格的大型屋面板。厂房跨度 18m，内设 10t 吊车梁一台，用虚线表示。厂房总长 48.74m，宽 18.74m，建筑面积 913.39m²。

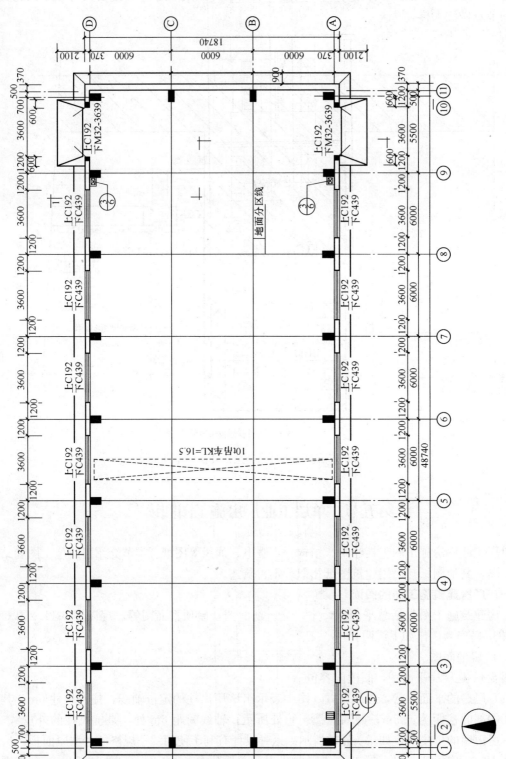

图 6-11　厂房平面图 (1：100)

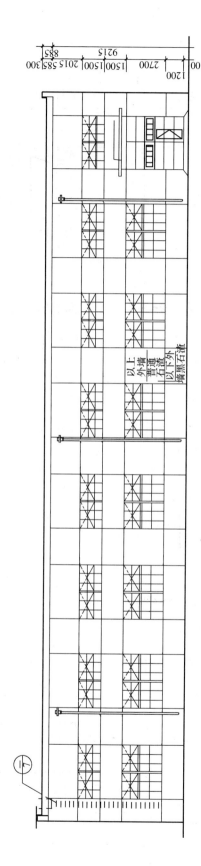

图 6-12 南立面图 (1：100)

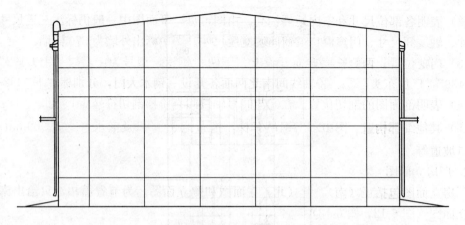

图 6-13　侧立面图

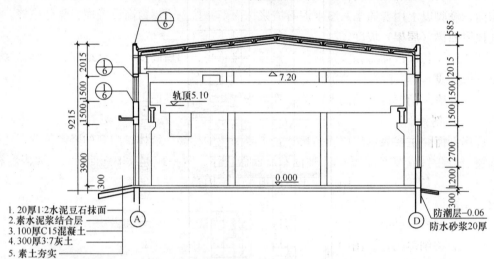

1. 20厚1:2水泥豆石抹面
2. 素水泥浆结合层
3. 100厚C15混凝土
4. 300厚3:7灰土
5. 素土夯实

防潮层-0.06
防水砂浆20厚

图 6-14　1-1 剖面图

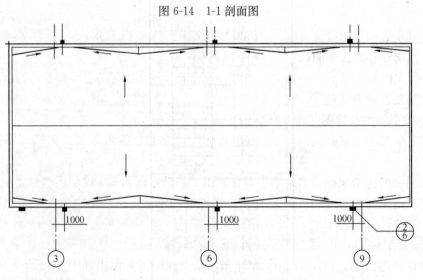

图 6-15　屋顶平面图

（2）表明各部位尺寸和室内地坪标高。由图可见，平面图中一般仍标注三道尺寸：外部总尺寸、轴线间尺寸、门窗洞口及窗间墙宽度尺寸。图中标出外墙为 370 砖墙。

（3）门窗位置。两侧长度方向开设上、下两樘钢窗，型号为：上层"上 C192"，下层"下 C439"。厂房东头，⑨、⑩轴线间南北两面各开设一钢木大门，分别标"下 M32-3639"。

（4）表明剖面图的剖切位置。在⑧与⑩号轴线间有阶梯剖切符号 1-1。

（5）其他细部构造。图中示出钢吊车梯，拖布池$\left(\frac{3}{6}\right)$，以及散水（宽度 900mm）、厂门出人口坡道等。

2. 厂房立面图

厂房立面图包括正（南）、背（北）立面图和侧立面图。为节省篇幅，只给出南立面图和侧立面图（图 6-12，图 6-13）。

（1）表明厂房屋顶形式，外墙装修做法。外墙勒脚高 1200mm，用黑色小八厘水泥石渣浆抹面，勒脚以上用普通小八厘水泥石渣浆抹面，并按上下层窗高设置横、竖分格缝。屋顶坡度按屋面梁（屋架）坡度。

（2）标注各部位标高和竖向尺寸，包括厂房总高、门窗高度，室外地坪、勒脚高度、分格缝（或腰线）、雨篷等。

（3）其他。门窗位置的高度，落水管的布置和位置，屋面上人梯等。

3. 厂房剖面图

厂房剖面图主要表示厂房竖向尺寸，主要部位的标高，墙体、门窗的竖向位置；此外还有雨篷、台阶（或坡道）、檐口、地面和屋面做法等。图 6-14 是 1-1 剖面图，主要内容有：

（1）表示各部位标高。图中标出室内地坪，室内外高差，防潮层位置、做法，吊车钢轨顶面、屋面梁底（下弦）标高等。

（2）外墙标明勒脚、墙体、门窗洞口、女儿墙等的竖向尺寸和做法（另绘有详图）。

（3）有关细部构造。图中示出门口坡道的具体做法。

4. 屋顶平面图

屋顶平面图主要表明屋顶上凸出屋面建筑构造的位置，如天窗、通风孔、雨水管等的平面位置；其次表示屋面排水分区、坡度及坡向等，如图 6-15 所示。

二、厂房结构施工图阅读

结构施工图包括基础、柱、梁、屋架、天窗架、吊车梁等的平面布置，构造尺寸，结构大样，配筋及连接方式等。

1. 基础平面图及详图（图 6-16、图 6-17）

基础平面图中，基础代号为 J，两边基础代号为 J1，四角为 J2，两端山墙抗风柱基础为 J3。

基础图一般包括基础、基础梁平面布置图，基础详图和文字说明三部分。

基础平面图的内容（图 6-16）有纵、横轴线和轴距；基础平面布置，图中厂房基础为柱下独立基础，编号为 J1、J1$_a$、J1a'、J2 及 J3 等；基础梁布置（用 JL 表示，编号为 JL-23、JL-25 及 JL-42），其中门樘下的基础梁 JL-25 为现浇梁。

基础详图包括 J1、J1$_a$、J2、J3 大样图，基于读图，只画出详图 J1（图 6-17）。由图看到，该基础为现浇钢筋混凝土杯形基础，图中标注基础编号（J1）、详图尺寸、配筋、标高、所用材料强度等级、基础垫层（C10 素混凝土），还表示了基础与柱的连接处理，以及轴线等。

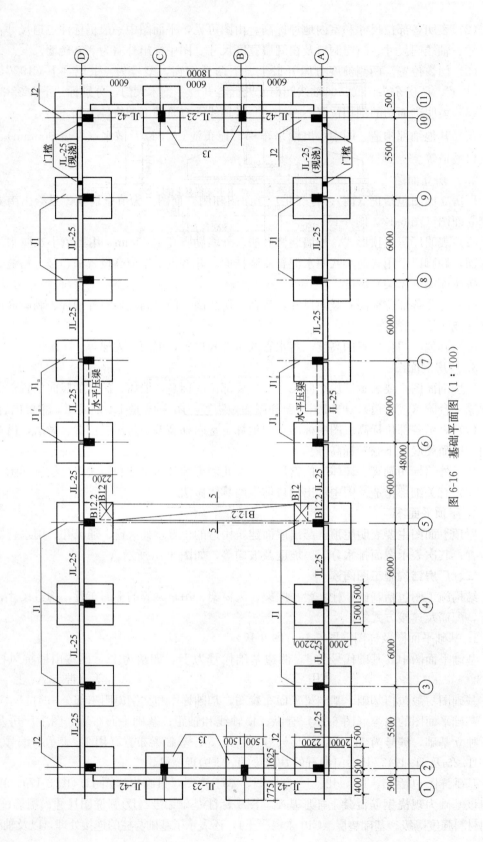

图 6-16 基础平面图 （1：100）

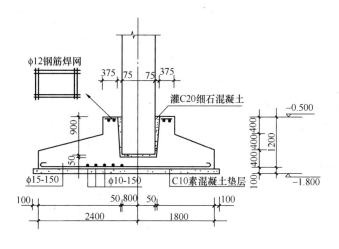

1—1

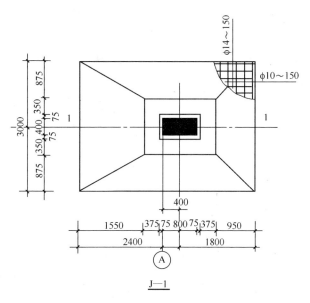

J—1

图 6-17 基础大样图

2. 柱网平面图

在结构平面图中，柱子代号用 Z 表示，编号为 Z_1、Z_2、Z_{1A}、Z_{1B} 等，带有 A、B 字母者为附有焊接柱间支撑的预埋件，两者是相邻柱，埋件互相对应。位于两端山墙的抗风柱也依次编号。

图 6-18 是厂房柱网平面图，图中涂黑矩形是厂房柱子，编号 Z_1、$Z_{1甲}$（或 Z_{1A}，边柱）、$Z_{1乙}$（或 Z_{1B}）、$Z_{1丙}$（或 Z_{1C}）（角柱）和 Z_2（抗风柱）。

3. 柱模板、配筋图

图 6-18 中的柱子均分别绘制结构图，为减少篇幅，现以 Z_1 为例说明柱子模板、配筋图的阅读（图 6-19）。

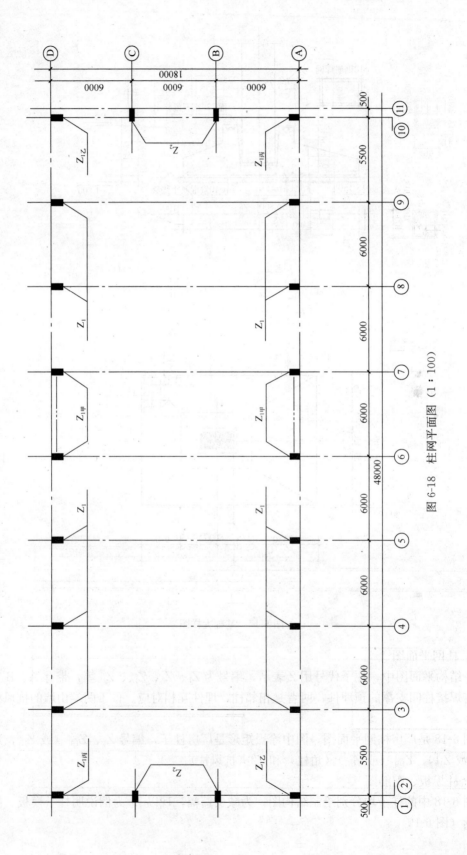

图 6-18 柱网平面图 (1 : 100)

94

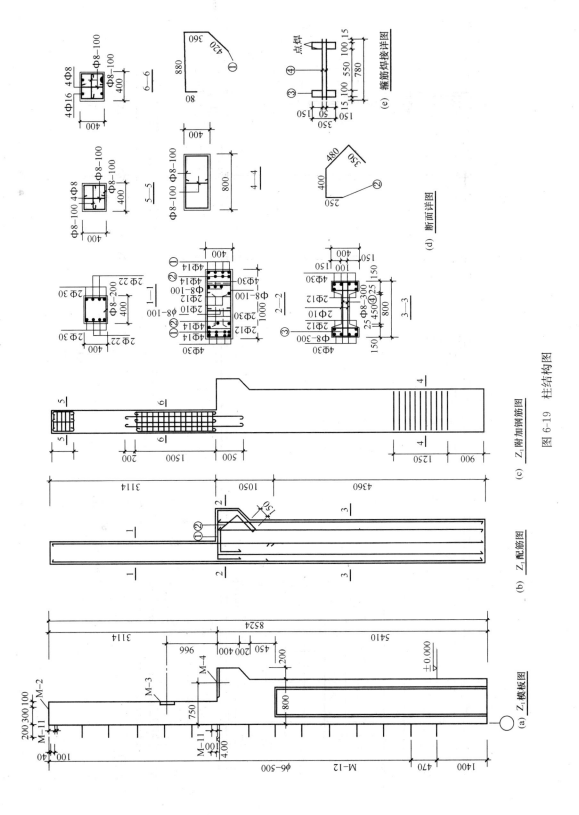

图 6-19 柱结构图

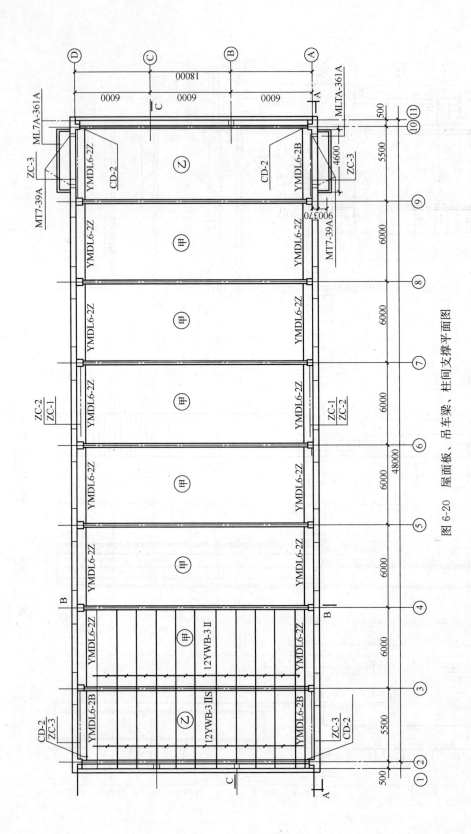

图 6-20　屋面板、吊车梁、柱间支撑平面图

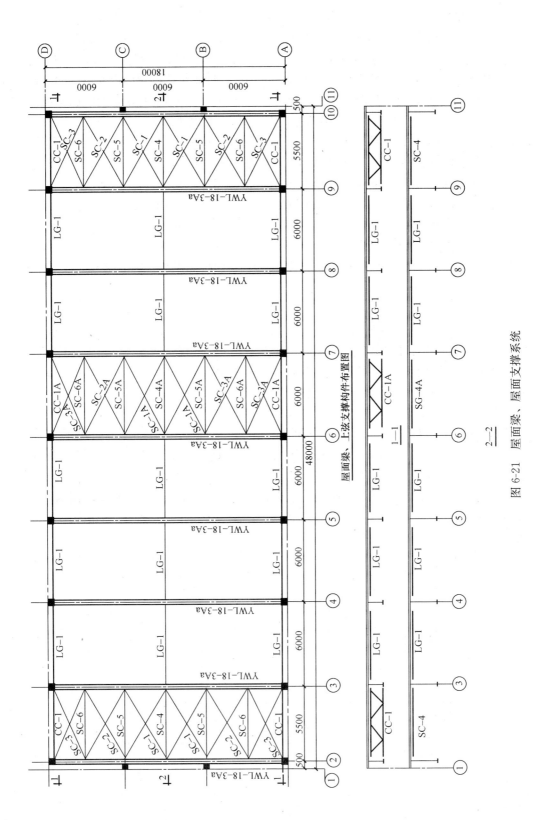

屋面梁、上弦支撑构件布置图

1—1

2—2

图 6-21 屋面梁、屋面支撑系统

柱子结构图包括柱的结构、配筋、连接部位大样等。结构图也称模板图，显示外形、尺寸（图6-19a）；配筋图显示钢筋编号、型号、形状、直径、尺寸和数量，以及在柱中的位置（图6-19b、c）；预埋件是柱子的重要内容，柱与屋架、吊车梁、支撑的连接都需用预埋件，水电管线和某些工艺管道也要求柱子设预埋件。因此，柱子结构图应画出预埋件的位置、数量，并予以编号。预埋件的形状、尺寸则应另作大样图；图中也应标出预留钢筋的位置、数量等。图6-19（a）中的M-2、M-3为预埋铁件，M-11系预埋钢筋。

不同的柱子应分别绘制结构图。为了减少设计图纸的数量，常把外形尺寸和配筋相同，只有少量预埋件不同的柱子绘在一个图上，注明埋件仅用于某柱即可。

4. 屋面板、吊车梁、柱间支撑结构平面图

屋面板为大型预应力屋面板，代号为YWB，屋面板搁在屋面梁上，图6-20中③～⑨轴线的6个开间布置相同，每开间安装12块（12YWB-3Ⅱ），用"甲"表示；左右两个开间的屋面板布置也一样，用"乙"表示，也为12块屋面板，编号为12YWB-3ⅡS。

吊车梁的代号DL，图中以粗实线表示，中间各跨为YMDL6-2Z，共12根；左右开间为YMDL6-2B，计4根，其中Z、B分别表示中间跨和边跨。吊车梁的端部均设车挡，型号为CD-2，共4个。

图中柱间支撑用粗双点画线表示，代号为ZC，ZC-1为下段柱支撑，ZC-2、ZC-3为上段柱支撑。由图看出，中部轴线⑥、⑦间的柱设上、下段支撑，两端柱间设上段柱支撑。

另外，厂房大门两侧的MT7-39A为现浇门框柱，MLTA-361A为门框梁（带雨篷），另有详图。

5. 屋面梁、屋面支撑系统

从图6-21中可以看到屋面梁的代号和平面布置。屋面梁采用预应力钢筋混凝土工字形薄腹梁，编号为YWL-18-3Aa，共9榀。屋面结构支撑系统包括两端及中部开间设水平支撑和垂直支撑，代号分别为SC和CC，其余各开间均设上弦水平系杆LG-1。

此外，该厂房的纵墙（Ⓐ、Ⓓ轴线）上设置三道圈梁QL₁、QL₂、QL₃，横墙（①、⑪轴线）上加设圈梁QL₄；柱与圈梁及墙的连接，墙与屋面梁的连接，柱与吊车梁的连接等均另绘详图，此处从略。

第三篇　房屋建筑工程量与消耗量计算

第七章　建筑面积计算

本章以 GB/T 50353—2005 为准介绍建筑面积计算。

第一节　计算建筑面积的范围和计算方法

一、单层建筑物的建筑面积

1. 单层建筑物的建筑面积，应按其外墙勒脚以上结构外围水平面积计算，并应符合下列规定：

（1）单层建筑物高度在 2.20m 及以上者应计算全面积；高度不足 2.20m 者应计算 1/2 面积。

如图 7-1 所示，其建筑面积按建筑平面图外轮廓线尺寸计算，即

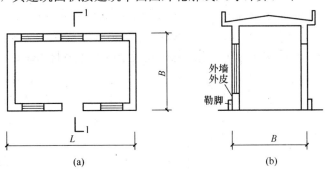

图 7-1　单层建筑物的建筑面积
(a) 平面；(b) 1—1 剖面

$$S = LB \tag{7-1}$$

式中　S——单层建筑物的建筑面积，m^2；

　　　L——两端山墙勒脚以上外表面间水平长度，m；

　　　B——两纵墙勒脚以上外表间水平长度，m。

建筑物高度指室内地面标高至屋面板板面结构标高之间的垂直距离。遇有以屋面板找坡的平屋顶单层建筑物，其高度指室内地面标高至屋面板最低处板面结构标高之间的垂直距离。

（2）利用坡屋顶内空间时净高超过 2.10m 的部位应计算全面积；净高在 1.20～2.10m

的部位应计算 1/2 面积；净高不足 1.20m 的部位不应计算面积。

如图 7-2 所示，坡屋顶内空间的面积可表达为：

$$S = LC + \frac{1}{2}(B+D)L \tag{7-2}$$

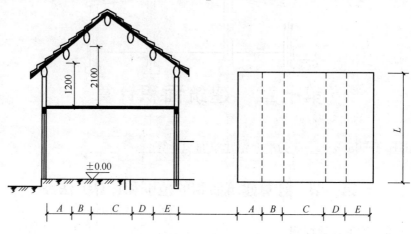

图 7-2　坡屋顶内空间

净高指楼面或地面至上部楼板底或吊顶底面之间的垂直距离。

2. 单层建筑物内设有局部楼层者，局部楼层的二层及以上楼层，有围护结构的应按其围护结构外围水平面积计算，无围护结构的应按其结构底板水平面积计算。层高在 2.20m 及以上者应计算全面积；层高不足 2.20m 者应计算 1/2 面积。

如图 7-3 所示，即应计算建筑物内 h_2 部分楼层的面积，其面积表达式为：

$$S = LB + \sum l_i b_i \tag{7-3}$$

式中　l,b——分别为外墙勒脚以上外表面至局部楼层墙（或柱）外边线的水平长和宽，m；

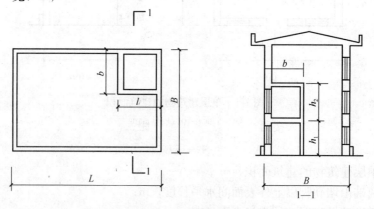

图 7-3　设有部分楼层的单层建筑物面积

3. 高低联跨的建筑物，应以高跨结构外边线为界分别计算建筑面积；其高低跨内部连通时，其变形缝应计算在低跨面积内。

如图 7-4 所示，高低跨相邻部分以高跨柱外边线为分界线，其高跨部分建筑面积为：

$$S_{gk} = LB_2 \qquad\qquad (7\text{-}4)$$

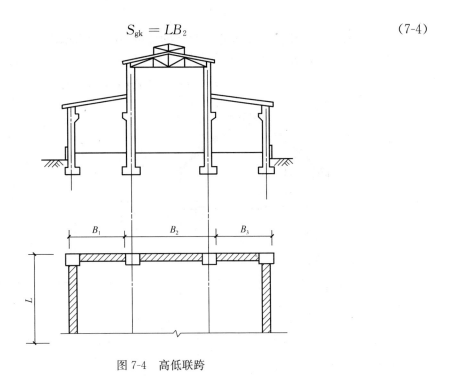

图 7-4 高低联跨

低跨部分的建筑面积为：

$$S_{ak} = L(B_1 + B_3) \qquad\qquad (7\text{-}5)$$

二、多层建筑物的建筑面积

1. 多层建筑物首层应按其外墙勒脚以上结构外围水平面积计算；二层及以上楼层应按其外墙结构外围水平面积计算。层高在 2.20m 及以上者应计算全面积；层高不足 2.20m 者应计算 1/2 面积。

若建筑物有 n 层，则其建筑面积可表示为：

$$S = S_1 + S_2 + \cdots + S_n = \sum_{i=1}^{n} S_i \qquad\qquad (7\text{-}6)$$

式中　S_i——第 i 层的建筑面积，m^2；

　　　n——建筑物总层数。

同一建筑物如结构、层数不同时，建筑物的层高不同时，应分别计算建筑面积。层高是指上下两层楼面结构标高或楼面与地面之间的垂直距离。

2. 多层建筑坡屋顶内和场馆看台下，当设计加以利用时净高超过 2.10m 的部位应计算全面积；净高在 1.20~2.10m 的部位应计算 1/2 面积；当设计不利用或室内净高不足 1.20m 时不应计算面积。（参见图 7-2 及式 7-2）。

3. 建筑物的阳台均应按其水平投影面积的 1/2 计算。

图 7-5 是常见阳台的形式，不论是凹阳台、挑阳台以及有无围护结构均按水平投影的 1/2 计算其建筑面积：

$$S = \frac{1}{2}(ab + cb_1) \qquad\qquad (7\text{-}7)$$

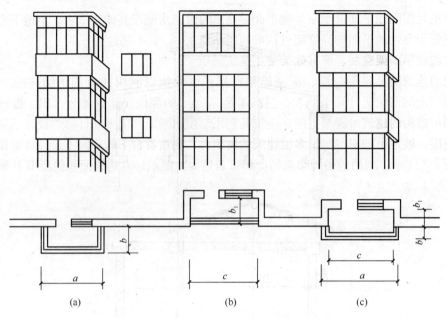

图 7-5　阳台构造形式

(a) 挑阳台；(b) 凹阳台；(c) 半凹半挑阳台

三、地下室、半地下室建筑面积

地下室、半地下室（车间、商店、车站、车库、仓库等），包括相应的有永久性顶盖的出入口，应按其外墙上口（不包括采光井、外墙防潮层及其保护墙）外边线所围水平面积计算。层高在 2.20m 及以上者应计算全面积；层高不足 2.20m 者应计算 1/2 面积。

如图 7-6 所示，地下建筑的建筑面积为：

$$S = S_{d1} + S_{d2} \tag{7-8}$$

其中，地下室部分　　　　　　　$S_{d1} = l_1 b_1$

出入口部分　　　　　　　$S_{d2} = l_2 b_2$

式中　l_1，b_1——地下室上口外围的水平长与宽，m；

l_2，b_2——地下室出入口上口外围的水平长与宽，m。

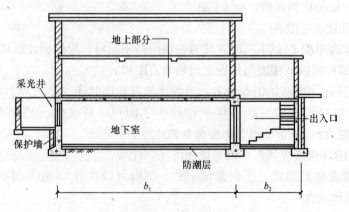

图 7-6　有出入口的地下室剖面

地下室是房间地平面低于室外地平面的高度超过该房间净高的1/2者；半地下室是指房间地平面低于室外地平面的高度超过该房间净高的1/3，且不超过1/2者。

四、坡地吊脚架空层、深基础架空层建筑面积

坡地的建筑物吊脚架空层、深基础架空层，设计加以利用并有围护结构的，层高在2.20m及以上的部位应计算全面积；层高不足2.20m的部位应计算1/2面积。设计加以利用、无围护结构的建筑吊脚架空层，应按其利用部位水平面积的1/2计算；设计不利用的深基础架空层、坡地吊脚架空层、多层建筑坡屋顶内、场馆看台下的空间不应计算面积。

如图7-7所示，利用的吊脚架空的面积可表述为：图示计算建筑面积的范围 B 乘以可利用空间长度 L。

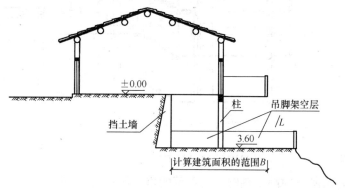

图7-7　坡地建筑吊脚架空层

五、门厅、大厅建筑面积

建筑物的门厅、大厅按一层计算建筑面积。门厅、大厅内设有回廊时，应按其结构底板水平面积计算。层高在2.20m及以上者应计算全面积；层高不足2.20m者应计算1/2面积

六、建筑物内的室内楼梯间、电梯井、观光电梯井、提物井、管道井、通风排气竖井、垃圾道、附墙烟囱及室外楼梯等建筑面积

1. 建筑物内的室内楼梯间、电梯井、观光电梯井、提物井、管道井、通风排气竖井、垃圾道、附墙烟囱应按建筑物的自然层计算。自然层是指按楼板、地板结构分层的楼层。

室内楼梯间的面积计算，应按楼梯依附的建筑物的自然层数计算并在建筑物面积内。遇跃层建筑，其共用的室内楼梯应按自然层计算面积；上下两错层户室共用的室内楼梯，应选上一层的自然层计算面积。如图7-8所示的室内楼梯间的自然层应为6层。

2. 建筑物顶部有围护结构的楼梯间、水箱间、电梯机房等，层高在2.20m及以上者应计算全面积；层高不足2.20m者应计算1/2面积。

3. 有永久性顶盖的室外楼梯，应按建筑物自然层的水平投影面积的1/2计算。

七、立体书库、立体仓库、立体车库建筑面积

立体书库、立体仓库、立体车库，无结构层的应按一层计算，有结构层的应按其结构层面积分别计算。层高在2.20m及以上者应计算全面积；层高不足2.20m者应计算1/2面积。

八、舞台灯光控制室

有围护结构的舞台灯光控制室，应按其围护结构外围水平面积计算。层高在2.20m及以上者应计算全面积；层高不足2.20m者应计算1/2面积。

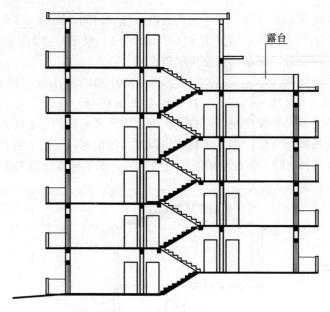

图 7-8　户室错层剖面示意图

围护结构是指围合建筑空间四周的墙体、门、窗等。

九、建筑物外走廊、檐廊、挑廊、门斗等的建筑面积

1. 建筑物间有围护结构的架空走廊，应按其围护结构外围水平面积计算。层高在 2.20m 及以上者应计算全面积；层高不足 2.20m 者应计算 1/2 面积。有永久性顶盖无围护结构的应按其结构底板水平面积的 1/2 计算。

图 7-9 为有围护结构的架空走廊，其面积计算如下：

$$S = lb \tag{7-9}$$

式中　l，b——分别为架空走廊围护结构外围水平投影的长和宽，m。

2. 建筑物外有围护结构的落地橱窗、门斗、挑廊、走廊、檐廊，应按其围护结构外围水平面积计算。层高在 2.20m 及以上者应计算全面积；层高不足 2.20m 者应计算 1/2 面积。有永久性顶盖无围护结构的应按其结构底板水平面积的 1/2 计算。

图 7-10 是走廊、檐廊、挑廊示意图，走廊是建筑物的水平交通空间；挑廊指挑出建筑物外墙的水平交通空间；檐廊是设置在建筑物底层出檐下的水平交通空间。落地橱窗指突出外墙面根基落地的橱窗；门斗指在建筑物出入口设置的起分隔、挡风、御寒等作用的建筑过渡空间。

十、车棚、雨篷、货棚、站台、看台等

1. 有永久性顶盖无围护结构的场馆看台应按其顶盖水平投影面积的 1/2 计算。

2. 雨篷结构的外边线至外墙结构外边线的宽度超过 2.10m 者，应按雨篷结构板的水平投影面积的 1/2 计算。

3. 有永久性顶盖无围护结构的车棚、货棚、站台、加油站、收费站，应按其顶盖水平投影面积的 1/2 计算。图 7-11 是单排柱车棚（或站台）示意图，其面积按下式计算：

$$S = \frac{1}{2} LB \tag{7-10}$$

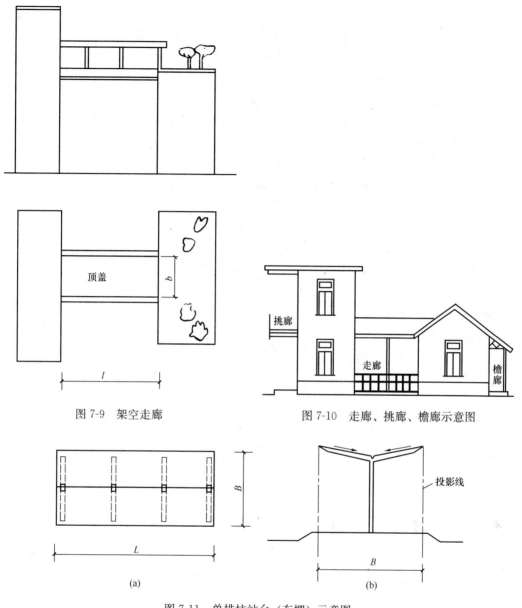

图 7-9 架空走廊

图 7-10 走廊、挑廊、檐廊示意图

（a）

（b）

图 7-11 单排柱站台（车棚）示意图

（a）平面；（b）剖面

十一、其他

1. 设有围护结构不垂直于水平面而超出底板外沿的建筑物，应按其底板面的外围水平面积计算。层高在 2.20m 及以上者应计算全面积；层高不足 2.20m 者应计算 1/2 面积。

2. 以幕墙作为围护结构的建筑物，应按幕墙外边线计算建筑面积。

3. 建筑物外墙外侧有保温隔热层的，应按保温隔热层外边线计算建筑面积。

4. 建筑物内的变形缝，应按其自然层合并在建筑物面积内计算。

第二节　不应计算建筑面积的范围

下列项目不应计算面积：

1. 建筑物通道（骑楼、过街楼的底层）。

2. 建筑物内的设备管道夹层。

3. 建筑物内分隔的单层房间、舞台及后台悬挂幕布、布景的天桥、挑台等。

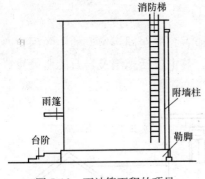

图 7-12　不计算面积的项目

4. 屋顶水箱、花架、凉棚、露台、露天游泳池。

5. 建筑物内的操作平台、上料平台、安装箱和罐体的平台。

6. 勒脚、附墙柱、垛、台阶、墙面抹灰、装饰面、镶贴块料面层、装饰性幕墙、空调机外机搁板（箱）、飘窗、构件、配件、宽度在 2.10m 及以内的雨篷以及与建筑物内不相连通的装饰性阳台、挑廊。图 7-12 是部分不计算面积的项目。

7. 无永久性顶盖的架空走廊、室外楼梯和用于检修、消防等的室外钢楼梯、爬梯。

8. 自动扶梯、自动人行道。

9. 独立烟囱、烟道、地沟、油（水）罐、气柜、水塔、贮油（水）池、贮仓、栈桥、地下人防通道、地铁隧道。

第八章 土石方工程

第一节 相 关 资 料

1. 土壤及岩石分类

各地区的土壤情况千差万别，甚至在同一地区的不同地点，或在同一地点的不同深度，土质情况也常有变化。这就涉及对土质类别和性能的区分，其中包括土壤及岩石的坚硬度、密实度及含水率等。因为土质的不同，会影响到土石方的开挖方法、使用工具，从而影响工费用。

土石方工程土壤及岩石类别的划分，需根据工程勘测资料与《岩土工程勘察规范》予以划分，并分类别计算工程量。表 8-1 是土壤分类表，表 8-2 是岩石分类表。由表可见，土壤及岩石都分为 4 类别。

表 8-1　土壤分类表

土壤分类	土壤名称	开挖方法
一、二类土	粉土、砂土（粉砂、细砂、中砂、粗砂、砾砂）、粉质黏土、弱中盐渍土、软土（淤泥质土、泥炭、泥炭质土）、软塑红黏土、冲填土	用锹、少许用镐、条锄开挖。机械能全部直接铲挖满载者
三类土	黏土、碎石土、（圆砾、角砾）混合土、可塑红黏土、硬塑红黏土、强盐渍土、素填土、压实填土	主要用镐、条锄，少许用锹开挖。机械需部分刨松方能铲挖满载者或可直接铲挖但不能满载者
四类土	碎石土（卵石、碎石、漂石、块石）、坚硬红黏土、超盐渍土、杂填土	全部用镐、条锄挖掘，少许用撬棍挖掘。机械须普遍刨松方能铲挖满载者

注：本表土的名称及其含义按国家标准《岩土工程勘察规范》GB 50021—2001（2009 年版）定义。

表 8-2　岩石分类表

岩石分类		代表性岩石	开挖方法
	极软岩	1. 全风化的各种岩石 2. 各种半成岩	部分用手凿工具、部分用爆破法开挖
软质岩	软岩	1. 强风化的坚硬岩或较硬岩 2. 中等风化—强风化的较软岩 3. 未风化—微风化的页岩、泥岩、泥质砂岩等	用风镐和爆破法开挖
	较软岩	1. 中等风化—强风化的坚硬岩或较硬岩 2. 未风化—微风化的凝灰岩、千枚岩、泥灰岩，砂质泥岩等	用爆破法开挖

岩石分类		代表性岩石	开挖方法
硬质岩	较硬岩	1. 微风化的坚硬岩 2. 未风化—微风化的大理岩、板岩、石灰岩、白云岩、岩质砂岩等	用爆破法开挖
	坚硬岩	未风化—微风化的花岗岩、闪长岩、辉绿岩、玄武岩、安山岩、片麻岩、石英岩、石英砂岩、硅质砾岩、硅质石灰岩等	用爆破法开挖

注：本表依据国家标准《工程岩体分级标准》GB 50218—94 和《岩土工程勘察规范》GB 50021—2001（2009 年版）整理。

2. 地下水位标高

所挖土方是干土还是湿土，消耗人工不同。干土、湿土的划分，应根据地质勘测资料，以地下常水位为准，地下常水位以下为湿土，以上为干土。

3. 其他有关资料

包括施工组织设计，施工方案，施工技术措施，建筑场地和地基的地质勘察，工程测量资料等。

第二节　项目内容及有关规定

一、土石方工程量清单项目内容

土石方工程量清单共分 3 节 13 个项目，包括土方工程、石方工程、回填三节。土方工程分项包括挖沟槽、基坑、一般土方、冻土、淤泥、流砂和平整场地等 7 个项目；石方工程包括挖沟槽、基坑、一般石方和管沟石方 4 个项目；回填包括回填方和余方弃置两个项目。

二、有关规定

1. 土石方工程量，除平整场地按平方米、管沟土石方按米或立方米计算外，其他均以立方米为单位计算。

2. 界限划分

（1）沟槽、基坑、一般土方（石方）的划分

沟槽、基坑、一般土方（石方）的划分为：底宽≤7m 且底长＞3 倍底宽为沟槽；底长≤3 倍底宽且底面积≤150m² 为基坑；超出上述范围则为一般土方（石方）。

（2）平整场地与一般土方的划分

建筑物场地厚度≤±300mm 的挖、填、运、找平，应按平整场地项目编码列项。

厚度＞±300mm 的竖向布置挖土或山坡切土应按挖一般土方项目编码列项。厚度＞±300mm 的竖向布置挖石或山坡凿石应按挖一般石方项目编码列项。

3. 平均厚度与挖方起点

挖土方（挖石）平均厚度应按自然地面测量标高至设计地坪标高间的平均厚度确定。基础土方开挖深度应按基础垫层底表面标高至交付施工场地标高确定，无交付施工场地标高时，应按自然地面标高确定。

4. 土石方体积

土石方体积应按挖掘前的天然密实体积计算，非天然密实体积折算时，应按表 8-3 和表 8-4 所示系数折算。表中虚方指未经碾压、堆积时间≤1 年的土壤。

表 8-3　土石方体积折算系数表

天然密实度体积	虚方体积	夯实后体积	松填体积
0.77	1.00	0.67	0.83
1.00	1.30	0.87	1.08
1.15	1.50	1.00	1.25
0.92	1.20	0.80	1.00

表 8-4　石方体积折算系数表

石方类别	天然密实度体积	虚方体积	松填体积	码方
石方	1.0	1.54	1.31	
块石	1.0	1.75	1.43	1.67
砂夹石	1.0	1.07	0.94	

注：本表按建设部颁发《爆破工程消耗量定额》GYD—102—2008 整理。

5. 放坡和工作面

挖沟槽、基坑、一般土方因工作面和放坡增加的工程量（管沟工作面增加的工程量），应并入各土方工程量中。办理工程结算时，按经发包人认可的施工组织设计规定计算，编制工程量清单时，可按表 8-5、表 8-6 及表 8-7 规定计算。

表 8-5　放坡系数表

土类别	放坡起点（m）	人工挖土	机械挖土		
			在坑内作业	在坑上作业	顺沟槽在坑上作业
一、二类土	1.20	1：0.5	1：0.33	1：0.75	1：0.5
三类土	1.50	1：0.33	1：0.25	1：0.67	1：0.33
四类土	2.00	1：0.25	1：0.10	1：0.33	1：0.25

注：1. 沟槽、基坑中土类别不同时，分别按其放坡起点、放坡系数，依不同土类别厚度加权平均计算。

2. 计算放坡时，在交接处的重复工程量不予扣除，原槽、坑作基础垫层时，放坡自垫层上表面开始计算。

表 8-6　基础施工所需工作面宽度计算表

基础材料	每边各增加工作面宽度（mm）
砖基础	200
浆砌毛石、条石基础	150
混凝土基础垫层支模板	300
混凝土基础支模板	300
基础垂直面做防水层	1000（防水层面）

注：本表按《全国统一建筑工程预算工程量计算规则》GJDGZ—101—95 整理。

表 8-7 管沟施工每侧所需工作面宽度计算表

管道结构宽（mm） 管沟材料	≤500	≤1000	≤2500	>2500
混凝土及钢筋混凝土管道（mm）	400	500	600	700
其他材质管道（mm）	300	400	500	600

注：1. 本表按《全国统一建筑工程预算工程量计算规则》GJDGZ—101—95 整理。
  2. 管道结构宽：有管座的按基础外缘，无管座的按管道外径。

6. 管沟土石方项目实用范围

管沟土方项目适用于管道（给水排水、工业、电力、通信）、光（电）缆沟［包括人（手）孔、接口坑］及连接井（检查井）等。

7. 截桩头与桩间挖土

挖土方如需截桩头时，应按桩基工程相关项目列项。桩间挖土不扣除桩的体积，并在项目特征中加以描述。

第三节 土石方工程量计算

一、平整场地工程量计算

平整场地是指建筑物场地厚度≤±300mm 的挖、填、运、找平工作。平整场地工程量按设计图示尺寸由下式表示：

$$S（m^2）=设计图示尺寸的建筑物首层建筑面积$$

二、挖一般土石方工程量计算

挖一般土方是指超出沟槽、基坑界定范围的挖土或厚度>±300mm 的竖向布置挖土或山坡切土应列为挖一般土方项目。

挖一般石方是指超出沟槽、基坑范围的挖石或厚度>±300mm 的竖向布置挖石或山坡凿石应列为挖一般土石项目。

$$一般土、石方工程量（m^3）=设计图示尺寸体积$$

三、挖沟槽、基坑土方工程量计算及示例

根据"13 计算规范"，挖沟槽、基坑土方工程量按设计图示尺寸以基础垫层底面积乘以挖土深度计算，可由下式表示：

$$V（m^3）=基础垫层底面积×挖土深度 \tag{8-1}$$

其中，基础垫层底面积＝垫层宽×垫层长。

对于带形基础来说，内外墙基础垫层长应分别取值：外墙基础垫层按中心线长；内墙基础垫层按净长线计算；挖土深度按图纸取值。

【例 8-1】 某工程砖墙带形基础沟槽，三类土，人工开挖，基础垫层宽 1.02m，挖土深度 1.80m，沟槽总长度如图 8-1 所示。试计算基础沟槽土方量。

【解】 按式（8-1），基础土方工程量为：

外墙基础垫层按中心线长 $L_外$＝(17.5＋7)×2＝49m；

内墙基垫层按净长线 $L_内$＝7－1.02＝5.98m；

V＝1.02×(49＋5.98)×1.8＝100.94m^3。

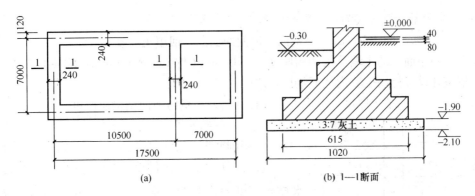

图 8-1 例 11-1 基础平面、断面简图

四、挖沟槽、基坑石方工程量计算

挖沟槽、基坑石方工程量是按图示沟槽（或基坑）底面尺寸乘以挖石深度以体积（m³）计算。

五、管沟土（石）方工程量计算

1. 以米（m）计量，管沟土（石）方工程量按设计图示尺寸以管道中心线长度（m）计算。

2. 以立方米（m³）计量的管沟土方工程量：按设计图示管底垫层面积乘以挖土深度计算；无管底垫层按管外径的水平投影面积乘以挖土深度计算。不扣除各类井的长度，井的土方并入。

3. 以立方米（m³）计量，管沟土石方工程量：按设计图示截面积乘以长度计算。

六、冻土、淤泥、流砂工程量计算

1. 冻土开挖按设计图示尺寸开挖面积乘厚度以体积（m³）计算。

2. 挖淤泥、流砂工程量按设计图示位置、界限以体积（m³）计算。

对淤泥、流砂的说明：淤泥是指在静水或缓慢的流水环境中沉积并经过生物化学作用形成的一种稀软状，不易成形的灰黑色、有臭味、含有半腐朽的植物遗体（占 60％以上）、置于水中有动植物残体渣滓浮于水面，并常有气泡由水中冒出的泥土。例如，河塘水抽干后，塘底的淤积层便是淤泥。

流砂是指在地下水位以下进行挖土施工时，或在坑内抽水时，坑底的土会成流动状态，随地下水涌出，这种土无承载力，边挖边冒，无法挖深，强挖会掏空邻近地基。

若挖方出现流砂、淤泥时，可根据实际情况由发包人与承包人双方认证。

七、回填工程量计算

1. 回填方工程量计算

"回填方"项目适用于场地回填、室内回填和基础回填。工程量按设计图示尺寸以体积计算，公式分述如下：

①场地回填

场地回填土工程量计算公式为：

$$V = 回填面积 \times 平均回填厚度 \tag{8-2}$$

②室内回填

室内回填也称房心回填，是指室内地坪结构层以下不够设计标高而需回填的土方，如图

8-2 所示。工程量计算公式为：

$$V（m^3）=室内主墙间净面积×回填土厚度 \qquad (8-3)$$

式中，主墙间净面积的主墙是指结构厚度在 120mm 以上（不含 120mm）的各类墙体。回填土厚度指室外设计标高至室内地面垫层底之间的高差，即：

$$回填土厚度=室内外设计标高之差-室内地面结构层厚度 \qquad (8-4)$$

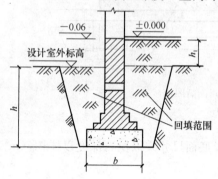

图 8-2　基础回填示意图

（3）基础回填

基础回填是指在基础完工后，将基础周围的槽（坑）部分回填至交付施工场地标高或室外地坪标高，如图 8-2 所示。

基础回填工程量：挖方清单项目工程量减去自然地坪以下埋设的基础体积（包括基础垫层及其他构筑物），写成计算式：

$$V（m^3）=挖方体积-埋设的基础体积 \qquad (8-5)$$

式中，埋设的基础体积，包括基础垫层、墙基、柱基、杯形基础、基础梁及其他构筑物。

2. "余方弃置" 工程量计算

余方弃置工程量按挖方清单项目工程量减利用回填方体积（正数）计算。

第四节　工作面、放坡工程量计算

一、放坡、工作面的概念

1. 放坡

挖沟槽、基坑、一般土方和管沟等土方工程中，当无地下水且土壤为天然湿度及边坡不加支撑，不打护坡桩时，为了防止侧壁坍塌，确保安全操作，必须进行放坡，即将槽、坑上口放宽修成一定的倾斜坡度。放坡有如下规定：

（1）放坡起点

根据土壤类别，开挖坑、槽在一定深度内，其立壁可以不加支撑也不放坡，这个深度称为放坡起点，超过此深度必须放坡。放坡起点计算自槽底开始，若原槽、坑作基础垫层时，放坡自垫层上表面开始计算；无垫层的槽、坑由底面开始放坡。

（2）放坡系数

当开挖坑、槽、土方超过了放坡起点的深度，就必须放坡，如图 8-3 所示侧壁与垂直面形成一个斜坡，即称放坡。

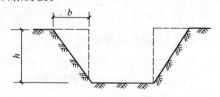

图 8-3　放坡示意图

放坡用放坡系数式表示：$k=\dfrac{b}{h}$

k 指每单位高度放出的宽度。工程量计算中对放坡系数作了统一规定，如表 8-5 所示，此表适用于人工挖土方和机械挖土方。

同一沟槽、基坑中，如遇土壤类别不同时，其放坡系数应分别按其放坡起点、放坡系数、不同土壤厚度加权平均计算。例如，某基础沟槽深 4.5m，其中一、二类土的深度为 2.1m，三类土的深度为2.4m。其放坡系数可按一、二类土的放坡系数 $k_1=0.5$、三类土 $k_2=0.33$ 和上述两类土壤各占槽深的百分比加权平均计算,据此算得放坡系数的加权平均值为下式:

$$k_0 = \frac{0.5 \times 2.1 + 0.33 \times 2.4}{2.1 + 2.4} = 0.41$$

2. 工作面

在施工中,按某些项目的工作需要,或因坑、槽较深较窄,其所挖沟槽也会深而狭窄,为便于施工人员施展手脚,或施工机具的操作不受阻碍,在挖土时按基础垫层的双向尺寸向周边放出一定范围的操作面积,这种因施工需要所增加的工作面积叫增加工作面,简称工作面,图8-4中的 c 即为一边工作面宽度。基础工程施工所需工作面按表8-6的规定计算。

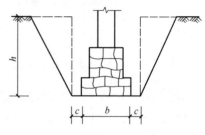

图8-4 基础施工留工作面

二、沟槽、坑工程量计算

1. 挖沟槽工程量计算

挖沟槽按体积以立方米(m^3)计算工程量。沟槽的长度、外墙按图示中心线长度计算;内墙按图示基础沟槽底面之间净长线长度计算;沟槽内外突出部分(包括垛、附墙、烟囱等)的体积,并入沟槽土方工程量内计算;计算放坡时,交接处的重复工程量不予扣除。

沟槽宽度按图示尺寸计算,深度按图示、槽底面至室外地坪的深度计算。

挖沟槽工程量应根据是否增加工作面、放坡和不放坡等具体情况分别计算。

(1) 不放坡,不留工作面

如图8-5所示,计算公式为:

$$V = b \times h \times l \tag{8-6}$$

式中　V——挖槽工程量(下同),m^3;

　　　b——槽底宽度,m;

　　　h——挖土深度,m;

　　　l——沟槽长度,m。

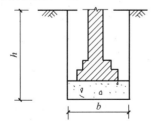

图8-5 不放坡,不留工作面

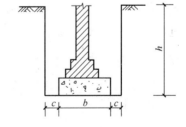

图8-6 不放坡,留工作面

(2) 不放坡,留工作面

如图8-6所示,计算公式为:

$$V = (b+2c) \times h \times l \tag{8-7}$$

(3) 放坡,留工作面

如图8-4所示,计算公式如下:

113

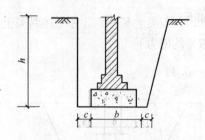

$$V = (b + 2c + k \times h) \times h \times l \qquad (8-8)$$

式中　k——放坡系数，按表 8-5 取值。

（4）单面放坡，留工作面

如图 8-7 是单面放坡，留工作面，其工程量计算公式为：

$$V = \left(b + 2c + \frac{1}{2}k \times h\right) \times h \times l \qquad (8-9)$$

图 8-7　单面放坡，留工作面

【例 8-2】　某外墙砖基础沟槽，三类土，人工开挖，若沟槽底部垫层宽 1.0m，工作面每边放 20cm，槽深 2.3m，槽长为 24m，求挖沟槽工程量。

【解】　查表 8-5 得 $k = 0.33$，由式（8-8）有：挖槽工程量 $V = (b + 2c + kh)hl = (1 + 2 \times 0.2 + 0.33 \times 2.3) \times 2.3 \times 24 = 119.18\text{m}^3$。

2. 挖坑工程量计算

坑挖土体积以立方米（m^3）计算，坑的深度按图示坑底面至室外地坪深度计算。柱基础、设备基础等的挖土属此种情况，这些基础地坑通常多为正方形、长方形或圆形，其工程量计算如下：

（1）矩形坑

图 8-8 所示的坑平面为矩形，放坡、留工作面时坑的示意图，挖土工程量按下式计算：

$$V = (a + 2c + kh) \times (b + 2c + kh) \times h + \frac{1}{3}k^2h^3 \qquad (8-10)$$

式中　$\frac{1}{3}k^2h^3$——坑四角的一个锐角锥体的体积。

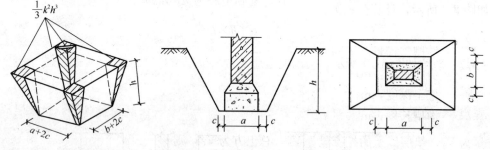

图 8-8　放坡矩形坑示意图

如不放坡（$k = 0$）、留工作面，则公式简化为

$$V = (a + 2c) \times (b + 2c) \times h \qquad (8-11)$$

或用上、下底面积计算：

$$V = \frac{1}{3}(S_上 + S_下 + \sqrt{S_上 \times S_下} \times h \qquad (8-12)$$

（2）圆形坑

①不放坡、不留工作面时

$$V = \pi R^2 h \qquad (8-13)$$

式中　R——坑底面半径，m。

②不放坡，增加工作面 c

$$V = \pi(R + c)^2 h \qquad (8-14)$$

③放坡 k、留工作面 c 时，如图 8-9 所示，计算公式如下：

$$V = \frac{1}{3}\pi h (R_1^2 + R_1 R_2 + R_2^2) \tag{8-15}$$

式中　$R_2 = R_1 + kh$——坑上口半径，$R_1 = R + c$，m。

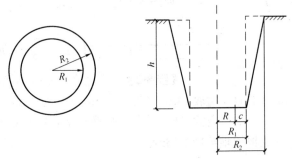

图 8-9　圆形坑示意图

【例 8-3】　有一圆形混凝土基础，其底部垫层直径 6m，挖土深度 3.2m，工作面每边各增加 0.3m，场地土质为一、二类，人工挖土，试计算挖土工程量。

【解】　查表 8-5 得 $k = 0.5$。按式（8-15），有

$$R_1 = R + c = 3 + 0.3 = 3.3\text{m}, \quad R_2 = R_1 + kh = 3.3 + 0.5 \times 3.2 = 4.9\text{m}$$

则挖方量 $V = \frac{1}{3}\pi h (R_1^2 + R_1 R_2 + R_2^2) = \frac{1}{3}\pi \times 3.2 \, (3.3^2 + 3.3 \times 4.9 + 4.9^2)$

$= 171.14\text{m}^3$。

【例 8-4】　某建筑物基础为满堂基础，基础垫层为无筋混凝土，长宽方向的外边线尺寸为 8.04m 和 5.64m，垫层厚 20cm，垫层顶面标高为 -4.55m，室外地面标高为 -0.65m，地下常水位标高为 -3.50m，该处土壤类别为三类土，人工挖土，试计算挖土方工程量。

【解】　基坑如图 8-10 所示，基础埋至地下常水位以下，坑内有干、湿土，应分别计算：

（1）挖干湿土总量

查表 8-5 知 $k = 0.33$，$\frac{1}{3}k^2 h^3 = \frac{1}{3} \times 0.33^2 \times 3.9^3 = 2.15$，参照式（8-10），设垫层部分的土方量为 V_1，垫层以上的挖方量为 V_2，总土方为 V_0，则

$$V_0 = V_1 + V_2 = a \times b \times 0.2 + (a + kh)(b + kh) \times h + \frac{1}{3}k^2 h^3$$

$$= 8.04 \times 5.64 \times 0.2 + 9.327 \times 6.927 \times 3.9 + 2.15$$

$$= 9.07 + 254.12 = 263.19\text{m}^3$$

（2）挖湿土量

按图 8-10，放坡部分挖湿土深度为 1.05m，则 $\frac{1}{3}k^2 h^3 = 0.042$，设湿土量为 V_3，则

$$V_3 = V_1 + (8.04 + 0.33 \times 1.05)(5.64 + 0.33 \times 1.05) \times 1.05 + 0.042$$

$$= 9.07 + 8.387 \times 5.987 \times 1.05 + 0.042$$

$$= 61.84\text{m}^3$$

（3）挖干土量 V_4

$$V_4 = V_0 - V_3 = 263.19 - 61.84 = 201.35\text{m}^3$$

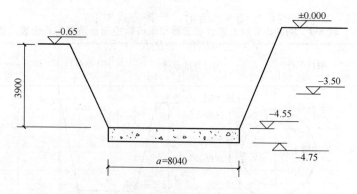

图 8-10 满堂基础基坑

【例 8-5】 某投标企业根据地质资料和施工方案计算【例 8-1】的土方工程量清单及消耗量。

【解】 三类土人工开挖，挖土深度 1.8m，应考虑放坡，放坡系数 $k=0.33$，双面留工作面 $c=0.2$m（砖基础），基础垫层为原槽。

工程量计算见表 8-8，工程量清单示于表 8-9，表 8-10 是按××省建筑与装饰工程计价表计算的本例土方工程消耗量。

表 8-8 例 8-5 项目土方工程量计算表

序号	项目编码	项目名称	计算式	计量单位	工程量
1	010101001001	平整场地	$S=(17.5+0.24)\times(7+0.24)=128.44$	m²	128.44
2	010101003001	挖沟槽土方	①$L=L_外+L_内=(17.5+7)\times2+(7-1.02)$ $=49+5.98=54.98$ 槽底宽 $W=1.02$ $V_1=(1.02+0.33\times1.6)\times1.6\times54.98=136.17$ ②垫层部位 $V_2=\left[(17.5+7)\times2+(7-1.02)\right]$ $\times1.02\times0.2=11.22$ $V=V_1+V_2=136.17+11.22=147.39$	m³	147.39
3	010103001001	回填土方	1. 室内回填 $V_1=(17.5-0.24\times2)(7-0.24)\times(0.3-0.12)$ $=20.71$ 2. 基础回填 室外地坪以下埋设基础：大放脚增加断面积 $S=0.126\times0.0625\times12=0.0945$； 基础长 $L=(17.5+7)\times2\times(7-0.24)=55.76$ $V=(0.24\times0.5+0.0945)\times55.76=11.96$ $V_2=136.17-11.96=124.21$	m³	144.92
4	010103002001	余方弃置	$V=147.39-144.92=2.47$	m³	2.47

表 8-9　例 8-5 项目土方分项工程和单价措施项目清单与计价表

序号	项目编码	项目名称	项目特征描述	计量单位	工程量	金额（元）	
						综合单价	合价
1	010101001001	平整场地	1. 土壤类别：三类土 2. 弃土运距：5m	m²	128.44		
2	010101003001	挖沟槽土方	1. 土壤类别：三类土 2. 挖土深度：1.8m	m³	m³		
3	010103001001	回填土方	1. 土质要求：满足设计及规范 2. 密实度要求：满足设计及规范，夯填	m³	144.92		
4	010103002001	余方弃置		m³	2.47		

表 8-10　例 8-5 项目土方分项工程消耗量计算表

序号	项目编码	项目名称	定额编号	计量单位	工程量	人工（工日）		材料		机械（台班）	
						数量	合计	数量	合计	数量	合计
1	010101001001	平整场地	1-98	10m²	12.844	0.57	7.32				
2	010101003001	挖沟槽土方	1-24	m³	147.39	0.51	75.17				
3	010103001001	地面回填	1-102	m³	20.71	0.26	5.38			0.027	0.56
4	010103001001	沟槽回填	1-104	m³	124.21	0.28	34.78			0.045	5.59
		...									
		合计					122.65				6.15

注：回填夯实机械为电动夯实机。

第九章　地基处理与边坡支护工程

第一节　清单项目划分及有关说明

1. 项目划分

地基处理 17 个分项、基坑与边坡支护 11 个分项，共两节 28 个项目。具体情况如表 9-1 所示。

表 9-1　地基处理与边坡支护工程清单项目内容

地基处理 （010201）	001 换填垫层；002 铺设土工合成材料；003 预压地基；004 强夯地基；005 振冲密实（不填料）；006 振冲桩（填料）；007 砂石桩；008 水泥粉煤灰碎石桩；009 深层搅拌桩；010 粉喷桩；011 夯实水泥土桩；012 高压喷射注浆桩；013 石灰桩；014 灰土（土）挤密桩；015 柱锤冲扩桩；016 注浆地基；017 褥垫层
基坑与边坡支护 （010202）	001 地下连续墙；002 咬合灌注桩；003 圆木桩；004 预制钢筋混凝土板桩；005 型钢桩；006 钢板桩；007 锚杆（锚索）；008 土钉；009 喷射混凝土、水泥砂浆；010 钢筋混凝土支撑；011 钢支撑

2. 桩长、空桩长度

桩长度或成桩长度是指桩顶至桩尖底的距离（包括桩尖）。

空桩是指在打桩完成后留下来的空洞。空桩长度＝孔深－桩长，孔深为自然地面至设计桩底的深度。在打预制桩工程中为了把桩打至设计土位，当桩顶没入地表以下时，要用冲桩（也称送桩）来打桩，桩工程完成后拔出冲桩而留下的空洞即为空桩。在灌注桩工程中，为了施工的方便和其他原因，桩顶离自然地面之间留一定的距离，此间距即为空桩，空桩的长度即为桩顶表面到自然地面的距离。

3. 强夯地基

强夯地基，是当地基较弱时，为提高地基强度和承载能力，降低地基压缩性，使地基在上部荷载作用下，能满足容许沉降量和容许承载力要求，对地基进行加固处理的一种方法。

强夯法在国际上又称动力固结法或称动力压实法。这种方法是反复将很重的锤提升到一定高度使其自由落下，目前使用的夯锤 10～40t，用起重机将夯锤吊起，从 10～40m 的高处自由下落，对土体进行强力夯实的地基加固方法。强夯法适用于处理碎石土、砂土、黏性土、粉土、湿陷性黄土及杂填土地基的加固。地基经强夯加固后，承载能力可以提高 2～5 倍，压缩性可降低 200%～1000%，其影响深度在 10m 以上，是一种效果好、速度快、节省材料、施工简便的地基加固方法。

4. 地下连续墙

地下连续墙是在地面上用一种特殊的挖槽设备，沿着地下室外墙（或其他基础）的周边，在泥浆护壁的情况下，开挖一条狭长的深槽（一般为 4～6m，叫单元槽段），在槽内放置钢筋笼，用水下浇筑混凝土的方法（混凝土浇筑从槽底开始，逐渐向上，泥浆就被它置换出来），最后把这些槽段连接起来形成一道连续的现浇地下墙，这就是地下连续墙。地下连续墙可作为防渗、截水、挡土结构，也可利用地下连续墙作为建筑物的基础。例如，在高层建筑的基础施工中，可把地下室的边墙做成地下连续墙。

5. 深层搅拌桩

深层搅拌法是用于加固饱和黏性土地基的一种新方法。它是利用水泥、石灰等材料作为固化剂，通过特制的深层搅拌机械，在地基深处就地将软土和固化剂（浆液）强制搅拌，由固化剂和软土间所产生的一系列物理-化学反应，使软土硬结成具有整体性、水稳定性和一定强度的柱状体，以加固土体，提高地基强度。常见的有深层搅拌水泥粉喷桩（简称粉喷桩），深层水泥土搅拌桩，或水泥搅拌桩。

6. 高压喷射注浆桩

高压喷射注浆法简称为高喷法或旋喷法。高压喷射注浆法是在有百余年历史的注浆法的基础上发展引入高压水射流技术，所产生的一种新型注浆法。它具有加固体强度高、加固质量均匀、加固体形状可控的特点，已成为国内工程界普遍接受的、多用、高效的地基处理方法。

高压喷射注浆，先利用钻机把带有喷嘴的注浆管，钻入土层的预定位置，然后将浆液或水以高压流的形式从喷嘴里射出，冲击破坏土体，高压流切割搅碎的土层，呈颗粒状分散，其中一部分被浆液和水带出钻孔，另一部分则与浆液搅拌混合，随着浆液的凝固，组成具有一定强度和抗渗能力的固结体，固结体的形状取决于喷射流的方向。当喷射流以 360°回转，且由下而上提升时，固结体的截面形状为圆形，称为旋喷；而当喷射流的方向固定不变时，固结体的形状为板状或壁状，称为定喷；当喷射流在一定的角度范围内来回摆动时，就会形成扇形或楔形的固结体，称为摆喷。定喷和摆喷两种方法通常用于建造帷幕状抗渗固结体，而旋喷形成的圆柱状固结体，多用作垂直承载桩或加固复合地基。

高压旋喷注浆法适用于处理淤泥、淤泥质黏土、黏性土、粉土、黄土、砂土、人工填土和碎石土等地基。高压喷射注浆法可用于既有建筑和新建建筑的地基处理，也可用于截水、防渗、抗液化和土锚固定等。高压喷射法的加固体可用作挡土结构、基坑底部加固，护坡结构、隧道棚拱、抗渗帷幕、桩基础，地下水库结构、竖井斜井等地下围护和基础。

根据不同工程的使用要求和机具设备条件，高压喷射注浆方法有如下三种：单管法：为单管喷射流，单独喷射一种水泥浆液；双重管法：为两重管喷射流，同轴复合喷射高压水泥浆和压缩空气两种介质；三重管法：为三重管喷射流，同轴喷射高压水流、压缩空气和水泥浆液三种介质。

7. 灰土挤密桩

灰土挤密桩是指先按桩孔设计布点，将钢管打入土中，达到要求的深度后将管拔出，在形成的桩孔中回填规定比例的灰土等，并逐层夯实而成的一种桩。适用于处理湿陷性黄土、素填土以及杂填土地基，处理后地基承载力可以提高一倍以上，同时具有节省大量土方、降低造价、施工简便等优点。本项目可用于各种成孔方式的灰土、石灰、水泥粉、煤灰、碎石等挤密桩。

8. 砂石灌注桩

砂石灌注桩也称砂桩，是指用打桩机将钢管打入土中成孔，拔出桩管填砂（砂石）捣实，或在桩管中灌砂（砂石），边拔管边振动，使砂（砂石）留于桩孔中形成密实的砂（砂石）桩。适用于各种成孔方式（振动沉管、锤击沉管等）的砂石灌注桩，如用于加固饱和软土地基或人工松散填土或松散砂土地基。

9. 粉喷桩

粉喷桩或称粉体喷射搅拌，是在软土地基中输入粉粒体加固材料（水泥粉或石灰粉），通过搅拌机械与原位地基土强制性地搅拌混合，使地基土和加固材料发生化学反应，在稳定地基土的同时提高其强度的方法。粉喷桩可作为软土地基改良加固方法和重大式支护结构。

10. 水泥粉煤灰碎石桩、褥垫层

水泥粉煤灰碎石桩，简称 CFG 桩，是由碎石、石屑、粉煤灰组成混合料，掺适量水泥加水进行拌和，采用各种成桩机械制成的具有可变粘结强度的桩体。通过调整水泥用量及配比，可使桩体强度等级在 C5～C20 之间变化，最高可达 C25，相当于刚性桩。由于桩体刚度很大，区别于一般柔性桩和水泥土类桩，因此常常在桩顶与基础之间铺设一层 150～300mm 厚的中砂、粗砂、级配砂石或碎石，称其为褥垫层，以利于桩间土发挥承载力，与桩组成复合地基，即 CFG 桩和桩间土之间，通过褥垫层形成 CFG 桩复合地基，如图 9-1 所示。

褥垫层在 CFG 桩复合地基中具有重要作用，它可起到保证桩土共同承担荷载，调整桩与土垂直及水平荷载的分担和减小基础底面的应力集中的作用。

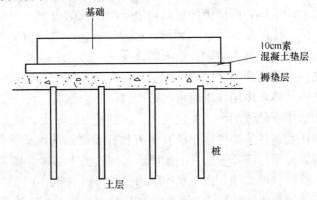

图 9-1　CFG 桩复合地基示意图

11. 锚杆（锚索）

锚杆是一种受拉杆件，其一端与支挡结构物（如地下连续墙、就地灌注桩体与边坡的腰梁、H 形钢桩等）联结，另一端则锚固在稳定的岩（土）层中，以承受作用在结构物上的侧土压力、水压力等，并利用地层的锚固力以维持结构物的稳定。锚固在岩层或土层中的锚杆分别叫做岩层锚杆或土层锚杆。

锚索是锚杆的一种。锚索的受拉件是用钢绞线制作，锚杆是用螺纹钢筋或钢管；通常锚索受力较大，用于大吨位锚固工程，需要施加预应力，锚杆则一般不施加预应力。

12. 土钉

土钉是一种原位加固土技术，就像是在土中设置钉子，故名土钉。土钉一般通过钻孔、插筋和注浆来设置，叫钻孔注浆土钉；也有直接打入较粗的钢筋或型钢形成的，叫打入式土钉；还有射入式土钉和打入注浆式土钉。土钉墙是土钉加固技术的总称，是用于基坑支护和边坡加固的一种新型挡土（或支护）结构，它是由被加固的原位土体，设置在原位土体中的细长金属杆件（即土钉）群和附着于坡面上的面板（通常是配筋喷射混凝土面板）所组成，以使开挖坡面稳定，如图9-2所示。

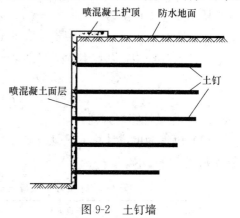

图 9-2　土钉墙

混凝土灌注桩的钢筋笼、地下连续墙和喷射混凝土（砂浆）的钢筋网、咬合灌注桩的钢筋笼及钢筋混凝土支撑的钢筋制作、安装，应按"13计算规范"附录 E 中相关项目列项。

第二节　工程量计算及示例

一、地基处理工程量计算

1. 换填垫层

换填垫层工程量按设计图示尺寸以体积计算，单位 m³。

2. 铺设土工合成材料

土工合成材料是以合成纤维、塑料、合成橡胶等聚合物为原料制成的用于岩土工程的新型材料。它可用于排水、反滤、隔离、防浸蚀、护坡、防渗、加筋强化、垫层等许多方面。土工合成材料可分为四大类：即土工织物、土工膜、特种土工合成材料和复合型土工合成材料。

铺设土工合成材料的工程量按设计图示尺寸以面积计算，单位 m²。

3. 预压地基、强夯地基、振冲密实（不填料）

预压地基、强夯地基、振冲密实（不填料）的工程量均按设计图示处理范围以面积计算，单位 m²。

【例 9-1】 图9-3是"预压地基""强夯地基""振冲密实（不填料）"工程量计算示意图，图中示出每个点位所代表的范围（虚线矩形或菱形），试计算其工程量。

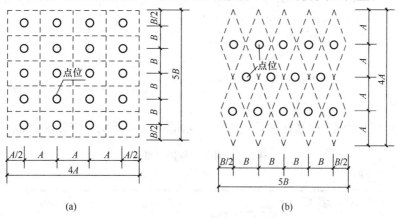

(a)　　　　　　　　　　　　　　(b)

图 9-3　例 9-1 工程量计算示意图

【解】 按计算规则，项目地基处理范围的面积应为每个点位的范围乘以点数，即图 9-3 （a）所示分项工程量为：

$$S = 点所代表的范围乘点数 = (A \times B) \times 20$$

若 $A = 4m$，$B = 3m$ 则 $S = 12 \times 20 = 240m^2$

图 9-3（b）所示分项工程量为：

$$S = (A \times B) \times 14 = 12 \times 14 = 168m^2$$

4. 工程量计算规则列表

（1）以米为单位计算工程量的项目，包括水泥粉煤灰碎石桩、深层搅拌桩等，工程量计算规则如表 9-2 示。

表 9-2 水泥粉煤灰碎石桩、深层搅拌桩等项目工程量计算规则

项目编码	项目名称	计量单位	工程量计算规则
010201008	水泥粉煤灰碎石桩	m	按设计图示尺寸以桩长（有桩尖则包括桩尖）计算
010201009	深层搅拌桩		
010201010	粉喷桩		
010201011	夯实水泥土桩		
010201012	高压喷射注浆桩		
010201013	石灰桩		
010201014	灰土（土）挤密桩		
010201015	柱锤冲扩桩		

【例 9-2】 某住宅楼位于河流冲积平原地貌单元，上部为填土，下部为粉土及粉质黏土。经技术经济比较，采用 CFG 桩复合地基。布桩形式为等边三角形，桩距 1.40m，共布桩 440 根，有效桩长 12.0m，桩端进入硬塑黏土层不少于 1.20m，桩径为 380mm，桩体混凝土强度等级 C15，褥垫层采用级配砂石，厚度 250mm。住宅设计为箱式满堂基础，基底尺寸 22m×34m。项目采用振动沉管桩机施工。水泥粉煤灰碎石 CFG 桩断面见图 9-4。

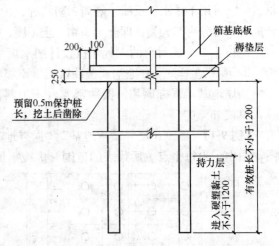

图 9-4 水泥粉煤灰碎石桩断面图

试根据上述资料，计算该住宅楼地基处理工程量清单。

【解】 本项目清单工程量计算见表 9-3，本分部分项工程清单与计价表如表 9-4 所示。

表 9-3 清单工程量计算表

工程名称：住宅楼

序号	清单项目编码	清单项目名称	计算式	工程量合计	计量单位
1	010201008001	水泥粉煤灰碎石桩	$L = 12 \times 440$	5280	m

序号	清单项目编码	清单项目名称	计算式	工程量合计	计量单位
2	010201017001	褥垫层	$S=(22+0.6)\times(34+0.6)$	781.06	m²
3	010301004001	截（凿）桩头	$n=440$	440	根

表 9-4　分部分项工程和单价措施项目清单与计价表

工程名称：住宅楼

序号	项目编码	项目名称	项目特征描述	计量单位	工程量	金额（元）	
						综合单价	合价
1	010201008001	水泥粉煤灰碎石桩	1. 地层情况：三类土 2. 空桩长度、桩长：1.5m，12m 3. 桩径：380mm 4. 成孔方法：振动沉管 5. 混合料强度等级：C15	m	5280		
2	010201017001	褥垫层	1. 厚度：250mm 2. 材料品种及比例：人工级配砂石 砂：碎石＝3：7	m²	781.96		
3	010301004001	截（凿）桩头	1. 桩类型：水泥粉煤灰碎石桩 2. 桩头截面、高度：380mm、0.5m 3. 混凝土强度等级：C15 4. 有无钢筋：无	根	440		

（2）以米或立方米为单位计算工程量的项目，包括振冲性（填料）、砂石桩和注浆地基3个分项，工程量计算规则如表9-5。

表 9-5　振冲桩（填料）、砂石桩和注浆地基工程量计算规则

项目编码	项目名称	工程量计算规则	
		以 m 计量	以 m³ 计量
010201006	振冲桩（填料）	按设计图示尺寸以桩长（有桩尖的包括桩尖）计算	按设计桩截面乘以桩长（有桩尖的包括桩尖）以体积计算
010201007	砂石桩		
010201016	注浆地基	按设计图示尺寸以钻孔深度计算	按设计图示尺寸以加固体积计算

5. 褥垫层工程量计算

褥垫层工程量以平方米或立方米计量，计算规则分别为：

（1）以 m² 计量，按设计图示尺寸以铺设面积计算；

（2）以 m³ 计量，按设计图示尺寸以体积计算。

二、基坑与边坡支护工程量计算

1. 以立方米计量单位的项目（表9-6）

表 9-6　地下连续墙、钢筋混凝土支撑工程量计算规则

项目编码	项目名称	计量单位	工程量计算规则
010202001	地下连续墙	m³	按设计图示墙中心线长乘以厚度乘以槽深以体积计算，即 $V=$ 墙中心线长×墙厚度×槽深
010202010	钢筋混凝土支撑		按设计图示尺寸以体积计算

2. 喷射混凝土、水泥砂浆

喷射混凝土、水泥砂浆工程量按设计图示尺寸以面积（m²）计算。

3. 以米或根为计量单位的项目，工程量计算规则如表 9-7 所示。

表 9-7　以米或根为计量单位的项目工程量计算规则

项目编码	项目名称	工程量计算规则	
		以 m 计量	以根计量
010202002	咬合灌注桩	按设计图示尺寸以桩长（有桩尖的包括桩尖）计算	按设计图示数量计算
010202003	圆木桩		
010202004	预制钢筋混凝土板桩		
010202007	锚杆（锚索）	按设计图示尺寸以钻孔深度计算	按设计图示数量计算
010202008	土钉		

4. 型钢桩

型钢桩以吨（t）或根为单位计算工程量：

（1）以吨计量，按设计图示尺寸以质量计算；

（2）以根计量，按设计图示数量计算。

5. 钢板桩

钢板桩以吨（t）或平方米（m²）为单位计算工程量：

（1）以吨计量，按设计图示尺寸以质量计算；

（2）以平方米计量，按设计图示墙中心线长乘以桩长以面积计算。

6. 钢支撑

钢支撑工程量按设计图示尺寸以质量（t）计算。不扣除孔眼质量，焊条、铆钉、螺栓等不另增加质量。

第十章 桩基工程

第一节 桩基础种类和基本构造

桩基础由桩身及承台组成，桩身全部或部分埋入土中，顶部由承台联成一体，在承台上修建上部建筑物，如图 10-1 所示。

桩基础一般分为如下两大类：

一、预制桩

预制桩基础的一般施工程序为桩制作、起吊、运输、堆放和沉桩等。沉桩的方法主要有机械锤击打桩（用桩锤击打桩帽）和振动沉桩（用电动振动桩锤或液压振动桩锤代替普通桩锤）两种，沉完桩后在桩顶上做承台或板组成基础结构，以承受上部荷载。

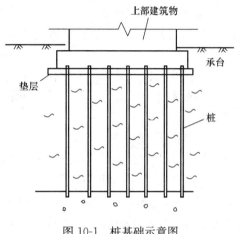

图 10-1 桩基础示意图

预制桩包括钢筋混凝土预制桩和钢桩。钢筋混凝土预制桩按断面形式又可分为实心方桩、空心管桩等。钢桩有钢管桩和钢板桩之分。

钢筋混凝土预制桩的构造如图 10-2 所示，一般由桩身和桩尖两部分组成，常用的多为方桩，其断面尺寸一般为 200mm×200mm 到 500mm×500mm，桩长 12～30m 不等；如需沉设 30m 以上的桩，则应分节预制，分节的长度由施工条件和运输条件确定。

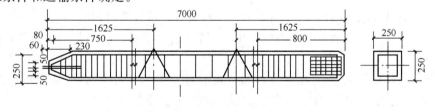

图 10-2 钢筋混凝土预制桩

二、灌注桩

灌注桩是先用打桩机在施工场地就地成孔，再向孔内灌入桩料并把桩管拔出，形成灌注桩。在这种桩上再做承台梁或承台板组成的基础就是灌注桩基础。按成孔方法可分为如下几种：套管成孔灌注桩；钻孔灌注桩；冲孔灌注桩；爆扩灌注桩；人工挖孔灌注桩等。

1. 沉管灌注桩

根据设计要求，将带有活瓣桩尖（即为打时合拢，拔时张开的桩尖）的钢管打（沉）入土中至设计深度，随即将混凝土、砂或砂石灌到钢管内，同时钢管上拔，灌到所需高度后，即形成灌注桩。或者打孔后先埋入预制混凝土桩尖（或将预制桩尖先置于钢管下的桩位处，

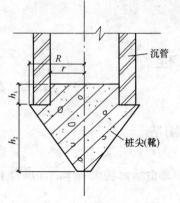

图 10-3 沉管与桩尖

随钢管同时打入土中，如图 10-3 所示），再灌混凝土成桩。沉管灌注桩可采用复打、夯扩等方法，以增加单桩的承载能力。

沉管灌注桩的沉管方法包括锤击沉管法、振动沉管法、振动冲击沉管法、内夯沉管法等。

2. 钻（冲）孔灌注桩

利用钻孔（冲孔）机械成孔，例如，用螺旋钻杆钻孔或用潜水钻钻孔，至设计深度后，安放钢筋笼，灌注混凝土成桩。

成孔设备主要有螺旋钻孔机和潜水钻机两种。

（1）螺旋钻孔灌注桩是利用螺旋钻孔机的螺旋叶片削土成孔，将钢筋放于孔中，再浇灌混凝土而成。此法宜用于地下水位以上的一般黏性土、砂土地基。

（2）潜水钻机可潜入水中钻孔、于孔中放入钢筋骨架，再进行水下浇灌混凝土。潜水钻机用于一般黏性土、淤泥和淤泥质土及砂土地基，尤其适宜在地下水位较高的土层中成孔灌桩。

3. 人工挖孔灌注桩

人工挖孔灌注桩是指在桩位采用人工挖掘方法成孔，然后安放钢筋笼，灌注混凝土而成桩的方法。桩的直径一般不小于 0.8m，且桩底部一般都扩大，故又称大直径扩底墩。为确保施工安全，应采取支护措施，常称护壁（或护圈），可采用混凝土护壁、砖砌护壁、沉井壁等。挖孔桩常用于高层建筑的基础。

第二节　项目划分及有关说明

1. 项目划分

桩基工程共计 11 个项目，分为打桩和灌注桩两节。具体项目如下：

打桩部分包括预制钢筋混凝土方桩、预制钢筋混凝土管桩、钢管桩和截（凿）桩头 4 个项目。

灌注桩部分包括泥浆护壁成孔灌注桩、沉管灌注桩、干作业成孔灌注桩、挖孔桩土（石）方、人工挖孔灌注桩、钻孔压浆桩、灌注桩后压浆共 7 个项目。

2. 桩长、空桩长度

桩长应包括桩尖，空桩长度＝孔深－桩长，孔深为自然地面至设计桩底的深度。

3. 泥浆护壁成孔灌注桩

泥浆护壁成孔灌注桩是指在泥浆护壁条件下成孔，采用水下灌注混凝土的桩。泥浆护壁成孔是利用泥浆保护稳定孔壁的机械钻孔方法，通过循环泥浆将切削碎的泥石渣屑悬浮后排出孔外，此法适用于有地下水和无地下水的土层。其成孔方法包括冲击钻成孔、冲抓锥成孔、回旋钻成孔、潜水钻成孔、泥浆护壁的旋挖成孔等。

4. 干作业成孔灌注桩

干作业成孔灌注桩是指不用泥浆护壁和套管护壁的情况下，用钻机直接排出土成孔后，下钢筋笼，灌注混凝土的桩，适用于地下水位以上的土层使用。其成孔方法包括螺旋钻成孔、螺旋钻成孔扩底、干作业的旋挖成孔等。

5. 钻孔压浆桩、灌注桩后压浆

钻孔压浆灌注桩是用长臂螺栓钻机钻孔，在钻杆纵向设有一个高压灌注水泥浆系统，钻孔深度达到设计深度后，开动压浆泵，使水泥浆从钻头底部喷出，借助水泥的压力，将钻杆慢慢提起，直至出地面后，移开钻杆，在孔内放置钢筋笼，再另外放入一根直通孔底的压力注浆塑料管或钢管，并与高压浆管接通，向桩孔内投放粒径 2 ~ 4cm 的碎石或卵石直至桩顶，再向孔内胶管进行二次补浆，把带浆的泥浆挤压干净，至浆液溢出孔口，不再下降，桩即完成。一般常用桩径为 400 ~ 600mm，桩长 10 ~ 20m，桩混凝土为无砂混凝土，强度等级为 C20。

灌注桩后压浆技术是土体加固技术与桩工技术的有机结合。分为桩身后注浆与桩端后压浆。要点是在桩身混凝土达到预定强度后，用注浆泵将水泥浆或水泥与其他材料的混合浆液，通过预置于桩身中的管路压入桩周或桩端土层中，桩周（身）压浆会使桩土间界面的几何和力学条件得以改善，桩端压浆将使桩底沉渣、施工桩孔时桩端受到扰动的持力层得到有效的加固或压密，进而提高桩的承载能力。

混凝土灌注桩的钢筋笼制作、安装，按"13 计算规范"附录 E 中相关项目编码列项。

第三节　桩基项目工程量计算及示例

一、以米、立方米、根计量的项目

包括预制钢筋混凝土方桩、管桩，泥浆护壁成孔灌注桩，沉管灌注桩，干作业成孔灌注桩等 5 个分项，具体计算规则见表 10-1。

表 10-1　以米、立方米、根计量项目的工程量计算规则

项目编码	项目名称	工程量计算规则		
		以米计量	以立方米计量	以根计量
010301001	预制钢筋混凝土方桩	按设计图示尺寸以桩长（包括桩尖）计算	按设计图示截面积乘以桩长（包括桩尖）以实体积计算	按设计图示数量计算
010301002	预制钢筋混凝土管桩			
010302001	泥浆护壁成孔灌注桩		按不同截面在桩上范围内以体积计算	
010302002	沉管灌注桩			
010302003	干作业成孔灌注桩			

下面试以几例说明工程量的计算方法：

1. 预制钢筋混凝土方桩（图 10-4）。

$$V = F \times l \times N = F \times L \tag{10-1}$$

式中　V——预制钢筋混凝土桩工程量，m^3；

$F = A \times B$——桩截面积，m^2；

$L = l \times N$——桩总长；

　　l——单根桩长，m；

　　N——桩总根数。

2. 预制钢筋混凝土管桩（图 10-4）

管桩工程量以体积计算，应扣除空心部分体积，计算式为：

$$V=\pi（R^2-r^2）\times l\times N \tag{10-2}$$

3. 沉管灌注桩

沉管灌注桩工程量以体积计算，按设计规定的桩长（包括桩尖，不扣除桩尖虚体积）乘以钢管管箍外径截面面积，计算式为：

$$V=F\times L \tag{10-3}$$

式中　F——钢管管箍外径截面面积$\left(\dfrac{\pi D^2}{4}，D\text{ 为钢管外径}\right)$，$m^2$。

4. 灌注桩桩尖（图 10-3）

灌注桩桩尖工程量，以体积计算，计算式为

$$V=\left(\pi r^2h_1+\frac{\pi R^2h_2}{3}\right)\times N=1.0472(3r^2h_1+R^2h_2)\times N \tag{10-4}$$

式中　N——桩尖总数。

【例 10-1】　某工程需用如图 10-4 所示预制钢筋混凝土方桩 180 根，预制钢筋混凝土管桩 150 根，已知混凝土强度等级为 C40，土壤类别为四类土，求该工程打钢筋混凝土方桩及管桩的工程量清单及消耗量。

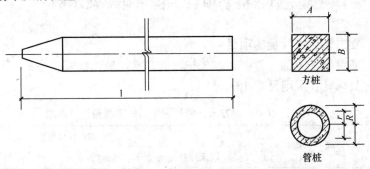

图 10-4　预制桩工程量计算尺寸图

【解】　工程相关资料如下：土壤类别为四类土，单根桩长 $l＝11.6m$（包括 0.6m 桩尖），断面 450mm×450mm，预制混凝土方桩混凝土强度等级为 C40；单根长度 18.8m（包括 0.8m 桩尖），外径 600mm，内径 300mm，管内灌 C10 细石混凝土，混凝土强度等级为 C40 的预制混凝土管桩。

表 10-2 是该工程的工程量计算表；表 10-3 是分部分项工程和单价措施项目清单与计价表；表 10-4、表 10-5 是预制钢筋混凝土桩工程消耗量计算表。

表 10-2　清单工程量计算表

序号	清单项目编码	清单项目名称	计算式	工程量合计	计量单位
1	010301001001	预制钢筋混凝土方桩	$V＝0.45\times0.45\times11.6\times180$	422.82	m^3
2	010301001002	预制钢筋混凝土管桩	$V＝\pi（0.3^2\times18.8-0.15^2\times18）\times150$	606.18	m^3

表 10-3 分部分项工程和单价措施项目清单与计价表

序号	项目编码	项目名称	项目特征描述	计量单位	工程量	金额（元）	
						综合单价	合价
1	010301001001	预制钢筋混凝土方桩	1. 地层情况：四类土 2. 送桩深度、桩长：0.5m，0.5m 3. 桩截面：0.45×0.45 4. 沉桩方法：柴油打桩机 5. 混凝土强度等级：C40	m³	422.82		
2	010301001002	预制钢筋混凝土管桩	1. 地层情况：四类土 2. 送桩深度、桩长：0.5m，0.5m 3. 桩外径、壁厚：600mm，150mm 4. 沉桩方法：柴油打桩机 5. 桩尖类型：混凝土 6. 混凝土强度等级：C40 7. 填充材料种类：C10 细石混凝土	m³	606.18		

表 10-4 预制钢筋混凝土方桩工程消耗量计算表

定额编号		2-13					
定额项目		静力压预制钢筋混凝土方桩桩长＜12m					
单位		m³					
材料类型	材料编号	材料名称		数量	工程量	消耗量	单位
人工	GR3	三类工		0.41		173.36	工日
材料	302153	预制钢筋混凝土方桩		0.01	422.82	4.23	m³
	401029	普通成材		0.009		3.81	m³
机械	02017	静力压桩机压力 120t		0.059		24.95	台班
	03005	履带式起重机 10t		0.024		10.15	台班

表 10-5 预制钢筋混凝土管桩工程消耗量计算表

定额编号		2-21					
定额项目		静力压预制钢筋混凝土管桩桩长＜24m					
单位		m³					
材料类型	材料编号	材料名称		数量	工程量	消耗量	单位
人工	GR3	三类工		0.47		284.9	工日
材料	302154	预制钢筋混凝土离心管桩		0.01	606.18	6.06	m³
	401029	普通成材		0.009		5.46	m³
机械	02018	静力压桩机液压压力 160t		0.067		40.61	台班
	03006	履带式起重机 15t		0.027		16.37	台班

【例 10-2】 某工程采用排桩进行基坑支护，排桩采用旋挖钻孔灌注桩进行施工。场地地面标高为 495.50～496.10m，旋挖桩桩径为 1000mm，桩长为 20m，采用水下商品混凝土 C30，桩顶标高为 493.50m，桩数为 215 根，超灌高度不小于 1m。根据地质情况，采用 5mm 厚钢护筒，护筒长度不小于 3m。按地质资料地层情况为，一、二类土约占 25%，三类土约占 20%，四类土约占 55%。

试根据上述资料编制该项目工程量清单。

【解】 工程量计算结果列于表 10-6 中；该项的"分部分项工程和单价措施项目清单与计价表"，请读者根据技术资料自行编制。

表 10-6　清单工程量计算表

序号	清单项目编码	清单项目名称	计算式	工程量合计	计量单位
1	010302001001	泥浆护壁成孔灌注桩（旋挖桩）	$L=20\times215$	4300	m
2	010301004001	截（凿）桩头	$V=(\pi\times0.5^2\times1)\times215$	168.86	m³

二、以立方米、根计量的项目有截（凿）桩头、人工挖孔灌注桩等，工程量计算规则如表 10-7 所示。

表 10-7　截（凿）桩头、人工挖孔灌注桩工程量计算规则表

项目编码	项目名称	工程量计算规则	
		以立方米计量	以根计量
010301004	截（凿）桩头	按设计桩截面乘以桩头长度以体积计算	按设计图示数量计算
010302005	人工挖孔灌注桩	按桩芯混凝土体积计算	

现说明"人工挖孔灌注桩"的工程量计算方法：图 10-5 是人工挖孔桩示意图，其工程量应包括挖孔桩土（石）方、挖孔桩护壁及桩芯，其工程量采用分段的方法计算。

上段为圆柱体：

$$V_1=\pi r^2\times h_1 \tag{10-5}$$

中段为截头锥体：

$$V_2=\frac{\pi h_2}{3}(r^2+rR+R^2) \tag{10-6}$$

底段为球缺体：

$$V_3=\pi h_3\left(R'-\frac{h_3}{3}\right)=\frac{\pi h_3}{6}(3R^2+h_3^2) \tag{10-7}$$

式中　R'——球体半径。

$$R'=\frac{R^2+h_3^2}{2h_3} \tag{10-8}$$

有了式（10-5）、式（10-6）、式（10-7）三个公式，挖孔桩的工程量就可方便地算出，例如：

计算挖孔桩土（石）方体积时，知道公式中的 r、R 均为外径即可（图 10-5）；

计算混凝土护壁时，考虑护壁是一个空截锥体，以内外两个半径求差计算，公式可写为：

$$V_b = \frac{\pi h_2}{3}\left[(r^2 + rR + R^2)_{外} - (r^2 + rR + R^2)_{内}\right] \qquad (10\text{-}9)$$

挖孔桩桩芯混凝土体积公式为：

$$V = 挖孔桩土（石）方体积 - 混凝土护壁体积 \qquad (10\text{-}10)$$

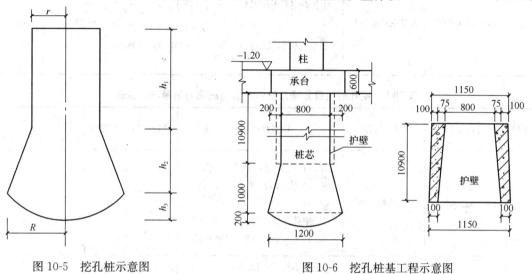

图 10-5　挖孔桩示意图　　　　　　图 10-6　挖孔桩基工程示意图

【**例 10-3**】　某工程采用人工挖孔桩基础，设计情况如图 10-6 所示，桩数 32 根，桩端进入中风化泥岩不少于 1.5m，护壁混凝土采用现场搅拌，强度等级为 C25，桩芯采用商品混凝土，强度等级为 C25，土方采用场内转运。

地层情况自上而下为：卵石层（四类土）厚 5～7m，强风化泥岩（极软岩）厚 3～5m，以下为中风化泥岩（软岩）。

试编制该项挖孔桩基础工程量清单。

【**解**】　按计算式（10-5）至式（10-10），分段计算工程量并汇总于表 10-8 中。表 10-9 是人工挖孔桩项目分部分项工程和单价措施项目清单与计价表。

表 10-8　人工挖孔桩工程量计算表

序号	清单项目编码	清单项目名称	计　算　式	工程量合计	计量单位
1	010302004001	挖孔桩土方	①上段圆柱体 $V_1 = \pi\left(\dfrac{1.15}{2}\right)^2 \times 10.9 = 11.32$ ②中段截头锥体 $V_2 = \dfrac{\pi}{3}(0.4^2 + 0.4 \times 0.6 + 0.6^2) \times 1 = 0.796$ ③底部球冠体 $V_3 = \dfrac{\pi \times 0.2}{6}(3 \times 0.6^2 + 0.2^2) = 0.12$ ④挖孔桩土方 $V = (V_1 + V_2 + V_3) \times 32$ $= (11.32 + 0.796 + 0.12) \times 32$ $= 391.55$	391.55	m³

序号	清单项目编码	清单项目名称	计 算 式	工程量合计	计量单位
2	010302005001	人工挖孔灌注桩	①护壁混凝土体积 $V_1 = \pi \left[\left(\dfrac{1.15}{2} \right)^2 - \left(\dfrac{0.875}{2} \right)^2 \right]$ $\times 10.9 \times 32 = 152.96$ ②挖孔桩芯混凝土 $V = 391.55 - 152.96 = 238.59$	238.59	m^3

表 10-9　挖孔桩项目分项工程和单价措施项目清单与计价表

序号	项目编码	项目名称	项目特征描述	计量单位	工程量	金额（元）	
						综合单价	合价
1	010302004001	挖孔桩土方	1. 土石类别：四类土厚 5～7m，极软岩厚 3～5m，软岩厚 1.5m 2. 挖孔深度：12.7m 3. 弃土（石）运距：场内转运	m^3	391.55		
2	010302005001	人工挖孔灌注桩	1. 桩芯长度：12.1m 2. 桩芯直径：800mm，扩底直径：1200mm，扩底高度：1000mm 3. 护壁厚度：175mm/100mm，护壁高度：10.9m 4. 护壁混凝土种类，强度等级：现场搅拌，C25 5. 桩芯混凝土种类，强度等级：商品混凝土 C25	m^3	238.59		

三、以吨、米或根计量的项目，包括钢管桩和钻孔压浆桩两项，工程量计算规则如表 10-10 所示。

表 10-10　钢管桩和钻孔压浆桩工程量计算规则表

项目编码	项目名称	工程量计算规则		
		以吨计量	以米计量	以根计量
010301003	钢管桩	按设计图示尺寸以质量计算		按设计图示数量计算
010302006	钻孔压浆桩		按设计图示尺寸以桩长计算	

四、灌注桩后压浆

灌注桩后压浆项目工程量按设计图示以注浆孔数计算，单位为"孔"。

第十一章 砌 筑 工 程

第一节 项目划分及有关规定

一、砌筑工程量清单项目划分

本分部由 5 节 27 个项目组成（表 11-1）。

表 11-1 砌筑工程清单项目内容

序号	清单项目及编码	项 目 名 称
D.1	砖砌体（010401）	001 砖基础，002 砖砌挖孔桩护壁，砖墙（003 实心砖墙、004 多孔砖墙、005 空心砖墙、006 空斗墙、007 空花墙、008 填充墙等），砖柱（009 实心砖柱、010 多孔砖柱），011 砖检查井，012 零星砌砖等；013 散水、地坪，014 地沟、明沟
D.2	砌块砌体（010402）	001 砌块墙，002 砌块柱
D.3	石砌体（010403）	001 石基础，002 石勒脚，003 石墙，004 石挡土墙，005 石柱，006 石栏杆，007 石护坡，008 石台阶，009 石坡道，010 石地沟、石明沟
D.4	垫层（010404）	001 垫层

二、有关规定

1. 基础与墙（柱）身的划分

（1）基础与墙（身）材料相同时：应以设计室内地坪为界（有地下室的按地下室室内设计地坪为界），以下为基础，以上为墙（柱）身。

（2）基础与墙（身）材料不同时：①位于设计室内地面≤±300mm 时，以不同材料为界；②高度＞±300mm，以设计室内地面为界。

2. 基础与砖围墙的划分

应以设计室外地坪为界，以下为基础，以上为墙身。

3. 石基础、石勒脚、石墙身的划分

基础与勒脚应以设计室外地坪为界，勒脚与墙身应以设计室内地坪为界。石围墙内外地坪标高不同时，应以较低地坪标高为界，以下为基础；内外标高之差为挡土墙时，挡土墙以上为墙身。

三、砖砌体、砌块项目适用范围

1. "砖基础"项目适用于各种类型的砖基础：柱基础、墙基础、管道基础等。

2. 实心砖墙项目适用于各种类型的实心砖墙，可分为外墙、内墙、围墙、双面混水墙、双面清水墙、单面清水墙、直形墙、弧形墙，以及不同的墙厚；砌筑砂浆分水泥砂浆、混合砂浆，以及不同的砂浆强度等级；砖强度分不同等级；勾缝分加浆勾缝、原浆勾缝等，均应在清单项目中一一描述。

3. 多孔砖墙、多孔砖柱。多孔砖有烧结多孔砖、页岩多孔砖、混凝土多孔砖、煤矸石多孔砖。烧结多孔砖以黏土、页岩、煤矸石或粉煤灰、淤泥、固体废弃物为原料，经成型、焙烧而成，孔洞率≥28％，孔的尺寸小而数量多，简称多孔砖。主要适用于承重墙体，用于砖混结构的承重部位。目前多孔砖分为 P 型（240mm×115mm×90mm）砖和 M 型（190mm×190mm×90mm）砖等多种规格，但其砖的长度、宽度、高度尺寸应符合下列要求，即 290、240、190、180、140、115、90mm。

4. 空心砖墙、砌块墙项目适用于各种规格的空心砖和砌块砌筑的各种类型的墙体。砌块墙用砌块砌筑，砌块分空心砌块、加气混凝土砌块、硅酸盐砌块等。通常把高度为190～350mm 的称小型砌块，360～900mm 的称中型砌块。

5. 空斗墙、空花墙：两者是有区别的，空斗墙项目适用于各种砌法的空斗墙，用于隔墙或低层居住建筑，它一般使用标准砖砌筑，使墙体内形成许多空腔，如一斗一眠、二斗一眠、三斗一眠及无眠空斗等砌法。空花墙也称花格墙，俗称梅花墙，墙面呈各种花格形状，有砖砌花格和混凝土花格砌筑的空花墙之分。空花墙清单项目适用于各种类型空花墙。如图11-15 及图 11-16 所示。

6. 实心砖柱适用于各种类型柱：矩形柱、异形柱、圆柱、包柱等。

四、石砌体项目适用范围

1. 石基础项目适用于各种规格（粗料石、细料石等）、各种材质（砂石、青石等）和各种类型（柱基、墙基、直形、弧形等）基础。

2. 石勒脚石墙项目适用于各种规格（粗料石、细料石等）、各种材质（砂石、青石、大理石、花岗石等）和各种类型（直形、弧形等）勒脚和墙体。

3. 石挡土墙项目适用于各种规格（粗料石、细料石、块石、毛石、卵石等）、各种材质（砂石、青石、石灰石等）和各种类型（直形、弧形、台阶形等）挡土墙。

4. 石柱项目适用于各种规格、各种石质、各种类型的石柱。

5. 石栏杆项目适用于无雕饰的一般石栏杆。

6．石护坡项目适用于各种石质和各种石料（粗料石、细料石、片石、块石、毛石、卵石等）。

7. 石台阶项目包括石梯带（垂带），不包括石梯膀，石梯膀应按本规范附录 D.3 石挡土墙项目编码列项。

五、勾缝

砖砌体、砌块砌体、石砌体的"工程内容"都包括勾缝、刮缝。勾缝就是对砌体的砖缝或石头墙的石头缝用砂浆进行处理。勾缝分原浆勾缝和加浆勾缝，原浆勾缝就是利用砌墙时砖缝里挤出来的灰进行勾缝，原浆勾缝只能在砌墙时同步进行；加浆勾缝则是在墙砌好后，再进行勾缝，由于砌墙时的砂浆已经硬化，所以必须另外配制砂浆（也可加颜料），因此叫加浆勾缝。从勾缝的外形可有平缝、平圆凹缝、平凹缝、平凸缝、半圆凸缝、三角凸缝等。

勾缝除了使砌体美观外，最重要的作用是防水，并能提高砌体强度。对普通黏土砖来说，饱满的灰缝使砖结合成一个整体，其整体抗压强度要高于单块砖的抗压强度。

砖砌体勾缝应按"13 计算规范"附录 M 中相关项目编码列项；砌块砌体垂直灰缝宽＞30mm 时，采用 C20 细石混凝土灌实。灌注的混凝土应按"13 计算规范"附录 E 相关项目编码列项。

六、标准砖砌体厚度

标准砖尺寸全国统一规定为 240mm×115mm×53mm。标准砖墙厚度应按表 11-2 计算:

表 11-2 标准砖墙计算厚度表

砖数(厚度)	1/4	1/2	3/4	1	$1\frac{1}{2}$	2	$2\frac{1}{2}$	3
计算厚度(mm)	53	115	180	240	365	490	615	740

砌体内加筋的制作、安装,应按"13 计算规范"附录 E 中相关项目编码列项,砌块内采用的钢筋网片按附录 F 中相应编码列项。

第二节 砌筑工程量计算与示例

一、砖基础、石基础工程量计算

1. 一般砖基础、石基础工程量计算

根据编码 010401001、010403001 所列砖基础、石基础工程量按设计图示尺寸以体积计算,可列成计算式如下:

$$V(m^3)=基础断面积×基础长±扣除并入体积 \tag{11-1}$$

(1)基础长度

外墙按中心线,内墙按净长线。

(2)基础断面积

$$基础断面面积=基础墙厚度×(基础高度+大放脚折加高度 H)$$
$$=基础墙厚度×基础高度+大放脚增加断面积 A \tag{11-2}$$

式中,基础墙厚度为基础主墙身的厚度,按图示尺寸,但应符合表 11-2 的规定;基础高度指基础与墙身分界点至基础底面间的距离(m);大放脚折加高度是将大放脚增加的断面面积按其相应的基础墙厚折合成的高度,计算公式为:

$$H=A/B$$

其中,H——大放脚折加高度;

A——大放脚双面断面面积之和;

B——基础墙厚度。

大放脚增加断面积是按等高和不等高及放脚层数计算的增加断面面积,即:$A=B×H$。

等高式和不等高式砖墙基础大放脚的折加高度和增加断面面积可参照图 11-1 算出。

【例 11-1】 某小区门卫室平房基础平面、断面如图 8-1 所示,其内墙基础与外墙相同,均为三层等高式放脚,试计算该传达室砖基础工程量及人工、材料、机械台班消耗量。

【解】 (1)按图 11-1,大放脚增加断面积=0.126×0.0625×12=0.0945m²

(2)基础长度=(17.5+7)×2+(7-0.24)=55.76m

(3)基础体积=(0.24×0.8+0.0945)×55.76=15.98m³

(4)定额人工、材料和机械台班用量计算,按××省建筑与装饰工程计价表(2004年),计算如下:

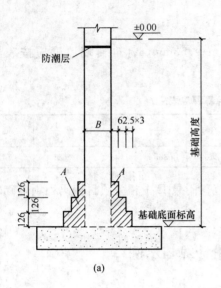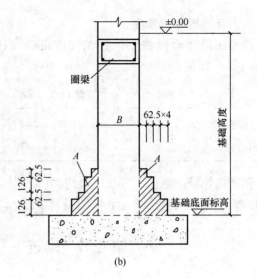

(a)　　　　　　　　　　　　　　(b)

图 11-1　砖基础断面图

人工：1.14 × 15.98＝18.22 工日 ;

M5 水泥砂浆：0.242 ×15.98＝3.87m³；

普通黏土砖 5.22 ×15.98＝83.42 百块 ;

水：　　　　　　　0.104 ×15.98＝1.66m³；

灰浆搅拌机（200L）：0.048 ×15.98＝0.77 台班。

（3）应并入、应扣除、不扣除和不增加体积（表 11-3）。

表 11-3　计算砖基础、石基础、石勒脚工程量应并入、应扣除体积

项目名称	应并入体积	应扣除体积	不扣除体积	不增加体积
砖基础	附墙垛基础宽出部分	地梁（圈梁）、构造柱	基础大放脚 T 形接头处的重叠部分及嵌入基础内的钢筋、铁件、管道、基础砂浆防潮层和单个面积 ≤0.3m² 的孔洞	靠墙暖气沟的挑檐
石基础			基础砂浆防潮层及单个面积≤0.3m² 的孔洞	

2. 附墙垛基础宽出部分工程量计算（图 11-2）：

附墙垛可视为与主墙 T 形相接的短墙，它由垛基础和垛身两部分组成。垛基础简称垛基，和砖墙基一样，也由垛基础墙和垛基下部周边大放脚两部分组成。垛基大放脚必须随墙的条形基础放脚向三个方向放出台阶，其平面形状如图 11-2（b）所示。因此，附墙砖垛基础体积包括垛基础墙体积和垛基大放脚增加体积，即：

砖垛基础宽出部分体积＝砖垛基础墙体积＋砖垛基放脚增加体积　　　　（11-3）

（1）砖垛基础墙体积

将砖垛基础墙视为长度为 d 的短墙，则其体积为

砖垛基础墙体积＝$\alpha×d×$基础高度$×n$

$$= 垛身横断面积 \times 基础高度 \times n \tag{11-4}$$

式中　d——附墙砖垛突出墙面尺寸（图示），通常为 125、250、375、500（mm）等；

　　　a——附墙砖垛宽；

　　　n——附墙砖垛数。

（2）砖垛基础大放脚体积

由图 11-2（b）可见，附墙砖垛基大放脚的增加体积由突出墙面的尺寸 d 和两条斜虚线所围的范围决定，它相当于长度为 d 的砖墙基础大放脚增加体积，即

$$砖垛基础大放脚体积 = 砖垛大放脚增加断面面积 \times d \times n \tag{11-5}$$

式中，砖垛大放脚增加断面面积，即为主墙基础大放脚增加断面面积 A（图 11-1）。

由式（11-4）及式（11-5），则式（11-3）变为：

$$砖垛基础宽出部分体积 = （砖垛宽 a \times 基础高度 + 砖垛放脚增加断面面积）\times d \times n$$
$$\tag{11-6}$$

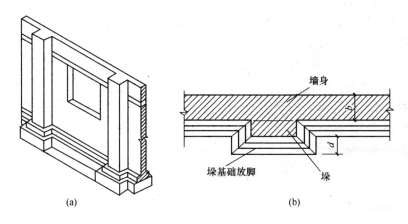

图 11-2　附墙垛

（a）附墙垛示意图；（b）附墙垛垛基放脚

【例 11-2】　设一砖墙基础，长 120m，厚 365mm（$1\frac{1}{2}$ 砖），每隔 10m 设有附墙砖垛，墙垛断面尺寸为：突出墙面尺寸 $d=250$mm，宽 $a=490$mm，砖基础高度 1.85m，墙基础等高放脚 5 层，最底层放脚高度为两皮砖，试计算砖墙基础工程量。

【解】　（1）条形墙基工程量

按式（11-1）、式（11-2），有：

大放脚增加断面面积

$$A=0.126 \times 0.0625 \times 15 \times 2 = 0.2363\text{m}^2,$$

则：

$$墙基体积 = 120 \times （0.365 \times 1.85 + 0.2363）= 109.386\text{m}^3$$

（2）垛基工程量

按题意，垛数 $n=13$ 个，$d=0.25$m，由式（11-6），知：

$$垛基宽出部分体积 = （0.49 \times 1.85 + 0.2363）\times 0.25 \times 13 = 3.714\text{m}^3$$

（3）砖墙基础工程量

$$V=109.386\text{m}^3 + 3.714\text{m}^3 = 113.1\text{m}^3$$

二、实心砖墙、多孔砖墙、空心砖墙、砌块墙、石墙工程量计算

根据编码010401003、010401004、010401005、010402001、010403003，实心砖墙、多孔砖墙、空心砖墙、砌块墙、石墙工程量按设计图示尺寸以体积计算，计算式如下：

$$V（m^3）＝墙长×墙厚×墙高±扣除（并入）体积 \qquad (11-7)$$

1. 墙长度

（1）外墙长度，按外墙中心线长度计算。

实际计算中会碰到两种情况，即：

①当外墙中心线与轴线重合时，按轴线间尺寸计算中心线长度；

②当外墙中心线与轴线不重合时，必须将轴线移到中心线位置，再计算中心线间尺寸，如图11-3所示。图中轴线1应移至1'位置，位移60mm，按轴线1'与外墙另一轴线间距离计算其长度。同样，轴线A可移至A'位置。

（2）内墙长线，按内墙净长线计算。

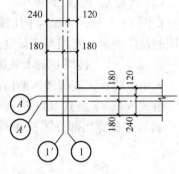

图11-3 中心线与轴线位置

$$内墙净长线 ＝ 内墙中心线长度－外墙厚度$$

2. 墙体厚度

不论图示尺寸如何标注，均按表11-2规定计算。

3. 墙身高度

内、外墙墙身以基础与墙身分界的规定为计算起点，二层及二层以上以楼板面为起点。

外墙、内墙和山墙等的墙身高度，按表11-4规定计算。

表11-4 墙身高度计算规定

墙名称	屋面类型及内墙位置	檐口构造	墙身计算高度	图示
外墙	斜（坡）屋面	无檐口天棚	算至屋面板底	图11-4
		有屋架，室内外均有天棚	算至屋架下弦底面另加200mm	图11-5
		有屋架无天棚	算至屋架下弦底面另加300mm	图11-6
		无天棚且出檐宽度超过600mm	按实砌高度计算	
		有钢筋混凝土楼板隔层	算至板顶	
	平屋面	不论有无女儿墙	算至钢筋混凝土屋面板底	图11-7
内墙		位于屋架下弦	算至屋架下弦底	图11-8
		无屋架有天棚	算至天棚底另加100mm	图11-9
		有钢筋混凝土楼板隔层	算至楼板顶	图11-10
		有框架梁时	算至梁底面	图11-11
女儿墙		砖压顶	屋面板上表面算至女儿墙压顶顶面	图11-7（a）
		混凝土压顶	屋面板上表面算至压顶下表面	
山墙	内、外山墙		按平均高度（h）计算	图11-12
围墙		砖压顶	算至压顶上表面	
		混凝土压顶	算至压顶下表面	

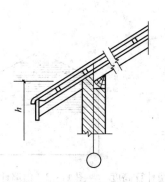

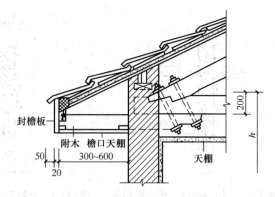

图 11-4　坡屋面无檐口天棚的外墙计算高度　　图 11-5　有屋架且室内、外有天棚时外墙计算高度

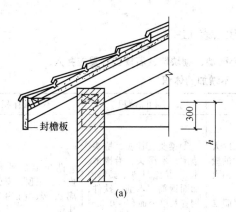

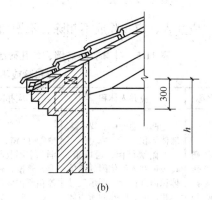

图 11-6　有屋架无天棚时外墙计算高度

（a）椽木挑檐；（b）砖挑檐

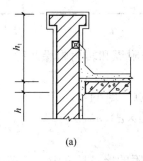

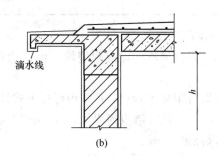

图 11-7　平屋面时外墙计算高度

（a）有女儿墙；（b）无女儿墙

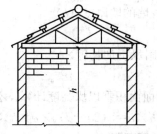

图 11-8　位于屋架下弦的内墙计算高度　　图11-9　无屋架有天棚时内墙计算高度

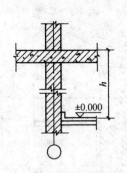
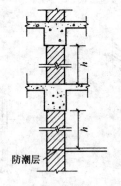
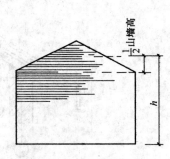

图 11-10　钢筋混凝土楼板隔层下　　　图11-11　有框架梁时内墙计算高度　　　图11-12　山墙计算高度
的内墙计算高度

4. 应并入、应扣除或不扣除、不增加的体积（表 11-5）

表 11-5　计算实心砖墙、多孔砖墙、空心砖墙、砌块墙、石墙工程量应并入、
应扣除或不扣除、不增加的体积

项目名称	应并入体积	应扣除体积	不扣除体积	不增加体积
实心砖墙、多孔砖墙、空心砖墙、砌块墙、石墙	①凸出墙面的砖垛并入墙体体积； ②附墙烟囱、通风道、垃圾道并入所依附的墙体体积内（按设计图示尺寸体积，应扣除孔洞所占体积算）； ③围墙柱并入围墙体积内	①门窗、洞口、过人洞、空圈及凹进墙内的壁龛、管槽、暖气槽、消火栓箱所占体积； ②嵌入墙内的钢筋混凝土柱、梁、圈梁、挑梁、过梁	①梁头、板头、檩头、垫木、木楞头、沿椽木、木砖、门窗走头、砖墙内加固钢筋、木筋、铁件、钢管及单个面积≤0.3m²的孔洞；②墙内的砖平碳、砖拱碳、砖过梁	凸出墙面的腰线、挑檐、压顶、窗台线、虎头砖、门窗套的体积

5. 介绍砖垛体积计算

凸出墙面的砖垛常简称砖垛或附墙垛，包括墙身附垛和转角附垛两种，计算方法分别如下：

第一，计算墙身附垛工程量，其体积可按下式计算（图 11-2）

$$墙身附垛体积 V（m^3）＝a×d×h×n \tag{11-8}$$

式中　h——附垛高度，m。

或者将附垛的断面面积折算成砖墙长度加到所依附的墙身长度中，按砖墙计算工程量，如下式：

$$附垛折加长度（m）＝\frac{附垛断面面积（a×d）}{砖垛附着墙的墙厚度（b）} \tag{11-9}$$

则砖墙的实际计算长度 L 为：

$$L（m）＝图示砖墙计算长度＋附垛折加长度×n \tag{11-10}$$

第二，转角附垛体积工程量

转角附垛如图 11-13 所示，其体积按转角附垛断面面积乘以垛高度计算，公式为：

$$转角附垛体积 V（m^3）＝（2b+d）×d×h×n＝（2a-d）×d×h×n \tag{11-11}$$

式中　$（2b+d）×d＝（2a-d）×d$——转角附垛断面面积，m²。

140

6. 墙体工程量计算的一般程序

为使工程量计算迅速、准确，且便于复核，按合理顺序计算是非常重要的。墙体工程量计算的基本程序归纳如下：

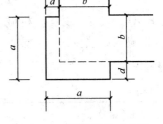

图 11-13　转角附垛示意图

(1) 计算墙体毛体积，即按"墙长×墙厚×墙高"计算；计算墙高时，可扣除各层圈梁的高度，墙长可扣除墙内构造柱所占长度；

(2) 计算应扣除体积，包括本节"4"所列的有关内容；

(3) 计算应并入体积，主要是本节"4"的工程内容；

(4) 按式（11-7）计算墙体总工程量。

考虑上述计算技巧，式（11-7）可改写为：

$$V（m^3）=［（墙长-构造柱边长）×（墙高-圈梁断面高）-应扣洞口面积］×墙厚 \pm 应扣除（并入）体积 \tag{11-12}$$

【例 11-3】 某小型住宅（平面图如图 11-14）为现浇钢筋混凝土平顶砖墙结构，室内净高 2.9m，门窗均用平拱砖过梁。外门 M_1 洞口尺寸为 1.0m×2.0m，内门 M_2 洞口尺寸 0.9m×2.2m；窗洞口宽：$C_1=1.1m$，$C_2=1.6m$，$C_3=1.8m$，洞口高均为 1.5m；内外墙均为一砖混水墙，用 M2.5 水泥混合砂浆砌筑。试计算墙体工程量和人工、材料、机械台班用量。

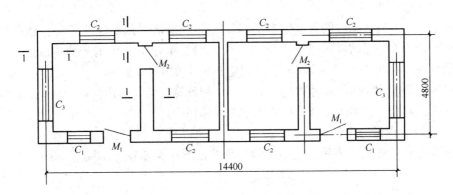

图 11-14　某小型住宅平面示意图

【解】 （1）计算砖墙毛体积

外墙长度=（14.4+4.8）×2=38.4m，

内墙长度=（4.8-0.24）×3=13.68m，

墙高：外墙为 2.9m，内墙=2.9+0.1（混凝土板厚）=3.0m。

砖墙毛体积=（38.4×2.9+13.68×3.0）×0.24=36.58m³。

（2）计算应扣除工程量

① 门　M_1：1×2×2×0.24=0.96m³，

M_2：0.9×2.2×2×0.24=0.95m³；

② 窗　（1.8×2+1.1×2+1.6×6）×1.5×0.24=5.54m³；

③ 共扣减 0.96+0.95+5.54=7.45m³。

（3）计算砖墙体工程量

$$V_1 = 36.58 - 7.45 = 29.13 \text{ m}^3$$

（4）人工、材料、机械台班用量计算

砌筑砖墙按××省建筑工程消耗量定额（2003 年），人工、材料、机械台班用量汇总在表 11-6 中。

表 11-6　人工、材料、机械用量汇总表

定额编号			01030009			
定额项目			混水砖墙　1砖			
单位			10m³			
材料类别	材料编号	材料名称	数量	工程量	消耗量	单位
人工	1054	综合人工	16.08		46.8	工日
材料	PHB254	混合砂浆（细砂）M5.0.P.S32.5	2.39		6.95	m³
	C00832	水	1.06	2.91	3.08	m³
	1034	普通黏土砖	5.30		15.42	千块
机械	3066	灰浆搅拌机 200L	0.38		1.11	台班

三、空斗墙、空花墙、填充墙工程量计算

1. 空斗墙工程量

空斗墙是用普通砖砌成的外实内空的墙，适用于隔墙或低层居住建筑。砌筑时，可将砖侧砌或平砌与侧砌相结合形成空斗，侧砌的砖称为斗砖，平砌的砖称为眠砖。常用的砌式有一眠一斗、一眠二斗、一眠三斗和无眠空斗等，如图 11-15 示。

工程量计算按设计图示尺寸以空斗墙外形体积计算，墙角、内外墙交接处、门窗洞口立边、窗台砖、屋檐处的实砌部分体积并入空斗墙体积内。

2. 空花墙工程量

空花墙也称花格墙，俗称梅花墙，墙面呈花格形状，常用于围墙等，如图 11-16 所示。

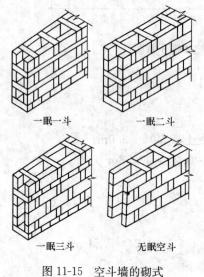

一眠一斗　　　　　一眠二斗

一眠三斗　　　　　无眠空斗

图 11-15　空斗墙的砌式

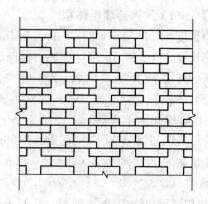

图 11-16　空花墙示意图

空花墙工程量按设计图示尺寸以空花部分外形体积立方米（m³）计算，不扣除空洞部分体积。使用混凝土花格砌筑的空花墙，实砌墙体与混凝土花格应分别计算，混凝土花格按混凝土及钢筋混凝土中预制构件相关项目编码列项计算。

3. 填充墙工程量

填充墙的工程量按设计图示尺寸以填充墙外形体积立方米（m³）计算。

由上述空斗墙、空花墙、填充墙项目工程量计算规则可见，它们的工程量都是按"外形体积计算"，但又略有差异。

四、实心砖柱、多孔砖柱、砌块柱和石柱工程量计算

实心砖柱、多孔砖柱、砌块柱和石柱工程量按设计图示尺寸以体积立方米（m³）计算，公式如下：

$$V（m³）=图示柱截面积×柱高-扣除体积 \tag{11-13}$$

其中实心砖柱、多孔砖柱、砌块柱扣除体积：混凝土及钢筋混凝土梁垫、梁头、板头所占体积。

五、零星砌砖项目工程量计算

1. 清单"零星砌砖"项目范围

（1）台阶、台阶挡墙、梯带、锅台、炉灶、蹲台、池槽、池槽腿、砖胎模、花台、花池、楼梯栏板、阳台栏板、地垄墙、≤0.3m² 的孔洞填塞等，应按零星砌砖项目编码列项。

（2）框架外表面的镶贴砖部分，应按零星项目编码列项。

（3）空斗墙的窗间墙、窗台下、楼板下等的实砌部分，应按零星砌砖项目编码列项。

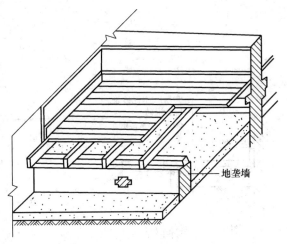

图 11-17　地垄墙

图 11-17、图 11-18 是地垄墙、花池、花台构造示意图，供参阅。

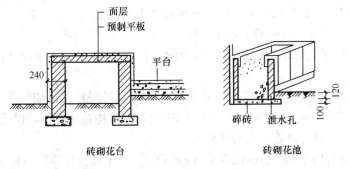

图 11-18　砖砌花池、花台

2. 零星砌砖项目工程量计算

按编码 010401012，"零星砌砖"工程量有四种不同计量单位的计算规则，它们分别按 ① m³，② m²，③ m，④ 个计算。应扣除混凝土及钢筋混凝土梁垫、梁头及板头所占体积。

其中，（1）砖砌台阶，按设计图示尺寸水平投影面积以平方米（m²）计算（不包括梯

143

带、台阶挡墙）；

（2）小型池槽、砖砌锅台与炉灶，按"长×宽×高"顺序标明外形尺寸，以个计算；

（3）砖砌小便槽、地垄墙可按设计图示尺寸长度（m）计算；

（4）其他工程量，按设计图示尺寸截面积乘以长度立方米（m³）计算。

六、散水、地坪和地沟、明沟工程量计算

包括①砖散水、地坪，②砖地沟、明沟，③石地沟、明沟三个项目。工程量计算规则分别表述为：

1. 砖散水、砖地坪（010401013）工程量，按设计图示尺寸以面积（m²）计算。

2. 砖地沟、砖明沟（010401014）工程量，按设计图示以中心线长度（m）计算。

3. 石地沟、明沟（010403010）工程量，按设计图示以中心线长度（m）计算。

图 11-19 和图 11-20 是砖铺散水和砖砌明沟构造简图。

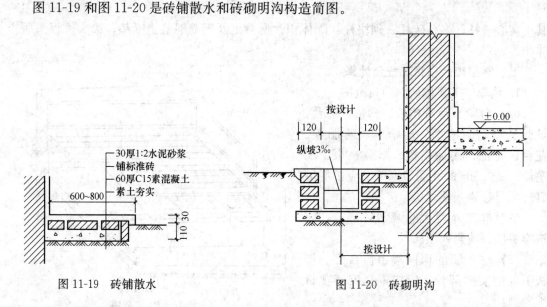

图 11-19　砖铺散水　　　　　　　　　图 11-20　砖砌明沟

七、其他石砌体工程量计算

下面介绍石栏杆、石护坡、石台阶、石坡道和石勒脚的工程量计算。

1. 石台阶、石护坡、石勒脚工程量计算

按"13 计算规范"规定，石护坡、石台阶、石勒脚的工程量按设计图示尺寸以体积（m³）计算。

其中："石台阶"项目包括石梯带（垂带），不包括石梯膀，石梯膀应按"13 计算规范"附录 D.3 石挡土墙项目编码列项计算。图 11-21 是石台阶构造示意图，供读者参考。

（1）石梯带工程量计算在石台阶工程量内。

（2）石梯膀按石挡土墙（010403004）编码列项，其工程量计算以石梯带下边线为斜边，与地平相交的直线为一直角边，石梯与平台相交的垂线为另一直角边，形成一个三角形，三角形面积乘以砌石的宽度即为石梯膀的工程量。

石梯带：是在石梯的两侧（或一侧）、与石梯斜度完全一致的石梯封头的条石称石梯带（图 11-22）。

石梯膀：石梯的两侧面，形成的两直角三角形称石梯膀（古建筑中称"象眼"），见图

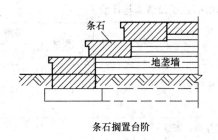
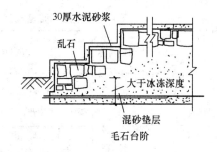

条石搁置台阶　　　　　　　　　毛石台阶

图 11-21　石台阶

11-22。

（3）石勒脚工程量计算应按图示体积中应扣除单个面积＞0.3m² 的孔洞所占体积。

2. 石坡道工程量计算

石坡道工程量按设计图示尺寸以水平投影面积（m²）计算。

3. 石栏杆的工程量计算

石栏杆的工程量按设计图示以长度（m）计算。

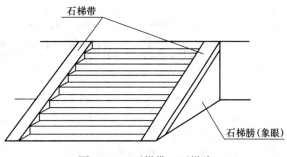

图 11-22　石梯带、石梯膀

八、砖砌挖孔桩护壁、石挡土墙和垫层工程量计算

这三个分项工程量计算规则的共性都是按设计图示尺寸以立方米（m³）计算，现分别描述其计算方法。

1. 砖砌挖孔桩护壁工程量请选用第十章公式（10-5）～（10-9），分段按体积计算。

2. 石挡土墙工程量：　　　　$V＝$挡土墙断面积×长度　　　　　　　　（11-14）

3. 垫层工程量计算：　　　　$V＝$垫层断面积×长度　　　　　　　　　（11-15）

其中垫层长度为：外墙垫层按中心线长，内墙垫层按净长线。

【例 11-4】　试根据图 8-1，①计算 3∶7 灰土垫层工程量，②编制垫层、砖基础工程量清单，③计算人工、材料、机械消耗量。

【解】　灰土垫层工程量计算如表 11-7 所示；垫层、砖基础工程量清单见表 11-8；表 11-9、表 11-10 是按××省建筑与装饰工程计价表（2004 年）编制的人工、材料、机械消耗量计算表；表 11-11 是本小区门卫平房灰土垫层、砖基础人、材、机消耗量汇总。

表 11-7　灰土垫层工程量计算表

序号	清单项目编码	清单项目名称	计算式	工程量合计	计量单位
1	010404001001	垫层	$L_外＝（17.5＋7）×2＝49$ $L_内＝（7-1.02）＝5.98$ 断面 $S＝1.02×0.2＝0.204$ 垫层体积：$V＝（49＋5.98）×0.204$ $＝11.22$	11.22	m³

表 11-8　垫层、砖基础工程和单价措施项目清单与计价表

序号	项目编码	项目名称	项目特征描述	计量单位	工程量	金额（元）	
						综合单价	合价
1	010404001001	垫层	垫层材料种类、配合比、厚度：3：7灰土，200mm	m³	11.22		
2	010401001001	砖基础	1. 砖品种、规格、强度等级：普通黏土砖、240mm×115mm×53mm、MU7.5 2. 基础类型：直形 3. 砂浆强度等级：水泥砂浆，M5	m³	15.98		

表 11-9　小区门卫室垫层人工、材料、机械消耗量计算表

材料类别	材料编号	材料名称	数量	工程量	消耗量	单位
人工	GR3	三类工	0.80		8.98	工日
材料	613206	水	0.20	11.22	2.24	m³
	014014	灰土 3：7	1.01		12.34	m³
机械	01068	电动夯实机（打夯）	0.04		0.45	台班

表 11-10　小区门卫室砖基础人工、材料、机械消耗量计算表

材料类别	材料编号	材料名称	数量	工程量	消耗量	单位
人工	GR2	二类工	1.14		18.22	工日
材料	012002	水泥砂浆 M5	0.24		3.84	m³
	613206	水	0.10	15.98	1.60	m³
	201008	标准砖 240mm×115mm×53mm	5.22		83.42	百块
机械	06016	灰浆拌和机 200L	0.04		0.64	台班

表 11-11　小区门卫灰土垫层、砖基础人、材、机消耗量汇总表

项目类别	材料编号	材料名称	数量	单位
人工	GR2	二类工	18.22	工日
	GR3	三类工	8.98	工日
材料	201008	黏土标准砖 240mm×115mm×53mm	83.42	百块
	012002	水泥砂浆 M5	3.84	m³
	014014	3：7灰土	12.34	m³
	613206	水	3.84	m³
机械	06016	灰浆拌和机 200L	0.64	台班
	01068	电动夯实机（打夯）	0.45	台班

146

第十二章 混凝土及钢筋混凝土工程

第一节 项目划分及有关规定

（一）混凝土及钢筋混凝土清单项目划分

本分部共分 17 节 76 个项目（表 12-1），包括混凝土工程和钢筋工程两部分，其中混凝土又分现浇混凝土、预制混凝土。

现浇混凝土部分包括：现浇混凝土基础、现浇混凝土柱、现浇混凝土梁、现浇混凝土墙、现浇混凝土板、现浇混凝土楼梯、现浇混凝土其他构件、后浇带等。

预制混凝土部分包括：预制混凝土柱、预制混凝土梁、预制混凝土屋架、预制混凝土板、预制混凝土楼梯、其他预制构件等。

本分部适用于建筑物、构筑物的混凝土及钢筋混凝土工程。

表 12-1 混凝土及钢筋混凝土工程清单项目内容

序号	清单项目及编码	项 目 名 称
E.1	现浇混凝土基础（010501）	001 垫层，002 带形基础，003 独立基础，004 满堂基础，005 桩承台基础，006 设备基础
E.2	现浇混凝土柱（010502）	001 矩形柱，002 构造柱，003 异形柱
E.3	现浇混凝土梁（010503）	001 基础梁，002 矩形梁，003 异形梁，004 圈梁，005 过梁，006 弧形、拱形梁
E.4	现浇混凝土墙（010504）	001 直形墙，002 弧形墙，003 短肢剪力墙，004 挡土墙
E.5	现浇混凝土板（010505）	001 有梁板，002 无梁板，003 平板，004 拱板，005 薄壳板，006 栏板，007 天沟、挑檐板，008 雨篷、阳台板，009 空心板，010 其他板
E.6	现浇混凝土楼梯（010506）	001 直形楼梯，002 弧形楼梯
E.7	现浇混凝土其他构件（010507）	001 散水、坡道，002 室外地坪，003 电缆沟、地沟，004 台阶，005 扶手、压顶，006 化粪池、检查井，007 其他构件
E.8	后浇带（010508）	001 后浇带
E.9	预制混凝土柱（010509）	001 矩形柱，002 异形柱

序号	清单项目及编码	项 目 名 称
E.10	预制混凝土梁 (010510)	001 矩形梁，002 异形梁，003 过梁，004 拱形梁，005 鱼腹式吊车梁，006 其他梁
E.11	预制混凝土屋架 (010511)	001 折线型，002 组合，003 薄腹，004 门式刚架，005 天窗架
E.12	预制混凝土板 (010512)	001 平板，002 空心板，003 槽形板，004 刚架板，005 折线板，006 带肋板，007 大型板，008 沟盖板、井盖板、井圈
E.13	预制混凝土楼梯 (010513)	001 楼梯
E.14	其他预制构件 (010514)	001 垃圾道、通风道、烟道，002 其他构件
E.15	钢 筋 工 程 (010515)	001 现浇构件钢筋，002 预制构件钢筋，003 钢筋网片，004 钢筋笼，005 先张法预应力钢筋，006 后张法预应力钢筋，007 预应力钢丝，008 预应力钢绞线，009 支撑钢筋（铁马），010 声测管
E.16	螺 栓、铁 件 (010516)	001 螺栓，002 预埋铁件，003 机械连接

（二）相关规定

1. 现浇构件

（1）现浇基础

①带形基础项目，适用于各种带形基础，墙下的板式基础包括浇筑在一字排桩上面的带形基础。有肋带形基础、无肋带形基础应按表 E.1（见"13 计算规范"，下同）中相关项目列项，并注明肋高。

②满堂基础项目，适用于地下室的箱式、筏式基础等。箱式满堂基础中柱、梁、墙、板分别按表 E.2、表 E.3、表 E.4、表 E.5 中相关编码项目列项；箱式满堂基础底板按表 E.1 的满堂基础项目列项。

③独立基础项目，适用于块体柱基、杯基、柱下基础、无筋倒圆台基础、壳体基础、电梯井基础等。

④设备基础项目，适用于设备的块体基础、框架基础等。框架式设备基础中柱、梁、墙、板可分别按表 E.2、表 E.3、表 E.4、表 E.5 中相关编码项目列项；基础部分按表 E.1 相关项目列项。例如：010501006001 设备基础、010502001002 框架式设备基础柱、010503002003 框架式设备基础梁、010504001004 框架式设备基础墙、010505003005 框架式设备基础板。

（2）短肢剪力墙

短肢剪力墙是指截面厚度不大于 300mm、各肢截面高度与厚度之比的最大值大于 4 但不大于 8 的剪力墙；各肢截面高度与厚度之比的最大值不大于 4 的剪力墙按柱项目编码列项。

（3）直形墙、弧形墙

直形墙、弧形墙项目也适用于电梯井壁。与墙相连接的薄壁柱按墙项目编码列项；单独的薄壁柱，按其截面形状确定以异形柱或矩形柱编码列项。薄壁柱，也称隐壁柱、暗柱，是指在剪力墙结构中，隐藏在墙体中的钢筋混凝土柱，抹灰后不再有柱的痕迹。

（4）现浇挑檐、天沟板、雨篷、阳台

现浇挑檐、天沟板、雨篷、阳台与板（包括屋面板、楼板）连接时，以外墙外边线为分界线；与圈梁（包括其他梁）连接时，以梁外边线为分界线。外边线以外为挑檐、天沟、雨篷或阳台。

（5）现浇混凝土其他构件

现浇混凝土小型池槽、垫块、门框等，应按表 E.7 中"其他构件"项目编码列项。

（6）后浇带

后浇带项目适用于梁、墙、板的后浇带。

2. 预制构件

（1）三角形屋架应按表 E.11 中折线型屋架项目编码列项。

（2）不带肋的预制遮阳板、雨篷板、挑檐板、栏板等，应按表 E.12 中平板项目编码列项。

（3）预制 F 形板、双 T 形板、单肋板和带反挑檐的雨篷板、挑檐板、遮阳板等，应按表 E.12 中带肋板项目编码列项。

（4）预制大型墙板、大型楼板、大型屋面板等，应按 E.12 中大型板项目编码列项。

（5）预制混凝土其他构件：预制钢筋混凝土小型池槽、压顶、扶手、垫板、隔热板、花格等，应按表 E.14 中其他构件项目编码列项。

（6）相同类型、规格、尺寸的预制混凝土构件，工程量可按自然计量单位计算。例如，预制混凝土柱、梁可按根数，屋架可按榀数，板可按块数计量等。

（三）混凝土种类

指清水混凝土、彩色混凝土等。

（四）钢筋的搭接、弯钩等的长度，应按设计规定计算在钢筋工程数量内，施工搭接不计算工程量；现浇构件中固定位置的支撑钢筋、双层钢筋用的"铁马"、伸出构件的锚固钢筋、预制构件的吊钩等，应并入钢筋工程量内。

（五）现浇或预制混凝土和钢筋混凝土构件工程量计算中，不扣除构件内钢筋、螺栓、预埋铁件、张拉孔道所占体积，但应扣除劲性骨架的型钢所占体积。

第二节　现浇混凝土和钢筋混凝土构件工程量计算及示例

一、现浇混凝土基础工程量计算

混凝土基础包括带形基础、独立基础、满堂基础、设备基础、桩承台基础和垫层 6 个项目。工程量计算规则：按设计图示尺寸以体积计算。不扣除伸入承台基础的桩头所占体积。现分别介绍计算方法。

1. 带形基础。

工程量计算公式如下：

带形基础 $$V \ (\text{m}^3) = F \times L \qquad (12\text{-}1)$$

式中　F——基础断面面积（m²），按图示，断面高度以基础扩大顶面为界，向下算至基础底面；

　　　L——基础计算长度（m），外墙部分按外墙基中心线长度；内墙部分按净长线；连接柱独立基础的，按独立基础间净长度计算。

应注意，工程量不扣除浇入带形基础内的桩头所占体积。

有肋带形混凝土基础，其肋高与肋宽之比在 4∶1 以内的，按有肋带形基础计算。其比超过 4∶1 时，其基础底按板式基础计算，以上（起肋）部分按墙计算。

【**例 12-1**】 图 12-1 所示为一带形现浇钢筋混凝土基础平面图，试按断面 1-1 所示三种情况计算混凝土工程量。

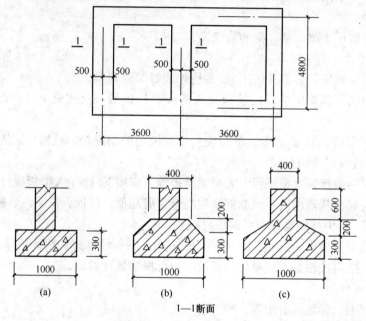

1—1断面

图 12-1　例 12-1 图

【**解**】 情况（1），矩形断面，如图中（a）所示：

外墙基长：$(7.2+4.8) \times 2 = 24$m

内墙基长：$4.8 - 1.0 = 3.8$m

带基体积：$V_1 = 1.0 \times 0.3 \times (24+3.8) = 8.34$m³

情况（2），锥形断面，如图中（b）所示：

外墙基体积：

$$V_{b1} = \left(10 \times 0.3 + \frac{0.4+1.0}{2} \times 0.2\right) \times 24 = 10.56\text{m}^3$$

内墙基长：其断面部分的宽取梯形中线长，即 $\frac{0.4+1.0}{2} = 0.7$m，则锥形部分内墙基长为：$4.8 - 0.7 = 4.1$m

内墙基体积：

$$V_{b2} = \frac{0.4+1.0}{2} \times 0.2 \times 4.1 + 1.0 \times 0.3 \times 3.8 = 1.71\text{m}^3$$

带基体积 $V_2=V_{b1}+V_{b2}=10.56+1.71=12.27m^3$

情况（3），有肋带基础，如图中（c）所示：肋高与肋宽之比 $600:400=1.5:1$，按规定，此带基按有肋带基计算。

肋部分的体积为 $V_{cl}=0.4\times0.6\times(24+4.8-0.4)=6.82m^3$

则有肋带基总体积 $V_3=V_2+V_{cl}=12.27+6.82=19.09m^3$

2. 独立基础

独立基础的底面积一般为方形或矩形，其外形一般有锥形基础、阶梯形基础、矩形基础（也称平浅柱垫形基础）和杯形基础（图5-4c）。

独立基础工程量，应区分不同构造形式，按几何形体计算公式分别计算其体积。

例如，图12-2所示锥形独立基础的下部为矩形，上部为截头锥体，可先分别计算其体积，再将两者相加后得锥形独立基础体积，即

$$V(m^3)=A\times B\times h_1+\frac{h-h_1}{6}[A\times B+(A+a)\times(B+b)+a\times b] \tag{12-2}$$

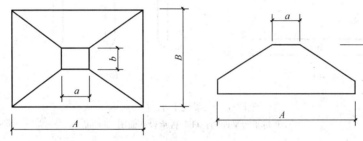

图12-2 锥形独立基础

3. 满堂基础

按不同构造形式，满堂基础可分为无梁式（即板式）满堂基础、有梁式满堂基础和箱式满堂基础。

（1）无梁式满堂基础（图12-3），形似倒置的无梁楼板。如有扩大或锥形柱墩（脚）时，其工程量应按板的体积加柱脚的体积计算，柱脚高度按设计尺寸，无设计尺寸则算至柱墩的扩大面。其基础体积为：

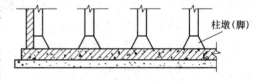

图12-3 无梁式满堂基础

$$V(m^3)=F_b\times d+柱墩体积 \tag{12-3}$$

式中 F_b——满堂基础板的底面积，m^2；

d——满堂基础板厚，m。

（2）有梁式满堂基础，形似倒置的肋形楼板或井字楼板，其工程量应分别计算板和梁的体积，再相加而得，其公式如下：

$$V(m^3)=F_b\times d+\sum f_i\times l_i \tag{12-4}$$

式中 $\sum f_i\times l_i$——梁的体积，f_i肋梁断面积，l_i肋梁长。

（3）箱式满堂基础上有盖板，下有底板，中间有纵、横墙及柱连成整体。箱式满堂基础中柱、梁、墙、板分别按表E.2、表E.3、表E.4、表E.5中相关编码项目列项计算；箱式满堂基础底板按表E.1的满堂基础项目列项计算。

4. 设备基础

为承托、安装锅炉、机器设备等用的基础称为设备基础。

（1）块体设备基础，区别不同型体，分别计算其工程量。

（2）框架式设备基础，按基础、柱、梁、板、墙分别编码列项计算。

5. 桩承台基础

承台桩基础是指在已打完的桩顶上将桩顶连成一体的钢筋混凝土承台，其工程量按承台图示尺寸以体积（m³）计算，不扣除伸入承台基础的桩头所占体积。

【例12-2】 图12-4所示是某社区中心框架柱下桩承台，试计算其工程量。

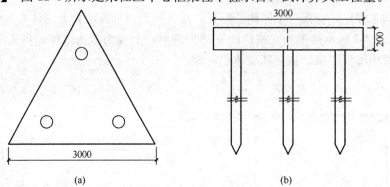

(a) (b)

图12-4 框架柱下承台

(a) 桩承台平面图；(b) 桩承台立面图

【解】 该承台是现在常用的一种承台形式，平面为等边三角形（面积 S），其工程量（V）可表示为：

$$S = \frac{\sqrt{3}}{4}a^2 = \frac{a^2}{2}\sin\alpha = \frac{9}{2}\sin60° = 3.897\text{m}^2$$

$$V = Sd = 3.897 \times 0.2 = 0.78 \text{ m}^3$$

式中 a——等边三角形边长，m；

　　　α——等边三角形的内角，$\alpha = 60°$；

　　　d——承台厚度，m。

6. 混凝土垫层工程量

混凝土垫层工程量按设计图示尺寸以体积计算，大多数垫层为板式，计算式可写成：

V（m³）＝垫层板底面积×厚度（若垫层为条式，则 V＝断面积×垫层长）　　（12-5）

式中，垫层长指外墙部分按外墙基中心线长度；内墙部分按净长线。

二、现浇混凝土柱工程量计算

现浇混凝土柱分为矩形柱、异形柱和构造柱3个项目。异形柱是柱面有凹凸面或竖向线脚的柱、多边形柱，7边以上的多边柱可视为圆形柱；构造柱是指先砌墙，后浇混凝土的柱。

1. 现浇混凝土柱（矩形柱、异形柱、构造柱）的工程量按设计图示尺寸以体积（m³）计算。即

$$V（\text{m}^3）= F \times h + \text{并入体积}　　　　　（12-6）$$

式中 F——柱断面面积，m²，按图示尺寸计算。

2. 柱高（h），按表12-2规定确定。

表 12-2 柱高确定规则

序号	名称	柱高计算规定	图示
1	有梁板的柱高	自柱基上表面（或楼板上表面）至上一层楼板上表面之间的高度	图 12-5
2	无梁板的柱高	自柱基上表面（或楼板上表面）至柱帽下表面之间的高度	图 12-6
3	框架柱的柱高	自柱基上表面至柱顶的高度	图 12-7
4	构造柱的柱高	按全高计算，即自柱基或地圈梁上表面至柱顶面的高度	图 12-8

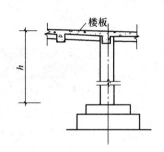

图 12-5 有梁板的柱高

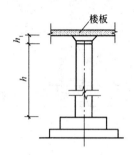

图 12-6 无梁板的柱高

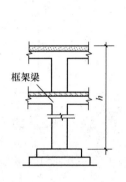

图 12-7 框架柱的柱高

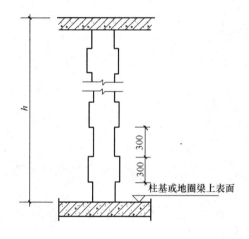

图 12-8 构造柱的柱高

3. 应并入体积：

（1）构造柱与砖墙嵌接部分的体积应并入柱身体积内计算；

（2）依附在柱上的牛腿，并入柱身体积内计算；

（3）升板法施工时，升板的柱帽，并入柱身体积内计算。

【例 12-3】 构造柱与砖墙嵌接部分的体积如何计算？现以构造柱混凝土工程量为例给予说明。

【解】 墙体内构造柱的构造形式一般有四种，即 L 形拐角、T 形接头、十形交叉及长墙中间"一形"，如图 12-9 所示。

构造柱的马牙咬接槎的纵间距一般为 300mm，咬接高度 300mm，马牙宽 60mm（图 12-8 及图 12-10）。为便于工程量计算，马牙咬接宽度按全高的平均宽度（1/2）×60mm＝30mm 计算。

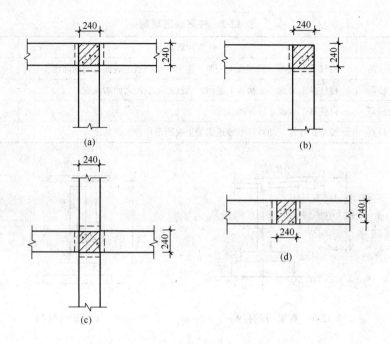

图 12-9　构造柱平面布置形式

(a) T形；(b) L形；(c) 十形；(d) 一形

若构造柱断面两个方向的尺寸记为 a 及 b，按图 12-10 有：

$$F_g = ab + 0.03n_1a + 0.03n_2b$$

$$= ab + 0.03(n_1a + n_2b) \qquad (12\text{-}7)$$

式中　F_g——构造柱计算断面积，m^2；

n_1，n_2——分别为相应于 a，b 方向的咬接边数，其数值为 0，

1，2。

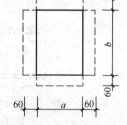

图 12-10　构造柱咬接平面

按公式 (12-7)，四种形式构造柱的断面积及体积计算结果列于表 12-3，供查用。

表 12-3　构造柱工程量计算表

柱构造形式	咬接边数		柱断面 （m×m）	计算断面积 （m^2）	工程量 （m^3，柱高 h）
	n_1	n_2			
一形	0	2		0.072	0.072h
T形	1	2		0.0792	0.0792h
L形	1	1	0.24×0.24	0.072	0.072h
十形	2	2		0.0864	0.0864h

4. 依附在柱上的牛腿体积计算（图 12-11）

柱上牛腿，按规定牛腿与柱的界线以下柱柱边为分界，如图 12-11 中虚线所示。牛腿体积可按高为 b 的四棱柱计算，公式为：

$$V_n(m^3) = \left(h - \frac{c}{2}\text{tg}\alpha\right) \times b \times c \qquad (12\text{-}8)$$

式中　V_n——柱上牛腿体积，m^3；

　　　h——牛腿高度，m；

　　　c——牛腿突出下柱的宽度，m；

　　　α——牛腿斜边与水平面夹角。

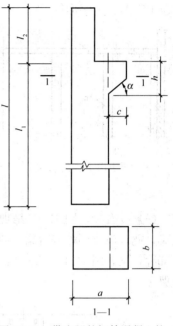

【例 12-4】 某工程用带牛腿的钢筋混凝土柱（图 12-11）20 根，其下柱长 $l_1=6.5m$，断面尺寸 $600mm\times500mm$；上柱长 $l_2=2.5m$，断面尺寸 $400mm\times500mm$；牛腿参数：$h=700mm$，$c=200mm$，$\alpha=56°$。试计算该工程柱混凝土工程量及工料用量。

【解】（1）该钢筋混凝土柱的工程量应为下柱、上柱及牛腿三部分体积之和。

$$\begin{aligned}
V &= [0.6\times0.5\times6.5+0.4\times0.5\times2.5+ \\
&\quad (0.7-0.2/2\times tg56°)\times0.5\times0.2]\times20 \\
&= (1.95+0.5+0.055)\times20=50.1m^3
\end{aligned}$$

（2）工料用量，按某省建筑与装饰工程计价表（2004年），该工程的工料用量计算结果见表 12-4。

图 12-11　带牛腿的钢筋混凝土柱

表 12-4　混凝土柱工料机用量

人工 （工日）	C30 现浇 混凝土（m^3）	塑料薄膜 （m^2）	1:2 水泥砂浆 （m^3）	水 （m^3）	混凝土搅拌机 （400L）（台班）	混凝土振捣器 （台班）	灰浆搅拌机 （200L）（台班）
96.19	49.35	14.00	1.55	61.12	2.80	5.60	0.30

三、现浇混凝土梁工程量计算

1. 梁的简要说明

梁有两种分类方式，按梁的结构部位分为基础梁、圈梁、过梁、单梁、连续梁、框架梁、非框架梁；按断面和外形分为矩形梁、异形梁、弧形梁、拱形梁。

（1）基础梁。位于地面以下，基础之间或现浇柱之间的现浇钢筋混凝土梁，一般用于承担两柱之间墙体的质量，如图 12-12 所示。

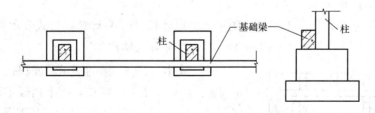

图 12-12　现浇基础梁

（2）单梁、过梁。单梁一般为跨越两个支座的柱间或墙间的梁，如开间梁、进深梁；跨越门窗洞口或空圈洞口顶部的单梁就称为过梁，如图 5-12 所示。

（3）连续梁。当梁连续跨越三个或三个以上支座的柱间或墙间时，就称其为连续梁，如图 12-13 所示。

（4）矩形梁和异形梁。图 12-14 是矩形梁和异形梁的断面形状，其中异形梁有 L 形、T

形、十字形、工字形等。

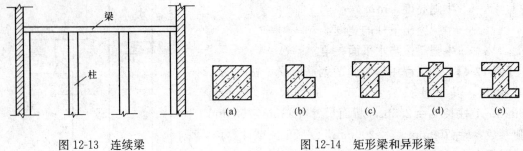

图 12-13 连续梁

图 12-14 矩形梁和异形梁

(a) 矩形；(b) L形；(c) T形；(d) 十字形；(e) 工字形

(5) 叠合梁。图 12-15 是现浇叠合梁，它是在已安装的预制梁上再浇筑一预定高度的现浇梁，此现浇梁即称叠合梁，叠合梁与预制梁之间以预留钢筋连接。图 12-15 (a) 为预制梁上部叠合梁，图 12-15 (b) 是空心板端部叠合梁，它是指两空心板端头间所浇筑的混凝土梁。

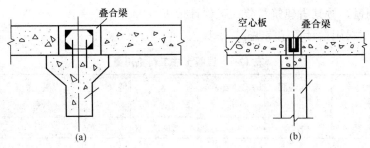

图 12-15 叠合梁

(a) 预制梁上部叠合梁；(b) 空心板端部叠合梁

(6) 弧形梁、拱形梁。弧形梁是指梁的断面在水平方向有位移；拱形梁是指其断面在上下方向有位移。也就是说，弧形梁是水平的，在平面图中就能标示清楚（同一个断面）；拱形梁是上下存在标高差，只有在剖面图或立面图上才能标明。

2. 梁工程量计算

根据编码 010503，梁的工程量按图示尺寸以体积（m³）计算，公式表示如下：

$$V(\text{m}^3) = F \times L + \text{并入体积} \tag{12-9}$$

式中 F——梁的图示断面积；

L——梁长，按下列规定计算：

(1) 梁与柱连接时，梁长算至柱侧面；

(2) 主梁与次梁连接时，次梁长算至主梁侧面，如图 12-16 所示；

(3) 伸入墙内的梁头、梁垫体积，应并入梁体积内。

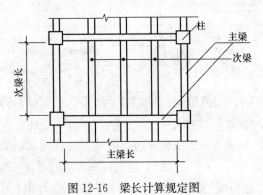

图 12-16 梁长计算规定图

【例 12-5】 某三层办公楼设计有框架梁 KL1 两根（图 12-17），试计算框架梁混凝土工程量及工料用量。柱尺寸：KZ1，450mm×450mm；KZ2，400mm×400mm。

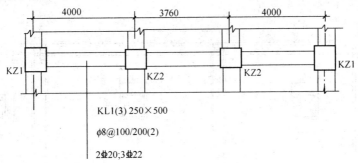

图 12-17　某三层办公楼框架梁

【解】　按计算规则，梁长取净长，则工程为：

$$V = 0.25 \times 0.50 \times (4 \times 2 + 3.76 - 0.45 - 0.42 \times 2) \times 2 = 2.63 \text{m}^3$$

该框架梁 KL 的混凝土强度等级为 C30，按定额现浇混凝土梁，本项目执行定额编号：5-18，则工料计算结果如下（表 12-5）：

表 12-5　框架梁 KL1 工料计算表

定额编号		5-18				
定额项目		（C30 混凝土　31.5mm　42.5 级）单梁，框架梁，连续梁				
单位		m³				
材料类别	材料编号	材料名称	数量	工程量	消耗量	单位
人工	GR2	二类工	1.40		3.68	工日
材料	001030	C30 粒径 31.5 混凝土 42.5 级坍落度 35～50	1.01		2.66	m³
	613206	水	1.53		4.02	m³
	605155	塑料薄膜	1.27	2.63	3.34	m²
机械	15004	混凝土振动器（插入式）	0.11		0.29	台班
	13072	混凝土搅拌机 400L	0.05		0.13	台班

【例 12-6】　某工程钢筋混凝土框架（KJ1）5 榀，尺寸如图 12-18 所示，混凝土强度等级柱、梁均为 C30，混凝土采用泵送商品混凝土，由施工企业自行采购，根据招标文件要求，现浇混凝土构件实体项目包含模板工程。试列出该钢筋混凝土框架（KJ1）柱、梁的工程量清单，并计算框架柱的消耗量。

【解】　钢筋混凝土框架 KJ1 的工程量计算如表 12-6 所示，工程量清单如表 12-7 所示，框架柱消耗量的计算结果如表 12-8 所示。

表 12-6　KJ1 工程量计算表

序号	清单项目编码	清单项目名称	计　算　式	工程量合计	计量单位
1	010502001001	矩形柱	$V = (0.4 \times 0.4 \times 4 \times 3 + 0.4 \times 0.25 \times 0.8 \times 2) \times 5 = 10.40$	10.40	m³
2	010503002001	矩形梁	$V_1 = (4.6 \times 0.25 \times 0.5 + 6.6 \times 0.25 \times 0.50) \times 5 = 7.0$ $V_2 = (2 - 0.2) \times 0.25 \times [(0.4 + 0.3)/2] \times 5 = 0.79$ $V = 7.0 + 0.79 = 7.79$	7.79	m³

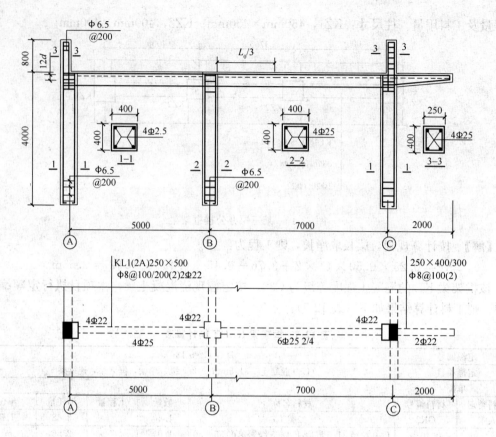

图 12-18 某工程钢筋混凝土框架示意图

表 12-7 分部分项工程和单价措施项目清单与计价表

序号	项目编码	项目名称	项目特征描述	计量单位	工程量	金额（元）	
						综合单价	合价
1	010502001001	矩形柱	1. 混凝土种类：商品混凝土 2. 混凝土强度等级：C30	m³	10.40		
2	010503002001	矩形梁	1. 混凝土种类：商品混凝土 2. 混凝土强度等级：C30	m³	7.79		

表 12-8 框架柱工料计算表

定额编号		5-181				
定额项目		矩形柱（C30 泵送商品混凝土）				
单位		m³				
材料类别	材料编号	材料名称	数量	工程量	消耗量	单位
人工	GR2	二类工	0.76		7.90	工日
材料	613206	水	1.25		13.0	m³
	605155	塑料薄膜	0.28		2.91	m²
	013003	水泥砂浆 1∶2	0.03	10.40	0.31	m³
	303083	商品混凝土 C30（泵送）	0.99		10.30	m³
机械	13082	混凝土输送泵车	0.01		0.10	台班
	15004	混凝土振动器（插入式）	0.11		1.14	台班

四、现浇混凝土墙工程量计算

1. 混凝土墙。钢筋混凝土墙按混凝土骨料类型分为普通混凝土和毛石混凝土；按用途分为一般混凝土墙，电梯井壁，大钢模板墙，滑模墙体；按墙体形状可分为直形混凝土墙和弧形混凝土墙。

2. 根据编码 010504，墙体混凝土工程量按设计图示尺寸以体积计算，公式如下：

$$V(\text{m}^3) = D \times H \times L \pm \text{扣除（并入）体积} \tag{12-10}$$

式中　D，H——墙厚、墙高，墙厚按设计图示尺寸；墙高从墙基上表面或基础梁上表面算至墙顶，有梁者算至梁底；

　　　　L——墙长，外墙长度按中心线长，内墙长按净长度取定；

扣除体积——扣除门窗洞口及单个面积 $>0.3\text{m}^2$ 以外的孔洞；

并入体积——墙垛及突出墙面部分并入墙体积内，注意，与墙相连的薄壁柱按墙项目编码列项。

五、现浇混凝土板工程量计算

钢筋混凝土板是房屋的水平承重构件，按其构造形式可分为有梁板、无梁板、平板和拱板。其中有梁板是指梁（包括主梁、次梁）与板构成整体的结构形式，它包括肋形板、密肋板和井字楼板等（图 5-16、图 5-17）。无梁板是指不带梁，直接由柱头（帽）为中间支承的板（图 5-18），这种板的厚度大于一般的普通平板，常用于各类大厅。

各类现浇混凝土板工程量均按图示尺寸以体积（m^3）计算。应注意：①不扣除单个面积 $\leqslant 0.3\text{m}^2$ 的柱、垛以及孔洞所占体积；②压形钢板混凝土楼板扣除构件内压形钢板所占体积；③各类板伸入墙内的板头并入板体积内。

不同类型板的计算方法分述如下：

1. 有梁板

有梁板（包括主、次梁与板）按梁、板体积之和计算，计算式为：

$$V(\text{m}^3) = V_{\text{pb}} + V_{\text{zl}} + V_{\text{cl}} \pm V_{\text{k}}(V_{\text{b}}) \tag{12-11}$$

式中　V_{pb}——平板部分体积，$V_{\text{pb}} = $（板水平面积－柱截面－$0.3\text{m}^2$ 以上孔洞面积）× 板厚；

V_{zl}，V_{cl}——主、次梁的体积，按肋梁截面积乘以肋梁长度再乘以根数计算；

　　　　V_{k}——扣除 0.3m^2 以上孔洞面积；

　　　　V_{b}——并入伸入墙内的板头所占体积。

2. 无梁板

无梁板的工程量按板和柱帽体积之和计算。

$$V(\text{m}^3) = V_{\text{pb}} + V_{\text{m}} \pm V_{\text{k}}(V_{\text{b}}) \tag{12-12}$$

式中　V_{m}——柱帽体积（m^3），若为圆形柱帽，按截头圆锥体积计算，公式为：

$$V_{\text{m}}(\text{m}^3) = \frac{\pi h}{3}(R^2 + rR + r^2) = \frac{\pi h}{12}(D^2 + dD + d^2) \tag{12-13}$$

其中，r，R，d，D，h 分别为锥体上、下底的半径和直径及锥体高度，m。

当桩帽为矩（方）形时，可视为倒置的四棱台，其体积可参照式（12-2）计算。

3. 平板、拱板、栏板

平板、拱板、栏板工程量按设计图示尺寸以体积计算。不扣除构件内钢筋、预埋铁件及单个面积 $\leqslant 0.3\text{m}^2$ 的孔洞所占体积，伸入墙内的板头所占体积并入板工程量内。

4. 薄壳板

薄壳板工程量按设计图示尺寸以体积计算。不扣除构件内钢筋、预埋铁件及单个面积 $\leqslant 0.3m^2$ 的孔洞所占体积；伸入墙内的板头所占体积并入板工程量内；薄壳板的肋、基梁并入薄壳体积内计算。

5. 现浇天沟（檐沟）、挑檐板

工程量按设计图示体积计算。计算式可表达为：

$$V(m^3) = (L_{外} + 4W) \times W \times \delta \tag{12-14}$$

式中　$L_{外}$——外墙外边线周长；

　　　W——挑檐板宽；

　　　δ——挑檐板厚。

6. 雨篷、悬挑板、阳台板

工程量按下式计算：

$$V(m^3) = 图示墙外部分体积 + 伸出墙外的牛腿和雨篷反挑檐体积 \tag{12-15}$$

7. 空心板

空心板工程量按设计图示尺寸以体积（m^3）计算，空心板（高强薄壁蜂巢芯板等）应扣除空心部分体积。

8. 后浇带

后浇带项目适用于梁、墙、板的后浇带，后浇带按设计图示尺寸以体积（m^3）计算。

【**例 12-7**】　试计算图 12-19 所示现浇钢筋混凝土板的混凝土工程量。

【**解**】　由图可见，该钢筋混凝土板为有梁板，分别计算板和肋梁的工程量。

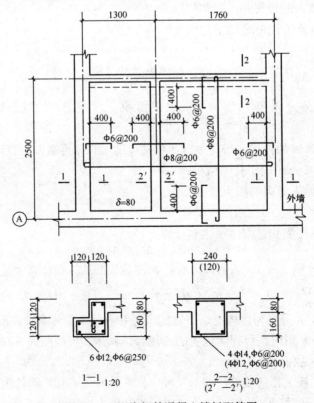

图 12-19　现浇钢筋混凝土楼板配筋图

（1）板：平面尺寸为（2.5＋0.24）m×3.06m，板厚80mm，则

$$V_{pb} = 2.74 \times 3.06 \times 0.08 = 0.67m^3 。$$

（2）肋梁

2-2断面处肋梁，梁高0.16m，梁长（3.06－0.24）＝2.82m，体积$V_{l1}=0.16\times0.24\times2.82=0.108m^3$。

2′-2′断面处梁，梁高0.16m，梁长（2.5－0.24）＝2.26m，$V_{l2}=0.16\times0.12\times2.26=0.043m^3$。

（3）该有梁板的混凝土工程量$V=0.67+0.108+0.043=0.82m^3$。

六、现浇混凝土楼梯工程量计算

1. 现浇整体楼梯（包括直形楼梯、弧形楼梯）工程量，包括休息平台、平台梁和斜梁及楼梯的连接梁，按水平投影面积（m²）计算。当整体楼梯与现浇楼梯无梯梁连接时，以楼梯的最后一个踏步边缘加300mm为界。不扣除宽度小于500mm的楼梯井，伸入墙内部分不计算。

2. 架空式混凝土台阶，按现浇楼梯计算。

3. 楼梯混凝土工程量可用下式表示：

$$S(m^2) = (S_t - S_k) \times (n-1) \qquad (12\text{-}16)$$

式中　S_t——水平投影面积，m²；

　　　S_k——扣除宽度大于500mm的楼梯井面积；

　　　n——建筑物层数。注意，若楼梯上屋面，式中无"－1"。单跑楼梯的工程量与直形楼梯、弧形楼梯工程量计算相同。

【例12-8】某五层住宅楼的楼梯平、剖如图12-20所示。试计算该楼梯混凝土工程量。

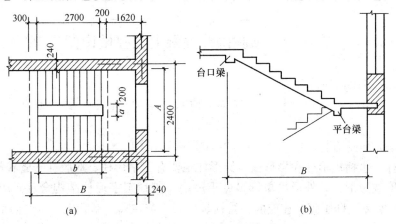

图12-20　双跑楼梯设计图

(a) 平面；(b) 剖面

【解】　按式（12-16），楼梯工程量可进一步表示为：

$$S = (A \times B - a \times b) \times (n-1) \quad （其中 a > 500mm） \qquad (12\text{-}17)$$

代入数据，则$S=(2.4-0.24)\times(1.62+0.2+2.7+0.3-0.12)\times(5-1)=40.61m^2$

七、现浇混凝土其他构件工程量计算

编码 010507 是现浇混凝土其他构件项目，其工程量按图示尺寸以体积（m³）计算。其工程量计算规则归纳于表 12-9 中。

表 12-9　现浇混凝土其他构件工程量计算规则表

序号	项目编码	项目名称	工程量计算规则			
			以 m 计量	以 m² 计量	以 m³ 计量	以座计量
1	010507001	散水、坡道		按设计图示尺寸以水平投影面积计算，不扣除单个面积≤0.3m² 的孔洞所占面积	按设计图示尺寸以体积计算	
2	010507002	室外地坪				
3	010507003	电缆沟、地沟	按设计图示以中心线长度计算			
4	010507004	台阶		按设计图示尺寸以水平投影面积计算		
5	010507005	扶手、压顶	按设计图示的中心线延长米计算			
6	010507006					按设计图示数量
7	010507007	其他构件				

第三节　预制构件混凝土工程量计算

一、预制混凝土构件简介

预制混凝土构件包括预制柱、预制梁、预制屋架、预制板、预制楼梯及其他预制构件等。

1. 预制桩，包括方桩、空心桩、桩尖（图 10-2、图 10-3）。

2. 预制柱，包括矩形柱和异形柱，异形柱主要有工字形柱、双肢柱和管柱等，如图 12-21 所示。方形或矩形柱，外形简单，多见于民用建筑；工字形柱结构合理，应用较广；双肢柱是由两根实体肢杆用腹杆连成的，管柱是由若干节在离心制管机上生产的钢筋混凝土圆管拼接而成的。

3. 预制梁，按断面和构造形式分为矩形梁、异形梁、过梁、拱形梁、鱼腹式吊车梁和风道梁等。图 12-22（a）为鱼腹式吊车梁构造示意图，该梁是将梁的腹部做成抛物线形，似鱼腹状，故此得名鱼腹式梁，为比较，图中（b）示出一般 T 形吊车梁的构造。

4. 预制屋架，钢筋混凝土屋架一般均为预制，按结构形式可分为组合屋架、薄腹屋架、门式刚架等；按外形可分为三角形、梯形、拱形和折线型屋架等。

图 12-23 至图 12-29 是几种主要屋架的基本构造形式。其中图 12-23 为薄腹屋架的构造，

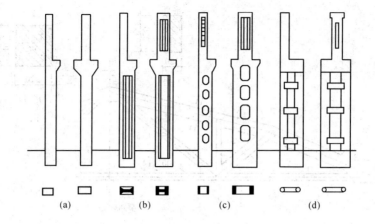

图 12-21　钢筋混凝土柱的形式

（a）矩形柱；（b）工字柱；（c）双肢柱；（d）空心管柱

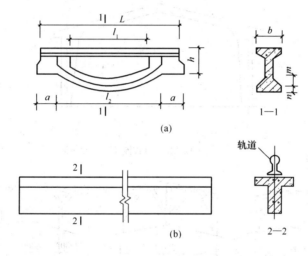

图 12-22　鱼腹式及 T 形吊车梁

（a）鱼腹式吊车梁；（b）T 形吊车梁

其腹板厚度较薄，断面呈工字形；拱形屋架（图 12-25），上弦受力均匀，腹杆应力小，应用广泛；把拱形屋架的上弦杆做成直线杆件，便成折线形屋架（图 12-26）。

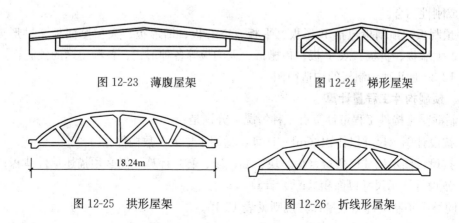

图 12-23　薄腹屋架

图 12-24　梯形屋架

图 12-25　拱形屋架

图 12-26　折线形屋架

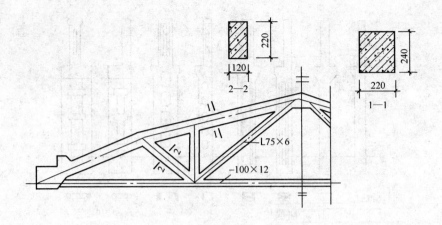

图 12-27　组合屋架

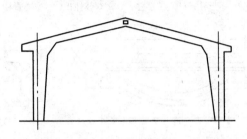

图 12-28　门式刚架

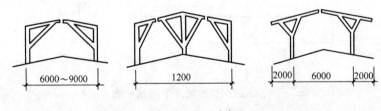

图 12-29　天窗架

组合屋架（图 12-27）的受拉杆件用型钢制作，受压杆件仍采用钢筋混凝土制作。

门式刚架（图 12-28）的外形似门，它是将刚架的两根边柱与上部的人字架浇筑在一起，形成刚性结合。

5. 预制板，预制板包括 F 形板、平板、空心板、槽形板、大型屋面板、拱形屋面板、大楼板、大墙板、折板、双 T 板、挑檐板、天沟板等各种形式、各种用途的预制板。

图 12-30 是几种预制板的构造简图。

二、预制构件工程量计算

预制混凝土构件工程量计算有三种情况，分别是：

1. 按设计图示尺寸以体积（m³）计算，适用于绝大多数构件；

2. 按设计图示尺寸以数量（根、块、榀、段、套）计算，但必须描述单件体积；

3. 按设计图示尺寸以面积（m²）计算。

不同类型预制构件工程量计算规则见表 12-10。

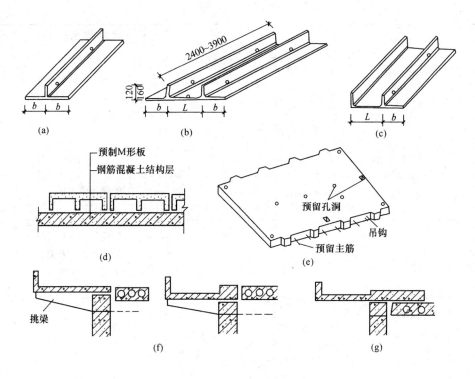

图 12-30　几种预制板的构造形式

（a）单肋钢筋混凝土挂瓦板；（b）双肋钢筋混凝土挂瓦板；（c）异形钢筋混凝土挂瓦板；
（d）预制 M 形混凝土板；（e）预制整体大楼板；（f）挑梁挑檐板；（g）挑檐板

表 12-10　预制混凝土构件工程量计算规则

构件类型	项目编码	项目名称	计量单位	工程量计算规则		
				以 m² 计量	以 m³ 计量	以数量计量
预制柱	010509001	矩形柱	m³ （根）			根
	010509002	异形柱				
预制梁	010510001	矩形梁	m³ （根）		按设计图示尺寸 以体积计算	根
	010510002	异形梁				
	010510003	过梁				
	010510004	拱形梁				
	010510005	鱼腹式吊车梁				
预制 屋架	010511001	折线型屋架	m³ （榀）			榀
	010511002	组合屋架				
	010511003	薄腹屋架				
	010511004	门式刚架屋架				
	010511005	天窗架屋架				

构件类型	项目编码	项目名称	计量单位	工程量计算规则		
				以 m² 计量	以 m³ 计量	以数量计量
预制板	010512001	平板	m³ (块)		按设计图示尺寸以体积计算。不扣除单个面积 ≤ 300mm×300mm 的孔洞体积，扣除空心板空洞体积	块
	010512002	空心板				
	010512003	槽形板				
	010512004	网架板				
	010512005	折线板				
	010512006	带肋板				
	010512007	大型板				
	010512008	沟盖板、井盖板、井圈	m³ (块、套)		按设计图示尺寸以体积计算	块、套
预制楼梯	010513001	楼梯	m³ (段)		按设计图示尺寸以体积计算。扣除空心踏步板空洞体积	段
其他预制构件	010514001	烟道、垃圾道、通风道	m² m³ 根 (块、套)	按设计图示尺寸以面积计算。不扣除单个面积 ≤ 300mm × 300mm 的孔洞体积	按设计图示尺寸以体积计算。不扣除单个面积 ≤ 300mm×300mm 的孔洞体积，扣除烟道、垃圾道、通风道的孔洞所占体积	根 (块、套)
	010514002	其他构件				

第四节　钢筋工程量计算及示例

一、简述

（一）钢筋工程量按钢筋的不同品种、不同规格，按现浇混凝土钢筋、预制构件钢筋、预应力钢筋（包括先张法预应力钢筋、后张法预应力钢筋、预应力钢丝、预应力钢绞线），分别列项计算。

（二）钢筋工程量计算的基本步骤

一个单位工程的钢筋消耗量也称预算用量，包括根据施工图计算的图示用量和规定的损耗量两个部分。图示用量等于各钢筋混凝土构件中的设计图纸用量及其他结构中的加固钢筋、连系钢筋等的用量之和，各种构件和结构用钢筋又是由若干不同品种、不同规格、不同形状的单根钢筋所组成的。因此，计算一个单位工程的钢筋总用量时，首先应按不同构件，计算其中不同品种、不同规格的每一根钢筋的用量，然后根据设计规定计算其他构造加筋用量，最后按规格、品种分类汇总求得单位工程钢筋总用量。其基本步骤如下：

1. 计算每一构件的不同品种、不同规格的图纸钢筋用量

$$G_g = \Sigma l_i g_i N_i \tag{12-18}$$

式中　G_g——某种型号钢筋质量，kg；

l_i——某种型号钢筋计算长度，m；

g_i——某规格钢筋单位长度的质量，kg/m，见表 12-12；

N_i——某种型号钢筋根数；

i——某型号钢筋编号。

2. 计算钢筋混凝土每一分部工程的钢筋图纸用量

$$G_f = \Sigma G_g \tag{12-19}$$

式中　G_f——某品种、某规格钢筋的质量，kg。

3. 计算单位工程的钢筋图纸用量（钢筋工程量）

$$G_d = \Sigma (G_f + G_j) \tag{12-20}$$

式中　G_d——某品种、某规格单位工程钢筋图示总用量（工程量）；

G_j——钢筋混凝土工程以外的其他结构中的构造用筋量，包括砌体内的加固筋、结构插筋、预制构件间的接缝钢筋等。

（三）常见钢筋形式、种类

1. 按钢筋的作用分为：

（1）受力筋：包括带弯钩筋、弯起筋、直筋；（2）架立筋（构造筋）；（3）分布筋；（4）箍筋；（5）其他筋，如锚固筋、拉结筋、吊环（钩）等。

2. 按钢筋外形分为：通长钢筋；带弯钩钢筋；弯起钢筋；箍筋。

（1）通长钢筋，也称直钢筋，是两端无弯钩又不弯起的钢筋。螺纹钢筋通常不计算弯钩。

（2）带弯钩钢筋，指端部带弯钩的钢筋，弯钩通常分为半圆弯钩（180°）、斜弯钩（135°）和直弯钩（90°）三种类型。

（3）弯起钢筋，弯起钢筋主要用于梁、板支座附近的负弯矩区域中，弯起钢筋的弯曲形式常用弯起角 α 表示。梁中弯起钢筋的弯起角一般为 45°，当梁高度大于 800mm 时，宜采用 60°，板中弯起钢筋的弯起角一般应≤30°。

（4）箍筋，箍筋是用来固定钢筋位置，是钢筋骨架成型不可缺少的一种钢筋，常用于钢筋混凝土梁、柱中，箍筋的直径较小，常取 6～10mm。

（四）钢筋保护层

为防止钢筋锈蚀，在钢筋周围应留有混凝土保护层。保护层是指最外层钢筋（包括箍筋、构造筋、分布筋等）的外边缘至混凝土外表面的距离。在计算钢筋长度时，应按构件长度减去钢筋保护层厚度。保护层厚度依构件形式、混凝土强度等级及使用环境而不同，如表 12-11 所示。

表 12-11　混凝土保护层的最小厚度 c（mm）

环境类别	板墙壳	梁柱
一	15	20
二 a	20	25
二 b	25	35
三 a	30	40
三 b	40	50

注：1. 构件中受力钢筋的保护层厚度不应小于钢筋的公称直径 d。
　　2. 表中混凝土保护层厚度适用于设计使用年限为 50 年的混凝土结构。
　　3. 设计使用年限为 100 年的混凝土结构，一类环境中，最外层钢筋的保护层厚度不应小于表中数值的 1.4 倍；二、三类环境中，应采取专门的有效措施。
　　4. 混凝土强度等级不大于 C25 时，表中保护层厚度数值应增加 5mm。
　　5. 钢筋混凝土基础宜设置混凝土垫层，其受力钢筋的混凝土保护层厚度应从垫层顶面算起，且不应小于 40mm。

二、钢筋工程量计算

1. 钢筋工程量计算规则

钢筋工程及螺栓、铁件工程量清单项目共 2 节分 13 个项目列项。工程量均按设计图示钢筋（包括钢丝束、钢绞线、钢筋网片）长度（面积）乘以单位理论质量，以吨为单位计算。

$$M(\text{t}) = L \times m \tag{12-21}$$

式中　M——钢筋工程量（t）；

　　　　L——图示设计长度（m）；

　　　　m——单位理论质量（kg/m），列于表 12-12 中，供使用。

现浇构件中固定位置的支撑钢筋、双层钢筋用的"铁马"、伸出构件的锚固钢筋、预制构件的吊钩等，应并入钢筋工程量内。

表 12-12　钢筋理论质量表

直径 （mm）	截面积 （cm²）	理论质量 （kg/m）	直径 （mm）	截面积 （cm²）	理论质量 （kg/m）
3	0.071	0.055	21	3.464	2.720
4	0.126	0.099	22	3.801	2.984
5	0.196	0.154	23	4.155	3.260
6	0.283	0.222	24	4.524	3.551
6.5	0.332	0.261	25	4.909	3.850
7	0.385	0.302	26	5.390	4.170
8	0.503	0.395	27	5.726	4.495
9	0.635	0.499	28	6.153	4.830
10	0.785	0.617	30	7.069	5.550
11	0.950	0.750	32	8.043	6.310
12	1.131	0.888	34	9.079	7.130
13	1.327	1.040	35	9.620	7.500
14	1.539	1.208	36	10.179	7.990
15	1.767	1.390	38	11.340	8.902
16	2.011	1.578	40	12.561	9.865
17	2.270	1.780	42	13.850	10.879
18	2.545	1.998	45	15.940	12.490
19	2.835	2.230	48	18.100	14.210
20	3.142	2.466	50	19.635	15.410

2. 钢筋长度的计算

（1）通长钢筋（图 12-31 中①号钢筋）长度计算

$$L_1(\text{m}) = l - 2c \tag{12-22}$$

式中　l——构件的结构长度，m；

　　　　c——钢筋保护层厚度（m）（表 12-11）。

（2）带弯钩钢筋（图 12-31 中②号钢筋）长度计算

$$L_2(\text{m}) = l - 2c + 2\Delta l \tag{12-23}$$

式中 Δl——钢筋一端的弯钩增加长度。

根据《混凝土结构设计规范》（GB 50010—2010）和《混凝土结构工程施工规范》（GB 50666—2011），经计算，三种形式弯钩增加长度的结果汇总在表 12-13 中。

表 12-13　钢筋弯钩增加长度

	钢筋牌号	弯弧内直径（D）	180°弯钩	90°弯钩	135°弯钩
弯钩增加长度	HPB300	$2.5d$	$6.25d$	$3.5d$	$4.9d$
	HRB335 HRBF335	$4d$		$12.9d$	$7.9d$
	HRB400 HRBF400 RRB400				

通常，当采用 HPB 级光圆钢筋时，在钢筋末端应设弯钩；高强带肋钢筋通常不设弯钩。

（3）弯起钢筋（图 12-31 中③号钢筋）长度计算

弯起钢筋的长度计算公式可表示为：

$$L_3(\text{m}) = l - 2c + 2(S - L) + 2\Delta l \tag{12-24}$$

式中 S, L——见表 12-14（图 12-32），其中 h_0 为减去保护层的弯起钢筋净高，斜长比底边长增加或称弯起部分增加长度，记为（$S-L$）。

（4）箍筋（图 12-31 中④号钢筋）长度计算

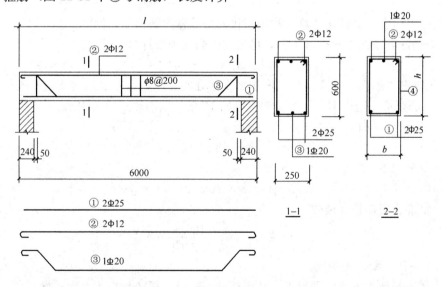

图 12-31　钢筋计算图

以上在钢筋长度计算中，实际上都是计算的钢筋中心线长度，计算箍筋长度时我们仍遵循这一原则，取中心线长度，则箍筋长度计算的一般公式为：

$$L_4(\text{m}) = 2(b + h) - 8c + 4d + 2\Delta l_g \tag{12-25}$$

式中　$2(b+h)$ ——构件截面周长；

　　　　Δl_g ——箍筋末端每个弯钩增加长度，同样可用计算的方法求得，例如，对于一般结构，当180°弯钩时，弯钩增加长度 8.25d；当135°弯钩时，弯钩增加长度 6.87d。如表 12-15 所示。

表 12-14　弯起钢筋增加长度计算表

弯起角度 θ	30°	45°	60°
斜边长度 S	$2h_0$	$1.414h_0$	$1.155h_0$
底边长度 L	$1.732h_0$	h_0	$0.577h_0$
斜长比底边长增加（$S-L$）	$0.268h_0$	$0.414h_0$	$0.577h_0$

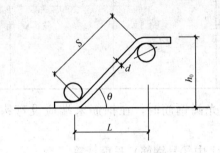

图 12-32　表 12-14 配图

表 12-15　箍筋弯钩增加长度

弯钩角度		180°	90°	135°
弯钩长度增加值	一般结构	8.25d	5.5d	6.87d
	有抗震要求结构	13.25d	10.5d	11.87d

在实际工作中，为简化计算，常用简化方法计算箍筋长度。例如：

1）当箍筋直径在 10mm 以下时，可按构件断面周长计算，即

$$L_4(\text{m})=2(b+h)$$

2）当箍筋末端作 135°弯钩时，弯钩平直部分的长度，对一般结构不应小于箍筋直径的 5 倍；有抗震要求的结构不应小于箍筋直径的 10 倍，则箍筋长度可表示为：

平直部分为 5d 时，$L_4=[(b-2c+d)+(h-2c+d)]2+14d$
$$=2(b+h)-8c+18d$$
平直部分为 10d 时，$L_4=[2(b+h)-8c+4d]+24d$
$$=2(b+h)-8c+28d$$

（5）箍筋、板筋排列根数

$$N(\text{根})=\frac{(L-100\text{mm})}{\text{设计间距}}+1 \qquad (12\text{-}26)$$

式中　L——柱、梁、板净长。

柱、梁净长计算方法同混凝土，其中柱不扣板厚。板净长指主（次）梁与主（次）梁之间的净长。计算中有小数时，向上舍入（如 4.1 取 5）。

计算箍筋、板筋排列根数时，在加密区的根数应按设计或标准构造详图另增。

三、钢筋工程量计算示例

1．计算钢筋混凝土条形基础的钢筋工程量。

【例 12-9】 某独立小型住宅，基础平面及剖面配筋如图 12-33 所示。基础有 100mm 厚混凝土垫层；外墙拐角处，按基础宽度范围将分布筋改为受力筋；在内外墙丁字接头处受力筋铺至外墙中心线。

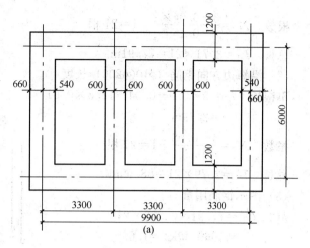

【解】（1）计算钢筋长度

①受力筋（$\phi12@200$）长度

一根受力筋长度 $L_2 = 1.2 - 2 \times 0.04$（有垫层）$+ 6.25 \times 0.012 \times 2 = 1.28m$

受力钢筋数量：

外基钢筋根数

$$= \frac{(9.9 + 1.32 + 7.2 - 0.04 \times 4) \times 2}{0.2} + 4$$

$= 187$ 根

内基钢筋根数 $= \left(\dfrac{6}{0.2} + 1 \right) \times 2 = 62$ 根

受力筋总根数 $= 187 + 62 = 249$ 根

受力筋总长 $= 1.28 \times 249 = 318.72m$

②分布筋（$\phi6@200$）长度

外墙四角已配置受力钢筋，拟不再配分布筋，则

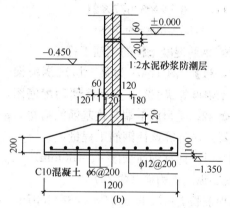

图 12-33　钢筋混凝土条形基础
（a）基础平面；（b）基础配筋断面

外墙分布筋长度 $= [(9.9 - 1.08)_纵 + (6.0 - 1.2)_横] \times 2 = 27.24m$

内墙分布筋长度 $= (6.0 - 1.2) \times 2 = 9.6m$

外墙分布筋根数 $= \dfrac{1.2 - 0.04 \times 2}{0.2} + 1 = 7$ 根；内墙分布筋根数 $= 7$ 根

分布筋总长 $= (27.24 + 9.6) \times 7 = 257.9m$

（2）图示钢筋用量（工程量）

$\phi12$ 受力筋质量 $G_1 = 318.72 \times 0.888 = 283.02kg = 0.283t$

$\phi6$ 分布筋质量 $G_2 = 257.9 \times 0.222 = 57.25kg = 0.057t$

2. 计算独立基础的钢筋工程量

【例 12-10】 某建筑物钢筋混凝土独立基础（杯形共 24 只）如图 12-34 所示，试计算其图示钢筋用量。

【解】 独立基础的双向配筋均为受力钢筋，图中基础边长 4m×3m，受力钢筋长度减为 0.9 倍边长，交叉布置。

（1）沿长边方向钢筋（$\phi12@150$）长度

单根长　$l_1 = 4 \times 0.9 - 0.04 + 6.25 \times 0.012 \times 2 = 3.71m$

根数　$N_1 = \dfrac{3 - 0.04 \times 2}{0.15} + 1 = 21$ 根

总长　$L_1 = 3.71 \times 21 = 77.91\text{m}$

（2）沿短边方向钢筋（$\phi10@200$）长度

单根长　$l_2 = 3 \times 0.9 - 0.04 + 12.5 \times 0.01$
$\qquad = 2.79\text{m}$

根数　$N_2 = \dfrac{4 - 0.08}{0.2} + 1 = 21$ 根

总长　$L_2 = 2.79 \times 21 = 58.59\text{m}$

（3）图示钢筋用量

$\phi12$　$G_1 = 77.91 \times 0.888 \times 24$
$\qquad = 1660.42\text{kg} = 1.66\text{t}$

$\phi10$　$G_2 = 58.59 \times 0.677 \times 24$
$\qquad = 867.6\text{kg} = 0.868\text{t}$

3.计算钢筋混凝土柱的钢筋工程量

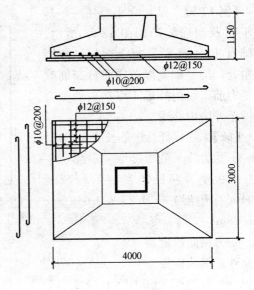

图 12-34　杯形基础

【例 12-11】　图 12-35 为某三层现浇框架

柱（混凝土强度等级 C25）立面和断面配筋图，底层柱断面尺寸为 350mm×350mm，纵向受力筋 4Φ22，受力筋下端与柱基插筋搭接，搭接长度 800mm。与柱正交的是"十"字形整体现浇梁。试计算该柱钢筋工程量。

【解】　（1）计算钢筋长度（$c = 30\text{mm}$）

1）底层纵向受力筋（Φ22）

①每根筋长 $l_1 = 3.07 + 0.5 + 0.8 = 4.37\text{m}$

②总长 $L_1 = 4.37 \times 4 = 17.48\text{m}$

2）二层纵向受力筋（Φ22）

①每根筋长 $l_2 = 3.2 + 0.6 = 3.8\text{m}$

②总长 $L_2 = 3.8 \times 4 = 15.2\text{m}$

3）三层纵筋（Φ16）

$$L_3 = (3.2 - 0.03) \times 4 = 12.68\text{m}$$

4）柱基插筋（Φ22）

$$L_4 = (0.8 + 1.2 + 0.2 - 0.04) \times 4 = 8.64\text{m}$$

5）箍筋（A6），按 03G101，考虑 135°弯钩

①二层楼面以下，单根箍筋长 $l_{g1} = 0.35 \times 4 - 8 \times 0.03 + 18 \times 0.006 = 1.268\text{m}$

箍筋根数 $N_{g1} = 0.8/0.1 + 1 + (3.07 - 0.8 + 0.5)/0.2 = 9 + 14 = 23$ 根

总长 $L_{g1} = 1.286 \times 23 = 29.16\text{m}$

②二层楼面至三层楼顶面，箍筋长 $l_{g2} = 0.25 \times 4 - 8 \times 0.03 + 18 \times 0.006 = 0.868\text{m}$

箍筋根数 $N_{g2} = (0.8 + 0.6)/0.1 + (3.2 \times 2 - 0.8 - 0.6 - 0.03)/0.2 = 39$ 根

总长 $L_{g2} = 0.868 \times 39 = 33.85\text{m}$

箍筋总长 $L_g = 29.16 + 33.85 = 63.01\text{m}$

（2）钢筋图纸用量

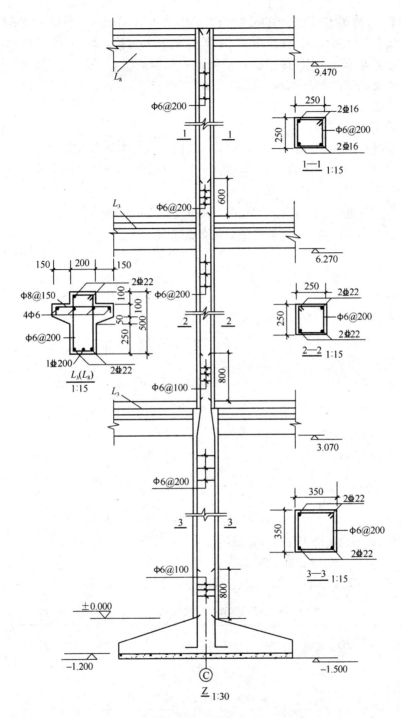

图 12-35　钢筋混凝土框架柱立面和断面图

$\Phi 22$　$(17.48+15.2+8.64)\times 2.984=123.30\mathrm{kg}$

$\Phi 16$　$12.68\times 1.578=20.01\mathrm{kg}$

$\Phi 6$　$63.01\times 0.222=13.99\mathrm{kg}$

4. 计算钢筋混凝土梁的钢筋用量并编制混凝土及钢筋工程量清单

【例 12-12】 计算图 12-17 所示办公楼两根框架梁 KL1 的钢筋工程量。建筑按四级抗震设计，混凝土强度等级为 C30。柱截面尺寸：KZ1 450mm×450mm，KZ2 400mm×400mm。

【解】 混凝土为 C30，则柱保护层 $c=30$mm，梁保护层 $c=25$mm，钢筋采用 HRB400 级，抗震等级四级，则 $l_{aE}=l_a=36d$，搭接长度为 $l_{lE}=1.2×36d$。

(1) 受力纵筋

①梁上部纵筋（2 Φ 20）：

钢筋长度超过 8m 时，考虑一个搭接接头，搭接长度及配筋构造按 03G101 规定计算。

单根长 $l_1=(4×2+3.76)+0.45-2×0.03+2×15d+1.2×36d$（绑扎搭接）$=13.614$m

上部纵筋长 $L_1=13.614×2=27.228$m；

上部纵筋质量（2 Φ 20）：$M_1=27.228×2.47×2=134.51$kg

②梁下部受力纵筋（3 Φ 22）：采用在中间支座锚固

两端跨单根长 $l_{21}=[4+0.225-0.2-(0.03+0.025\ 柱纵筋)+15d+36d]×2$
$\qquad\qquad\quad =10.184$m

中间跨单根长 $l_{22}=3.76-0.4+2×l_{aE}=4.944$m

下部纵筋长 $L_2=(10.184+4.944)×3=45.384$m

下部纵筋质量（3 Φ 22）：$M_2=45.384×2.98×2=270.49$kg

(2) 箍筋（A8），按 03G101，考虑 135°弯钩

①单根长度按 $l=(0.25+0.5)×2-8×0.025+28×0.008=1.524$m

②加密区箍筋根数，按规定加密区离支座 750mm，则

$$N_1=\left(\frac{0.75-0.05}{0.1}+1\right)×6=48$$

③非加密区箍筋根数：

$$N_2=\left(\frac{4-0.225-0.2-0.75×2}{0.2}-1\right)×2+\left(\frac{3.76-0.4-0.75×2}{0.2}-1\right)=28\ 根$$

④箍筋质量（$\phi8$）：$M_3=(48+28)×1.524×0.395×2=91.50$kg

(3) 框架梁 KL1 的钢筋工程量（汇总）：

$$C(134.51+270.49)=405\text{kg}；\phi8\quad 91.50\text{kg}。$$

编制的本例框架梁项目混凝土及钢筋工程量清单如表 12-16 所示。

表 12-16 框架梁项目和单价措施项目清单与计价表

序号	项目编码	项目名称	项目特征描述	计量单位	工程量	金额（元）	
						综合单价	合价
1	010503002001	矩形梁	1. 混凝土种类：自拌 2. 混凝土强度等级：C30	m³	2.63		
2	010515001001	现浇构件钢筋	钢筋种类、规格：HPB235，$\phi8$	t	0.092		
3	010515001002	现浇构件钢筋	钢筋种类、规格：HRB400，$\phi22$	t	0.41		

5. 计算钢筋混凝土板的钢筋用量

【例 12-13】 试计算图 12-19 所示现浇板的图示钢筋工程量。

【解】 （1）计算钢筋长度，现浇板混凝土强度等级 C20，保护层厚度 $c=20\text{mm}$。

1）沿长方向钢筋（$\phi 8@200$）：

①单根钢筋长 $l_1=1.3+1.76-0.02\times 2+12.5\times 0.008=3.12\text{m}$

②根数 $N_1=(2.5-0.24-0.1)/0.2+1=12$ 根

③钢筋长 $L_1=3.16\times 12=37.44\text{m}$

2）沿短方向钢筋（$\phi 8@200$）

$$l_2=2.5+0.12-0.02+12.5\times 0.008=2.7\text{m}$$
$$N_2=(1.3+1.76-3\times 0.12-0.1\times 2)/0.2+2=15 \text{ 根}$$
$$L_2=2.7\times 15=40.5\text{m}$$

3）负弯矩筋（$\phi 6$）

负弯矩筋长度可按如下算式计算：

负弯矩筋长＝图示平直部分长度＋2（板厚－2c－1.75d）

①左、右两边负筋长：

单根长 $l_3=0.4+0.12-0.02+2\times(0.08-2\times 0.02-1.75\times 0.006)=0.56\text{m}$

根数 $N_3=[(2.5-0.24-0.1)/0.2+1]\times 2=24$ 根

总长 $L_3=0.56\times 24=13.44\text{m}$

②上、下边（沿外墙）负筋长：

单根长 $l_4=0.4+0.24-0.02+2\times(0.08-2\times 0.02-1.75\times 0.006)=0.68\text{m}$

根数 $N_4=(1.3+1.76-3\times 0.12-0.1\times 2)/0.2+2=15$ 根

总长 $L_4=0.68\times 15\times 2=20.4\text{m}$

③中间小肋梁（$2'$-$2'$断面上）负筋长：

单根长 $l_5=0.4\times 2+0.12+2(0.08-2\times 0.02-1.75\times 0.006)=0.98\text{m}$

根数 $N_5=(2.5-0.24-0.1)/0.2+1=12$ 根

总长 $L_5=0.98\times 12=11.76\text{m}$

④按需要，对负弯矩筋增设分布筋，间距 400mm，$\phi 6@400$，总长度为：

$$L_6=(2.5-0.24)\times 7+(1.3+1.76-0.24)\times 4=27.1\text{m}$$

（2）钢筋消耗量

现浇板各种规格钢筋的长度及其质量汇总在表 12-17 中。

表 12-17　例 12-13 现浇板钢筋用量表

规格	$\phi 6$	$\phi 8$
钢筋代号	L_3、L_4、L_5、L_6	L_1、L_2
长度（m）	$13.44+20.4+11.76+27.1=72.7$	$37.44+40.5=77.94$
质量（kg）	$72.7\times 0.222=16.14$	$77.94\times 0.395=30.79$

6. 计算后张法预应力钢筋长度

【例 12-14】 图 12-36 是两端用螺丝端杆锚具的预应力构件示意图，图中 l 为构件预留孔道长度，该装置适用于低合金粗钢筋两端张拉。

【解】 按钢筋工程量计算规则：低合金钢筋两端均采用螺杆锚具时，钢筋长度按孔道长度减 0.35m 计算，螺杆另行计算。

则预应力钢筋的长度为（$l-0.35$m）。

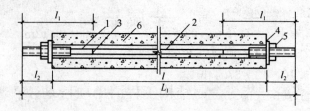

图 12-36　两端用螺丝端杆锚具的预应力构件
1—螺丝端杆；2—预应力钢筋；3—对焊接头；
4—垫板；5—螺母；6—混凝土构件

176

第十三章　金属结构工程

第一节　金属结构工程清单项目划分

这一分部共 7 节 31 个项目。包括钢网架，钢屋架、钢托架、钢桁架、钢架桥，钢柱，钢梁，钢板楼板、墙板，钢构件及金属制品 7 节。适用于建筑物、构筑物的钢结构工程。如表 13-1 所示。

表 13-1　金属结构工程清单项目内容

节号	清单项目及编码	项目名称
F.1	钢网架（010601）	001 钢网架
F.2	钢屋架、钢托架、钢桁架、钢架桥（010602）	001 钢屋架，002 钢托架，003 钢桁架，004 钢架桥
F.3	钢柱（010603）	001 实腹柱，002 空腹柱，003 钢管柱
F.4	钢梁（010604）	001 钢梁，002 钢吊车梁
F.5	钢板楼板、墙板（010605）	001 钢板楼板，002 钢板墙板
F.6	钢构件（010606）	001 钢支撑、钢拉条，002 钢檩条，003 钢天窗架，004 钢挡风架，005 钢墙架，006 钢平台，007 钢走道，008 钢梯，009 钢护栏，010 钢漏斗，011 钢板天沟，012 钢支架，013 零星钢构件
F.7	金属制品（010607）	001 成品空调金属百叶护栏，002 成品栅栏，003 成品雨篷，004 金属网栏，005 砌墙钢丝网加固，006 后浇带金属网

第二节　金属结构工程清单项目有关说明

一、钢网架

钢网架项目适用于一般钢网架和不锈钢网架。不论节点形式（球形节点、板式节点等）和节点连接方式（焊结、丝结）等均使用该项目。

二、钢屋架

钢屋架项目适用于一般钢屋架、轻钢屋架和薄壁型钢屋架。

1. 一般钢屋架，是采用等于或大于 L45×4 和 L56×36×4 的角钢或其他型钢焊接而成，杆件节点处采用钢板连接，双角钢中间夹以垫板焊成杆件，如图 13-1 和图 13-2 所示。

2. 轻型钢屋架，是采用小圆钢（φ≥12mm）、小角钢（小于 L45×4 的等肢角钢或小于 L56×36×4 的不等肢角钢）和薄钢板（其厚度一般不大于 4mm）等材料组成的轻型钢屋架。轻型钢屋架一般用于跨度较小（≤18m），起质量不大于 5t 的轻、中级工作制吊车和屋面荷载较轻的屋面结构中。

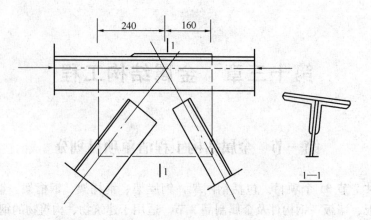

图 13-1　钢屋架节点连接钢板

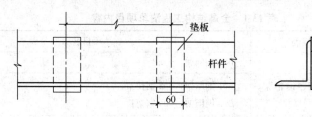

图 13-2　双角钢杆件构造

3. 薄壁型钢屋架，是指厚度在 2～6mm 的钢板或带钢经冷弯或冷拔等方式弯曲而成的型钢组成的屋架。它的主要特点是质量特轻，常用于做轻型屋面的支承构件。

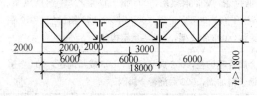

图 13-3　支承于钢柱上的托架

三、钢托架

某些工业厂房中，由于使用和交通上的需求，要抽去其中的一根（或几根）柱子，将两个开间合拼成一个开间，称扩大开间。此时就需要在扩大开间的两根柱上架设一根跨度等于柱距的梁来承托中间的屋架，此种梁就称为托架梁（即承托屋架的梁）。当这种梁由多种钢材组成桁架结构形式时称托架（图 13-3）。当采用一种或两种型钢组成实腹式结构时就称为托梁，只有高度受到限制或有其他特殊要求时才采用托梁。

四、钢桁架

钢桁架是用钢材制造的桁架，可分为普通、重型和轻型钢桁架。普通钢桁架一般采用单腹式杆件，通常是两个角钢组成的 T 形截面，有时也用十形、槽形或管形等截面，在节点处用一块节点板连接（图 13-1），构造简单，应用最广。重型钢桁架的杆件受力较大，采用由钢板或型钢组成的 H 形或箱形截面，节点处用两块平行的节点板连接，它常用于跨度和荷载较大的钢桁架，如桥梁和大跨度屋架等。轻型钢桁架采用小角钢及圆钢，或采用冷弯薄壁型钢，节点处可用节点板连接，也可将杆件直接相连，它主要用于跨度较小、屋面较轻的屋盖结构。

钢桁架在钢结构中应用很广，例如，在工业与民用建筑的屋盖（屋架等）和吊车梁（即吊车桁架）、桥梁、起重机（其塔架、梁或臂杆等）、水工闸门、海洋采油平台，常用钢桁架作为主要承重构件。

五、钢柱

钢柱一般由钢板焊接而成，也可由型钢单独制作或组合成格构式钢柱。"13计算规范"分实腹柱、空腹柱、钢管柱3个项目。

1. 实腹钢柱项目适用于实腹钢柱和实腹式型钢混凝土柱。实腹柱指截面为一个整体，常用工字形截面，或是用钢板围焊成的矩形，中间为空心状，如图13-4所示。实腹钢柱类型可分为十、T、L、H形等。型钢混凝土柱是指由混凝土包裹型钢组成的柱。

2. 空腹钢柱项目适用于空腹钢柱和空腹型钢混凝土柱。空腹柱常称为格构柱，是指柱由两肢或多肢组成，各肢间用缀条或缀板连接，如图13-5所示。空腹钢柱的类型有箱形、格构形等。

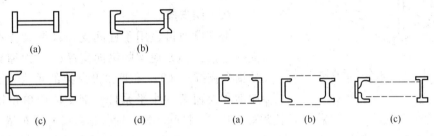

图 13-4　实腹式钢柱截面形式　　　图 13-5　格构式钢柱截面形式

3. 钢管柱项目适用于钢管柱和钢管混凝土柱。钢管混凝土柱，是指将普通混凝土填入薄壁圆形钢管内形成的组合结构。

六、钢梁

钢梁的种类较多，有普通钢梁、吊车梁、单轨钢吊车梁、制动梁等。截面以工字形居多，或用钢板焊接，也可采用桁架式钢梁、箱形或贯通形梁等。

1. 钢梁项目适用于钢梁和实腹式型钢混凝土梁、空腹式型钢混凝土梁。型钢混凝土梁，是指由混凝土包裹型钢组成的梁。

2. 钢吊车梁项目适用于钢吊车梁及吊车梁的制动梁、制动板、制动桁架。

制动梁：是防止吊车梁产生侧向弯曲，用以提高吊车梁的侧向刚度，并与吊车梁连结在一起的一种构件。吊车梁的跨度在12m以上或吊车为重级工作制时，均设置制动梁。当跨度较小且吊车梁荷载不大时，做成板式，称为制动板，如图13-6（a）所示；当跨度较大时，

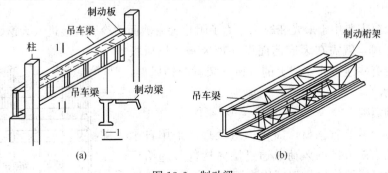

图 13-6　制动梁
（a）制动板；（b）制动桁架

将其做成桁架式，称制动桁架，如图 13-6（b）所示。

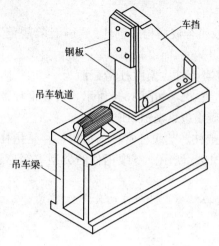

图 13-7　钢车挡示意图

3. 钢车挡，吊车的车挡是为了阻止吊车越出轨道破坏厂房而设置的一种阻挡装置。一般设置在厂房尽端的吊车梁或吊车桁架端头处。车挡一般采用焊接"工"字形截面，如图 13-7 所示。

七、钢板楼板

钢板楼板项目适用于现浇混凝土楼板，使用压型钢板时，压型钢板作永久性模板，并与混凝土叠合后组成共同受力的构件。压型钢板采用镀锌或经防腐处理的薄钢板。

八、钢支撑

钢支撑项目适用于柱间支撑及屋架支撑。屋架支撑包括：（1）屋架的纵向支撑；（2）屋架和天窗架横向支撑；（3）屋架和天窗架的垂直支撑；（4）屋架和天窗架的水平系杆。钢支撑用单角钢或两个角钢组成十字形截面，一般采用十字交叉的形式。柱间支撑一般包括：（1）吊车梁（或吊车桁架）以上至屋架下弦间设置的上段柱支撑；（2）吊车梁（或吊车桁架）以下至柱脚处设置的下段柱支撑和下段柱系杆。柱间支撑的形式有十字交叉形支撑，八字形支撑，人字形支撑和门架形支撑。

九、钢檩条

钢檩条是支承于屋架或天窗上的钢构件，通常分为实腹式和桁架式两种。实腹式檩条的截面形式有：当檩条跨度>12m 时，宜用 H 型钢或由三块钢板焊接的工字型钢；当跨度等于 6m 时，常采用槽钢、工字钢，或用双角钢组成槽形或 Z 形截面；当跨度≤4m 时，可采用单角钢。桁架式檩条常为轻钢桁架式，一般采用小角钢、小圆钢组成，分平面桁架式檩条和空间桁架式檩条。

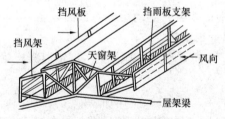

图 13-8　钢挡风架示意图

十、钢挡风架

钢挡风架项目适用于钢挡风架、钢防风桁架等。

厂房的天窗主要用于采光和通风，为了阻止天窗侧面的冷风直接进入天窗内，以保证车间的散热、通风，就需在天窗前面设立挡风板，挡风板是安装在与天窗柱连接的支架上的，该支架就叫挡风架，如图 13-8 所示。

十一、钢墙架

有些厂房为了节省钢材，简化构造处理，采用自承重墙体，而把水平方向的风荷载通过墙体构件传递给厂房骨架，这种组成墙体的骨架即称为墙架，如图 13-9 所示。钢墙架项目包括墙架柱、墙架梁及连接杆件。

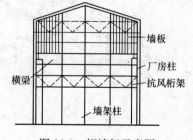

图 13-9　钢墙架示意图

十二、钢平台

钢平台一般以型钢作骨架，上铺钢板，做成板式平台。

十三、钢梯

工业建筑中的钢梯有平台钢梯、吊车钢梯、消防钢梯和屋面检修钢梯等。按构造形式分有踏步式、爬式和螺旋式钢梯，爬式钢梯的踏步多为独根圆钢或角钢做成。钢梯的一般构造组成包括：

(1) 钢梯边梁，用扁钢或角钢制作；

(2) 踏步，可用扁钢、钢板或圆钢制作；

(3) 拉杆，一般用圆钢（$\phi20$）或角钢制作；

(4) 休息平台，可用角钢作边梁，用钢板作平台板。

另外，钢栏杆适用于工业厂房平台钢栏杆；加工铁件等小型构件，应按"13 计算规范"表 F.6 中"零星钢构件"项目编码列项。

第三节　金属结构工程量计算与示例

一、钢网架、钢屋架、钢托架、钢桁架、钢架桥的工程量计算

按清单项目 F.1、F.2 钢网架、钢屋架、钢托架、钢桁架、钢架桥的工程量计算规则，归纳见表 13-2。

表 13-2　钢网架、钢屋架、钢托架、钢桁架、钢架桥工程量计算规则

序号	项目编码	项目名称	工程量计算规则			
			以 t 计量	以榀计量	不扣除	不增加
1	010601001	钢网架	按设计图示尺寸以质量计算	按设计图示数量计算	不扣除孔眼的质量	焊条、铆钉、螺栓等不另增加质量
2	010602001	钢屋架				
3	010602002	钢托架				
4	010602003	钢桁架				
5	010602004	钢架桥				

二、钢柱、钢梁工程量计算

钢柱、钢梁工程量计算规则见表 13-3，当型钢混凝土柱、梁浇筑钢筋混凝土，其混凝土和钢筋应按"13 计算规范"附录 E "混凝土及钢筋混凝土工程"中相关项目编码列项计算。

表 13-3　钢柱、钢梁工程量计算规则

序号	项目编码	项目名称	工程量计算规则			
			以 t 计量	并入质量	不扣除	不增加
1	010603001	实腹钢柱	按设计图示尺寸以质量计算	依附在钢柱上的牛腿及悬臂梁等	不扣除孔眼质量	焊条、铆钉、螺栓等不另增加质量
2	010603002	空腹钢柱				
3	010603003	钢管柱		钢管柱上的节点板、加强环、内衬管、牛腿等		
4	010604001	钢梁		制动梁、制动板、制动桁架、车挡		
5	010604002	钢吊车梁				

三、钢板楼板、墙板工程量计算

1. 钢板楼板工程量计算规则

按设计图示尺寸以铺设水平投影面积（m²）计算。应注意：不扣除单个面积≤0.3m²的柱、垛及孔洞所占面积。

注：（1）钢板楼板上钢筋混凝土，其混凝土和钢筋应按"13计算规范"附录E"混凝土及钢筋混凝土工程"中相关项目编码列项计算。

（2）压型钢楼板按"钢板楼板"项目编码列项计算。

2. 钢板墙板工程量计算

按设计图示尺寸以铺挂面积（m²）计算。应注意：不扣除单个面积≤0.3m²的梁、孔洞所占面积，包角、包边、窗台泛水等不另增加面积。

四、钢构件工程量计算

"13计算规范"中钢构件共列13个项目，其工程量计算分别如下：

1. 钢支撑、钢拉条，钢檩条，钢天窗架，钢挡风架，钢墙架，钢平台，钢走道，钢梯，钢护栏工程量计算规则

按设计图示尺寸以质量计算，不扣除孔眼的质量，焊条、铆钉、螺栓等不另增加质量。

注：（1）钢支撑、钢拉条类型指单式、复式；钢檩条类型指型钢式、格构式。

（2）钢墙架项目包括墙架柱、墙架梁和连接杆件。

2. 钢漏斗，钢板天沟工程量计算规则

按设计图示尺寸以质量计算，不扣除孔眼的质量，焊条、铆钉、螺栓等不另增加质量，依附漏斗或天沟的型钢并入漏斗或天沟工程量内。

钢漏斗形式指方形、圆形；天沟形式指矩形沟或半圆形沟。

3. 钢支架，零星钢构件工程量计算规则

按设计图示尺寸以质量计算，不扣除孔眼的质量，焊条、铆钉、螺栓等不另增加质量。

加工铁件等小型构件，按"13计算规范"表F.6中"零星钢构件"项目编码列项计算。

五、金属制品工程量计算

金属制品工程量计算规则如表13-4所示。

表 13-4 金属制品工程量计算规则

序号	项目编码	项目名称	工程量计算规则	
			以 m² 计量	以 m 计量
1	010607001	成品空调金属百叶护栏	按设计图示尺寸以框外围展开面积计算	
2	010607002	成品栅栏		
3	010607003	成品雨篷	按设计图示尺寸以展开面积计算	按设计图示接触边以 m 计算
4	010607004	金属网栏	按设计图示尺寸以框外围展开面积计算	
5	010607005	砌块墙钢丝网加固	按设计图示尺寸以面积计算	
6	010607006	后浇带金属网		

六、金属结构件工程量计算

1. 金属结构件工程量计算公式

根据上述金属结构制作工程量计算规则可用以下公式计算工程量：

金属结构件工程量＝（该构件各种型钢总质量）＋［该构件各种钢板（圆钢）总质量］

$$(13-1)$$

其中：　　　　某种型钢杆件的质量＝该种型钢单位质量×型钢图示延长米长度　　　$(13-2)$

某种钢板质量＝该种钢板的单位质量×钢板图示计算面积　　　$(13-3)$

某种圆钢质量＝该种圆钢单位质量×圆钢延长米长度　　　$(13-4)$

这里，型钢、钢板、圆钢、方钢均应分钢材品种、规格计算其长度或面积，即：

型钢：分角钢、工字钢、槽钢等，按设计尺寸求出延长米(m)。

钢板：分不同厚度，按计算规则计算其面积(m^2)。

扁钢：分不同厚度和宽度，计算出延长米。

方(圆)钢：分不同直径或边长，分钢材材质种类分别计算出延长米(m)。

型钢、钢板、方(圆)钢的单位质量查《常用钢材质量表》即可得。

2. 钢结构各种型钢杆件长度计算

计算式（13-2）及式（13-4）中的延长米长度应根据钢结构构件各组成杆件在空间所处位置情况进行计算。钢结构件常为空间构架，依据各杆件在空间的相对位置状况可分为三种情况：

（1）**直杆**：是指沿长、宽、高任一方向布置的水平杆件或垂直杆件，它们包括梁、柱的主体杆件，屋架的下弦杆件等。

若设杆件的长度为 l，杆件两端点的空间坐标值为 x、y、z；则直杆件的长度等于图示 x、y、z 中任一方向的净尺寸，即：

$$l=x, \text{或} l=y, \text{或} l=z。 \tag{13-5}$$

（2）**平面斜杆**：是指沿 x、y、z 轴三个方向中任意两个坐标轴所组成的平面上的倾斜杆件，包括屋架、平面刚架、钢楼梯中的各类斜杆。平面斜杆长度等于 x、y、z 中任意两个方向所决定的净长度，计算公式为：

$$l=\sqrt{x^2+y^2} \text{ 或 } l=\sqrt{y^2+z^2} \text{ 或 } l=\sqrt{x^2+z^2} \tag{13-6}$$

（3）**空间斜杆**：是指在空间 x、y、z 三个方向中任意倾斜的杆件，包括空间桁架、屋架上弦、水平支撑等空间任意位置的斜杆。空间斜杆的长度计算公式为：

$$l=\sqrt{(x_1-x_0)^2+(y_1-y_0)^2+(z_1-z_0)^2} \tag{13-7}$$

应当注意的是，在计算各类金属杆件长度时，应求得杆件的图示净长度，而不能用轴线长度代替计算长度，为此应根据杆件在各节点的构造情况，对轴线长度进行调整，使其转换成计算长度，然后再按式（13-1）至式（13-4）计算钢材质量。

3. 不规则或多边形钢板的计算

在金属结构工程量计量上，应按设计图示实际面积乘以厚度以单位理论质量计算，即实际面积×厚度×单位理论质量。

七、金属结构件工程量计算示例

【**例 13-1**】　计算图 13-10 所示钢杆长度。

【**解**】　（1）图 13-10（a）为平面斜杆，长度计算为：

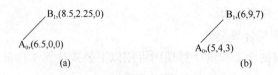

图 13-10 空间杆件长度计算示意图

$$l = \sqrt{(x_1 - x_0)^2 + (y_1 - y_0)^2} = \sqrt{(8.5 - 6.5)^2 + (2.25 - 0)^2} = 3.01 \text{m}$$

（2）图 13-10（b）所示杆件为空间任意斜杆，其长度为：

$$l = \sqrt{(6-5)^2 + (9-4)^2 + (7-3)^2} = 6.481 \text{m}$$

【例 13-2】 试计算图 13-11 所示踏步式钢梯工程量和人工、钢材用量。

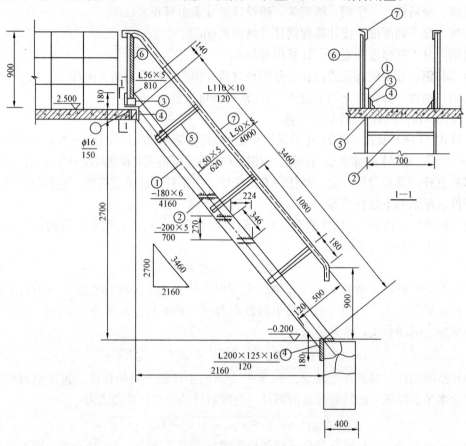

图 13-11 踏步式钢梯

【解】（1）钢梯制作工程量

按图示尺寸计算出长度，再按钢材单位长度重量计算钢梯钢材质量，以吨（t）为单位计算。工程量计算如下：

①钢梯边梁，扁钢－180×6，长度 l＝4.16m（2块）；由钢材质量表得单位长度质量为 8.48kg/m

$$8.48 \times 4.16 \times 2 = 70.554 \text{kg}$$

②钢踏步，－200×5，l＝0.7m，9块，7.85kg/m

$$7.85 \times 0.7 \times 9 = 49.455\text{kg}$$

③L110×10，$l=0.12$m，2 根，16.69kg/m

$$16.69 \times 0.12 \times 2 = 4.006\text{kg}$$

④L200×125×16，$l=0.12$，4 根，39.045kg/m

$$39.045 \times 0.12 \times 4 = 18.742\text{kg}$$

⑤L50×5，$l=0.62$m，6 根，3.771kg/m

$$3.77 \times 0.62 \times 6 = 14.024\text{kg}$$

⑥L56×5，$l=0.81$m，2 根，4.251kg/m

$$4.251 \times 0.81 \times 2 = 6.887\text{kg}$$

⑦L50×5，$l=4.0$m，2 根，3.77kg/m

$$3.77 \times 4 \times 2 = 30.16\text{kg}$$

钢材总重量 $70.554 + 49.455 + 4.006 + 18.742 + 14.024 + 6.887 + 30.16 = 193.828\text{kg} = 0.194\text{t}$

（2）人工及钢材用量

若企业附属加工厂接到如图 13-11 所示钢梯 100 只的订单，总工程量为 19.4t，则按××省计价表"人工及主材用量"如表 13-5 所列。

表 13-5　图 13-12 示钢梯 100 只的人工、主材用量

名　称	人工	－180×6	－200×5	L110×10	L200×125×16	L56×5	L50×5
单位	工日			t	t	t	t
计算式	24.3×19.4	7.06×1.05	4.95×1.05	4.01×1.05	1.87×1.05	0.69×1.05	4.42×1.05
数量	471.42	7.41	5.20	4.21	1.96	0.72	4.64

【例 13-3】 图 13-12 所示为钢柱结构图，计算 20 根钢柱的工程量及工程量清单。

【解】 （1）钢柱制作工程量按图示尺寸以吨为单位计算。

① 该柱主体钢材采用［32b，单位长度质量 43.25kg/m，柱高：$0.14 + (1+0.1) \times 3 = 3.44$m，2 根，则槽钢重

$$43.25 \times 3.44 \times 2 = 297.56\text{kg}$$

②水平杆角钢 L100×8，单位长度质量 12.276kg/m

角钢长 $(0.32 - 0.015 \times 2) = 0.29$m，6 块

$$12.276 \times 0.29 \times 6 = 21.36\text{kg}$$

③斜杆角钢 L100×8，6 块

角钢长 $\sqrt{(1-0.01)^2 + (0.32 - 0.015 \times 2)^2} = 1.032$m

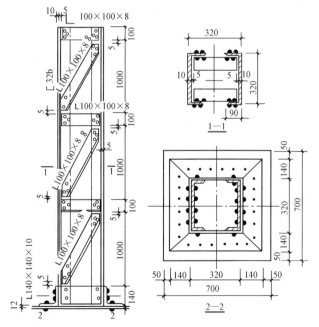

图 13-12　钢柱结构图

$$12.276 \times 1.032 \times 6 = 76.013 \text{kg}$$

④底座角钢 L140×10，单位长度质量 21.488kg/m

$$21.488 \times (0.32 + 0.14 \times 2) \times 4 = 51.57 \text{kg}$$

⑤底座钢板−12，单位面积质量 94.20kg/m²

$$94.20 \times 0.7 \times 0.7 = 46.158 \text{kg}$$

一根钢柱的工程量：297.56＋21.36＋76.013＋51.57＋46.158＝492.66kg

20 根钢柱的总工程量：492.66×20＝9853.2kg＝9.85t

（2）钢柱工程量清单见表 13-6。

表 13-6　钢柱分项工程和单价措施项目清单与计价表

序号	项目编码	项目名称	项目特征描述	计量单位	工程量	金额（元）	
						综合单价	合价
1	010603002001	空腹钢柱	1. 柱类型：简易箱形 2. 钢材品种、规格：槽钢、角钢、钢板，规格详图 3. 单根柱质量：0.49t 4. 螺栓种类：普通螺栓 5. 探伤要求：超声波探伤 6. 防火要求：耐火极限为二级	t	9.85		

【例 13-4】　某厂房三角形钢屋架及连接钢板如图 13-13 所示，试计算 10 榀屋架的工程量和人工及材料用量。

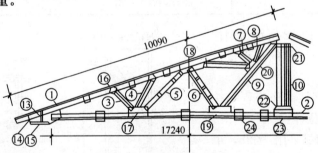

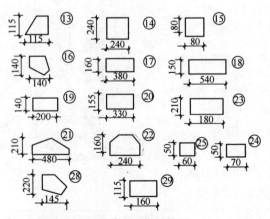

图 13-13　三角形钢屋架结构图

186

【解】（1）屋架工程量按式（13-2）分别计算型钢和连接钢板重量，再相加即得，各钢杆件和钢板计算结果列于表 13-7 中，屋架工程量为：

511.16（角钢）＋92.06（钢板）＝603.22kg＝0.603t

10 榀屋架的工程量 $0.603×10＝6.03t$

（2）按××省建筑与装饰工程计价表（2004 年）计算得人工及材料用量如表 13-8 所列。

表 13-7　例 13-4 三角形钢屋架工程计算表

构件编号	截面（mm）	长度（mm）	每个构件重量（kg）	数量	重量（kg）
1	L70×6	10090	6.406×10.09＝64.04	4	258.56
2	L56×4	17240	3.446×17.24＝59.41	2	118.82
3	L36×4	810	2.163×0.81＝1.75	2	3.50
4	L36×4	920	2.163×0.92＝1.99	2	3.98
5	L30×4	2090	1.786×2.09＝3.73	8	29.84
6	L30×4	1420	1.786×1.42＝2.54	4	10.16
7	L36×4	950	2.163×0.93＝2.05	2	4.10
8	L36×4	870	2.163×0.87＝1.88	2	3.76
9	L30×4	4600	1.786×4.6＝8.22	4	32.88
10	L36×4	2810	2.163×2.81＝6.08	2	12.16
11	L90×56×6	300	6.717×0.3＝2.02	2	4.04
12	−185×8	520	62.8×0.185×0.52＝6.04	2	12.08
13	−115×8	155	62.8×0.115×0.115＝0.83	4	3.32
14	−240×12	240	94.2×0.24×0.24＝5.43	2	10.86
15	−80×14	80	109.9×0.08×0.08＝0.7	4	2.80
16	−140×6	140	47.1×0.14×0.14＝0.92	8	7.36
17	−150×6	380	47.1×0.15×0.38＝2.68	2	5.36
18	−125×6	540	47.1×0.125×0.54＝3.18	2	6.36
19	−140×6	200	47.1×0.14×0.2＝1.32	2	2.64
20	−155×6	330	47.1×0.155×0.33＝2.41	2	4.82
21	−210×6	480	47.1×0.21×0.48＝4.75	1	4.75
22	−160×6	240	47.1×0.16×0.24＝1.81	1	1.81
23	−200×6	75	47.1×0.20×0.32＝3.01	1	3.01
24	−50×6	75	47.1×0.05×0.075＝0.18	22	3.96
25	−50×6	60	47.1×0.05×0.06＝0.14	29	4.06
26	L110×70×6	120	8.35×0.12＝1.00	28	28.00
27	L75×50×6	60	5.699×0.06＝0.34	4	1.36
28	−145×6	220	47.1×0.145×0.22＝1.50	12	18.00
29	−115×6	160	47.1×0.115×0.16＝0.87	1	0.87
合计					603.22

表 13-8 钢屋架制作（1.5t）人工及材料用量表

定额编号			6-6			
定额项目			钢屋架制作＜1.5t			
单位			t			
材料类别	材料编号	材料名称	数量	工程量	消耗量	单位
人工	GR2	二类工	18.03		108.72	工日
材料	603045	油漆溶剂油	1.50		9.05	kg
	601036	防锈漆（铁红）	5.80		34.97	kg
	613253	乙炔气	2.68		16.16	m³
	613249	氧气	6.16	6.03	37.14	m³
	509006	电焊条 结422	42.29		255.01	kg
	511076	带帽螺栓	1.74		10.49	kg
	501114	型钢	1.05		6.33	t

第十四章　木结构工程

第一节　木结构工程清单项目划分

一、木结构项目划分

木结构工程共有 3 节 8 个项目，具体见表 14-1：

表 14-1　木结构工程清单项目

序号	清单项目及编码	项目名称
G.1	木屋架（010701）	001 木屋架，002 钢木屋架
G.2	木构件（010702）	001 木柱，002 木梁，003 木檩，004 木楼梯，005 其他木构件
G.3	屋面木基层（010703）	001 屋面木基层

二、木结构工程清单项目设置及相关说明

1. 木屋架

木屋架项目适用于各种方木、圆木屋架。木屋架是木结构屋顶的承重构件，承受屋面、屋面木基层及屋架自身的全部荷载，并将其传递到墙或柱上。常用的木屋架有方（圆）木屋架，屋架的形式有三角形和梯形等。

木屋架的典型结构形式为三角形（简称普通人字屋架），它由上弦（人字木）、下弦、斜杆和竖杆（统称腹杆）组成（图 14-1）。全部杆件可用圆木（或方木）制作。斜腹杆受压力，直腹杆受拉力，故直腹杆常用圆钢。各杆件轴线的交汇点称节点，如端节点、脊节点等。木屋架的跨度一般在 6m、9m、12m。

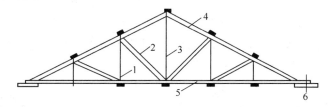

图 14-1　普通人字木屋架

1—拉杆；2—斜杆；3—中拉杆；4—上弦杆；5—下弦杆；6—挑檐木

2. 钢木屋架

钢木屋架也称钢木组合屋架，是以钢代木构成的屋架，屋架的上弦和受压杆（斜杆）采用木料制作，下弦和受拉（竖）杆均采用圆钢制作。钢木屋架与普通人字屋架的主要区别是下弦所用材料不同（钢木屋架的下弦用钢材，人字屋架的下弦用木材，如图 14-1 所示）。钢木屋架适用于大跨度（可达 25m），各种方木、圆木的组合屋架。

屋架的跨度应以上、下弦中心线两交点之间的距离计算。屋架高度应按脊节点至下弦中

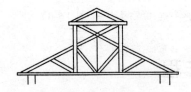

图 14-2 带气楼木屋架

央节点间的距离计算。

3. 带气楼的屋架（图 14-2），其气楼部分按相关屋架项目编码列项。

4. 马尾屋架（图 14-3）

马尾屋架是指四面坡水的坡屋架，其屋架的马尾、折角以及正交部分（图 14-4）的半屋架，应按相关屋架项目编码列项。

马尾：是指四坡水屋顶建筑物的两端屋面的端头坡面部位。（图 14-4）

折角：是指构成 L 形的坡屋顶建筑横向和竖向相交的部位。

正交部分：是指构成 T 字形的坡屋顶建筑横向和竖向相交的部位。

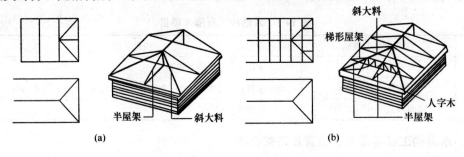

图 14-3 马尾屋架

5. 木柱、木梁

木柱、木梁项目适用于建筑物各部位的柱、梁，有方、圆木柱和方、圆木梁。

6. 木楼梯的栏杆（栏板）、扶手

应按"13 计算规范"附录 Q 中相关项目编码列项。

7. 其他木构件

其他木构件项目适用于斜撑，传统民居的垂花、花芽子、封檐板、博风板等构件。其中：

封檐板是坡屋顶侧墙檐口排水部位的一种构造做法，它是在椽子顶头装订断面约为 20mm×200mm 的木板，如图 14-5 所示，封檐板既用于防雨，又可使屋檐整齐、美观。

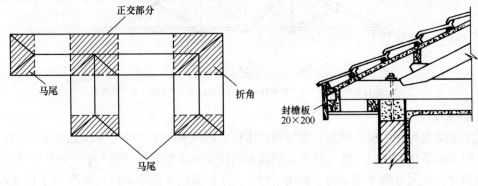

图 14-4 马尾、折角、正交部分示意图　　　图 14-5 封檐板

博风板又称拨风板、顺风板，是山墙的封檐板。它是悬山或歇山屋顶两山沿屋顶斜坡钉

在挑出山墙的檩（桁）条端部的板。博风板两端的刀形头称大刀头或勾头板（图 14-6）。

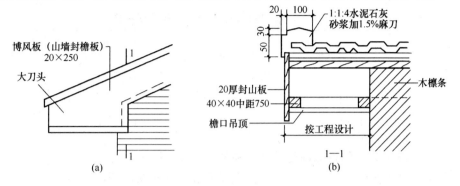

图 14-6　博风板

三、建筑用木材种类及质量标准

1. 木材木种分类

根据木材加工的难易程度，建筑用木材分为四类，如表 14-2 所示。

表 14-2　木材木种分类表

类别	树　种　名　称
一类	红松、水桐木、樟子松
二类	白松（方杉、冷杉）、杉木、杨木、柳木、椴木
三类	青松、黄花松、秋子松、马尾松、东北榆木、柏木、苦楝木、梓木、黄波萝、椿木、楠木、柚木、樟木
四类	栎木（柞木）、檀木、色木、槐木、荔木、麻栗木（麻栎、青刚）、桦木、荷木、水曲柳、东北榆木

2. 木材的品种、规格及质量标准

建筑用木材包括原条、原木、板材和方材，现分述如下：

（1）原条。指只经修枝、剥皮、去根、去树梢，但尚未加工成规定尺寸的木料。包括杉原条和脚手杆等。

（2）原木。指已经去皮、根、树梢，并已按一定规格截成的圆形木段，称为原木。原木可直接用作屋架、檩条和木桩等。

（3）板材和方材。板材和方材均指经加工的成材。凡宽度为厚度的 3 倍或 3 倍以上的制成材称为板材，按厚度不同分为薄板。中板、厚板和特厚板四种。方材为宽度不足 3 倍厚度的制材，依断面大小分为小方、中方、大方和特大方。

（4）板材、方材分类标准如表 14-3 所示。

表 14-3　板材、方材分类表

材　种	板材	方材
区分	按比例分： $b : a \geqslant 3$ 按厚度分（mm）： 薄板 $a \leqslant 18$ 中板 $a = 19 \sim 35$ 厚板 $a = 36 \sim 65$ 特厚板 $a \geqslant 66$	按比例分： $b : a < 3$ 按乘积分（cm^2）： 小方 < 54 中方 $55 \sim 100$ 大方 $= 101 \sim 225$ 特大方 > 226
长度（m）	针叶树：$1 \sim 8$	阔叶树：$1 \sim 6$

（5）板材、方材的材质等级划分标准，见表14-4。

表14-4　板材、方材的材质标准和等级规定表

项序	板材、方材缺陷	板材、方材缺陷允许程度			
		一级材	二级材	三级材	四级材
1	腐朽	不允许	不允许	不允许	不允许
2	蛀孔	不允许	不允许	仅表面允许	仅表面允许
3	木节：①在任一面的一米长度内，木节尺寸总和不大于该面宽的	3/4	1	$1\frac{1}{2}$	不限
	②在任一面上20cm长度内，木节尺寸总和不大于该面宽的	1/4	2/5	2/5	3/4
	③每个木节最大尺寸：				
	a. 当位于材边缘时，不大于该面宽的	1/4	1/3	1/3	1/2
	b. 当位于材面中间1/2宽内时，不大于该面宽的	1/4	2/5	1/2	1/2
	c. 在结合处木节不得位于材边缘，且尺寸不大于该面宽的	1/6	1/4	1/3	1/2
4	腐朽节和松软节除应符合第3项要求外，还需达到				
	①每个腐朽节或松软节的最大尺寸	不允许	2cm	3cm	5cm
	②在任一面上一米长度内，此类木节数目不得多于	不允许	1个	2个	3个
5	岔节	不允许	不允许	不允许	允许
6	斜纹：每米平均斜度不大于	7cm	10cm	10cm	15cm
7	裂纹：①裂纹深度（有对面纹时，采两者和）不大于木材厚度的	1/4	1/3	1/2	不限
	②裂纹长度（方材指每条缝的长度，板材指每面缝长之和）不大于材长的	1/3	1/3	1/2	不限
7	③结合处受剪面附近	不允许	不允许	不允许	不允许
8	髓心：指厚度≤6cm构件	不允许	不允许	不限	不限

第二节　木结构工程量计算及示例

一、以 m³、m 及榀计量的清单项目工程量计算

计算规则列于表14-5。

表14-5　木结构工程量计算规则

项目编码	项目名称	工程量计算规则		
		m³	m	榀
010701001	木屋架	按设计图示的规格尺寸以体积计算		按设计图示数量计算
010701002	钢木屋架			

项目编码	项目名称	工程量计算规则		
		m³	m	榀
010702001	木柱	按设计图示尺寸以体积计算		
010702002	木梁			
010702003	木檩		按设计图示尺寸以长度计算	
010702005	其他木构件			

其他木构件中，封檐板、博风板工程量按延长米（m）计算。计算式可表示为：

（1）封檐板长度（m）＝2×（房屋一边檐口长度） (14-1)

（2）博风板长度（m）＝（房屋山墙一端檐口水平总长度）×延尺系数×山墙端数＋0.5×大刀头数 (14-2)

博风板长度表示式中，当博风板带大刀头时，每个大刀头增加长度50cm；延尺系数请参见第十六章表16-2。

二、木楼梯、木基层工程量计算

1. 木楼梯工程量计算

木楼梯工程量计算规则为：

按设计图示尺寸以水平投影面积计算。不扣除宽度≤300mm的楼梯井，伸入墙内部分不计算。

具体计算可参照第十二章"现浇混凝土楼梯"中式（12-16）、式（12-17）进行。

2. 屋面木基层工程量计算

屋面木基层工程量计算规则为：

按设计图示尺寸以斜面积计算。不扣除房上烟囱、风帽底座、风道、小气窗、斜沟等所占面积。小气窗的出檐部分不增加面积。

$$斜面积\ S = 屋面水平投影面积 \times 延尺系数\ C \qquad (14\text{-}3)$$

【例14-1】 某住宅5幢小楼房，采用圆木木屋架，共10榀，如图14-7所示，屋架跨度为8m，坡度为$\frac{1}{2}$，4节间，试计算该5幢小楼房木屋架工程量，并计算所用木料材积及相应铁件，然后编制该木屋架项目工程量清单。

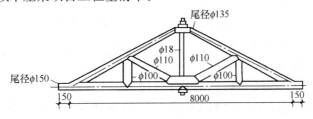

图14-7 木屋架

【解】 ①首先，按工程量清单计算规则，5幢小楼房木屋架工程量可表示为10榀。②其次，按本题要求，计算5幢小楼房木屋架所用木料材积及相应铁件，③编制该木屋架项目工程量清单。

（1）计算屋架各杆件长度

为了简化屋架中杆件长度的计算，常用系数求解法计算各组成杆件的长度，该方法是将杆件长度以系数列表（表14-6），再按下式计算：

$$屋架杆件长度（m）＝屋架跨度（m）×长度系数 \tag{14-4}$$

1）杆件 1　下弦杆　$8+0.15×2=8.3m$；

2）杆件 2　上弦杆 2 根

$$8×0.559×2=4.47m×2 根；$$

表 14-6　屋架杆件长度系数表

形式												
杆件 \ 坡度	30°	1/2	1/2.5	1/3	30°	1/2	1/2.5	1/3	30°	1/2	1/2.5	1/3
1	1	1	1	1	1	1	1	1	1	1	1	1
2	0.577	0.559	0.539	0.527	0.577	0.559	0.539	0.527	0.577	0.559	0.539	0.527
3	0.289	0.250	0.200	0.167	0.289	0.250	0.200	0.167	0.289	0.250	0.200	0.167
4	0.289	0.280	0.270	0.264		0.236	0.213	0.200	0.250	0.225	0.195	0.177
5	0.144	0.125	0.100	0.083	0.192	0.167	0.133	0.111	0.216	0.188	0.150	0.125
6					0.192	0.186	0.180	0.176	0.181	0.177	0.160	0.150
7					0.095	0.083	0.067	0.056	0.144	0.125	0.100	0.083
8									0.144	0.140	0.135	0.132
9									0.070	0.063	0.050	0.042

3）杆件 4　斜杆 2 根

$$8×0.28×2=2.24m×2 根$$

4）杆件 5　竖杆 2 根

$$8×0.125×2=1m×2 根$$

（2）计算材积

若屋架用杉圆木制作，其材积可按下式计算：

$$V=7.854×10^{-5}×[(0.026L+1)D^2+(0.37L+1)D+10(L-3)]×L \tag{14-5}$$

式中　V——杉原木材积，m^3；

　　　L——杉原木材长，m；

　　　D——杉原木小头直径，cm。

1）杆件 1，下弦材积，以尾径 $\phi15.0cm$，长 8.3m 代入（14-5）式计算 V_1：

$$V_1=7.854×10^{-5}[(0.026×8.3+1)×15^2+(0.37×8.3+1)×15$$
$$+10(8.3-3)]×8.3=0.2527m^3$$

2）杆件 2，上弦杆，以尾径 $\phi13.5cm$ 和 $L=4.47m$ 代入，则杆件 2 材积：

$$V_2=7.854×10^{-5}×4.47[(0.026×4.47+1)×13.5^2+(0.37×4.47+1)$$
$$×13.5+10(4.47-3)]×2=0.1783m^3$$

3）杆件 4，斜杆 2 根，以尾径 $\phi 11.0\text{cm}$ 和 2.24m 代入，则

$$V_4 = 7.854 \times 10^{-5} \times 2.24 \times [(0.026 \times 2.24 + 1) \times 11^2 + (0.37 \times 2.214 + 1)$$
$$\times 11 + 10(2.24 - 3)] \times 2 = 0.0494\text{m}^3$$

4）杆件 5，竖杆 2 根，以尾径 $\phi 10\text{cm}$ 及 $L = 1\text{m}$ 代入，则竖杆材积为

$$V_5 = 7.854 \times 10^{-5} \times 1 \times 1[(0.026 \times 1 + 1) \times 100 + (0.37 \times 1 + 1)$$
$$\times 10 + 10(1 - 3)] \times 2 = 0.0151\text{m}^3$$

5）垫木　$V_6 = 0.3 \times 0.1 \times 0.08 = 0.0024\text{m}^3$

一榀屋架的工程量为上述各杆件材积之和，即

$$V = V_1 + V_2 + V_4 + V_5 + V_6 = 0.2527 + 0.1783 + 0.0494 + 0.0151 + 0.0024 = 0.4979\text{m}^3$$

（3）屋架工程量为

1）竣工木料材积　$0.4979 \times 10 = 4.98\text{m}^3$

2）铁件：依据钢木屋架铁件参考表，本例每榀屋架铁件用量 20kg，则铁件总量为：

$$20 \times 10 = 200\text{kg}$$

（4）圆木屋架工程量清单（表 14-7）

表 14-7　圆木屋架分项工程和单价措施项目清单与计价表

序号	项目编码	项目名称	项目特征描述	计量单位	工程量	金额（元）	
						综合单价	合价
1	010701001001	圆木屋架	1. 跨度：8.00m 2. 材料品种、规格：圆木、规格详图 3. 刨光要求：不刨光 4. 拉杆种类：$\phi 18$ 圆钢 5. 防腐材料种类：铁件刷防锈漆一遍	m³	4.98		

注：屋架的跨度指以上、下弦中心线两交点之间的距离。

第十五章 门窗工程

第一节 门窗工程清单项目划分

门窗工程分部共 10 节 55 个清单项目。包括木门、金属门、金属卷帘门、厂库房大门、特种门、其他门，木窗、金属窗，门窗套、窗帘盒、窗帘轨、窗台板等项目。具体项目及名称如表 15-1 所示。

表 15-1 门窗工程清单项目

序号	分部项目及编码	项 目 名 称
H.1	木门 (010801)	001 木质门，002 木质门带套，003 木质连窗门，004 木质防火门，005 木门框，006 门锁安装
H.2	金属门 (010802)	001 金属（塑钢）门，002 彩板门，003 钢质防火门，004 防盗门
H.3	金属卷帘（闸）门 (010803)	001 金属卷帘（闸）门，002 防火卷帘（闸）门
H.4	厂库房大门、特种门 (010804)	001 木板大门，002 钢木大门，003 全钢板大门，004 防火铁丝门，005 金属格栅门，006 钢质花饰大门，007 特种门
H.5	其他门 (010805)	001 电子感应门，002 旋转门，003 电子对讲门，004 电动伸缩门，005 全玻自由门，006 镜面不锈钢饰面门，007 复合材料门
H.6	木窗 (010806)	001 木质窗，002 木飘（凸）窗，003 木橱窗，004 木纱窗
H.7	金属窗 (010807)	001 金属塑钢、断桥窗，002 金属防火窗，003 金属百叶窗，004 金属纱窗，005 金属格栅窗，006 金属（塑钢、断桥）橱窗，007 金属（塑钢、断桥）飘（凸）窗，008 彩板窗，009 复合材料窗
H.8	门窗套 (010808)	001 木门窗套，002 木筒子板，003 饰面夹板筒子板，004 金属门窗套，005 石材门窗套，006 门窗木贴脸，007 成品木门窗套
H.9	窗台板 (010809)	001 木窗台板，002 铝塑窗台板，003 金属窗台板，004 石材窗台板
H.10	窗帘、窗帘盒、窗帘轨 (010810)	001 窗帘，002 木窗帘盒，003 饰面夹板、塑料窗帘盒，004 铝合金窗帘盒，005 窗帘轨

第二节 门窗清单项目有关说明

一、各类门窗基本形式

1. 亮子、侧亮

侧亮设于门窗的两侧，而不是设在上部，在上面的称为亮子，或上亮。图 15-1 是有侧亮的双扇地弹门和有侧亮的单扇平开窗简图。

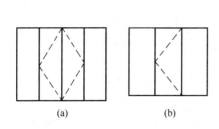

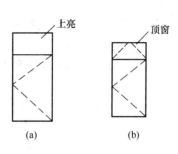

图 15-1

（a）有侧亮的双扇地弹门；（b）有侧亮的单扇平开窗

图 15-2　上亮和顶窗

2. 顶窗

图 15-2 为有顶窗及有上亮的单扇平开窗结构形式示意图，图中示出两者的区别，顶窗常称为上悬窗。

3. 固定窗

图 15-3 是几种常见固定窗的形式。

4. 门连窗

门连窗或称连窗门，指门的一侧与一樘窗户相连，常用于阳台门，亦称阳台连窗门，如图 15-4 所示。

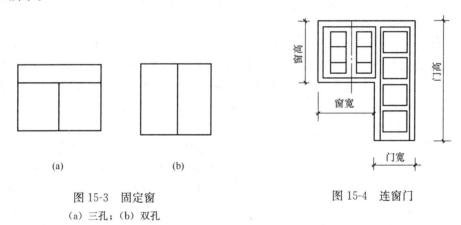

图 15-3　固定窗

（a）三孔；（b）双孔

图 15-4　连窗门

5. 半玻璃门

半玻璃门，一般是指玻璃面积占其门扇面积一半以内的门。半玻门的其余部分可以采用木质板或纤维板作门芯板，并双面贴平。若为铝合金半玻门，下部则用银白色或古铜色铝合金扣板。

6. 全玻璃门

全玻璃门是指门扇芯玻璃面积超过其门扇面积一半的门。全玻门是用厚度 10mm 以上的平板玻璃或钢化玻璃直接加工成门扇，一般无门框。全玻门有手动和自动两种类型，开启方式有平开和推拉两种。若为木质全玻门，其门框比一般门的门框要宽厚，且应用硬杂木制成。全玻门常用于办公楼、宾馆、公共建筑的大门。

7. 单层窗、双层窗、一玻一纱窗

单层窗是指窗扇上只安装一层玻璃的窗户；双层窗是指窗扇安装两层玻璃的窗户，分外窗和内窗；一玻一纱窗，是指窗框上安设两层窗扇，分外扇和内扇，一般情况外扇为玻璃窗，内扇为纱窗。定额列带纱塑钢窗和铝合金门窗纱扇制作安装项目。

8. 其他门

如电子感应门、电子对讲门、电动伸缩门、转门、镜面不锈钢饰面门等。

二、金属门窗

铝合金门按开启方式可分为地弹门、平开门、推拉门、电子感应门和卷帘门等几种主要类型，它们的代号用汉语拼音表示：DHLM，地弹簧铝合金门；PLM，平开铝合金门；TLM，推拉铝合金门等。铝合金窗按开启方式分为平开窗、推拉窗、固定窗、防盗窗、百叶窗等，其代号为：PLC，平开窗；TLC，推拉窗；GLC，固定窗。

铝合金门窗的构造组成包括：（1）门窗框扇料；（2）玻璃；（3）附件及密封材料等部分。门窗框扇料采用中空铝合金方料型材，常用的外框型材规格有：38 系列；60 系列，壁厚 1.25～1.3mm；70 系列，厚 1.3mm；90 系列，厚 1.35～1.4mm；90 系列，厚 1.5mm等，其中 60、70、90 等数字是指型材外框宽度，单位为 mm。常用方管规格有：76.2mm×44.5mm×（1.5 或 2.0）mm；101.6mm×44.5mm×（1.5 或 2.0）mm 等。玻璃一般有浮法玻璃、茶色玻璃，厚度 5～12mm 不等。附件及密封材料包括闭门器、门弹簧、螺钉（丝）、滑轮组、连接件（如镀锌铁脚，也称地脚，膨胀螺栓等）、软填料、密封胶条和玻璃胶等。铝合金门窗外框按规定不得插入墙体，外框与墙洞口应为弹性连接，所用弹性材料称软填料，如沥青玻璃棉毡、矿棉条等。

铝合金门窗所用铝合金型材是在铝中加入适量的铜、镁、锰、硅、锌等组成的铝基合金。为提高铝合金的性能，需进行表面处理，处理后的铝合金耐磨、耐腐蚀、耐气候性均好，色泽也美观大方。铝合金的表面处理方法有阳极氧化处理（表面呈银白色）和表面着色处理（表面呈古铜色、青铜色、黄铜色等）两种。

1. 铝合金地弹门

铝合金地弹门是弹簧门的一种，由于弹簧门装有弹簧，门扇开启后会自动关闭，因此，也称自由门。地弹门通常为平开式，一般分单向开启和双向开启两种形式，或者分为单向弹簧门和双向弹簧门两类。单向弹簧门用单面弹簧或门顶弹簧，多为单扇门；双向弹簧门通常都为双扇门，用双面弹簧、门底弹簧（分横式和直式）、地弹簧等。采用地弹簧的称为地弹门。

铝合金地弹门是由铝合金型材制作成的门框、门扇、地弹簧（或闭门器）、玻璃及各种连接、密封附件等组成的。地弹簧是闭门器的一种，又称地龙或门地龙，是安装于门扇下面（地、楼面以下）的一种自动闭门装置。

2. 旋转门（转门）

目前，均用金属旋转门，金属旋转门常称转门，有铝合金型材和型钢两类型材结构。金属旋转门的构造组成包括：（1）门扇旋转轴，例如采用不锈钢柱（$\phi76$）；（2）圆形转门顶；（3）底座及轴承座；（4）转门壁，可采用铝合金装饰板或圆弧形玻璃；（5）活动门扇，一般采用全玻璃，玻璃厚度达 12mm。转门的基本结构形式如图 15-5。

3. 卷帘门

卷帘门适用于商店、仓库或其他较为高大洞口的门，其主要构造如图 15-6，包括卷帘板、导轨及传动装置等。卷帘板的形式主要有页片式和空格式两种，其中页片式使用较多。页片（也称闸片）式帘板用铝合金板、镀锌钢板或不锈钢板轧制而成。帘板的下部采用钢板或角钢，便于安装门锁，并可增加刚度。帘板的上部与卷筒连接，便于开启。开启卷帘门时，帘板沿门洞两侧的导轨上升，卷在卷筒内。

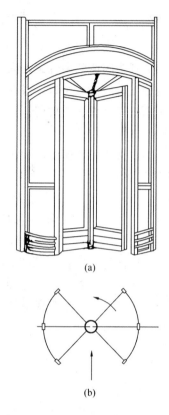

图 15-5　旋转铝合金门示意图
（a）透视图；（b）平面示意图

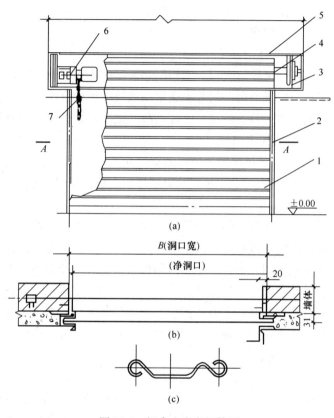

图 15-6　铝合金卷帘门简图
（a）立面；（b）A-A 剖面；（c）闸片
1—闸片；2—导轨部分；3—框架；4—卷轴部分；
5—外罩部分；6—电、手动系统；7—手动拉链

4. 铝合金平开窗

铝合金平开窗目前多为单扇和双扇，分带上亮和不带上亮、带顶窗和带侧亮等多种型式，框料型材多为 38 系列。平开窗由窗框（外框）、窗扇（内框）、压条、拼角（铝角）等铝合金型材，以及玻璃、执手、拉把和密封材料等组成。

5. 铝合金推拉窗

铝合金推拉窗有双扇、三扇、四扇以及带亮和不带亮等多种型式。推拉窗的构成是：窗框由上滑道、下滑道和两侧的边封组成；窗扇由上横（又称上方）、下横（又称下方）、外边框（又称光企）、内边框（又称带钩边框或勾企）和密封边的密封毛条等组成；拼角连接件仍用铝角，玻璃装在上下横槽内，安装连接时在框与墙洞口之间加弹性软填料，安装后用密封胶条、密封油膏和玻璃胶等封缝。铝合金堆拉窗所用型材有 60 系列、70 系列和 90 系列等。

编码列项说明

（1）金属门应区分金属平开门、金属推拉门、金属地弹门、全玻门（带金属扇框）、金属半玻门（带扇框）、彩板门、塑钢门、防盗门、钢质防火门等项目，分别编码列项。

（2）金属窗应区分金属组合窗、金属平开窗、金属推拉窗、金属固定窗、塑钢窗、防盗窗等项目，分别编码列项。其中金属组合窗、金属平开窗、金属推拉窗、金属固定窗、塑钢窗、防盗窗按"金属塑钢、断桥窗"列项。

三、木门窗

1. 镶板门

镶板门又称冒头门、框档门，是指由边梃、上冒头、中冒头、下冒头组成门扇骨架，内镶门芯板构成的门。门芯板通常用数块木板拼合而成，拼合时可用胶粘合或做成企口，或在相邻板间嵌入竹签拉接，定额列凸凹型实木镶板门，以及网格式实木镶板半玻、全玻门。

2. 装饰板木门

图15-7是目前较为流行的双扇切片板装饰门构造图，木骨架上夹板衬底，双面切片板面，实木收边。图15-8是单扇木骨架木板装饰门，双面做木装饰线，实木收边。

3. 推拉门

推拉门亦称扯门，是目前装修中使用较多的一种门。推拉门有单扇、双扇和多扇，可以藏在夹墙内，或贴在墙面上，占用空间较少。按构成推拉门的材料来分，主要有铝合金推拉门和木推拉门。铝合金推拉门的构造组成同铝合金推拉窗。木推拉门由门扇、门框、滑轮、导轨等部分组成。按滑行方式分上挂式和下滑式，上挂式推拉门挂在导轨上左右滑行，上导轨承受门的荷载；下滑式推拉门由下导轨承受门的荷载并沿下轨滑行，图15-9是双扇下滑式玻璃木推拉门构造，图中所示为一扇固定，另一扇可滑行，也可做成两扇都能滑行的。

编码列项说明

（1）木质门应区分镶板木门、企口木板门、实木装饰门、胶合板门、夹板装饰门、木纱门、全玻门（带木质扇框）、木质半玻门（带木质扇框）等项目，分别编码列项。

（2）木质窗应区分木百叶窗、木组合窗、木天窗、木固定窗、木装饰空花窗等项目，分别编码列项。木质平开窗、木质推拉窗、矩形木百叶窗、异形木百叶窗、木组合窗、木天窗、矩形木固定窗、异形木固定窗、装饰空花木窗按"木质窗"列项。

四、塑钢门窗

塑钢门窗是以聚氯乙烯树脂为主要原料，加一定比例的助剂挤出成型材，然后通过切割焊接的方式制成门窗框扇，再配装上橡胶密封条、毛条、五金配件而制成的。门窗框、扇的内腔加装增强型钢材，以提高刚度。塑钢门窗具有不助燃、离火自熄的性能，并有耐腐蚀和良好的水密性能，是目前较为理想的保温节能门窗。塑钢门窗可制成平开门窗、推拉门窗、叠合窗、翻转窗、固定窗等多种类型。图5-35是塑钢推拉窗的构造图示例。

五、厂库房大门、特种门

1. 木板大门项目

适用于厂库房的平开、推拉、带采光窗、不带采光窗等各类型木板大门。

2. 钢木大门项目

适用于厂库房的平开、推拉、单面铺木板、双面铺木板、防风型、防寒型等各类型钢木大门。

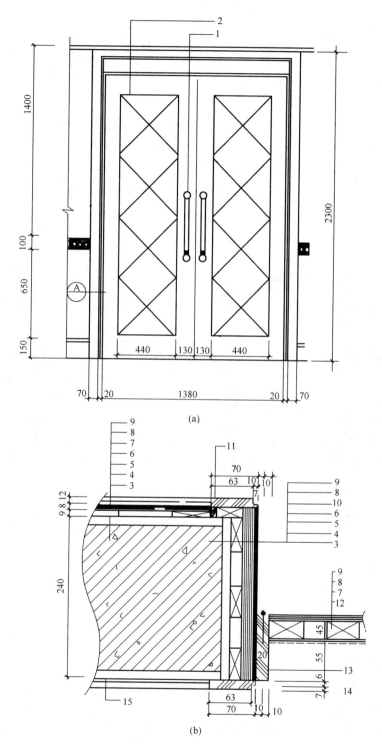

图 15-7 装饰板双开门

（a）双开门立面图；（b）Ⓐ240 砖墙双开门剖面大样

1—成品门把手；2—5mm 厚凹槽涂深棕漆；3—240 砖墙；4—水泥砂浆找平层；5—防潮涂料；6—木龙骨 9mm×50mm；7—红榉木夹板厚 5mm；8—红榉木三夹板；9—表面清油；10—木芯板；11—红榉木门贴 脸 70mm×13mm 清油；12—木龙骨 37mm×60mm；13—红榉木门口；14—走廊；15—墙面贴壁纸

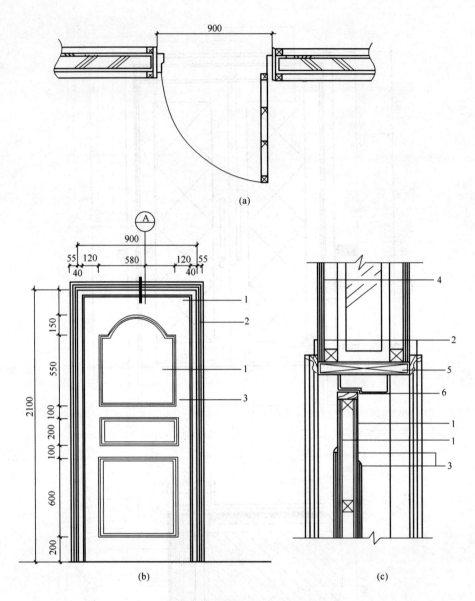

图 15-8　木骨架木板面装饰门

（a）装饰门平面图　（b）装饰门立面　（c）Ⓐ大样

1—木板装饰；2—门框收口线；3—木线装饰；4—墙纸；5—硬木；6—实木收边

3. 全钢板大门项目

适用于厂库房的平开、推拉、折叠等各类型全钢板门。

4. 防护铁丝门项目

适用于钢管骨架铁丝门、角钢骨架铁丝门及木骨架铁丝门等。

5. 特种门项目

适用于各种冷藏库门、冷藏冻结间门、保温门、变电室门、隔声门、防射线门、人防门、密闭门、折叠门、防火门、金库门等特殊使用功能的门，应按"13 计算规范"附录 H.4 中特种门（010804007）项目编码列项。

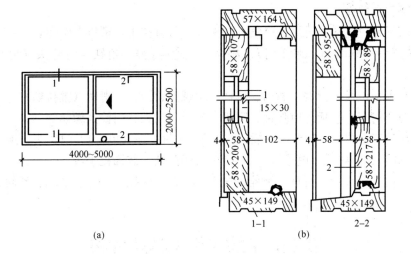

(a)　　　　　　　　　　　　　　(b)

图 15-9　双扇下滑式玻璃木推拉门构造

(a) 立面；(b) 剖面

1—玻璃 5mm 厚；2—滑轮

六、门窗套、门窗贴脸、门窗筒子板

门窗套、门窗贴脸、门窗筒子板的区别如图 15-10 所示：门窗套包括 A 面和 B 面两部分，筒子板指图中 A 面，贴脸是指 B 面。

筒子板是沿门框或窗框内侧周围加设的一层装饰性木板，在筒子板与墙接缝处用贴脸钉贴盖缝，筒子板与贴脸的组合即为门、窗套，如图 15-11 所示。贴脸也称门头线或窗头线，是沿樘子周边加钉的木线脚（也称贴脸板），用于盖住樘子与涂刷层之间的缝隙，使之整齐美观。有时还再加一木线条封边。

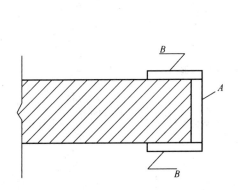

图 15-10　门窗套、筒子板、贴脸的区别

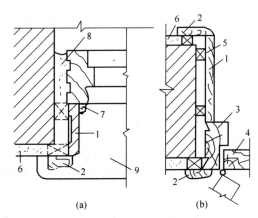

(a)　　　　　　　(b)

图 15-11　门、窗套构造大样

(a) 窗套；(b) 门套

1—筒子板；2—贴脸板；3—木门框；4—木门扇；

5—木块或木条；6—抹灰面；7—盖缝条；8—沥青麻丝

门窗套、贴脸、筒子板可为木质、金属或石材制作而成。木门窗套适用于单独门窗套的制作、安装。

七、门窗五金配件

（1）木门五金应包括：折页、插销、门碰珠、弓背拉手、搭机、木螺丝、弹簧折页（自动门）、管子拉手（自由门、地弹门）、地弹簧（地弹门）、角铁、门轧头（地弹门、自由门）等。

（2）木窗五金包括：折页、插销、风钩、木螺丝、滑轮、滑轨（推拉窗）等。

（3）铝合金门五金包括：地弹簧、门锁、拉手、门插、门铰、螺丝等。

（4）金属门五金包括：L形执手插锁（双舌）、执手锁（单舌）、门轧头、地锁、防盗门扣、门眼（猫眼）、门碰珠、电子锁（磁卡锁）、闭门器、装饰拉手等。

（5）金属窗五金包括：折页、螺栓、执手、卡锁、铰拉、风撑、滑轮、滑轨、拉把、拉手、角码、牛角制等。

第三节　门窗工程量计算与示例

"13 计算规范"门窗工程的工程量计算规则中采取比较灵活的做法，有 m、m²、樘等，而且在 m、m² 计量中又各有差异，可供不同实际工程选用，请读者及实务人员留意。

一、以 m²、樘计量计算工程量的项目

按"13 计算规范"，以 m²、樘为计量单位计算工程量的项目可归并为 5 种情况。

1. 以"洞口尺寸计算面积"的项目（表 15-2）

表 15-2　以洞口尺寸计算面积的项目

序号	项目名称	工程量计算规则	
		m²	樘
H. 1	001 木质门，002 木质门带套，003 木质连窗门，004 木质防火门		
H. 2	001 金属（塑钢）门，002 彩板门，003 钢质防火门，004 防盗门		
H. 3	001 金属卷帘（闸）门，002 防火卷帘（闸）门		
H. 4	001 木板大门，002 钢木大门，003 全钢板大门，005 金属格栅门，007 特种门	按设计图示洞口尺寸以面积计算	按设计图示数量计算
H. 5	001 电子感应门，002 旋转门，003 电子对讲门，004 电动伸缩门，005 全玻自由门，006 镜面不锈钢饰面门，007 复合材料门		
H. 6	001 木质窗		
H. 7	001 金属塑钢、断桥窗，002 金属防火窗，003 金属百叶窗，005 金属格栅窗，008 彩板窗，009 复合材料窗		

2. 以"门框或扇计算面积"的项目（也可以"樘"计）

以"门框或扇计算面积"的项目有 H. 4 的 004 防火铁丝门、006 钢质花饰大门。其计算规则为：按设计图示门框或扇以面积计算。

3. 以"框外围展开面积"计算的项目（也可以"樘"计）

以"框外围展开面积"计算工程量的项目有 H.6 的 002 木飘（凸）窗、003 木橱窗及 H.7 的 006 金属（塑钢、断桥）橱窗、007 金属（塑钢、断桥）飘（凸）窗四个项目。其工程量计算规则为：按设计图示尺寸以框外围展开面积计算。

4. 以"框的外围尺寸计算面积"的项目（也可以"樘"计）

以"框的外围尺寸计算面积"的项目有 H.6 的 004 木纱窗、H.7 的 004 金属纱窗。其工程量计算规则为：按框的外围尺寸以面积计算。

5. 以"图示尺寸展开面积"计算工程量的项目（表 15-3）

表 15-3 以图示尺寸展开面积计算工程量的项目

序号	项目名称	工程量计算规则	
		m²	樘
H.8	001 木门窗套，002 木筒子板，003 饰面夹板筒子板，004 金属门窗套，005 石材门窗套，007 成品木门窗套	按设计图示尺寸以展开面积计算	设计图示数量计算
H.9	001 木窗台板，002 铝塑窗台板，003 金属窗台板，004 石材窗台板		
H.10	001 窗帘	以成活后展开面积计算	

二、以 m 为计量单位计算工程量的项目

可以按 m 计算工程量的项目有：门窗套的所有 8 个项目，窗帘盒、窗帘轨 5 个项目及木门框。其计算规则的描述略有差异，如表 15-4 所示。

表 15-4 以 m 为计量单位计算工程量的项目

序号	项目名称	计量单位	工程量计算规则
H.1	005 木门框	m	按设计图示框的中心线以延长米计算
H.8	001 木门窗套，002 木筒子板，003 饰面夹板筒子板，004 金属门窗套，005 石材门窗套，007 成品木门窗套		按设计图示中心以延长米计算
	006 门窗木贴脸		按设计图示尺寸以延长米计算
H.10	002 木窗帘盒，003 饰面夹板、塑料窗帘盒，004 铝合金窗帘盒，005 窗帘轨		按设计图示尺寸以长度计算
	001 窗帘		按设计图示尺寸以成活后长度计算

【例 15-1】 设图 15-6 所示卷闸门的宽为 3500mm，安装于洞口高 2900mm 的车库门口，卷闸门上有一活动小门，小门尺寸为 750mm×2075mm，提升装置为电动，计算该卷闸门的工程量。

【解】 图 15-6 所示的铝合金卷闸门为金属卷闸门，按计算规则，其工程量为 1 樘。或按设计洞口尺寸，则工程量为 3.5×2.9＝10.15m²（注：小门材质与卷闸门同）。

【例 15-2】 某户中套居室门窗平面布置如图 15-12 所示，表 15-5 为该居室施工图门窗表，其中，SM-1 框边安装成品门套，展开宽度 350mm；SMC-2 无门套。试编该户门窗及门窗套工程量清单。

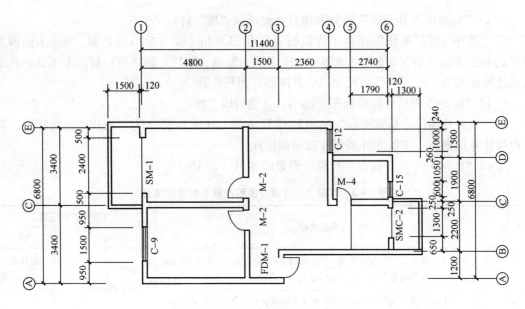

图 15-12 某户居室门窗平面布置图

表 15-5 某户居室门窗表

名　称	代　号	洞口尺寸（mm）	备　注
成品钢质防盗门	FDM-1	800×2100	含锁、五金
成品实木门带套	M-2	800×2100	含锁、普通五金
	M-4	700×2100	
成品平开塑钢窗	C-9	1500×1600	
	C-12	1000×1600	夹胶玻璃（6＋2.5＋6），型材为钢塑90系列，普通五金
	C-15	600×1600	
成品塑钢门带窗	SMC-2	门（700×2100）、窗（600×1500）	
成品塑钢门	SM-1	2400×2100	

表 15-6 某居室清单工程量计算表

序号	清单项目编码	清单项目名称	计　算　式	工程量合计	计量单位
1	010702004001	成品钢质防盗门	$S=0.8×2.1=1.68m^2$	1.68	m²
2	010801002001	成品实木门带套	$S=0.8×2.1×2+0.7×2.1×1$ $=4.83m^2$	4.83	m²
3	010807001001	成品平开塑钢窗	$S=（1.5+1+1.6）×1.6+0.6×1.5$ $=5.86$	5.86	m²
4	010802001001	成品塑钢门	$S=0.7×2.1+2.4×2.1=6.51m^2$	6.51	m²
5	010808007001	成品门套	$n=1$ 樘	1	樘

表 15-7　某居室分项工程和单价措施项目清单与计价表

序号	项目编码	项目名称	项目特征描述	计量单位	工程量	金额（元）	
						综合单价	合价
1	010702004001	防盗门	1. 门代号及洞口尺寸：FDM-1（800mm×2100mm） 2. 门框、扇材质：钢质	m²	1.68		
2	010801002001	成品实木门带套	门代号及洞口尺寸：M-2（800mm×2100mm）、M-4（700mm×2100mm）	m²	4.83		
3	010807001001	成品平开塑钢窗	1. 窗代号及洞口尺寸：C-9（1500mm×1500mm）C-12（1000mm×1500mm）C-15（600mm×1500mm） 2. 框扇材质：塑钢 90 系列 3. 玻璃品种、厚度：夹胶玻璃（6＋2.5＋6）	m²	5.86		
4	010802001001	成品塑钢门	1. 门代号及洞口尺寸：SM-1、SMC-2；洞口尺寸详见门窗表 2. 门框、扇材质：塑钢 90 系列 3. 玻璃品种、厚度：夹胶玻璃（6＋2.5＋6）	m²	6.51		
5	010808007001	成品门套	1. 门代号及洞口尺寸：SM-1（2400mm×2100mm） 2. 门套展开宽度：350mm 3. 门套材料品种：成品实木门套	樘	1		

【例 15-3】　若某中套居室的阳台用铝合金连窗门（图 15-4），洞口尺寸为：门高 2500mm，窗高 1600mm，门宽 900mm，门窗总宽 2400mm。若有 6 套同样套形，试计算该 6 个中套的铝合金连窗门工程量、铝合金型材及玻璃等主材消耗量。

【解】　铝合金门为单扇铝合金全玻平开门带上亮，平板玻璃；铝合金窗为双扇平开铝合金窗带上亮。

（1）铝合金连窗门工程量可有两种方式计算：

以樘计数，则：铝合金连窗门工程量 6 樘。

或以面积计算，门的工程量 2.5×0.9×6＝13.5m²；窗的工程量（2.4－0.9）×1.6×6＝14.4m²。

（2）铝合金连窗门制安人工、材料、机械用量，按××省建筑与装饰工程计价表（2004年）如表 15-8 及表 15-9 所示。

表 15-8　6 个中套铝合金单扇全玻平开门制安（银白色有上亮）消耗量计算表

定额编号		15-49				
定额项目		铝合金单扇全玻平开门制安银白色有上亮				
单　位		10m²				
材料类别	材料编号	材　料　名　称	数量	工程量	消耗量	单　位
人工	GR1	一类工	11.24		15.17	工日
材料	513051	镀锌铁脚（铝门窗）50×160×4	44.0		59.4	个
	511580	自攻螺丝（钉）	1.80		2.43	百只
	511481	膨胀螺栓 M10×100	88.00		118.8	套
	610076	密封油膏	5.27		7.1	kg
	610028	玻璃胶 300ml	7.63	1.35	10.3	支
	610074	密封胶条	54.20		73.17	m
	206018	浮法白片玻璃 δ＝5mm	10.65		14.38	m²
	501099	铝合金型材　银白色	48.22		65.10	kg
机械	13091	电钻 520W	1.06		1.46	台班

表 15-9　6 个中套银白色铝合金双扇平开窗制安（有上亮）人工、材料、机械消耗量计算表

定额编号		15-74				
定额项目		银白色铝合金双扇平开窗制安有上亮				
单　位		10m²				
材料类别	材料编号	材　料　名　称	数量	工程量	消耗量	单　位
人工	GR1	一类工	11.33		16.32	工日
材料	511580	自攻螺丝（钉）	2.41		3.47	百只
	511475	膨胀螺栓 M8×80	102.00		146.88	套
	513051	镀锌铁脚（铝门窗）50×160×4	51.00		73.44	个
	610076	密封油膏	5.09		7.33	kg
	610028	玻璃胶 300ml	6.39	1.44	9.20	支
	610074	密封胶条	62.76		90.40	m
	206018	浮法白片玻璃 δ＝5mm	9.60		13.82	m²
	501099	铝合金型材　银白色	45.73		65.85	kg
机械	13091	电钻 520W	1.25		1.80	台班

第十六章 屋面及防水工程

第一节 屋面及防水清单项目设置及有关说明

本分部共 4 节 21 个项目。项目设置如表 16-1，包括瓦，型材屋面，屋面防水，墙面防水、防潮，地面防水、防潮。适用于建筑物屋面及墙地面防水工程。相关说明如下：

1. 屋面、墙、楼（地）面防水项目中，不包括垫层、找平层、保温层。（1）垫层按"13 计算规范"附录"D.4 垫层"以及附录"E.1 现浇混凝土基础"相关项目编码列项；（2）找平层按"13 计算规范"附录 L 楼地面装饰工程"平面砂浆找平层"以及附录 M 墙、柱面装饰与隔断、幕墙工程"立面砂浆找平层"项目编码列项；（3）保温层按"13 计算规范"附录 K 保温、隔热、防腐工程相关项目编码列项。

2. 瓦屋面项目中，檩条、椽子、安顺水条、挂瓦条按"13 计算规范"附录 G 木结构中檩条和木基层项目编码列项。

表 16-1 屋面及防水工程清单项目设置

序号	清单项目及编码	项 目 名 称
J.1	瓦、型材及其他屋面（010901）	001 瓦屋面，002 型材屋面，003 阳光板屋面，004 玻璃钢屋面，005 膜结构屋面
J.2	屋面防水及其他（010902）	001 屋面卷材防水，002 屋面涂膜防水，003 屋面刚性层，004 屋面排水管，005 屋面排（透）气管，006 屋面（廊、阳台）泄（吐）水管，007 屋面天沟、沿沟，008 屋面变形缝
J.3	墙面防水、防潮（010903）	001 墙面卷材防水，002 墙面涂膜防水，003 墙面砂浆防水（防潮），004 墙面变形缝
J.4	地面防水、防潮（010904）	001 楼（地）面卷材防水，002 楼（地）面涂膜防水，003 楼（地）面砂浆防水（防潮），004 楼（地）面变形缝

第二节 屋面及防水清单项目简介及说明

屋面工程主要是指屋面结构层（屋面板）或屋面木基层以上的工程内容，这里的屋面工程实际上是屋面防水工程。建筑物的屋面按其不同形式可分为坡屋面、平屋面和拱形屋面三种类型。平屋面由屋面结构层、保温隔热层和防水层三部分构成。其中找平层、防水层是最基本的功能层次，其他层次则按要求设置。按防水材料品种，平屋面可分为卷材防水屋面、刚性防水屋面和涂料防水屋面等。坡屋面有单坡、两坡和四坡三种形式，按屋面瓦的品种，坡屋面可分为平瓦屋面、筒瓦屋面、石棉瓦屋面、小青瓦屋面、波形瓦屋面和铁皮屋面等。拱形屋面多用于工业厂房，以预应力钢筋混凝土拱形屋架和屋面板装配而成。

防水工程包括墙面防水、防潮，地面防水、防潮。主要是指室内墙面、地面的防水（防潮），如地下室工程防水、浴厕间工程防水、屋面游泳池、喷水池、屋顶（或室内）花园等，以及框架外墙壁板和装配式壁板的板缝防水，各种变形缝防水等。

一、瓦屋面

瓦屋面是采取专用的防水构件（瓦或金属板）做防水层的屋面，适用于小青瓦、平瓦（包括水泥瓦、黏土瓦）、筒瓦、石棉（分大波瓦、中波瓦和小波瓦）、玻璃钢波形瓦、琉璃瓦和金属压型板屋面等。

二、型材屋面

型材屋面项目适用于压型钢板、金属压型夹心板、阳光板、玻璃钢、镀锌铁皮等。包括钢檩条或木檩条以及骨架、螺栓、挂钩等。

三、膜结构屋面

膜结构屋面项目适用于膜布屋面。膜结构，也称索膜结构，是一种以膜布与支撑（柱、网架等）和拉结结构（拉杆、钢丝绳等）组成的屋盖、篷顶结构。

注意：工程量只计算"需要覆盖的水平投影面积"部分。

四、屋面卷材防水

屋面卷材防水项目适用于利用胶结材料粘贴卷材进行防水的屋面。屋面防水卷材常分为三大类：

1. 沥青基卷材防水屋面

主要品种有：（1）纸胎沥青防水卷材，用于简易防水、临时性建筑防水、防潮、屋面工程和地下工程的多层防水；（2）玻纤布胎沥青防水卷材；（3）玻纤毡胎沥青防水卷材，适用于要求强度高及耐霉菌性好的防水工程，易于在复杂部位粘贴和密封。主要用于铺设地下防水、防潮层、Ⅱ级屋面工程和金属管道的防腐蚀保护层；（4）沥青复合胎柔性防水卷材，是以两种材料复合为胎体，以粒料和聚酯为覆面材料，可用于防水等级要求较高的工程。

2. 高聚物改性沥青防水卷材屋面

其主导品种有弹性体改性沥青防水卷材（简称 SBS）、塑性体改性防水卷材（APP/APAO）。

（1）SBS 卷材属于高性能的防水材料，广泛应用于各种类型建筑物的常规及特殊屋面防水，地下室工程防水、防潮及室内游泳池等的防水，各种水利设施及市政工程防水，尤其适用于寒冷地区工业与民用建筑屋面以及变形频繁部位的防水。

（2）APP 卷材性能与 SBS 改性沥青卷材接近，广泛用于工业与民用建筑的屋面及地下防水工程，以及道路、桥梁等建筑物的防水，尤其适用于较高气温环境的建筑防水。

3. 合成高分子防水卷材屋面

目前使用的主要品种有：三元乙丙橡胶防水卷材（EPDM）、聚氯乙烯防水卷材（PVC）、纤维增强氯化聚乙烯防水卷材、氯化聚乙烯（CPE）防水卷材、氯化聚乙烯-橡胶共混防水卷材（CPE 共混）、乙丙橡胶-聚丙烯共聚卷材（TPO）、聚乙烯卷材（HDPE、LDPE）等。其中，重点发展的是 EPDM、PVC（P 型）两种产品，并积极开发 TPO 产品。

（1）三元乙丙橡胶防水卷材（EPDM）是一种重点发展的高档防水卷材，适用于建筑工程的外露屋面防水和大跨度、受振动建筑工程的防水，还有地下室、桥梁、隧道等的防水。

（2）PVC 卷材对基层的伸缩和开裂变形适应性强，具有良好的水蒸气扩散性，耐老化，耐高低温，可用于各种屋面防水、地下防水及旧屋面的维修工程。

再就卷材的几种铺贴方法做简要说明：

（1）满铺法　亦称实铺法，是在卷材下满涂胶粘剂，使卷材与基层的整个接触面与粘结剂粘结在一起。

（2）空铺法　是指卷材与基层之间只在四周一定宽度范围内实施粘结，其余部分则不加粘结，使第一层卷材与基层之间存有空隙。

（3）点铺法　是指卷材与基层之间只实施点的粘结，要求粘结点应多于 5 个点/m²，每点面积应达到 100mm×100mm，粘结总面积要达到接触面的 6% 左右。

（4）条铺法　是指卷材与基层之间只做条带粘结，但要求粘结面积不应小于整个接触面积的 25%。

（5）冷贴法　是指将胶粘剂直接涂刷在基层表面或卷材粘结面上，使卷材与基层实施粘结，而不需加热施工的铺贴方法。

五、屋面涂膜防水

屋面涂膜防水项目适用于厚质涂料、薄质涂料、合成高分子涂料和有胎体增强材料或无胎体增强材料的涂膜防水屋面。

（1）厚质涂料，称沥青基防水涂料，涂膜厚度 1～5mm。常用涂料有沥青涂料、石灰乳化沥青、水性石棉沥青、合成树脂乳液型砂壁状涂料等。

（2）薄质涂料或高聚物改性沥青防水涂料，涂膜厚度小于 1mm。主要涂料品种有溶剂型氯丁胶乳改性沥青防水涂料、SBS（APP）改性沥青防水涂料，如高强 APP-841 冷胶涂料就是 APP 沥青改性的一种防水涂料，应用广泛。

（3）合成高分子涂膜屋面，主要涂料品种有聚氨酯防水涂料（其防水屋面构造如图 16-1 所示）、硅橡胶防水涂料、氯丁胶乳防水涂料、丙烯酸防水涂料、聚合物水泥基涂料等。

（4）增强材料，是指在涂膜防水层中增强用的材料。屋面防水使用的胎体增强材料有聚酯无纺布、化纤无纺布和玻璃纤维网布（玻纤网格布）等。

六、屋面刚性防水层

屋面刚性防水项目适用于细石混凝土、补偿收缩混凝土、块体混凝土、预应力混凝土和钢纤维混凝土刚性防水屋面。

屋面刚性防水主要有三种情况：一种情况是使用普通细石混凝土防水，是依靠细石混凝土的密实性，在屋面形成一个密闭的壳体，达到防水的目的；第二种情况是使用块体材料防水，在结构层上，铺设黏土砖或其他块料，用防水水泥砂浆填缝并抹面，从而达到防水的目的；还有一种情况是使用补偿收缩防水混凝土防水，补偿收缩混凝土是在细石混凝土中加入外加剂使之产生微膨胀，在使用配筋的情况下，能够补偿混凝土的收缩，并使混凝土密实，达到防水的目的。

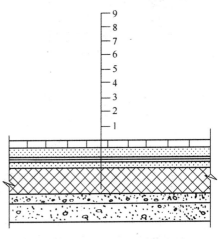

图 16-1　聚氨酯涂膜防水屋面构造图
1—钢筋混凝土屋面板；2—焦渣找坡水泥砂浆找平层；3—聚氨酯涂膜隔气层；4—加气混凝土保温层；5—水泥砂浆找平层；6—聚氨酯底胶；7—涤纶无纺布增强聚氨酯涂膜防水层；8—水泥砂浆粘结层；9—水泥方砖饰面保护层

此外，预应力混凝土防水，是利用施工阶段在防水混凝土内建立的预应力来抵消或部分抵消在使用过程中可能出现的拉应力，以避免板面开裂。钢纤维混凝土防水，是在细石混凝土中掺入短而不连续的钢纤维，以抑制细微裂缝的展开，提高板面抗裂性能。

七、屋面排水管

屋面排水管项目适用于各种排水管材（镀锌铁皮、石棉水泥管、塑料管、玻璃钢管、铸铁管、镀锌钢管等）的排水管。

八、屋面天沟、沿沟

屋面天沟、沿沟项目，适用于水泥砂浆天沟、细石混凝土天沟、预制混凝土天沟板、卷材天沟、玻璃钢天沟、镀锌铁皮天沟、塑料沿沟、镀锌铁皮沿沟、玻璃钢沿沟等。

以下对屋面排水再作些说明：

1. 屋面排水方式

屋面排水的方式有自由落水（无组织排水）、檐沟外排水、女儿墙外排水及内排水等。

（1）自由落水是指屋面板伸出外墙（称挑檐），屋面的雨水经挑檐自由落下。

（2）檐沟外排水是指屋檐（或称檐口）处设檐沟，屋面雨水先排入檐沟，再经水落管排到地面。

（3）女儿墙外排水　在屋顶四周的女儿墙根部每隔一定距离设排水口，雨水经排水口、落水管流入地面散水或明沟。

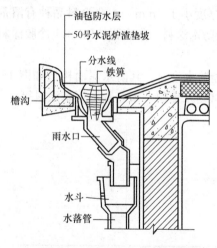

图 16-2　屋面排水系统简图

2. 屋面排水设施

按所用材料分为铁皮排水、铸铁排水和玻璃钢排水构件。包括水落管、水斗、雨水口、檐沟、天沟和泛水等部件，如图 16-2 所示。

几点说明

（1）天沟　是指屋面上用来引泄雨水的沟槽，先汇集屋面流下的雨水，再引入水斗或雨水管。天沟有倾斜和水平两种，倾斜的称斜天沟，是两个坡屋面相交处的排水沟。

（2）雨水口　在檐沟与水落管交接处设雨水口，用于将雨水引至水斗和落水管。

（3）水斗　也称雨水斗、接水口，设在檐沟雨水口与水落管交接处。

（4）水落管　也称雨水管、落水管或流筒，是引泄屋面雨水至地面或地下排水系统的竖管，可用铸铁、镀锌铁皮、玻璃钢、硬聚氯乙烯（PVC）等制成。如图 12-2 所示。

（5）泛水　泛水是指突出屋面的垂直结构物（如烟囱、管道、山墙、女儿墙、天窗等）与屋面相交处的一种防水处理，图 16-3 是常见的女儿墙与屋面间的泛水做法。

九、防水、防潮

防水工程适用于除屋面以外的防水工程，包括墙基、墙身、楼面、地面、室内浴厕，建筑物±0.000 以下的防水、防湿工程，以及构筑物、水池、水塔等工程的防水。

防水工程按防水材料种类分为卷材防水、涂膜防水和防水砂浆防水项目，其适用范围是：

（1）卷材防水、涂膜防水项目适用于基础、楼地面、墙面等部位的防水。应包括：①抹

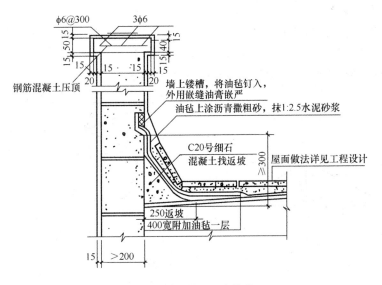

图 16-3　女儿墙泛水构造

找平层、刷基础处理剂、刷胶粘剂、胶粘防水卷材；②特殊处理部位（如管道的通道）的嵌缝材料、附加卷材衬垫等。

（2）砂浆防水（潮）项目适用于地下、基础、楼地面、墙面等部位的防水防潮。应包括防水、防潮层的外加剂在内。

十、变形缝

变形缝项目适用于基础、墙体、屋面等部位的抗震缝、伸缩缝、沉降缝。

变形缝的处理如图 16-4 及图 16-5 所示，包括填缝及盖缝处理。另外，不同类型的变形缝，其缝隙宽度也不相同。

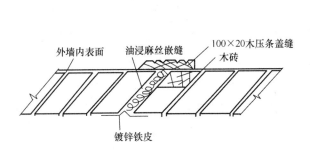

图 16-4　直墙变形缝处理

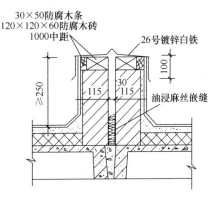

图 16-5　屋面变形缝处理（等高屋面）

第三节　屋面坡度系数

一、屋面坡度的表示方法

1. 坡度表示法

坡度是指高度与半个跨度之比（图 16-6），即 B/A，或 $\mathrm{tg}\alpha = \dfrac{B}{A}$；

2. 高跨比表示法

高跨比是指高度与跨度之比，即 $B/2A$；

3. 角度表示法

角度，如图 16-6 及表 16-2 中的 α 角，以度（°）表示。

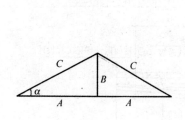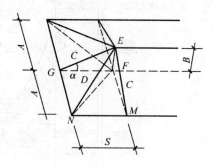

图 16-6　坡屋面示意图

表 16-2　屋面坡度系数

坡度 B/A（$A=1$）	坡度 $B/2A$	坡度 （α）	延尺系数 C （$A=1$）	隔延尺系数 D （$A=1$）
1	1/2	45°	1.4142	1.7321
0.75		36°52′	1.2500	1.6008
0.70		35°	1.2207	1.5779
0.666	1/3	33°40′	1.2015	1.5620
0.65		33°01′	1.1926	1.5564
0.60		30°58′	1.1662	1.5362
0.577	1/√3	30°	1.1547	1.5270
0.55		28°49′	1.1413	1.5170
0.50	1/4	26°34′	1.1180	1.5000
0.45		24°14′	1.0966	1.4839
0.40	1/5	21°48′	1.0770	1.4697
0.35		19°17′	1.0594	1.4569
0.30		16°42′	1.0440	1.4457
0.25	1/8	14°02′	1.0308	1.4362
0.20	1/10	11°19′	1.0198	1.4283
0.15		8°32′	1.0112	1.4221
0.125	1/16	7°8′	1.0078	1.4191
0.100	1/20	5°42′	1.0050	1.4177
0.083	1/24	4°45′	1.0035	1.4166
0.066	1/30	3°49′	1.0022	1.4157

注：1. 两坡排水屋面面积为屋面水平投影面积乘以延尺系数 C；

2. 四坡排水屋面斜脊长度＝$A \times D$（当 $S＝A$ 时）；

3. 沿山墙泛水长度＝$A \times C$。

二、屋面坡度系数（或延尺系数）C

在工程量计算中，要计算屋面的斜面积，为方便计算，又引入了屋面坡度系数（或延尺系数）的概念。由图 16-6，延尺系数 C 可表示为：

$$C = \frac{EM}{A} = \frac{1}{\cos\alpha} = \sec\alpha \tag{16-1}$$

式中　EM——屋面斜长，m；

当 $A=1$ 时，有 $C=EM=\sec\alpha$，即屋面斜长等于延尺系数 C（表 16-2）。

三、隅延尺系数 D

由图可见，

$$D = \frac{EN}{A} = \frac{\sqrt{A^2 + S^2 + B^2}}{A} = \frac{\sqrt{A^2 + S^2 + A^2 \mathrm{tg}^2 \alpha}}{A} \tag{16-2}$$

当 $S=A$，$\alpha=30°$时，$\mathrm{tg}30°=0.577$，则

$$D = \frac{\sqrt{A^2 + A^2 + A^2 \mathrm{tg}^2 \alpha}}{A} = \frac{\sqrt{A^2 + A^2 + 0.577^2 \times A^2}}{A} = 1.5274$$

四、屋面延尺系数的应用

（1）计算屋面实际面积（即斜面积）

$$S_w = F_t \times C \tag{16-3}$$

此式适用于两坡水及四坡水屋面的斜面积。

（2）计算四坡水屋面斜脊长度

$$L_j = A \times D(当 S = A 时) \tag{16-4}$$

（3）计算沿山墙泛水长度（用于一坡水或两坡水屋面）

$$L_f = A \times C \tag{16-5}$$

综上所述可见，延尺系数 C 是指屋面斜长度（或斜面积）与水平宽度（或水平面积）的比。隅延尺系数又称屋脊系数 D，是指斜脊长度与水平宽度的比例系数。

第四节　屋面及防水工程量计算及示例

一、瓦、型材及其他屋面工程量计算

1. 瓦、型材屋面工程量计算

瓦、型材屋面工程量计算规则：按设计图示尺寸以斜面积（m²）计算。不扣除房上烟囱、风帽底座、风道、小气窗、斜沟等所占面积，小气窗的出檐部分不增加面积。公式如下：

$$S = F_t \times C \tag{16-6}$$

式中　S——瓦屋面、型材屋面工程量斜面积，m²；

　　F_t——瓦屋面、型材屋面的水平投影面积，m²；

　　F_t——图示屋面长度×图示屋面宽度

　　C——屋面坡度系数或延尺系数，见表 16-2 及图 16-6。

2. 阳光板屋面、玻璃钢屋面工程量计算

阳光板屋面、玻璃钢屋面工程量计算规则：按设计图示尺寸以斜面积计算，不扣除屋面

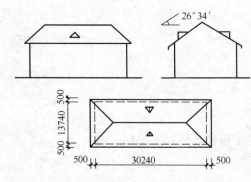

图 16-7 带屋面小气窗的四坡水屋面

面积$\leq 0.3m^2$孔洞所占面积。计算公式同式（16-6）。

3. 膜结构屋面工程量计算

膜结构屋面工程量按设计图示尺寸以需要覆盖的水平投影面积（m^2）计算。

【例 16-1】 有一带屋面小气窗的四坡水平瓦屋面，尺寸及坡度如图 16-7 所示。试计算屋面工程量、屋脊长度和工料用量。

【解】 （1）屋面工程量：按图示尺寸乘屋面坡度延尺系数，屋面小气窗不扣除，与屋面重叠部分面积不增加。由表 16-2，$C=1.1180$

$$S=(30.24+0.5\times2)(13.74+0.5\times2)\times1.1180=514.81m^2=5.1481\times100m^2$$

（2）屋脊长度：

1）正屋脊长度：

若 $S=A$，则 $L_{j1}=30.24-13.74=16.5m$

2）斜脊长度：

由表 12-2 得 $D=1.50$，斜脊 4 条，则

$$L_{j2}=\frac{13.74+0.5\times2}{2}\times1.50\times4=44.22m$$

3）屋脊总长：

$$L_j=L_{j1}+L_{j2}=16.5+44.22=60.72m$$

（3）工料用量：

按××省 2004 建筑与装饰计价表（定额编号 9-1、9-2、9-3），该四坡水屋面工料汇总列于表 16-3 内。

表 16-3 例 16-1 四坡水屋面工料汇总

名称	人工	黏土瓦 400×240	黏土脊瓦 380×240	水泥砂浆	20# 铁丝	铁钉
单位	工日	百块	百块	m^3	kg	kg
屋面用量	63.32	78.25	1.82	0.15	7.72	11.33
屋脊用量	2.06			0.41		
合计	65.38	78.25	1.82	0.56	7.72	11.33

二、屋面卷材防水、屋面涂膜防水工程量计算

屋面卷材防水、屋面涂膜防水工程量按设计图示尺寸以面积（m^2）计算，计算式如下：

$$S=F_t\times C+F_{wan} \tag{16-7}$$

（1）斜屋顶（不包括平屋顶找坡）按斜面积（m^2）计算，式中 $C>1$；

（2）当平屋顶时，按水平投影面积计算，$C=1$，则上式改写为：

$$S=F_t+F_{wan} \tag{16-8}$$

式中，F_{wan} 为屋面女儿墙、伸缩缝和天窗等处的弯起部分面积（参见图 16-3），应按图示尺

寸并入屋面工程量内。若图纸无规定时，伸缩缝、女儿墙的弯起部分可按 250mm 计算，天窗弯起部分可按 500mm 计算。

（3）不扣除房上烟囱、风帽底座、风道、屋面小气窗和斜沟所占面积。

（4）屋面防水搭接及附加层用量不另行计算工程量。

三、屋面刚性层工程量计算

刚性防水多为平屋面，工程量按设计图示尺寸以面积（m²）计算，不扣除房上烟囱、风帽底座、风道等所占面积，计算式表示为：

$$S = F_t \tag{16-9}$$

【**例 16-2**】 有一两坡水高聚物改性沥青 SBS 防水卷材屋面，尺寸如图 16-8 所示。屋面防水层做法为：预制钢筋混凝土空心板、1：3 水泥砂浆找平层、801 胶素水泥浆、高强 APP 基底处理剂、高强 APP 粘结剂 B 型、绿豆砂面防水层。试计算：（1）当有女儿墙，屋面坡度为 1：4 时；（2）当有女儿墙，坡度为 3％时；（3）当无女儿墙，有挑檐，坡度为 3％时的工程量。

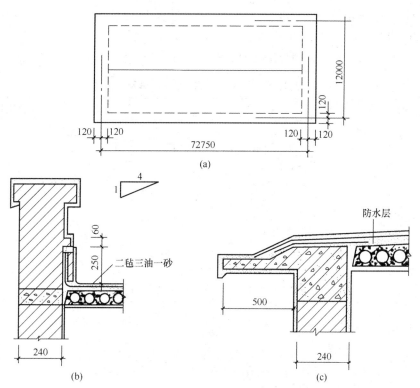

图 16-8　例 16-2 示意图
（a）平面；（b）女儿墙；（c）挑檐

【**解**】 （1）屋面坡度为 1：4 时，相应的角度为 $14°02'$，延尺系数 $C=1.0308$，按式（16-7）得：

$$\begin{aligned}
S_{ju} &= (72.75 - 0.24) \times (12 - 0.24) \times 1.0308 \\
&\quad + 0.25 \times (72.75 - 0.24 + 12.0 - 0.24) \times 2 \\
&= 878.98 + 42.14 = 921.12 \text{m}^2
\end{aligned}$$

（2）有女儿墙，3‰的坡度，因坡度很小（角度 $\alpha = 1°43'$），按平屋面计算，由公式

$$S_{ju} = F_t + F_{wan} = 屋面层建筑面积 - 女儿墙厚度 \times 女儿墙中心线长 + F_{wan} \quad (16\text{-}10)$$

$$S_{ju} = (72.75 + 0.24) \times (12 + 0.24) - (72.75 + 12) \times 2 \times 0.24$$
$$+ (72.75 + 12 - 0.48) \times 2 \times 0.25 = 894.85 m^2$$

（3）无女儿墙，有挑檐，按平屋面（坡度 3‰）计算。

① 由公式（16-10），屋面防水工程量为：

$$S_{ju} = 屋面层建筑面积 \quad (16\text{-}11)$$

代入数据：

$$S_{ju} = (72.75 + 0.24)(12 + 0.24) = 893.40 m^2$$

② 按图 16-8，挑檐面积可表示为：

$$S_{yan} = (L_{外} + 4 \times 檐宽) \times 檐宽 \quad (16\text{-}12)$$

代入数据：

$$S_{yan} = [(72.75 + 12 + 0.48) \times 2 + 4 \times 0.5] \times 0.5 = 86.23 m^2$$

【例 16-3】 试编列例 16-2 "带女儿墙，屋面坡度为 1：4 屋面"的工程量清单（暂不计列水泥砂浆找平层）。

【解】 工程量计算及工程项目清单分别列入表 16-4 及表 16-5 中。

表 16-4　两坡水屋面工程量计算表

序号	清单项目编码	清单项目名称	计算式	工程量合计	计量单位
1	010902001001	屋面卷材防水	① 女儿墙弯起部分 $S_1 = [(72.75 - 0.24) + (12 - 0.24) \times 0.25$ $= 42.14$ ② 屋面斜面积 $S_2 = (72.75 - 0.24) \times (12 - 0.24) \times 1.0308$ $= 878.98$ ③ 屋面卷材面积 $S = S_1 + S_2 = 42.14 + 878.98 = 921.12$	921.12	m^3

表 16-5　两坡水屋面工程和单价措施项目清单与计价表

序号	项目编码	项目名称	项目特征描述	计量单位	工程量	金额（元）	
						综合单价	合价
1	010902001001	屋面卷材防水	1. 卷材品种、规格、厚度：3mm 厚，SBS 改性沥青防水卷材 2. 防水层数：二道 3. 防水层做法：801 胶素水泥浆、高强 APP 基底处理剂、高强 APP 粘结剂 B 型、绿豆砂面	m^3	921.12		

四、屋面排水

屋面排水包括屋面排水管、屋面排（透）气管、屋面（廊、阳台）泄（吐）水管、屋面天沟、沿沟，其工程量计算规则列于表 16-6 内。

屋面天沟、沿沟工程量具体计算方法，读者可参阅例 16-2 中的式（16-12）。

表 16-6　屋面排水工程量计算规则

序号	项目编码	项目名称	工程量计算规则		
			m	m²	根（个）
1	010902004	屋面排水管	按设计图示尺寸以长度计算。如设计未标注尺寸，以檐口至设计室外散水上表面垂直距离计算	—	—
2	010902005	屋面排（透）气管	按设计图示尺寸以长度计算	—	—
3	010902006	屋面（廊、阳台）泄（吐）水管	—	—	按设计图示数量计算
4	010902007	屋面天沟、沿沟	—	按设计图示尺寸以展开面积计算	—

五、墙面、楼（地）面防水、防潮工程量计算

墙面、楼（地）面防水、防潮工程量计算规则列于表 16-7。

表 16-7　墙面、楼（地）面防水、防潮工程量计算规则

序号	项目编码	项目名称	计量单位	工程量计算规则
1	010903001	墙面卷材防水	m²	按设计图示尺寸面积计算
2	010903002	墙面涂膜防水		
3	010903003	墙面砂浆防水（防潮）		
4	010904001	楼（地）面卷材防水		按主墙间净空面积计算，扣除凸出地面的构筑物、设备基础等所占面积，不扣除间壁墙及单个面积≤0.3m² 柱、垛、烟囱和孔洞所占面积
5	010904002	楼（地）面涂膜防水		
6	010904003	楼（地）面砂浆防水（防潮）		

注：① 楼（地）面防水反边高度≤300mm 算作地面防水，反边高度＞300mm 按墙面防水计算；

② 楼（地）面防水搭接及附加层用量不另行计算工程量。

【例 16-4】　计算图 8-2 所示平房墙基础 1:2 防水砂浆的防潮层工程量及工料用量。

【解】　一般房屋的防潮层设在墙基与墙身交界处附近，多在室内地坪下一皮砖（-0.06m)处设平面防潮层。

本例外墙中心线长 49.0m；内墙净长 7-0.24＝6.76m；内外基础墙均为 0.24m，则：

$$S = (49.0 + 6.76) \times 0.24 = 13.38m^2$$

按要求的 1:2 水泥砂浆墙基防潮，根据计价定额编号 9-112 及 15-215，工料计算结果（本例略去水的用量）如表 16-8 所示。

表 16-8　平房墙基防潮工料用量

人工（工日）	42.5 级水泥（kg）	粗砂（m³）	防水粉剂（kg）	灰浆搅拌机 200L（台班）
1.23	150.39	0.25	7.36	0.045

【例 16-5】　某小型实验室如图 16-9 所示，试计算地面防潮工程量及工料用量。其防潮层做法如图 16-10 示。

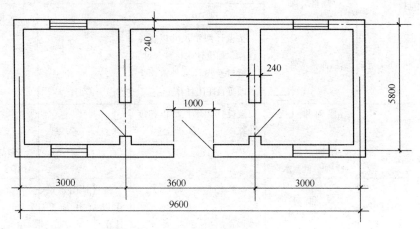

图 16-9　小型实验室平面图

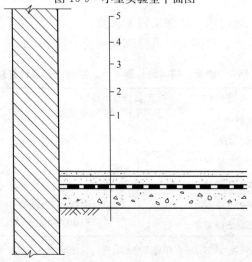

图 16-10　地面防潮层构造层次

1—素土夯实；2—100 厚 C20 混凝土；3—冷底子油一遍、玛琦脂玻璃布一布二油；

4—20 厚 1：3 水泥砂浆找平层；5—10 厚 1：2 水泥砂浆面层

【解】　（1）工程量，按主墙间净空面积计算，即：

$$(9.6-0.24\times3)(5.8-0.24)=49.37m^2=0.4937\times100m^2$$

（2）工料计算：

按定额 9-78 及 9-80，工料用量如表 16-9 所示。

表 16-9　地面防潮层工料用量表

名称	人工	玻璃纤维布（1.8mm）	石油沥青玛琦脂	冷底子油	木柴
单位	工日	m²	m³	kg	kg
定额 9-78	4.79	123.57	0.25	23.93	112.42
定额 9-80	2.22	57.51	0.08		32.58
合计	2.56	66.06	0.17	23.93	79.84

【例 16-6】 计算图 16-11 所示地下室防水层工程量。

【解】 由图可见，地下室防水层包围钢筋混凝土结构层，属外防水做法，按计算规则，平面、立面应分别计算。

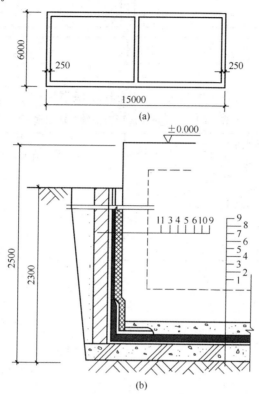

图 16-11　地下室防水层工程量计算用图

(a) 地下室工程平面；(b) 卷材防水构造大样图

1—素土夯实；2—素混凝土垫层；3—水泥砂浆找平层；4—基层处理剂；5—基层胶粘剂；

6—合成高分子卷材防水层；7—油毡保护隔离层；8—细石混凝土保护层；9—钢筋混凝土结构层；

10—保护层；11—永久性保护墙

（1）平面部分防水层工程量

$$(15-0.25\times2)(6-0.25\times2)=79.75\text{m}^2$$

（2）立面部分防水层面积

$$结构外围周长\times防水层高度=(15+6)\times2\times2.3=96.6\text{m}^2$$

六、变形缝工程量计算

变形缝包括屋面变形缝、墙面变形缝、楼（地）面变形缝，其工程量均按设计图示以长度（m）计算。

【例 16-7】 计算图 16-12 所示建筑屋面变形缝工程量及工料用量，其屋面变形缝做法按图 16-5 所示，油浸麻丝填缝、铁皮盖面。

【解】 按规则，屋面变形缝工程量为 12m。按××省 2004 建筑与装饰计价表定额编号 9-155 及 9-171，计算所得工料用量如表 16-10 所示。

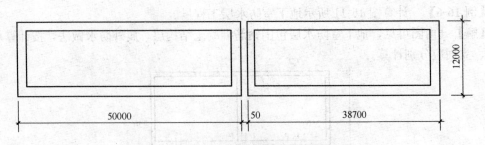

图 16-12 屋面变形缝示意图

表 16-10 例 16-7 屋面变形缝工料用量

项 目	人工	石油沥青 30#	麻丝	木柴	煤	防腐油	铁钉	镀锌铁皮 26#	焊锡
单位	工日	kg	kg	kg	kg	kg	kg	m²	kg
油浸麻丝填缝	0.9	24.48	6.6	1.32	2.64				
铁皮盖面	1.63					1.32	0.25	7.21	0.23
合 计	2.53	24.48	6.6	1.32	2.64	1.32	0.25	7.21	0.23

第十七章　保温、隔热、防腐工程

第一节　清单项目设置及相关说明

本分部共 3 节 16 个项目，包括 K.1 保温、隔热，K.2 防腐面层，K.3 其他防腐工程三个部分，具体项目见表 17-1。本分部项目适用于工业与民用建筑的基础、地面、墙面防腐，楼（地）面、墙面、屋盖的保温隔热工程。

表 17-1　保温、隔热、防腐工程清单项目

序号	清单项目及编码	项 目 名 称
K.1	保温、隔热（011001）	001 保温隔热屋面，002 保温隔热天棚，003 保温隔热墙面，004 保温柱、梁，005 保温隔热楼地面，006 其他保温隔热
K.2	防腐面层（011002）	001 防腐混凝土面层，002 防腐砂浆面层，003 防腐胶泥面层，004 玻璃钢防腐面层，005 聚氯乙烯板面层，006 块料防腐面层，007 池、槽块料防腐面层
K.3	其他防腐（011003）	001 隔离层，002 砌筑沥青浸渍砖，003 防腐涂料

相关说明：

1. 保温隔热装饰面层，按"13 计算规范"附录 L 楼地面装饰工程，附录 M 墙、柱面装饰与隔断、幕墙工程，附录 N 天棚工程，附录 P 油漆、涂料、裱糊工程，附录 Q 其他装饰工程相关项目编码列项。

2. 保温隔热楼地面的垫层，按"13 计算规范"附录"D.4 垫层"以及附录"E.1 现浇混凝土基础"相关项目编码列项；其找平层按附录 L 中"平面砂浆找平层"项目编码列项。墙面保温找平层按本规范附录 M"立面砂浆找平层"项目编码列项。

3. 找平层，按附录 L 楼地面装饰工程"平面砂浆找平层"或附录 M 墙、柱面装饰与隔断、幕墙工程"立面砂浆找平层"项目编码列项。

4. 保温柱、梁项目，只适用于不与墙、天棚相连的独立柱、梁。若与墙、天棚相连的柱、梁应分别并入墙、天棚项目中。

5. 池槽保温隔热项目，应按"其他保温隔热"项目编码列项。

6. 防腐踢脚线项目，按"13 计算规范"附录"L.5 踢脚线"有关项目编码列项。

第二节　保温、隔热、防腐工程基础

一、保温、隔热材料

保温、隔热材料最常见的有：现浇水泥珍珠岩、水泥珍珠岩板、水泥蛭石保温层、聚苯乙烯泡沫板、聚氨酯发泡防水保温层、聚氯乙烯塑料板、SB 保温板（外墙保温板）、泡沫混

凝土块、加气混凝土块、沥青珍珠岩板、沥青贴软木板、沥青玻璃棉毡、沥青矿渣棉毡等。

二、保温隔热屋面

保温隔热屋面项目适用于各种材料的屋面隔热保温。图 17-1 是屋面保温隔热层做法的例子。

三、保温隔热天棚

保温隔热天棚项目适用于各种材料的下贴式或吊顶上搁置式的保温隔热天棚。

1. 下贴式如需底层抹灰时，其价款应计入保温隔热天棚项目报价内。

2. 下贴式如需钉木龙骨时，木龙骨制作、安装以及防腐、防火处理，应包括在报价内。

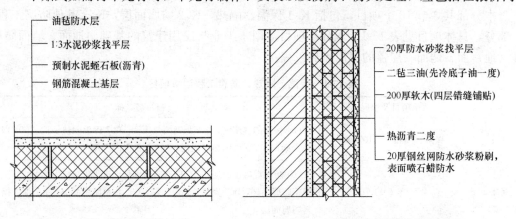

图 17-1　屋面保温隔热构造图　　　　图 17-2　软木保温隔热墙体构造图

四、保温隔热墙

保温隔热墙项目适用于工业与民用建筑物外墙、内墙保温隔热工程。图 17-2 是外墙内保温构造做法，另一种是"增强粉刷石膏聚苯板外墙内保温"结构，具体做法是在外墙内基面上先用专用粘结石膏粘贴聚苯板（聚苯板与外墙内侧间形成空气层），抹 8mm 厚粉刷石膏，并用两层玻纤涂塑网格布增强，再用耐水腻子刮平，最后做内饰面层。图 17-3 是外墙外保温系统节点构造方案图。

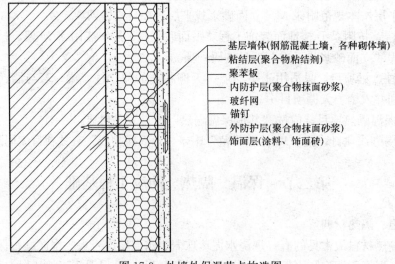

图 17-3　外墙外保温节点构造图

224

五、防腐混凝土面层、防腐砂浆面层、防腐胶泥面层

防腐混凝土面层、防腐砂浆面层、防腐胶泥面层等项目适用于平面或立面的防腐，材料有：水玻璃类防腐面层（水玻璃混凝土、水玻璃砂浆、水玻璃胶泥）、沥青类防腐蚀面层（沥青混凝土、沥青砂浆、沥青胶泥）、钢屑水泥整体面层、硫磺类防腐面层、重晶石类防腐面层、玻璃钢防腐面层、树脂砂浆、树脂胶泥以及聚合物水泥砂浆等。

现就几种防腐材料作如下介绍：

防腐处理层主要由耐酸耐碱材料组成，例如耐酸砂浆、耐酸混凝土、玻璃钢、耐酸防腐涂料以及各种耐酸面料等。粘接结合层材料有树脂胶泥、水玻璃胶泥、硫磺胶泥、沥青胶泥等。

1. 水玻璃耐酸混凝土面层

水玻璃耐酸混凝土是以石英石、石英砂、石英粉、水玻璃、氟硅酸钠和铸石粉为原料，按一定比例配制而成的，其中水玻璃为胶结材料，氟硅酸钠作促凝剂，石英砂、石英粉等为耐酸粉料和耐酸粗、细骨料。这种混凝土能抵抗大部分酸（如硫酸、盐酸、硝酸等无机酸，乙酸、蚁酸和草酸等有机酸）和大部分腐蚀性气体（如氯气、二氧化硫、三氧化硫等）的浸蚀，在高温下（1000℃）仍能保持其耐酸性能，并具有较高的机械强度。常用于化工、冶金等工业建（构）筑物的面层防护。

2. 重晶石砂浆、重晶石混凝土面层

重晶石砂浆和重晶石混凝土均以重晶石、重晶石砂、水泥为基本原料，按比例拌合而成的耐酸面层材料。重晶石砂浆的配合比为水泥：重晶石砂：水＝1：4：0.8。

3. 沥青砂浆面层

沥青砂浆是以石油沥青（30♯）、硅藻土、温石棉、白云石砂（4♯）为原料，按一定配合比配制而成，常用比例为石油沥青：硅藻土：温石棉：白云石＝1：0.533：0.533：3.121。

4. 防腐胶泥

（1）树脂胶泥：有环氧树脂胶泥、酚醛树脂胶泥和环氧酚醛胶泥等品种，环氧树脂胶泥的配合比为环氧树脂：丙酮：乙二胺：石英粉＝1：0.1：0.08：2。

（2）水玻璃胶泥：分水玻璃胶泥和水玻璃稀胶泥，它们均由水玻璃、氟硅酚钠、石英粉和铸石粉组成，它们的区别仅是配合比不一样。水玻璃胶泥的配合比依次为1：0.18：1.2：1.1，水玻璃稀胶泥为1：0.15：0.5：0.5。

（3）硫磺胶泥：由硫磺、石英粉、聚硫橡胶配制而成，其配合比为6：4：0.2。

（4）耐酸沥青胶泥和耐酸沥青砂浆：耐酸沥青胶泥由石油沥青（30♯）、石英粉和石棉配制而成，其配合比为1：0.3：0.05（用于隔离层）或1：1：0.05（用于砌块材）；耐酸沥青砂浆由石油沥青（30♯）、石英粉和石英砂按1.3：2.6：7.4配制而成。

六、玻璃钢防腐面层

玻璃钢防腐面层是由各种树脂胶和玻璃布（增强材料）交错粘贴而成。树脂胶料有环氧树脂、酚醛树脂、呋喃树脂、邻苯型不饱和聚酯树脂等；增强材料有玻璃纤维丝、布（毡）、玻璃纤维表面毡、玻璃纤维短切毡或涤纶布、涤纶毡、丙纶布、丙纶毡等。

树脂胶不同的玻璃钢只是粘贴时所采用的树脂不同。因此，玻璃钢面层也就分为环氧玻璃钢、环氧酚醛（树脂）玻璃钢、酚醛（树脂）玻璃钢、环氧煤焦油（树脂）玻璃钢、环氧

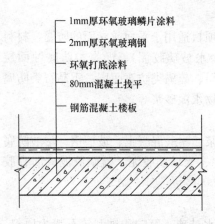

呋喃（树脂）玻璃钢以及邻苯型不饱和聚脂（树脂）玻璃钢等。图 17-4 是环氧玻璃钢楼面构造的一个范例。

图 17-4　环氧玻璃钢楼面构造层次图

七、聚氯乙烯板面层

聚氯乙烯板面层项目适用于地面、墙面的软、硬聚氯乙烯板防腐工程。

八、块料防腐面层

块料防腐面层项目适用于地面、沟槽、基础等各类块料防腐工程。防腐块料品种有瓷砖、瓷板、铸石板、陶板、花岗岩等。块料防腐面层的做法也很方便，例如在砖墙或砌块墙基体上抹 10～15mm 厚 1：2 水泥砂浆找平，再用聚合物水泥砂浆粘贴 6 厚瓷板面层，或粘贴 1mm 厚树脂玻璃钢面层。聚合物水泥砂浆配合比，例如氯丁胶乳水泥砂浆的用料比例为水泥 100：砂子 100～200：氯丁胶乳 45～55：水适量。

九、隔离层

隔离层项目适用于楼地面的沥青类（如耐酸沥青胶泥卷材、耐酸沥青胶泥布、沥青胶泥）、树脂玻璃钢类防腐隔离层。

十、砌筑沥青浸渍砖

砌筑沥青浸渍砖项目适用于浸渍标准砖。图 17-5 是沥青浸渍面层的构造层次简图。

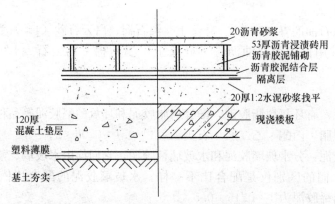

图 17-5　沥青浸渍砖面屋构造层次图

十一、防腐涂料

防腐涂料项目适用于建筑物、构筑物以及钢结构的防腐。防腐涂料主要是些油漆，包括过氯乙烯漆、酚醛树脂漆、聚氨酯漆等。做法上大都包括底漆、中间漆和面漆，部分的还包括刮腻子。

第三节　保温、隔热工程量计算及示例

一、屋面、天棚、楼地面保温、隔热工程量计算

屋面、天棚、楼地面保温、隔热工程量按设计图示尺寸以面积（m²）计算，扣除 >0.3m² 的柱、垛、孔洞所占面积。计算式如下：

（1）屋面保温隔热工程量：

$$S = 设计图示长度 \times 设计宽度 \tag{17-1}$$

（2）天棚保温隔热工程量：

$$S = 设计主墙间净长 \times 净宽 + 并入面积 \tag{17-2}$$

注意：① 与天棚相连的梁按展开面积计算，并入天棚工程量内；

② 柱帽保温隔热应并入天棚保温隔热工程量内。

（3）楼地面保温隔热工程量：

$$S = 设计主墙间净长 \times 净宽 \tag{17-3}$$

式（17-3）计算中，门洞、空圈、暖气包槽、壁龛的开口部分不增加面积。

二、墙保温隔热工程量计算

墙保温隔热工程量：

$$S = 设计图示尺寸面积 - 扣除面积 + 并入面积 \tag{17-4}$$

式中：扣除面积指扣除门窗洞口以及面积 $>0.3m^2$ 梁、孔洞所占面积；并入面积指门窗洞口侧壁以及与墙相连的柱，并入保温墙体工程量内。

三、柱、梁保温工程量计算

1. 柱保温工程量，按设计图示柱断面保温层中心线展开长度乘保温层高度，以面积（m^2）计算，扣除面积 $>0.3m^2$ 梁所占面积，计算式为：

$$S = 保温层中心线展开长度 \times 保温层高度 - 扣除面积 \tag{17-5}$$

2. 梁保温工程量：按设计图示梁断面保温层中心线展开长度乘以保温层长度，以面积（m^2）计算：

$$S = 保温层中心线展开长度 \times 保温层长度 \tag{17-6}$$

四、其他保温隔热项目工程量计算

其他保温隔热项目包括池槽保温隔热等，工程量计算规则按设计图示尺寸以展开面积计算。扣除面积 $>0.3m^2$ 孔洞所占面积。

【例 17-1】 图 17-6 是某冷库保温隔热构造图，设计采用软木保温层，厚度 0.1m、顶棚做带木龙骨保温层，试计算该冷库室内软木保温隔热层工程量。

【解】 （1）钢筋混凝土板下软木保温层（天棚）工程量，按式（17-2）：

$$S_1 = (7.2 - 0.24)(4.8 - 0.24) = 31.74m^2$$

（2）墙体铺贴软木保温，工程量按式（17-4）计算：

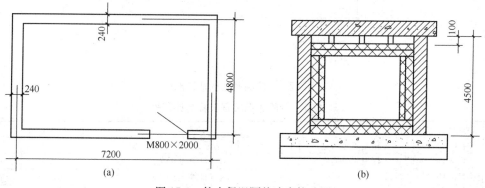

图 17-6 软木保温隔热冷库构造图

$$S_2 = (7.2+4.8-0.48) \times 2 \times (4.5-0.1) - 0.8 \times 2 + (0.8+2\times2) \times 0.24$$
$$= 100.93\text{m}^2$$

（3）地面保温隔热层工程量，按式（17-3）：
$$S_4 = (7.2-0.24)(4.8-0.24) = 31.74\text{m}^2$$

【**例 17-2**】 若图 17-6 冷库内加设两根直径为 0.5m 的圆柱，上带柱帽，尺寸如图 17-7 所示，仍采用软木保温，试计算工程量、列该冷库保温隔热工程量清单，并计算工料总用量。

【**解**】 （1）柱身保温层工程量按式（17-5）：
$$S_3 = 0.6\pi \times (4.5-0.8) \times 2(\text{根}) = 13.95\text{m}^2$$

（2）柱帽保温工程量，按空心圆锥体表面积计算：
$$S_{31} = \frac{1}{2}\pi(0.6+0.83) \times \sqrt{0.115^2+0.6^2} \times 2 = \frac{1}{2}\pi \times 1.43 \times 0.61 \times 2 = 2.74\text{m}^2$$

表 17-2 为冷库保温隔热工程量计算表，表 17-3 是该项目工程量清单。

（3）按××省建筑与装饰工程计价表（2004 年），冷库保温隔热工程工料汇总表（表 17-4）。

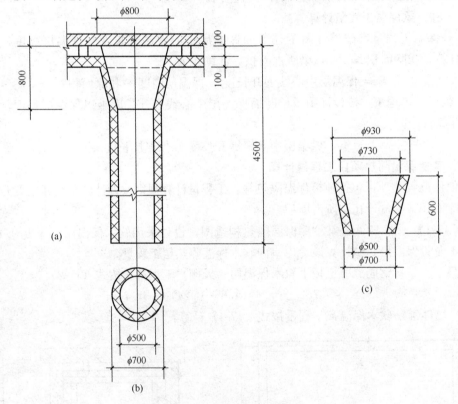

图 17-7 柱保温层构造详图

表 17-2 冷库保温工程工程量计算表

序号	清单项目编码	清单项目名称	计算式	工程量合计	计量单位
1	011001002001	保温隔热天棚	S_1（计算见正文）＝31.74＋2.74	34.48	m²
2	011001003001	保温隔热墙面	S_2（计算见正文）	100.94	m²
3	011001004001	保温柱	S_3（计算见正文）	13.95	m²
4	011001005001	保温隔热地面	S_4（计算见正文）	31.74	m²

表 17-3　冷库保温分项工程和单价措施项目清单与计价表

序号	项目编码	项目名称	项目特征描述	计量单位	工程量	金额（元）	
						综合单价	合价
1	011001002001	保温隔热天棚	1. 保温隔热材料，品种、规格及厚度：软木，380mm × 380mm，0.1m 2. 粘结材料种类及做法：石油沥青 30♯，粘贴	m²	34.48		
2	011001003001	保温隔热墙面	1. 保温隔热部位：墙面，柱面 2. 保温隔热方式：内保温 3. 保温隔热材料品种、规格及厚度：软木，380mm × 380mm，0.1m 4. 粘结材料种类及做法：石油沥青 30♯，粘贴	m²	100.94		
3	011001004001	保温柱		m²	13.95		
4	011001005001	保温隔热地面	1. 保温隔热部位：地面 2. 保温隔热材料品种、规格、厚度：软木，380mm × 380mm，0.1m 3. 粘结材料种类、做法：石油沥青 30♯，粘贴	m²	31.74		

表 17-4　冷库保温工程工料汇总表

序号	项目名称	定额编号	工程量	人工（二类工）（工日）	软木 380mm×380mm（m³）	石油沥青 30♯（kg）	木柴（kg）	煤（kg）	竹钉 φ5×40mm（百个）
1	保温隔热天棚	9-226	3.45	16.25	3.62	325.68	30.02	60.03	0.45
2	保温隔热墙面	9-232	10.09	39.35	10.59	952.50	87.78	175.57	1.31
3	保温柱	9-229	1.4	6.79	1.47	132.16	12.18	24.36	0.18
4	保温隔热地面	9-217	3.17	11.92	3.33	369.97	33.92	67.84	
	合　计			74.31	19.01	1780.31	163.9	327.8	1.94

第四节　防腐工程量计算与示例

一、防腐工程量计算

防腐项目002001 防腐混凝土面层、002 防腐砂浆面层、003 防腐胶泥面层、004 玻璃钢防腐面层、005聚氯乙烯板面层、006块料防腐面层、003001隔离层及003防腐涂料，这8个项目的工程量计算规则均按设计图示尺寸以面积（m²）计算，计算式可表示如下：

$$S = A \times B \pm S_k(S_b) \tag{17-7}$$

式中 A、B——分别为设计图示长度、宽度（m）；

$\quad\quad\quad S_k$——扣除部分：①平面防腐，扣除凸出地面的构筑物、设备基础以及面积>0.3m² 孔洞、柱、垛等所占面积；②立面防腐：扣除门、窗、洞口以及面积>0.3m² 孔洞、梁所占面积。

$\quad\quad\quad S_b$——并入面积：①立面防腐，门、窗、洞口侧壁、垛突出部分按展开面积并入墙面积内；②平面防腐，门洞、空圈、暖气包槽、壁龛的开口部分不增加面积。

二、其他防腐项目工程量计算

1. 池、槽块料防腐面层

池、槽块料防腐面层工程量按设计图示尺寸以展开面积（m²）计算。

2. 砌筑沥青浸渍砖工程量按设计图示尺寸以体积（m³）计算。

【例 17-3】 如图 17-8 所示，试计算（1）图中（a）方案所示防腐密实混凝土面层工程量，（2）图中（b）方案（做踢脚线）所示防腐沥青砂浆工程量并列出方案（b）的工程量清单。

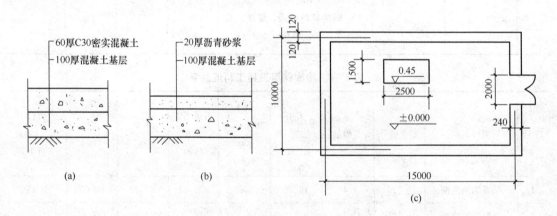

(a)   (b)   (c)

图 17-8 某化学研究室示意图

【解】 按式（17-7）：

（1）防腐密实混凝土（方案 a）工程量

$$S = (15 - 0.24)(10 - 0.24) - 1.5 \times 2.5 = 140.31 \text{m}^2$$

（2）防腐沥青砂浆工程量（方案 b 做踢脚板）

① 地面 $S_1 = (15 - 0.24)(10 - 0.24) - 1.5 \times 2.5 = 140.31 \text{m}^2$

②踢脚线 $S_2 = 0.15 \times [(15 - 0.24 + 10 - 0.24) \times 2 + 0.12 \times 2 - 2] = 7.09 \text{m}^2$

（3）方案（b）工程量清单（表 17-5）

表 17-5 某化学研究室地面（方案 b）分项工程和单价措施项目清单与计价表

序号	项目编码	项目名称	项目特征描述	计量单位	工程量	金额（元）	
						综合单价	合价
1	011002002001	防腐砂浆面层	1. 防腐部位：地面 2. 厚度：20mm 3. 砂浆种类、配合比：30♯石油沥青：石英粉：石英砂＝1：2：5.692	m²	140.31		
2	011105001001	沥青砂浆踢脚线	1. 踢脚线高度：150mm 2. 厚度、砂浆配合比：20mm，30♯石油沥青：石英粉：石英砂＝1：2：5.692	m²	7.09		

【**例 17-4**】　某工程建筑示意图如图 17-9 所示，该工程外墙保温做法：①基层表面清理；②刷界面砂浆 5mm；③刷 30mm 厚胶粉聚苯颗粒；④门窗边做保温宽度为 120mm。外墙高度 3.20m。

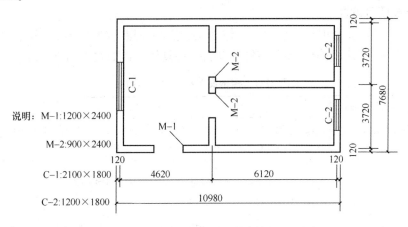

图 17-9　某项目建筑平面图

表 17-6 清单工程量计算表

序号	清单项目编码	清单项目名称	计 算 式	工程量合计	计量单位
1	011001003001	保温墙面	1. 墙面：$S_1=(10.98+7.68)\times2\times3.2-(1.2\times2.4+2.1\times1.8+1.2\times1.8\times2)=108.44\text{m}^2$ 2. 门窗侧边： $S_2=[(2.1+1.8)\times2+(1.2+1.8)\times4+(2.4\times2+1.2)]\times0.12=3.10\text{m}^2$	111.54	m²

表 17-7 分部分项工程和单价措施项目清单与计价表

序号	项目编码	项目名称	项目特征描述	计量单位	工程量	金额（元）	
						综合单价	合价
1	011001003001	保温墙面	1. 保温隔热部位：墙面 2. 保温隔热方式：外保温 3. 保温隔热材料品种、厚度：30mm厚胶粉聚苯颗粒 4. 基层材料：5mm厚界面砂浆	m²	111.54		

第四篇 装饰工程量与消耗量计算

第十八章 楼地面装饰工程

第一节 楼地面工程清单项目设置及有关说明

一、清单项目设置

本分部共 8 节 43 个项目，包括：整体面层、块料面层、橡塑面层、其他材料面层、踢脚线、楼梯面层、台阶装饰、零星装饰等项目，各具体项目如表 18-1 所示。

表 18-1 楼地面工程清单项目内容

序号	清单项目及编码	项 目 名 称
L. 1	整体面层及找平层 （011101）	001 水泥砂浆楼地面，002 现浇水磨石楼地面，003 细石混凝土楼地面，004 菱苦土楼地面，005 自流平楼地面，006 平面砂浆找平层
L. 2	块料面层 （011102）	001 石材楼地面，002 碎石材楼地面，003 块料楼地面
L. 3	橡塑面层 （011103）	001 橡胶板楼地面，002 橡胶卷材楼地面，003 塑料板楼地面，004 塑料卷材楼地面
L. 4	其他材料面层 （011104）	001 地毯楼地面，002 竹木（复合）地板，003 金属复合地板，004 防静电活动地板
L. 5	踢脚线 （011105）	001 水泥砂浆踢脚线，002 石材踢脚线，003 块料踢脚线，004 塑料板踢脚线，005 木质踢脚线，006 金属踢脚线，007 防静电踢脚线
L. 6	楼梯面层 （011106）	001 石材楼梯面层，002 块料楼梯面层，003 拼碎块料面层，004 水泥砂浆楼梯面层，005 现浇水磨石楼梯面层，006 地毯楼梯面层，007 木板楼梯面层，008 橡胶板楼梯面层，009 塑料板楼梯面层
L. 7	台阶装饰 （011107）	001 石材台阶面，002 块料台阶面，003 拼碎块料台阶面，004 水泥砂浆台阶面，005 现浇水磨石台阶面，006 剁假石台阶面
L. 8	零星装饰项目 （011108）	001 石材零星项目，002 碎拼石材零星项目，003 块料零星项目，004 水泥砂浆零星项目

二、相关说明

1. 平面砂浆找平层项目只适用于仅做找平层的平面抹灰。如橡塑面层涉及找平层，按平面砂浆找平层项目编码列项。

2. 楼地面混凝土垫层，另按"13 计算规范"附录 E.1 垫层项目编码列项，除混凝土外的其他材料垫层按附录表 D.4 垫层项目编码列项。

3. 楼梯、台阶牵边和侧面镶贴块料面层，不大于 0.5m² 的少量分散楼地面镶贴块料面层，应按零星装饰项目编码列项。

第二节　楼地面装饰工程简介

楼地面是房屋建筑地面与楼面的统称。地面指底层室内地坪，楼面是指各楼层的室内地坪。无论是地面、楼面，均由三部分组成，即基层（结构层）、垫层（中间层）和面层（装饰层）。除这三个基本层次外，为满足找平、结合、防水、防潮、保温隔热等功能的要求，往往还要在基层与面层之间增加若干中间层。这样，楼地面一般就由基层、垫层、填充层、隔离层、找平层、结合层和面层组成。

楼地面按面层使用材料的不同可以分为：水泥砂浆地面、水磨石地面、马赛克地面、地砖地面、大理石地面、花岗岩地面、木地板地面、塑料板地面、地毯铺贴地面等。按面层构造和施工工艺的不同分为：整体地面、块料地面、橡塑地面、竹木地面和特种地面等。

现对楼地面装饰各组成部分作简要说明：

1. 基层：楼地面最下的构造层。楼面的基层为楼板，也称承重层；地面的基层为夯实土基。

2. 垫层：是承受地面荷载并均匀传递给基层的构造层。按材料分，常见的垫层有混凝土垫层、砂石人工级配垫层、天然级配砂石垫层、灰土垫层、碎石、碎砖垫层、三合土垫层、炉渣垫层等。

3. 填充层：也称防水、防潮层，是指在楼地面上起隔声、保温、找坡或敷设暗管、暗线等作用的构造层。填充层材料包括：（1）松散材料，如炉渣、膨胀蛭石、膨胀珍珠岩等；（2）块体材料，如加气混凝土、泡沫混凝土、泡沫塑料、矿棉、膨胀珍珠岩、膨胀蛭石块和板材等；（3）整体材料，如沥青膨胀珍珠岩、沥青膨胀蛭石、水泥膨胀珍珠岩、膨胀蛭石等。

4. 隔离层：是起防水、防潮作用的构造层。主要是指卷材、防水砂浆、沥青砂浆或防水涂料等隔离层。

5. 找平层：是指在垫层、楼板承重层上或填充层上起找平、找坡或加强作用的构造层。通常使用水泥砂浆作找平层，有比较特殊要求的可采用细石混凝土、沥青砂浆、沥青混凝土铺设找平层。

6. 结合层：也常称粘结层，是指面层与下层相结合的中间层，常用水泥砂浆作地砖或面砖铺贴的结合层。

7. 面层：是楼地面中直接承受各种荷载作用的表面层。常指：（1）整体面层，包括水泥砂浆面层、现浇水磨石面层、细石混凝土面层、菱苦土面层等；（2）块料面层，如天然或人工石材、陶瓷地砖、橡胶、塑料、竹、木地板等面层。

8. 自流平地面：首先介绍一下自流平，自流平是一种地面施工技术，它是由多种材料同溶剂混合而成的液态物质，倒入地面后，这种液态物质可根据地面的高低不平顺势流动，对地面进行自动找平，并很快达到干燥，固化后的地面会形成一层光滑、平整、无缝的新基层。除找平功能之外，自流平还可以起到防潮、抗菌的重要作用，这一技术已经在无尘室、无菌室、医院、微电子制造厂、商场以及家庭装饰中得到广泛应用。

自流平地面，是指在基层上，采用具有自行流平性能或稍加辅助性摊铺即能流动找平的地面用材料，经搅拌后摊铺所形成的地面。可以做成多种自流平地面，例如水泥基自流平砂浆地面、石膏基自流平地面、环氧树脂自流平地面、聚氨酯自流平地面等。水泥基自流平砂浆地面是由基层、自流平界面剂、水泥基自流平砂浆构成的地面。水泥基自流平砂浆分单组分和双组分两种，单组分水泥基自流平砂浆是由水泥基胶凝材料、细骨料和填料以及其他粉状添加剂等原料拌和而成的。

9. 其他有关说明

（1）防护材料，是指耐酸、耐碱、耐臭氧、耐老化、防水、防油渗等材料。

（2）压线条，是指地毯、橡胶板、橡胶卷材铺设用的压条，如铝合金、不锈钢、铜压线条等。

（3）防滑条，是指用于楼梯、台阶踏步的防滑设施，如水泥玻璃屑，水泥钢屑，铜、铁防滑条等。

（4）固定配件，是指用于楼梯、台阶的栏杆柱、栏杆、栏板与扶手相连接的固定件，固定楼梯地毯用的固定件。

（5）颜料，是指用于水磨石地面、踢脚线、楼梯、台阶、块料面层勾缝所需配制石子浆或砂浆内加添的颜料，是一些耐碱的矿物颜料，例如氧化铁红（黄）、氧化铬绿颜料等。

以下对常见分项工程的构造做法作简要介绍：

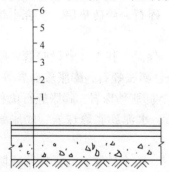

图 18-1　水磨石地面构造层次图
1—素土夯实；2—混凝土垫层；3—刷素水泥浆一道；4—18厚1：3水泥砂浆找平层；5—刷水泥浆结合层一道；6—10~15厚1：1.5~2白水泥白石子浆

一、水磨石楼地面

在基层上做水泥砂浆找平层后，按设计分格镶嵌嵌条，抹水泥砂浆面层，硬化后磨光露出石渣并经补浆、细磨、酸洗、打蜡，即成水磨石面层。图18-1是现浇水磨石地面构造层次图，其施工程序如下：

基层清理→刷素水泥浆→做标筋→铺水泥砂浆找平层→养护→嵌分格条→刷素水泥浆一道→铺抹水泥石料浆面层→研磨→酸洗打蜡。

水磨石楼地面按带嵌条、带艺术型嵌条分色，分普通水磨石、彩色水磨石和彩色镜面水磨石楼地面。嵌条是在水磨石面层铺设前，在找平层上按设计要求图案设置的分格条，一般可用铜嵌条、铝嵌条或玻璃嵌条和不锈钢嵌条等，分格条的设置要求如图18-2所示。

彩色水磨石楼地面也称分格调色水磨石地面，是指用白水泥彩色石子浆代替白水泥白石子浆而做成的水磨石地面。若表面磨光按"五浆五磨"研磨，七道"抛光"工序施工，则属于高级水磨石，称为彩色镜面水磨石地面。

二、块料楼地面

块料面层也称板块面层，是指用一定规格的块状材料，采用相应的胶结料或水泥砂浆结合层（找平层）镶铺而成的面层。常见的铺地块料种类颇多，按块料品种列有大理石（包括

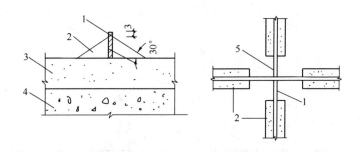

图 18-2　分格嵌条设置

1—分格条；2—素水泥浆；3—水泥砂浆找平层；4—混凝土垫层；

5—40～50mm 内不抹素水泥浆

人造大理石）板、花岗岩板材、缸砖、锦专（马赛克）、地砖、塑料板、橡胶板、玻璃地面等，现就有关项目分述如下：

1. 大理石、花岗岩楼地面

大理石一般分为天然大理石和人造大理石两种，天然大理石因盛产于云南大理而得名。大理石具有表观致密，质地坚实，色彩鲜艳，吸水率小等优点。装饰用大理石板材、是将荒料经过锯、磨、切、抛光等工序加工而成。大理石一般为白色，纯净大理石，洁白如玉，常称为汉白玉。含有不同杂质的大理石呈黑色、玫瑰色、橘红色、绿色、灰色等多种色彩和花纹，磨光后非常美观。人造大理石是以大理石碎料、石英砂、石粉等为骨料，以聚酯、水泥等作胶粘剂，经搅拌、浇注成型、打磨、抛光制成的。大理石板材的化学稳定性较差，主要用作室内装饰材料，不适宜用于室外装饰。

花岗岩板材是以含有长石、石英、云母等主要矿物晶粒的天然火成岩荒料，经过剁、刨、抛光而成，其色彩鲜明，光泽动人，有镜面感，主要用于室内外墙面、柱面和地面等装饰。

大理石、花岗岩面层，按装饰部位可铺贴楼地面、楼梯、台阶、踢脚线和零星项目；按铺贴用粘结材料可分水泥砂浆粘结和粘结剂铺贴；按镶贴面层的图案形式不同，分为单色、多色、拼花和点缀几种。此外，还有碎拼大理石、碎拼花岗岩项目。大理石、花岗岩板楼地面的构造做法如图 18-3 所示。

2. 陶瓷地砖楼地面

陶瓷地砖也称地面砖，是采用塑性较大且难熔的黏土，经精细加工，烧制而成。地砖有带釉和不带釉两类，花色有红、白、浅黄、深黄等，红地砖多不带釉。地面砖有方形、长方形、六角形三种，规格大小不一。

陶瓷地砖可铺贴楼地面、楼梯、台阶及踢脚线及零星项目等。

3. 玻璃地面

玻璃地面包括镭射玻璃砖地面和幻影玻璃地砖。

镭射玻璃是以玻璃为基体，在其表面制成全息光栅或其他几何光栅，在阳光或灯光照射下，会反射出艳丽的七色光彩，给人以美妙奇特的感觉。

镭射玻璃地砖抗老化、抗冲击，且耐磨性及硬度等优于大理石，与高档花岗岩相仿，装饰效果甚优。

4. 缸砖地面

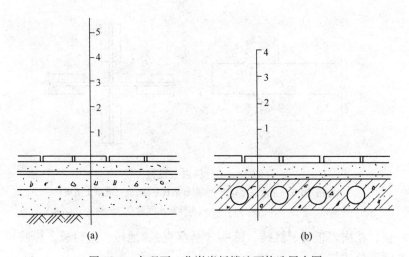

图 18-3　大理石、花岗岩板楼地面构造层次图

（a）地面构造 1—素土夯实；2—100mm 厚 3：7 灰工垫层；3—50mm 厚 C15 素混
凝土基层；4—素水泥浆结合层；5—1：3 干硬性水泥砂浆找平层；6—大理石或
花岗岩板面层；（b）楼面构造 1—钢筋混凝土楼板；2—素水泥砂浆结合层；3—
1：3 干硬性水泥砂浆找平层；4—大理石（或花岗岩）板面层

缸砖又称地砖或铺地砖，系用组织紧密的黏土胶泥，经压制成型，干燥后入窑焙烧而成。缸砖表面不上釉，色泽常为暗红、浅黄和青灰色，形状有正方形、长方形和六角形等。缸砖一般用于室外台阶、庭院通道和室内厨房、浴厕以及实验室等楼地面的铺贴。

缸砖面层可用于楼地面、楼梯、台阶、踢脚线和零星项目等，楼地面可为勾缝和不勾缝。

5. 陶瓷锦砖地面

陶瓷锦砖俗称马赛克，它是以优质瓷土为主要原料，经压制成型入窑高温焙烧而成的小块瓷砖，有挂釉和不挂釉两种，目前产品多数不挂釉。因尺寸较小，拼图多样化，有"什锦砖"之美称，故常称陶瓷锦砖。单块陶瓷锦砖很小，不便施工，因此生产厂家将其按一定图案单元反贴在 305.5mm×305.5mm 的牛皮纸上，每张纸称为"一联"，每联面积为一平方英尺，约 0.093m²，一般以 40 联为一包装箱，可铺贴 3.72m²，因此陶瓷锦砖又称皮纸砖。陶瓷锦砖具有美观、耐磨、抗腐蚀等特点，广泛用于室内外装饰。

陶瓷锦砖面层包括楼地面、台阶和踢脚线三种，楼地面又可分拼花和不拼花。

6. 橡塑地面

（1）塑料地板

塑料地板以及塑料卷材地面，是一种比较风行的地面装饰板材，它具有表面光滑、色泽鲜艳、且脚感舒适、不易占尘、防滑、耐磨等优点，用途广泛。

塑料地板最常用的产品为聚氯乙烯塑料板（简称 PVC 地板），它主要以聚氯乙烯树脂（PVC）为原料，掺以增塑剂、稳定剂、润滑剂、填充剂及适量颜料等，经搅拌混合，通过热压、退火等处理制成板材，再切成块料。

塑料地板按产品外形分有块材和卷材两种，分别称塑料板和塑料卷材，块料地板有各种颜色的，如仿水磨石、仿木纹、仿面砖等图案。

（2）橡胶板

橡胶地板主要是指以天然橡胶或以含有适量填料的合成橡胶制成的复合板材。它具有吸声、绝缘、耐磨、防滑和弹性好等优点，主要用于对保温要求不高的防滑地面。橡胶面层也分橡胶板楼地面、橡胶卷材楼地面。

7. 镶贴面酸洗、打蜡

为使铺贴的大理石、花岗岩等块料面层表面更加明亮，富有光泽，需对其进行抛光打蜡。块料、花岗石、大理石楼地面、楼梯台阶镶贴面层要求酸洗打蜡者，应在项目特征及工程内容中描述，以便计价。

抛光一般是将草酸溶液浇到面层上，用棉纱头均匀擦洗面层，或用软布卷固定在磨石机上研磨，直至表面光滑，再用水冲洗干净。草酸有化学腐蚀作用，在棉纱或软布卷擦拭下，可把面层表面的突出微粒或细微划痕去掉，故常称酸洗。草酸溶液的配比可为热水∶草酸＝1∶0.35（质量比），溶化冷却后待用。

打蜡可使表面更加光亮滑润，同时对表面有保洁作用。蜡液的配比可为硬石蜡∶煤油∶松节油∶清油＝1∶1.5∶0.2∶0.2（质量比）。打蜡的方法是：在面层上薄薄涂一层蜡，稍干后，用钉有细帆布（或麻布）的木块代替油石，装在磨石机的磨盘上进行研磨，直至光滑洁亮为止。

三、地毯

地毯是目前国内外最常用的楼地面装饰材料之一。地毯可分为两大类：一类为纯毛地毯，包括手工栽绒羊毛地毯和纯羊毛无纺织地毯，或分为手工编织纯毛地毯和机织纯毛地毯；另一类为化纤地毯，包括腈纶纤维地毯、锦纶纤维地毯、涤纶纤维地毯、丙纶纤维地毯和混纺纤维地毯等。

纯毛地毯具有弹性好、抗老化、柔软舒适、难燃不滑、经久耐用、色彩鲜艳等特点。

化纤地毯具有脚感舒适、质轻耐磨、不怕虫蛀、图案美观、价格便宜等特点。

地毯花色品种和规格繁多，广泛适用于室内地面装饰。

1. 楼地面地毯

楼地面地毯分固定式和不固定式两种铺设方式。

固定式分带垫和不带垫铺设方式。固定式铺设是先将地毯截边、拼缝、粘结成一块整片，然后用胶粘剂或倒刺板条固定在地面基层上。

带垫铺设也称双层铺设，这种地毯无正反面，两面可调换使用，即无底垫地毯，需要另铺垫料。垫料一般为海绵波纹衬底垫料或塑料胶垫，也可用棉（或毛）织毡垫，统称为地毯胶垫。

不固定式即活动式的铺设，即为一般摊铺，它是将地毯明摆浮搁在地面基层上，不做任何固定处理。

2. 楼梯地毯

楼梯地毯可为满铺或不满铺。满铺是指从梯段最顶做到梯段最底级的整个楼梯全部铺设地毯。满铺地毯又分带胶垫和不带胶垫两种，有底衬（也称背衬、底垫）的地毯铺时不带胶垫，无底衬的地毯要另铺胶垫。

另外，楼梯地毯还应包括配件，用于固定地毯，分铜质和不锈钢压棍和压板。

四、竹木地板、踢脚线

1. 木地板

木地板是指用木材制成的地板，中国生产的木地板主要分为实木地板、强化木地板、实木复合地板、自然山水风水地板、竹板地板和软木地板六大类。

木地板按材质分为硬木地板、复合木地板、强化复合地板、硬木拼花地板和硬木地板砖；硬木地板常称实木地板，复合地板亦称铭木地板，强化复合地板简称强化地板。

按铺贴或粘贴基层分为：（1）硬木地板铺在木楞上（单层）；（2）铺在水泥地面上；（3）硬木地板铺在毛地板上（双层）。按木板条及拼接形式分类，有硬木拼花地板、硬木地板砖、长条复合地板、长条杉木地板、长条松木地板、软木地板，还有竹地板。此外，大部分地板还分平口地板、企口地板、免刨免漆地板和复合木地板等。图18-4常见实铺木地板构造。

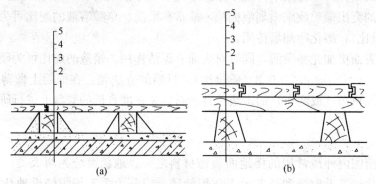

图 18-4　实铺木地板

(a) 单层企口硬木地板　1—钢筋混凝土楼板；2—细石混凝土基层；3—木楞
（预埋铁件固定，1：3水泥砂浆坞龙骨）；4—防腐油；5—硬木企口地板条
(b) 双层企口硬木地板　1—细石混凝土基层；2—木楞；3—防腐油；4—毛
地板；5—硬木地板

硬木地板条的成品尺寸一般为厚 15～20mm，宽 50～120mm，长 400～1200mm；木楞也称木搁栅或木龙骨，宽 40～60mm，厚 25～40mm，间距一般为 40mm 左右，毛地板厚 22～25mm，宽 100～120mm。硬木拼花地板条常用尺寸范围是厚 9～20mm，宽 23～50mm，长 115～300mm。

复合地板，全称实木复合地板。是从实木地板家族中衍生出来的地板种类，最早在欧洲兴起，二十世纪九十年代初、中期引到中国，一般分为三层实木复合地板和多层实木复合地板两大类。实木复合地板一般多用脲醛树脂胶层压而成。

三层实木复合地板有三层结构，表层为优质硬木规格板条镶拼板或单板，中间为软杂木板条，底层为旋切单板。

多层实木复合地板以多层胶合板为基材，表层以优质规格硬木薄片镶拼或刨切薄木。

2. 竹地板

竹地板是一种新型建筑装饰材料，我国二十世纪八十年代末已经出现，它以天然优质竹子为原料，经过二十几道工序，脱去竹子原浆汁，经高温高压拼压，再经过多层油漆，最后用红外线烘干而成。竹地板有竹子的天然纹理，清新文雅，给人一种回归自然、高雅脱俗的感觉。竹地板以竹代木，具有木材的原有特色，而且竹在加工过程中，采用符合国家标准的优质胶种，可避免甲醛等物质对人体的危害，竹地板还兼具原木地板的自然美感和陶瓷地砖的坚固耐用的特点。

竹木复合地板是竹材与木材复合再生产物。它的面板和底板，采用的是上好的竹材，而其芯层多为杉木、樟木等木材。其生产制作要依靠精良的机器设备和先进的科学技术以及规范的生产工艺流程，经过一系列的防腐、防蚀、防潮、高压、高温以及胶合、旋磨等近40道繁复工序，制作成的一种新型的复合地板。

3. 木踢脚线

木踢脚线有（1）直线形木踢脚线（包括杉板、榉木夹板、橡木夹板），（2）弧线形木踢脚线，（3）实木踢脚线和成品木踢脚线。

五、防静电活动地板

防静电地板是一种以金属材料或木质材料为基材，表面覆以耐高压装饰板（如三聚氰胺优质装饰板），经高分子合成胶粘剂胶合而成的特制地板，再配以专制钢梁、橡胶垫条和可调金属支架装配成防静电活动地板。这种地板具有防静电、耐老化、耐磨耐烫、装拆迁移方便、高低可调、下部串通、脚感舒适等优点，广泛应用于计算机房、通信中心、电化教室、实验室、展览台、剧场舞台等。

常见的防静电活动地板有防静电木质（复合）活动地板，全钢、铝合金防静电活动地板及PVC、陶瓷防静电地板等。

第三节　楼地面装饰工程量计算与示例

一、整体面层工程量计算

整体面层工程量按设计图示尺寸以面积（m^2）计算。①扣除凸出地面构筑物、设备基础、室内铁道、地沟等所占面积；②不扣除间壁墙和≤$0.3m^2$以内的柱、垛、附墙烟囱及孔洞所占面积；③门洞、空圈、暖气包槽、壁龛的开口部分不增加面积。工程量计算式可写为：

$$S = 图示尺寸面积 - 扣除面积 \qquad (18-1)$$

式中，图示尺寸面积指墙体内边线包围面积。

注意：间壁墙指墙厚≤120mm的墙。

【例18-1】 试计算图15-12所示中套住宅室内起居室铺贴大理石地面的工程量和工、料、机用量。大理石地面做法为：大理石板规格选500mm×500mm，水泥砂浆铺贴。

【解】（1）本例客厅大理石面层工程量如表18-2；

（2）起居室大理石地面工程量清单（表18-3）；

（3）按项目要求，套用××省2004年计价消耗量定额分项中12-45子目，其工、料、机用量如表18-4所示。

表18-2　起居室大理石地面工程量计算表

序号	清单项目编码	清单项目名称	计算式	工程量合计	计量单位
1	011102001001	大理石地面	$S=(6.8-1.2-0.24)(1.5+2.36-0.24)+1.2$ $\times(1.5-0.24)+(2.74-1.79+0.12)(2.2-0.24)$	23.01	m^2

表 18-3　起居室大理石地面工程和单价措施项目清单与计价表

序号	项目编码	项目名称	项目特征描述	计量单位	工程量	金额（元）	
						综合单价	合价
1	011102001001	大理石地面	1. 结合层厚度、砂浆配合比：厚度 20mm，水泥砂浆 1：3 2. 面层材料品种、规格、颜色：大理石板 500mm×500mm，白色带纹理 3. 嵌缝材料种类：白水泥浆	m²	23.01		

表 18-4　客厅铺贴大理石工料机用量表

序号	名称	单位	定额消耗量（1/10m²）	工程量（10m²）	项目用量
1	一类人工	工日	3.99		9.18
2	白水泥	kg	1.0		2.3
3	大理石板 500×500	m²	10.200		23.46
4	石料切割锯片	片	0.035		0.08
5	棉纱头	kg	0.100	2.3	0.23
6	水泥 32.5 级	kg	45.97		105.73
7	锯木屑	m³	0.060		0.14
8	干硬性水泥砂浆	m³	0.303		0.70
9	素水泥浆	m³	0.010		0.02
10	灰浆搅拌机 200L	台班	0.061		0.14
11	石料切割机	台班	0.14		0.32

二、块料面层、橡塑面层、其他材料面层工程量计算

块料面层、橡塑面层、其他材料面层工程量均按设计图示尺寸以面积（m²）计算。门洞、空圈、暖气包槽、壁龛的开口部分并入相应的工程量内。计算式如下：

$$S = 图示面积 + 并入面积 \qquad (18-2)$$

【例 18-2】　试计算图 15-12 所示居室中两卧室铺设硬木地板的工程量及人工和主材用量。设计要求地板条为硬木企口成品，单层铺设。

【解】　按工程量计算规则，门洞开口部分面积应加入工程量中，则

$$S = (3.4 - 0.24)(4.8 - 0.24) \times 2 + 0.8 \times 0.24 \times 2 + 2.4 \times 0.24 = 29.785 m²$$

按项目要求，查××省建筑与装饰工程计价表（2004 年）定额编号 12-128，其主要工料为：

$$一类人工 = 4.28 \times 2.98 = 12.75 工日$$

$$硬木企口地板 = 10.5 \times 2.98 = 31.29 m²$$

$$地板钉(40) = 1.587 \times 2.98 = 4.73 kg$$

三、踢脚线工程量计算

踢脚线（编码 011105）工程量计算规则有两个选项：

1. 按设计图示长度乘以高度以面积（m²）计算：

$$S = 图示长度 \times 高度 \qquad (18-3)$$

2. 按图示以延长米计算。

计算踢脚线工程量时，应按不同构造要求、材料品种、型号规格、颜色、品牌分别列项。

【例 18-3】 计算图 15-12 卧室榉木夹板踢脚线工程量，踢脚线的高度按 150mm 考虑。

【解】 榉木夹板踢脚线工程量计算如下：

（1）按延长米计算

踢脚线长 $= [(3.4-0.24)+(4.8-0.24)] \times 4 - 2.40 - 0.8 \times 2 + 0.24 \times 2 = 27.36\text{m}$

（2）按平方米计算

$$踢脚线工程量 = 27.36 \times 0.15 = 4.10\text{m}^2$$

四、楼梯面层工程量计算

楼梯（编码 011106）工程量按设计图示尺寸以楼梯（包括踏步、休息平台及≤500mm 的楼梯井）水平投影面积（m²）计算。

（1）当楼梯与楼地面相连时，楼梯算至梯口梁内侧边沿；无梯口梁者，算至最上一层踏步边沿加 300mm；

（2）单跑楼梯，不论其中间是否有休息平台，其工程量与双跑楼梯同样计算。

计算工程量时，应分不同构造要求、型号规格，楼梯铺地毯应分单层、双层。

【例 18-4】 图 18-5 是某六层房屋楼梯设计图，计算该楼梯工程量清单和工料机消耗量。该建筑物有两个单元，楼梯饰面用陶瓷地砖 1∶3 水泥砂浆铺贴。

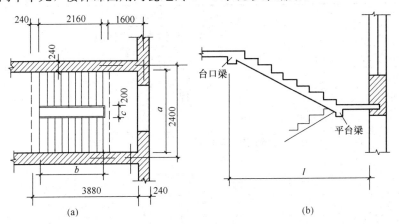

图 18-5 楼梯设计图

(a) 平面；(b) 剖面

【解】 由图中标注，可写出铺贴楼梯面层工程量计算公式：

$$S = (a \times l - b \times c) \times (n-1) \qquad (18-4)$$

式中 a，l——楼梯间净尺寸（m）；

c——楼梯井宽（m）；

n——建筑物层数。

当楼梯井宽度 $c \leqslant 500$mm 时，式（18-4）简化为下式

$$S = a \times l \times (n-1) \qquad (18-5)$$

（1）按式（18-5）和图示尺寸，该楼梯工程量列于表18-5内；

（2）工程量清单列于表18-6；

（3）查××省2004年建筑与装饰工程计价表定额编号12-100，该建筑物楼梯项目人、材、机用量如表18-7所示。

表18-5　楼梯面层工程量计算表

序号	清单项目编码	清单项目名称	计　算　式	工程量合计	计量单位
1	011106002001	陶瓷地砖楼梯面层	$S=(2.4-0.24)\times(0.24+2.16+1.6-0.12)\times(6-1)\times2$	83.81	m²

表18-6　地砖楼梯面层工程和单价措施项目清单与计价表

序号	项目编码	项目名称	项目特征描述	计量单位	工程量	金额（元）	
						综合单价	合价
1	011106002001	陶瓷地砖楼梯面层	1. 找平层厚度、砂浆配合比：20厚，1：3水泥砂浆 2. 结合层、砂浆配合比：20厚，1：3水泥砂浆 3. 面层品种、规格、颜色：陶瓷地砖300mm×300mm乳白色	m²	83.81		

表18-7　楼梯贴地砖消耗量表

定额编号		12-100				
定额项目		楼梯贴地砖水泥砂浆粘贴				
单　位		10m²				
材料类别	材料编号	材　料　名　称	数量	工程量	用量	单位
人工	GR1	一类工	10.83		90.76	工日
材料	613206	水	0.26		2.18	m³
	510165	合金钢切割锯片	0.09		0.75	片
	407007	锯（木）屑	0.06		0.50	m³
	608110	棉纱头	0.10		0.84	kg
	301002	白水泥	1.00	8.38	8.38	kg
	013075	素水泥浆	0.01		0.084	m³
	013005	水泥砂浆1：3	0.20		1.68	m³
	013003	水泥砂浆1：2	0.05		0.42	m³
	204054	同质地砖300mm×300mm	122.00		1022.36	块
机械	13090	电动切割机	0.35		2.93	台班
	06016	灰浆拌和机200L	0.07		0.59	台班

五、台阶装饰工程量计算

台阶装饰面（编码011107）工程量，按设计图示尺寸以台阶（包括最上一层踏步边沿加300mm）水平投影面积（m²）计算。

若台阶面层与平台面层是同一种材料时，平台计算面层后，台阶不再计算最上一层踏步面积；如台阶计算最上一层踏步加 300mm，则平台面层中必须扣除该面积。

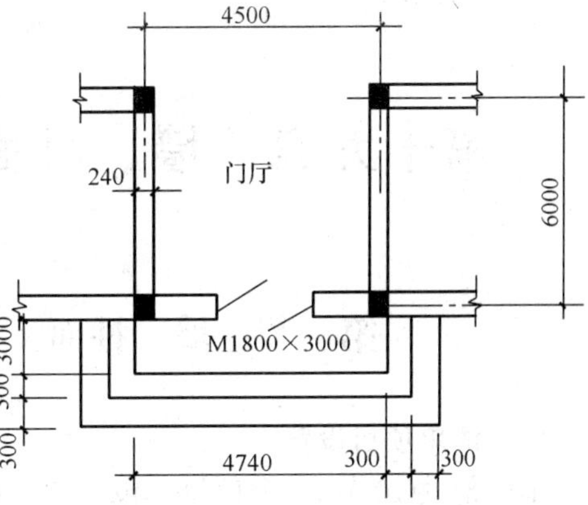

【例 18-5】 图 18-6 为某建筑物入口处台阶平面图，台阶做法为水泥砂浆铺贴花岗岩板，试计算项目工程量及主材用量。

【解】 按规定，台阶部分工程量应算至最上层踏步外沿加 300mm 处，即

（1）台阶花岗岩板工程量＝（4.74＋0.3×4）×0.3×3＋（3－0.3）×0.3×3×2＝10.21m²

（2）平台部分花岗岩板工程量＝（4.74－0.3×2）(3－0.3)＝11.18m²

（3）主材用量

图 18-6　台阶平面图

台阶部分按计价表定额编号 12-59；平台部分按地面考虑，定额编号为 12-57，则花岗岩板及水泥砂浆（1：3）的用量分别列入表 18-8。

表 18-8　例 18-5 花岗岩台阶项目人工及主材用量表

项目名称			台阶	地面	合计
定额编号			12-59	12-57	
工程量			1.02	1.12	
单位			10m²		
人工	一类工	工日	5.39	4.73	10.12
材料	花岗岩	m²	10.4	11.43	21.83
	水泥砂浆 1：1	m³	0.083	0.9	0.17
	水泥砂浆 1：3	m³	0.206	0.23	0.44
	素水泥浆	m³	0.01	0.01	0.02
	白水泥	kg	1.02	1.12	2.14
	合金钢切割锯片	片	0.12	0.05	0.17
机械	灰浆拌和机 200L	台班	0.05	0.06	0.11
	石料切割机	台班	0.48	0.19	0.67

六、零星装饰项目工程量计算

1. 零星装饰项目适用于小面积，即不大于 0.5m² 的少量分散的楼地面装饰项目。

2. 楼梯、台阶牵边和侧面镶贴块料面层，不大于 0.5m² 的少量分散的楼地面镶贴块料面层，应按"零星装饰项目"编码列项。

3. 零星装饰项目（011108）的工程量，按设计图示尺寸以面积（m²）计算。

第十九章 墙、柱面装饰与隔断、幕墙工程

第一节 墙、柱面工程清单项目设置及相关说明

一、清单项目设置

本分部共 10 节 35 个项目。包括墙、柱（梁）面抹灰、零星抹灰，墙、柱（梁）面镶贴块料、镶贴零星块料，墙、柱梁饰面，幕墙、隔断等分项工程。具体项目内容见表 19-1。由表可见，本章的装饰部位主要是墙、柱、梁面，而所做的装饰是抹灰、块料和其他饰面（包括各种木质、塑料及金属饰面）。

表 19-1 墙、柱面清单项目

项目	抹灰				块料			其他材料饰面
	一般抹灰	装饰抹灰	勾缝	找平层	石材	碎拼石材	块料	
墙面	201001 墙面一般抹灰	201002 墙面装饰抹灰	201003 墙面勾缝	201004 立面砂浆找平层	204001 石材墙面	204002 拼碎石材墙面	204003 块料墙面	207001 墙面装饰板、207002 墙面装饰浮雕
柱（梁）面	202001 柱、梁面一般抹灰	202002 柱、梁面装饰抹灰	202004 柱面勾缝	202003 柱、梁面砂浆找平	205001 石材柱面、205004 石材梁面	205003 拼碎块柱面	205002 块料柱面、205005 块料梁面	208001 柱（梁）面装饰、208002 成品装饰柱
零星项目	203001 零星项目一般抹灰	203002 零星项目装饰抹灰		203003 零星项目砂浆找平	206001 石材零星项目	206003 拼碎块零星项目	206002 块料零星项目	
210 隔断	001 木隔断，002 金属隔断，003 玻璃隔断，004 塑料隔断，005 成品隔断，006 其他隔断							
209 幕墙	001 带骨架幕墙、002 全玻（无框玻璃）幕墙							

二、相关说明

（1）凡"墙面抹灰"、"柱（梁）面抹灰"、"零星抹灰"中，石灰砂浆、水泥砂浆、水泥混合砂浆、聚合物水泥砂浆、麻刀石灰、纸筋石灰、石膏灰等的抹灰应按"13 计算规范"附录 M.1，M.2，M.3 中一般抹灰项目编码列项；

凡"墙面抹灰"、"柱（梁）面抹灰"、"零星抹灰"中，水刷石、斩假石（剁斧石、剁假石）、干粘石、假面砖等的抹灰应按附录 M.1，M.2，M.3 中装饰抹灰项目编码列项。

（2）附录 M.1，M.2，M.3 中"立面砂浆找平层"、"柱、梁面砂浆找平"及"零星项目砂浆找平"项目，只适用于仅做找平层的立面抹灰。

（3）墙、柱（梁）面≤0.5m² 的少量分散的抹灰，应按附录 M.3"零星抹灰"项目编码列项。墙、柱面≤0.5m² 的少量分散的镶贴块料面层，应按附录 M.6"镶贴零星块料"项目编码列项。

（4）"干挂石材用钢骨架"（011204004）项目，工程量按设计图示尺寸以质量（t）计算。柱梁面干挂石材的钢骨架、零星项目干挂石材的钢骨架、幕墙钢骨架均按 M.4 项目（011204004）列项。

（5）墙体类型：指砖墙、石墙、混凝土墙、砌块墙，以及内墙、外墙等。

（6）勾缝类型：①清水砖墙、砖柱的加浆勾缝，有平缝或凹缝之分；②石墙、石柱的勾缝，如平缝、平凹缝、平凸缝、半圆凹缝、半圆凸缝和三角凸缝等。

（7）底层厚度、面层厚度：按设计规定，一般采用标准图设计。

（8）嵌缝材料：指缝用的嵌缝砂浆、嵌缝油膏、密封胶封水材料等。

（9）防护材料：指石材等防碱背涂处理剂和面层防酸涂剂等。

（10）基层材料：指面层下的底板材料，如木墙裙、木护墙、木板隔墙等，在龙骨上粘贴或铺钉的一层加强面层的底板。

第二节　墙、柱面装饰项目构造做法简述

一、一般抹灰

一般抹灰按建筑业的质量标准分为：普通抹灰、中级抹灰和高级抹灰三个等级。一般多采用普通抹灰和中级抹灰。抹灰的总厚度通常为：内墙 15～20mm，外墙 20～25mm。抹灰一般由三层组成，各层的作用和厚度如下：

1. 底层　又称"括糙"，主要起与基层粘结和初步找平的作用，底层砂浆可采用石灰砂浆、水泥石灰混合砂浆和水泥砂浆。抹灰厚度一般为 10～15mm。

2. 中层　又叫"二道糙"，起进一步找平作用，所用砂浆一般与底层灰相同，厚度为 5～12mm。

3. 面层　主要是使表面光洁美观，以达到装饰效果。室内墙面抹灰，一般还要做罩面。面层厚度因做法而异，一般在 2～8mm。

通常，普通抹灰做一层底层和一层面层，或不分层一遍成活；中级抹灰做一层底层、一层中层和一层面层，或一层底层、一层面层；高级抹灰做一层底层、数层中层和一层面层。

抹灰等级与抹灰遍数、工序、外观质量及适用范围的对应关系如表 19-2 所示。

表 19-2　一般抹灰等级、遍数、工序、外观质量和适用范围的对应关系

名称	普通抹灰	中级抹灰	高级抹灰
遍数	二遍	三遍	四遍
主要工序	分层找平、修整表面压光	阳角找方、设置标筋、分层找平、修整、表面压光	阳角找方、设置标筋、分层找平、修整、表面压光
外观质量	表面光滑、洁净，接槎平整	表面光滑、洁净，接槎平整，压线清晰、顺直	表面光滑、洁净，颜色均匀，无抹纹压线，平直方正、清晰美观
适用范围	简易住宅、大型设施和非居住的房屋，以及地下室、临时建筑等	一般居住、公用和工业建筑，以及高级装修建筑物中的附属用房	大型公共建筑、纪念性建筑物，以及有特殊要求的高级建筑

按抹灰砂浆种类，常用的有：石灰砂浆、水泥混合砂浆、水泥砂浆、防水砂浆、白水泥砂浆、聚合物水泥砂浆、膨胀珍珠岩水泥砂浆、麻刀石灰浆等。

二、装饰抹灰

装饰抹灰包括水刷石、水磨石、斩假石（剁斧石）、干粘石、假面砖、拉条灰、拉毛灰、甩毛灰、扒拉石、喷毛灰、喷漆、喷砂、滚涂、弹涂等。现介绍几种常见的装饰抹灰：

1. 水刷石面层

水刷石面层的做法一般需经过下列工序：

分层抹底层灰→弹线、贴分格条→抹面层石子浆→水刷面层→起分格条、勾缝上色。

底层灰常用水泥砂浆或混合砂浆，面层石子浆有水泥豆石浆（如1：1.25）、水泥白石子浆（1：1.15）、水泥玻璃碴浆、水泥石碴浆（水泥：石膏：小八厘按1：0.5：5）等。

2. 干粘石面层

干粘石面层的做法一般按下列工序进行：

抹底层砂浆→弹线、粘贴分格条→抹粘石砂浆→粘石子→起分格条、勾缝。

干粘石面层所用的粘石子砂浆可用水泥砂浆或聚合物水泥砂浆（水泥：石灰膏：砂：JE-1聚合物防水胶或有机硅防水剂按1：1：22.5：0.2）；采用的石子粒直径宜为4mm（小八厘）～6mm（中八厘），石子嵌入砂浆的深度不得小于石子粒径的1/2，常用石子可为白石子、玻璃碴、瓷粒等。

3. 斩假石面层

斩假石面层的做法包括：抹底层砂浆→弹线、贴分格条→抹面层水泥石粒浆→斩剁面层→起分格条、勾缝。

面层石粒砂浆的配比常用1：1.25或1：1.5，稠度为5～6cm。常用石粒为白云石，大理石等坚硬岩石粒，粒径一般采用小八厘（4mm以下），典型的石粒为2mm的白色米粒石内掺粒径在0.3mm左右的白云石屑。面层水泥石屑浆养护到石屑不松动时即可斩剁（常温15～30℃，2～3d），剁纹深度一般以1/3石粒的粒径为宜，通常应剁两遍，头遍轻斩，后遍稍重些。

三、墙、柱面镶贴块料

墙、柱面镶贴块料面层，按材料品质分包括：

(1) 石材饰面板：包括大理石、人造大理石、花岗岩、人造花岗岩、凹口假麻石、预制水磨石饰面板；

(2) 陶瓷面砖：包括陶瓷锦砖、瓷板、内墙彩釉砖、文化石、外墙面砖、大型陶瓷锦面板等。

（一）大理石板、花岗岩板镶贴墙柱面

大理石板、花岗岩板饰面属于高档饰面装饰，具有饰面光滑如镜、花纹多样、色彩鲜艳夺目、装饰豪华大方的特点，给人以富丽堂皇的美好感觉。

按镶贴基层分为：砖墙面、混凝土墙面、砖柱面、混凝土柱面和零星项目等。按镶贴方法分为：挂贴法、水泥砂浆粘贴法、干粉型粘贴法、干挂法和拼碎5种基本方法。

1. 挂贴大理石、花岗岩板（挂贴法）

挂贴法又称镶贴法，是对大规格的石材（如大理石、花岗岩、青石板等）使用先挂后灌浆固定于墙面或柱面的一种方式，"13计算规范"中称安装方式。通常分传统湿作业灌浆法和新工艺安装法。

（1）传统挂贴法

传统湿法挂贴石材的构造做法是：

绑扎钢筋网→ 预拼编号 → 钻孔、剔槽、固定不锈钢丝→ 安装→ 临时固定→ 灌浆→ 嵌缝。具体做法为：

①在墙、柱面上预埋铁件

②绑扎钢筋网

绑扎用于固定面板的钢筋网片，网片为 $\phi6$ 双向钢筋网，竖向钢筋间距不大于 500mm，横向钢筋间距应与板材连接孔网的位置一致，如图 19-1 所示。

③钻孔、剔槽、固定不锈钢丝

在石板的上、下部位钻孔剔槽，如图 19-2 所示，以便穿钢丝或铜丝与墙面钢筋网片绑牢，固定板材。

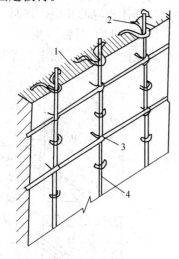

图 19-1　大理石（花岗岩）
板镶贴钢筋网绑扎示意图
1—墙体；2—预埋件；
3—横向钢筋；4—竖向钢筋

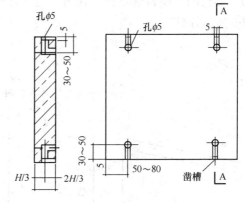

图 19-2　大理石（花岗岩）
板钻孔剔槽示意图

④安装就位、临时固定

安装石板，用木楔调节板材与基层面之间的间隙宽度；石板找好垂直、平整、方正，并临时固定。

⑤灌浆

用 1∶2.5 或 1∶2 的水泥砂浆（稠度一般为 80～120mm）分层灌入石板内侧缝隙中，每层灌浆高度 150～200mm。

⑥嵌缝

全部面层石板安装完毕，灌注砂浆达到设计强度等级的 50% 后，用白水泥砂浆或按板材颜色调制的水泥色浆擦缝，最后清洗表面、打蜡擦亮。

大理石（花岗岩）板的安装固定如图 19-3 所示。

（2）湿法挂贴新工艺

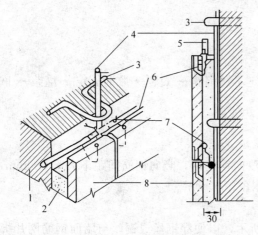

湿法挂贴新工艺是在传统湿法工艺的基础上发展起来的安装方法，与传统挂贴法有所不同，工序操作要点如下：

①石板钻孔、剔槽

用手电钻在板上侧两端打直孔，在板两侧的下端打同样孔径的直孔，然后剔槽，如图19-4所示。

②基体钻孔

在与板材上、下直孔对应的基体位置上，钻与板材孔数相等的斜孔，斜度为45°，如图19-5所示。

③板材安装固定

根据板材与基体相应的孔距，现制造直径为5mm的不锈钢"U"形钉（见图19-6中

图19-3 大理石（花岗岩）板材安装固定示意图
1—墙体；2—灌注水泥砂浆；3—预埋件；4—竖筋；5—固定木楔；6—横筋；7—钢筋绑扎；8—大理石板

4），"U"形钉的一端钩进石板直孔内，另一端则钩进基体斜孔内，校正、固定、灌浆后即如图19-6所示挂贴。

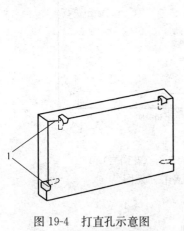

图19-4 打直孔示意图
1—φ6 直孔

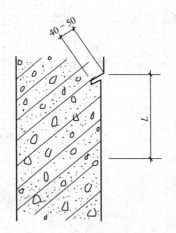

图19-5 基体钻斜孔
L："U"形钩平直部分长度，等于石板高度减105mm

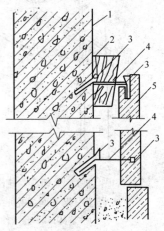

图19-6 湿法挂贴另一法
石板就位固定示意图
1—基体；2—大头木楔；3—小木楔；4—"U"形钉；5—大理石（花岗岩）石板

2. 粘贴大理石、花岗岩板（粘贴法）

粘贴法包括水泥砂浆粘贴和干粉型粘结剂粘贴两种。水泥砂浆粘贴法的做法是：

（1）先清理基层，在硬基层墙面上刷 YJ—302 粘结剂（混凝土墙面）或 YJ-Ⅲ 粘结剂（砖墙面）一道；

（2）用 1∶3 水泥砂浆打底、找平，砖墙面平均厚度12mm，混凝土墙 10mm；

（3）1∶2.5 水泥砂浆（粘结层）贴大理石（花岗岩）板，粘结层厚度6mm，定额含量为 $0.006 \times 1.11 = 0.0067 m^3$；

（4）擦缝，去污打蜡抛光。定额取定用 YJ—Ⅲ 型粘结剂与白水泥调制成剂擦缝，草酸

248

抛光。

水泥砂浆粘贴法的装饰构造如图 19-7 所示。

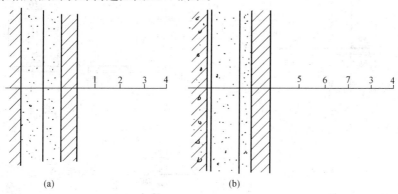

图 19-7　水泥砂浆粘贴大理石（花岗岩）板构造层次图

(a) 砖墙面镶贴；(b) 混凝土墙面镶贴

1—墙体；2—12 厚 1∶3 水泥砂浆打底；3—6 厚 1∶2.5 水泥砂浆结合层；4—大理石（花岗岩）板面层，白水泥调剂擦缝、打蜡；5—混凝土墙体；6—YJ—302 粘结层；7—10 厚 1∶3 水泥砂浆打底

干粉型粘结剂贴法：在砖墙面上粘贴大理石、花岗岩板时，先在砖墙上用 1∶3 水泥砂浆找平，并划出纹道。在大理石或花岗岩板的背面满抹 5～7mm 厚的建筑胶粘剂（干粉型粘结剂），对准位置粘贴、压平，白水泥或石膏浆擦缝。

3. 干挂大理石、花岗岩板（干挂法）

干挂法有直接干挂法和间接干挂法：直接干挂法是通过不锈钢膨胀螺栓、不锈钢挂件、不锈钢连接件、不锈钢钢针等，将外墙饰面板连接固定在外墙墙面上；间接干挂法是通过固定在墙、柱、梁上的龙骨，再用各种挂件固定外墙石材板的方法，08 规范"项目特征"中统称干挂方式。

干挂大理石、花岗岩板的构造做法如下（图 19-8）：

墙面处理、埋设铁件→ 弹线→ 板材打孔→ 固定连接件、板块→ 调整固定石板→ 嵌缝清理。

（1）埋设铁件：在硬基层墙、柱面上按大理石（花岗岩）方格，打入膨胀螺栓；

（2）石材打孔：在大理石（花岗岩）板材上钻孔成槽，一般孔径 φ4mm，孔深 20mm；

（3）固定连接件、板块：将不锈钢连接件与膨胀螺栓连接，再用不锈钢六角螺栓和不锈钢插棍将打有孔洞的石板与连接件进行固定；

（4）调整固定、嵌缝清理：校正石板，使饰面平整后，进行洁面、嵌缝、打蜡、抛光。

干挂大理石（花岗岩）板，分墙面和柱面两种，墙面又分密缝和勾缝，密缝是指石板材之间紧密结合，不留缝隙，勾缝是指石板材之间留有宽 6mm 以内的缝隙，待板面校正固定后，缝隙内压泡抹塑料条背衬，F130 密封胶或硅胶嵌缝，使饰面平整。干挂密缝和勾缝饰面，均用干挂云石胶（AB 胶）擦缝。

4. 拼碎大理石（花岗岩）板

大理石（花岗岩）厂的边角废料，经过适当的分类，加工，作为墙面饰面材料，还能取

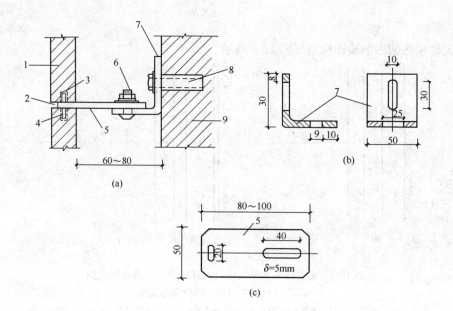

图 19-8 干挂大理石（花岗岩）板示意图

（a）干挂示意图；（b）固定角钢；（c）连接板

1—石材；2—嵌缝；3—环氧树脂胶；4—不锈钢插棍；5—不锈钢连接板；6—连接螺栓；

7—连接角钢；8—膨胀螺栓；9—墙体

得别具一格的装饰效果。例如矩形块料，它是锯割整齐而大小不等的边角块料，以大小搭配的形式镶拼在墙面上，用同色水泥色浆嵌缝后，擦净上蜡打光而成。冰裂状块料，是将锯割整齐的各种多边形碎料，可大可小地搭配成各种图案，缝隙可做成凹凸缝，也可做成平缝，用同色水泥浆嵌抹后，擦净，上蜡打光即成。选用不规则的毛边碎料，按其碎料大小和接缝长短有机拼贴，可做到乱中有序，给人以自然、优美的感觉。

大理石（花岗岩）拼碎可镶拼在砖墙、砖柱，也可在混凝土墙、柱面上拼贴，其做法层次如图 19-9 所示。

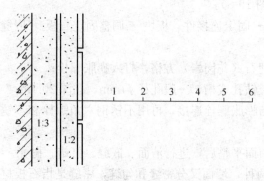

图 19-9 硬基层上拼碎大理石

（花岗岩）做法层次图

1—砖墙或混凝土基层；2—1：3 水泥砂浆找平层（用于砖基体）；3—刷素水泥砂浆一道；4—水泥砂浆（掺防水剂）或混合砂浆；5—碎大理石（花岗岩）面层；6—1：1.5 水泥砂浆嵌缝，擦净打蜡

（二）镶贴凹凸假麻石

镶贴凹凸假麻石可分水泥砂浆粘贴和干粉型粘结剂粘贴两种方式，每种粘贴方式都可用于墙面、柱面和零星项目。粘贴做法是先在硬基层上用 1：3 水泥砂浆打底找平，刷素水泥浆，抹 1：2 水泥砂浆（或干粉型粘结剂）作结合层，贴假麻石块，最后白水泥浆擦缝即可。

（三）陶瓷锦砖、玻璃马赛克

陶瓷锦砖常称马赛克，或纸皮砖，其做法操作程序如下：

预选陶瓷锦砖→基层处理→排砖、弹线→铺贴→揭纸拨缝→擦缝、清洗。

（1）基层处理：基层清理干净，用 1：3

水泥砂浆打底。

（2）铺贴砖联：铺贴时，先在墙面上浇水湿润，刷一遍素水泥浆，然后在墙面抹 2mm 厚粘结层，并将锦砖底面朝上，在其缝中灌 1∶2 干水泥细砂，随后再刮上一薄层水泥灰浆，最后用双手执住锦砖联上面两角，对准位置粘贴到墙面上，拍实压平。

（3）揭纸、拨缝：待砖联稳固后，用水湿润砖联背纸，将背纸揭尽。若发现砖粒位置不正，可用开刀调整扭曲的缝隙，使其缝隙均匀、平直。

（4）擦缝、清洗：用与陶瓷锦砖本目同颜色的水泥浆满抹锦砖表面，将缝填满嵌实。然后及时清理表面，保养。

（四）瓷板、文化石

瓷板，常称瓷砖、内墙瓷砖、饰面花砖等，瓷板规格有 152×152、200×150、200×200、200×250、200×300（mm）；可分为水泥砂浆粘贴和干粉型粘贴剂粘贴两种粘贴方法；基层可为分为（内）墙面、柱（梁）面、零星项目。

贴瓷板（瓷砖、饰花面砖）的工作内容和做法是：

（1）清理、修补基层表面。

（2）打底抹灰，砂浆找平，定额按 1∶3 水泥砂浆编制。

（3）抹结合层砂浆并刷粘结剂，贴饰面砖。定额分别编入 1∶1 水泥砂浆、素水泥浆，以及干粉型粘结剂作为贴面结合层，其中素水泥浆加 801 胶水作粘结剂。

（4）擦缝、清洁面层。

近年来，各种新型装饰石材不断出现，文化石的就是一种。文化石分为天然文化石和人造文化石，天然文化石包括蘑菇石、砂卵石、砂砾石、鹅卵石、砂岩板、石英板、板岩、艺术石等；人造文化石是以天然文化石的精华为母本，以无机材料铸制而成。文化石以其丰富的自然面、多变的外观及鲜明柔和的色彩吸引人，日渐进入装饰装修行列。

（五）贴面砖

贴面砖按面砖粘贴方法分水泥砂浆粘贴、干粉型粘结剂粘贴、钢丝网挂贴、膨胀螺栓干挂、型钢龙骨干挂等数种；面砖规格品种众多，包括：100×100、150×75、150×150、194×94、240×60、300×300、400×400、450×450、600×600、800×800、1000×800、1200×1000（mm）等。

贴墙面砖的工作内容和做法为：

（1）清理修补基层；

（2）打底抹灰，砂浆找平，通常用 1∶3 水泥砂浆打底找平；

（3）抹粘结层砂浆，贴面砖，粘结层有 1∶2 水泥砂浆和干粉型粘结剂两种；

（4）擦缝、勾缝，设计砖面勾缝者，用 1∶1 水泥砂浆勾缝；

（5）清洁面层。

墙面砖贴面的构造做法如图 19-10。

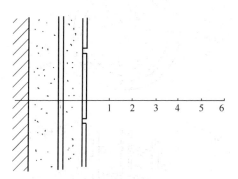

图 19-10　贴墙面砖构造层次示意图
1—墙基层；2—1∶3 水泥砂浆打底；3—素水泥浆粘结层（设计要求时）；4—1∶2 水泥砂浆；5—面砖；6—1∶1 水泥砂浆勾缝

四、墙、柱（梁）面装饰

墙、柱面装饰是指除抹灰、石材及各种瓷质材

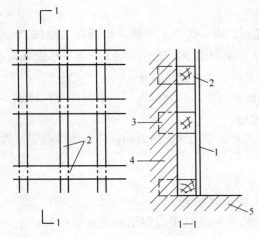

图 19-11 墙面木龙骨构造

1—面层；2—木龙骨；3—木砖；4—墙体

料，用粘贴、涂抹等方法所形成的装饰面层之外的其他饰面装饰层，包括墙面、墙裙和柱（梁）面的装饰层。

1. 墙柱面龙骨、隔墙龙骨

墙、柱面龙骨分木龙骨、轻钢龙骨、型钢龙骨、铝合金龙骨和石膏龙骨等。

（1）墙面木龙骨的构造如图 19-11 所示。

（2）柱面龙骨：包括方形柱、梁面、圆柱面、方柱包圆形面，其龙骨构造简图如图 19-12、图 19-13 和图 19-14 所示。

（3）隔墙龙骨：隔墙或隔断龙骨的骨架形式很多，可大致分为金属骨架和木骨架。金属骨架一般由沿顶龙骨、沿地龙骨、竖向龙骨、横撑龙骨及加强龙骨等组成，断面一般为槽形、角钢、板条，如图 19-15 所示。

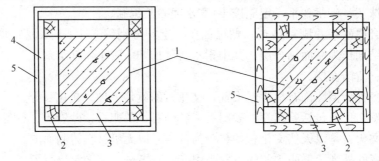

图 19-12　方形柱龙骨构造

1—结构柱；2—竖向木龙骨；3—横向木龙骨；4—衬板；5—面板

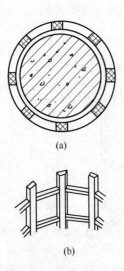

图 19-13　圆柱面龙骨

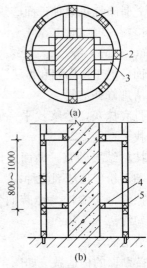

图 19-14　方柱包圆形面龙骨构造简图

1—横向龙骨；2—竖向龙骨；3—支撑杆；4—支撑杆与建筑柱体固定；5—支撑杆与装饰柱固定

隔墙木龙骨由上槛、下槛、墙筋（立柱）斜撑（或横档）构成（图 19-16），木料断面视房间高度及所配面层板材规格而定。

2. 墙、柱面装饰基层

墙、柱面装饰基层，是指在龙骨与面层之间设置的一种隔层。常见基层有：5mm、9mm 胶合板基层、石膏饰面板基层、油毡隔层、玻璃棉毡隔层、以及细木工板基层。

3. 墙、柱（梁）面各种面层

墙、柱（梁）面各种装饰面层，包括墙面、墙裙、柱面（圆柱）梁面、柱帽、柱脚等的饰面层，具体归纳如下：

（1）木质类装饰面层（或称木质饰面板）：胶合板（3mm 夹板、5mm 夹板）、硬质纤维板、细木工板、刨花板、木丝板、杉木薄板、柚木皮、硬木条板、木制饰面板（如榉木夹板 3mm，拼色、拼花）、水泥木屑板等；

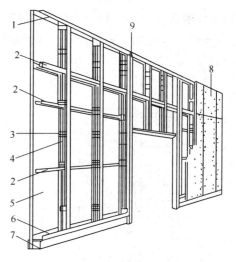

图 19-15　金属龙骨隔墙（断）构造

1—沿顶龙骨；2—横撑龙骨；3—支撑卡；4—贯通卡；5—纸面石膏板；6—沿地龙骨；7—踢脚板；8—纸面石膏板；9—加强龙骨

（2）金属饰面板，普通不锈钢板、镜面不锈钢饰面板（8K）、彩色不锈钢板、浮雕不锈钢板、彩色涂色钢板等；

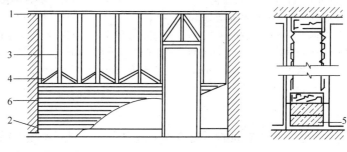

图 19-16　木龙骨隔墙

1—上槛；2—下槛；3—立柱；4—横档；5—砌砖；6—面板

（3）铝质面板：电化铝装饰板，铝合金装饰板，铝合金复合板（铝塑板）等；

（4）人造革、丝绒面料；

（5）玻璃面层：镜面玻璃、镭射玻璃；

（6）石膏装饰板；

（7）竹片内墙面；

（8）塑料面板：塑料扣板饰面板、聚氯乙烯塑料饰面板、玻璃钢饰面板、塑料贴面饰面板、聚酯装饰板等；

（9）岩棉吸声板、石棉板；

（10）超细玻璃棉板、FC 板；

（11）镀锌铁皮墙面。

常见的柱饰面形式有：（1）圆柱包装饰铜板；（2）方柱包圆铜；（3）包方柱镶条；（4）

包圆柱镶条；（5）包圆柱；（6）包方柱。

图 19-17 是墙裙木饰面层及墙面贴壁纸构造图，图 19-18 是玻璃墙面的一般构造。

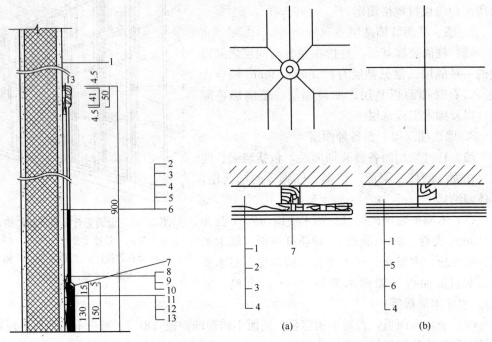

图 19-17　内墙面木饰面板墙裙及壁纸墙面构造

1—墙面贴壁纸；2—表面清漆饰面；3—榉木板厚 3mm；
4—板厚 5mm；5—木龙骨 9mm×50mm；6—石膏板隔墙；
7—榉木压条 12mm×20mm；8—板厚 5mm；9—榉木板厚
3mm；10—表面清漆饰面；11—墙体；12—木龙骨 9mm×
50mm；13—板厚 9mm

图 19-18　玻璃墙面一般构造

（a）嵌钉；（b）粘贴

1—40×40 纵横向木龙骨；2—150 厚木衬板；3—油毡
一层；4—车边玻璃（5～6mm 厚，内表面磨砂涂色）；
5—7 层夹板；6—环氧树脂粘结；7—铜或钢螺钉

五、隔断

所谓隔断是指专门分隔室内空间的不到顶的半截立面，主要起遮挡作用，一般不做到板下，有的甚至可以移动，由家具等充当，比如屏风、展示架、酒柜等。隔断与隔墙最大的区别在于隔墙是做到板下的，即立面的高度不同，或者说到顶的不承重内墙称为隔墙。

隔断项目种类颇多，包括：

（1）木骨架玻璃隔断；

（2）全玻璃隔断（金属、木龙骨）；

（3）不锈钢柱嵌防弹玻璃；

（4）铝合金玻璃隔断、铝合金板条隔断；

（5）花式木隔断，分直栅漏空和木井格网两种；

（6）玻璃砖隔断，分分格嵌缝和全砖隔断；

（7）塑钢隔断，分全玻、半玻、全塑钢板；

（8）浴厕隔断，分木骨架基层木质面板、不锈钢磨砂玻璃等。

此外，还有活动隔断，如拼装式活动隔断、直滑式活动隔断、折叠式（屏风）活动隔断。

六、幕墙

幕墙是指悬挂在建筑物结构框架外表面的非承重墙。玻璃幕墙主要是利用玻璃作饰面材料，覆盖在建筑物的表面，看上去好像是罩在建筑物外表的一层薄帷。铝合金玻璃幕墙是指以铝合金型材为框架，框内镶以功能性玻璃而构成的建筑物围护墙体，铝合金玻璃幕墙由骨架、玻璃和封缝材料三部分材料构成。

1. 玻璃幕墙的组成

（1）骨架

骨架是玻璃幕墙的承重结构，也是玻璃的载体，主要有各种型材以及连接件和紧固件。铝合金型材是经特殊挤压成型的专用铝合金幕墙型材，主要有立柱（也称竖向杆件）、横档（也称横向杆件）两种类型。

（2）玻璃

玻璃幕墙的功能性玻璃品种很多，主要有热反射玻璃、吸热玻璃、双层中空玻璃、钢化玻璃、夹层（丝）玻璃等。按生产工艺可分为浮法玻璃，真空镀膜玻璃，真空磁溅射镀膜玻璃等。玻璃颜色有白色、蓝色、茶色、绿色等。玻璃的常用厚度为 5~15mm。

（3）封缝材料

包括填充材料和密缝材料两种。

填充材料主要用于凹槽间隙内的底部，起填充及缓冲作用。密封材料不仅起到密封、防水作用，同时也起缓冲、粘结的作用。常用的封缝材料有橡胶密封条，幕墙双面不干胶条、泡沫条、幕墙结构胶（如 DC995）、幕墙耐候胶（如 DC79HN）、玻璃胶等。

2. 玻璃幕墙的结构

玻璃幕墙的结构构造主要分为单元式（工厂组装式）、元件式（现场组装式）和结构玻璃幕墙（又称玻璃墙，一般用于建筑物的 1、2 层，它是不用金属框架的纯大块玻璃墙，高度可达 12m，）三种型式。目前大部分玻璃幕墙是采用由骨架支撑、固定玻璃，通过连接件与建筑物主体结构相连的结构形式。幕墙的具体构造常分两种类型，即明框玻璃幕墙和隐框玻璃幕墙（又分全隐框和半隐框）。

（1）铝合金明框玻璃幕墙

铝合金明框玻璃幕墙通常称为铝合金型材骨架体系，其基本构造是将铝合金型材作为玻璃幕墙的骨架，将玻璃镶嵌在骨架的凹槽内，再用连接板将幕墙立柱与主体结构（楼板或梁）固定，如图 19-19 所示。

（2）铝合金隐框玻璃幕墙

铝合金隐框玻璃幕墙，一般称不露骨架结构体系，其基本构造是将玻璃直接与骨架连接，外面不露骨架，也不见窗框，即骨架、窗框隐蔽在玻璃内侧，此种幕墙也称全隐幕墙。图 19-20 所示是隐框玻璃幕墙构造简图，用特制的铝合金连接件将铝金封框与立柱相连，再用高强胶粘剂（通称幕墙结

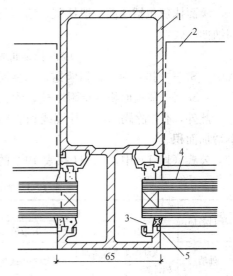

图 19-19　明框铝合金玻璃幕墙构造
1—幕墙竖向件；2—固定连接件；3—橡胶压条；
4—玻璃；5—密封胶

构胶）将玻璃固定在封框上。

(3) 玻璃幕墙封边

玻璃幕墙封边是指幕墙与建筑物的封边，即幕墙端壁（两端侧面及顶端）与墙面的封边。

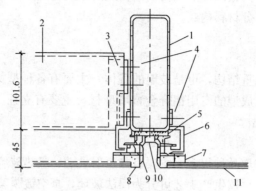

图 19-20　铝合金隐框玻璃幕墙构造

1—立柱；2—横向杆件；3—连接件；4—φ6 螺栓加垫圈；5—聚乙烯泡沫压条；6—固定玻璃
连接件；7—聚乙烯泡抹；8—高强胶粘剂；9—防水；10—铝合金封框；11—热反射玻璃

第三节　墙、柱面工程量计算及示例

一、墙、柱（梁）面抹灰、零星抹灰工程量计算

墙、柱（梁）面、零星抹灰共 3 节 11 个项目。工程量均按设计图示以面积（m²）计算。

1. 墙面抹灰工程量

墙面抹灰包括墙面一般抹灰、墙面装饰抹灰、墙面勾缝和立面砂浆找平层。工程量计算归纳如下式：

$$墙面抹灰面积 S = L \times H \pm S_k (S_b) \tag{19-1}$$

式中　S_k——扣除面积，指墙裙、门窗洞口及单个面积 $>0.3m^2$ 的孔洞面积；

S_b——并入面积，指附墙柱、梁、垛、烟囱侧壁面积并入相应的墙面积内。

此外，不扣除踢脚线、挂镜线和墙与构件交接处的面积；门窗洞口和孔洞的侧壁及顶面不增加面积。

公式（19-1）中，L、H 按表 19-3 的规定取值。

表 19-3　墙面抹灰尺寸 L、H 取定表

项目名称	计 算 规 则		
	规则描述	L 取值	H 取值
外墙	按外墙垂直投影面积计算	外墙外边线长	外墙抹灰高度
内墙	按主墙间的净长乘以高度计算	内墙主墙间图示净长尺寸之和	1. 无墙裙的，高度按室内楼地面至天棚底面净高计算； 2. 有墙裙的，高度按墙裙顶至天棚底面计算； 3. 有吊顶天棚抹灰，高度算至天棚底

项目名称		计 算 规 则		
		规则描述	L 取值	H 取值
墙裙	外墙裙	按其长度乘以高度计算	外墙裙的长度之和	外墙裙高度
	内墙裙	按内墙净长乘以高度计算	内墙裙净长之和	内墙裙高度

注：主墙是指结构厚度在 120mm 以上（不含 120mm）的各类墙体。

墙面抹灰工程量计算规则的有关内容再作如下补充：

（1）墙面抹灰不扣除墙与构件交接处的面积，是指墙与梁的交接处所占面积，不包括墙与楼板的交接。

（2）抹面层：是指一般抹灰的普通抹灰、中级抹灰和高级抹灰。

（3）抹装饰面：是指装饰抹灰的面层。装饰抹灰的做法一般为：抹底灰、涂刷防水胶（如 JE—1 聚合物防水胶）、刮或刷水泥浆液、抹中层、抹装饰面层。

2. 柱（梁）面抹灰工程量

柱（梁）面抹灰包括柱的一般抹灰、装饰抹灰和勾缝及找平层，其工程量按下式计算：

（1）柱面抹灰及柱面勾缝

$$S = 设计图示柱的结构断面周长 \times 抹灰（勾缝）高度 \tag{19-2}$$

（2）梁面抹灰

$$S = 设计图示梁的结构断面周长 \times 长度 \tag{19-3}$$

3. 零星抹灰工程量

零星抹灰适用于小面积（$\leqslant 0.5m^2$）以内少量分散的抹灰项目。装饰抹灰的零星项目适用于挑檐、天沟、腰线、窗台线、门窗套、压顶、栏板、扶手、遮阳板、雨篷周边等。一般抹灰零星项目适用于各种壁柜、碗柜、过人洞、暖气壁龛、池槽、花台以及其他零星工程。

零星抹灰工程量按设计图示尺寸以面积（m^2）计算。

【例 19-1】 试计算图 11-14 所示"小型住宅"的外墙抹灰工程量及工料消耗量。设计外墙为混合砂浆抹灰，窗台腰线为水泥白石屑浆抹灰，室内外高差为 0.3m。

【解】 （1）计算外墙抹灰工程量

①应扣除面积

门 2M1，$1 \times 2 \times 2 = 4m^2$

窗 C，$(1.1 \times 2 + 1.6 \times 6 + 1.8 \times 2) \times 1.5 = 23.1m^2$

②外墙抹灰长度

$$L = [(14.4 + 0.24) + (4.8 + 0.24)] \times 2 = 39.36m$$

抹灰高度 $H = 2.9 + 0.3 = 3.2m$

③外墙抹灰面积 $S = 39.36 \times 3.2 - 4 - 23.1 = 98.85m^2$

（2）窗台线抹灰面积

抹灰长度：$L = 1.1 \times 2 + 1.6 \times 6 + 1.8 \times 2 + (2 + 6 + 2) \times 2 \times 0.1 = 17.4m$，窗台线高按 15cm 计，则窗台线面积 $S = 17.4 \times 0.15 = 2.61m^2$

工程量计算列于表 19-4 内；表 19-5 是外墙面抹灰工程量清单；表 19-6 及表 19-7 是按照××省装饰装修工程消耗量定额（2006）计算的工料分析表。

表 19-4　外墙面抹灰工程量计算表

序号	清单项目编码	清单项目名称	计算式	工程量合计	计量单位
1	011201001001	墙面一般抹灰	$S＝39.36×3.2－4－23.1$	98.85	m^2
2	011203002001	零星项目装饰抹灰	$S＝17.4×0.15$		m^2

表 19-5　外墙面抹灰分项工程和单价措施项目清单与计价表

序号	项目编码	项目名称	项目特征描述	计量单位	工程量	综合单价	合价
						金额（元）	
1	011201001001	墙面一般抹灰	1. 墙体类型：砖墙 2. 底层厚度、砂浆配合比：12mm，混合砂浆 1:3:9 3. 面层厚度、砂浆配合比：8mm，混合砂浆 1:1:6	m^2	98.85		
2	011203002001	零星项目装饰抹灰	1. 基层类型、部位：砖墙、窗台线 2. 底层厚度、砂浆配合比：12mm，水泥砂浆 1:3 3. 面层厚度、砂浆配合比：10mm，水泥白石屑浆 1:2	m^2	2.61		

表 19-6　外墙面抹混合砂浆人工及主材、机械用量表

定额编号		B2-20				
定额项目		混合砂浆，砖墙 12＋8mm				
单位		100m²				
材料类别	材料编号	材料名称	数量	工程量	消耗量	单位
人工	jz0002	综合工日	14.47		14.33	工日
材料	pb344	混合砂浆 1:1:6	0.94		0.93	m^3
	pb340	混合砂浆 1:3:9	1.39	0.99	1.38	m^3
	240100D019	水	0.69		0.68	m^3
机械	jx06016	灰浆搅拌机，拌筒容量 200L	0.39		0.39	台班

表 19-7　窗台腰线抹水泥白石屑浆人工及主材、机械用量表

定额编号		B2-35				
定额项目		水泥白石屑浆，砖墙（12＋10）mm 厚				
单位		100m²				
材料类别	材料编号	材料名称	数量	工程量	消耗量	单位
人工	jz0002	综合工日	15.21		0.40	工日
材料	pb364	水泥白石屑浆 1:2	1.15		0.03	m^3
	pb326	水泥砂浆 1:3	1.39	0.026	0.036	m^3
	240100D019	水	0.72		0.02	m^3
机械	jx06016	灰浆搅拌机，拌筒容量 200L	0.42		0.01	台班

二、墙、柱（梁）面、零星镶贴块料工程量计算

墙块料面层、柱（梁）面镶贴块料、零星镶贴块料面层 3 节 12 个分项目，其工程量按计算规则可表示为：

$$S = 图示尺寸镶贴表面积 \tag{19-4}$$

相关问题说明如下：

（1）"干挂石材钢骨架"工程量按设计图示长度乘以理论质量（以吨）计算。

（2）零星镶贴块料面层项目，适用于小面积（$\leqslant 0.5m^2$）的少量分散的镶贴块料面层。包括镶贴挑檐、天沟、腰线、窗台线、门窗套、压顶、扶手、栏板、遮阳板、雨篷周边等零星项目。

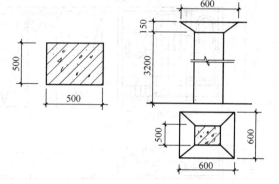

【例 19-2】 某建筑物钢筋混凝土柱 14 根，构造如图 19-21，若柱面挂贴花岗岩面层，计算并列出工程量清单。

图 19-21 钢筋混凝土柱构造简图

【解】 柱面贴块料面层按设计图示周长乘以高度计算。参照图 19-3，挂贴面层厚度取 50mm（其中花岗岩板 20mm），则：

（1）计算工程量

①柱身挂贴花岗岩工程量

$$(0.1 + 0.50) \times 4 \times 3.2 \times 14 = 107.52m^2$$

②花岗岩柱帽工程量按图示尺寸展开面积计算，本例柱帽为倒置四棱台，即应计算四棱台的斜表面积，公式为：

$$四楼台全斜表面积 = \frac{1}{2} \times 斜高 \times (上面的周边长 + 下面的周边长) \tag{19-5}$$

按图示数据代入，柱帽展开面积：

$$\frac{1}{2}\sqrt{0.05^2 + 0.15^2} \times (0.60 \times 4 + 0.70 \times 4) \times 14 = 5.755m^2$$

③柱面、柱帽工程量合并计算，即：

$$S = 107.52 + 5.755 = 113.28m^2$$

（2）工程量清单如表 19-8 所示。

表 19-8 挂贴花岗岩工程和单价措施项目清单与计价表

序号	项目编码	项目名称	项目特征描述	计量单位	工程量	金额（元）	
						综合单价	合价
1	011205001001	花岗岩柱面	1. 柱截面类型、尺寸：钢筋混凝土，500mm×500mm 2. 安装方式：挂贴 3. 面层材料品种、规格、颜色：花岗岩，单色 4. 密缝	m²	113.28		

【例 19-3】 图 19-22 为某宾馆标准客房平面图和顶棚平面图，试计算卫生间墙面贴 200mm×300mm 瓷板的工程量和主材用量（浴缸高度 400mm）。

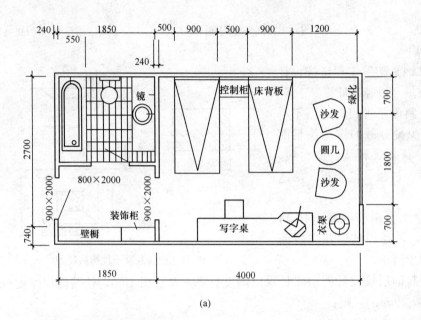

(a)

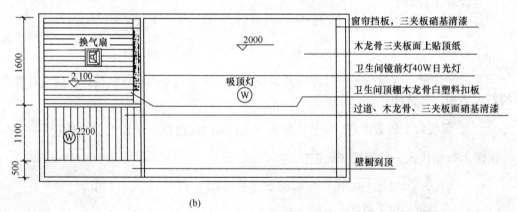

(b)

图 19-22 标准客房平面图和顶棚平面图

（a）单间客房平面；（b）单间客房顶棚图

说明：1. 图中陈设及其他构件均不做。

 2. 地面：卫生间为 300mm×300mm 防滑地砖；过道、房间，水泥砂浆抹平，1：3 厚 20mm；满铺地毯（单层）。

 3. 墙面：卫生间贴 200mm×280mm 印花面砖；过道、房间贴装饰墙纸；硬木踢脚板高 150mm×20mm，硝基清漆。

 4. 铝合金推拉窗 1800mm×1800mm，90 系列 1.5mm 厚铝型材；浴缸高 400mm；内外墙厚均 240mm；窗台高 900mm。

【解】 表 19-9、表 19-10、表 19-11 分别为工程量计算表、工程量清单和水泥砂浆粘贴瓷板人、材、机用量（按 2006 消耗量定额）表。

表 19-9　贴瓷板工程量计算表

序号	清单项目编码	清单项目名称	计 算 式	工程量合计	计量单位
1	011204003001	块料墙面	$S=(1.6-0.12+1.85)\times2\times2.1-0.8\times2.0$ $-0.55\times2\times0.4$(浴缸侧面面面砖)	11.95	m²

表 19-10　贴瓷板分项工程和单价措施项目清单与计价表

序号	项目编码	项目名称	项目特征描述	计量单位	工程量	金额（元）	
						综合单价	合价
1	011204003001	块料墙面	1. 墙体类型：砖墙 2. 安装方式：水泥砂浆粘贴 3. 面层材料品种、规格、颜色：瓷板，200mm×300mm，白底素花纹 4. 缝宽、嵌缝材料种类：密缝，白水泥擦缝	m²	11.95		

表 19-11　水泥砂浆瓷板（200mm×300mm）墙面消耗量

定额编号	B2-130				
定额项目	瓷板（200mm×30mm），墙面，水泥砂浆				
单　位	100m²				
材料类别	材料编号	材料名称	数量	工程量	消耗量	单位

材料类别	材料编号	材料名称	数量	工程量	消耗量	单位
人工	jz0002	综合工日	36.00		4.32	工日
材料	220200D001	107 胶	2.21		0.27	kg
	pb353	素水泥浆	0.10		0.012	m³
	pb326	水泥砂浆 1∶3	1.69		0.20	m³
	pb322	水泥砂浆 1∶1	0.61		0.07	m³
	240100D019	水	1.25	0.12	0.15	m³
	240500D020	棉纱头	1.00		0.12	kg
	171200D045	石料切割锯片	0.75		0.09	片
	050100D021	白水泥	15.00		1.8	kg
	060203D020	瓷板 200mm×300mm	103.50		12.42	m²
机械	jx14050	石料切割机	1.16		0.14	台班
	jx06016	灰浆搅拌机，拌筒容量 200L	0.38		0.05	台班

【**例 19-4**】　计算如图 11-14 所示小型住宅的外墙裙镶贴无釉面砖的工程量及面砖用量。外墙裙做至窗台下，其标高 0.90m，面砖 150mm×75mm，砂浆粘贴，灰缝 10mm，室内外

高差 0.3m。

【解】 外墙裙块料面层按实贴面积计算

(1) 外墙外边线总长 $L = [(14.4+0.24)+(4.8+0.24)] \times 2 + 0.025 \times 8 = 39.56\text{mm}$

式中考虑面砖厚＋粘贴砂浆厚度 $=25\text{mm}$ 计算

(2) 扣门洞面积 $S_{洞} = 1.0 \times 1 \times 2 = 2.0\text{m}^2$

(3) 加门侧壁面积 $S_{侧} = \dfrac{1 \times 0.15 \times 4}{2} = 0.3\text{m}^2$

(4) 按计算规则，外墙裙面积

$$S = 39.56 \times (0.9+0.3) - 2.0 + 0.3 = 45.77\text{m}^2 = 0.458 \times 100\text{m}^2$$

按定额 B2-141 可得：面砖用量 $= 88.04$（$\text{m}^2/100\text{m}^2$）$\times 0.458 = 40.32\text{m}^2$

水泥砂浆 1：3 用量 $= 1.68$（$\text{m}^3/100\text{mm}^2$）$\times 0.458 = 0.77\text{m}^3$

水泥砂浆 1：2 用量 $= 0.51$（$\text{m}^3/100\text{mm}^2$）$\times 0.458 = 0.23\text{m}^3$

三、墙、柱（梁）饰面工程量计算

1. 墙饰面工程量

墙饰面工程量以面积（m^2）计算，计算式如下：

$$S = L \times H - S_k \tag{19-6}$$

式中　L——墙净长；

H——墙净高；

S_k——应扣除面积，包括：门窗洞口及单个面积 $>0.3\text{m}^2$ 的孔洞所占面积。

2. 柱（梁）饰面工程量

$$\text{柱（梁）饰面积} \quad S = L \times H + S_b \tag{19-7}$$

式中　L——柱（梁）饰面外围尺寸，饰面外围尺寸是指饰面的表面尺寸；

H——柱（梁）的高度（长度）；

S_b——并入的柱帽、柱墩饰面的展开面积。

3. 墙面装饰浮雕工程量

墙面装饰浮雕工程量按设计图示尺寸以面积（m^2）计算。

【例 19-5】 图 19-22 标准客房内做 1100mm 高的内墙裙，计算其工程量和工料用量。墙裙做法：木龙骨（断面 24mm×30mm，间距 300mm×300mm），基层 5mm 夹板衬板，其上粘贴铝塑板面层。窗台高 900mm，走道橱柜同时装修，侧面不再做墙裙。门窗、空圈，单独做门窗套（本例暂不计及）。

【解】 按式（19-6）计算工程量

墙裙净长 $= [(1.85-0.80)+(1.1-0.12-0.9) \times 2] + [(4-0.12+3.2) \times 2 - 0.9]$

$= 14.47\text{m}$

内墙裙骨架、衬板及面层工程量 $= 14.47 \times 1.1 - 1.8 \times (1.1-0.9) = 15.56\text{m}^2$

木龙骨、夹板基层及铝塑板面层用料计算列入表 19-12 中。

262

表 19-12 标准客房内墙裙材料用量表

序号	名称	单位	代码	工程量 (m²)	木龙骨		夹板基层		面层		项目用量
					定额含量	用量	定额含量	用量	定额含量	用量	
1	膨胀螺栓	套	AM0671		3.1593	49.16					49.16
2	圆铁钉	kg	AN0580		0.0384	0.60	0.0256	0.40			1.00
3	合金钢钻头	个	AN3223		0.0782	1.22					1.22
4	杉木锯材	m³	CB0010		0.0079	0.12					0.12
5	防腐油	kg	JA0410		0.0218	0.34					0.34
6	射钉	盒	AN0540	15.56			0.0060	0.09			0.09
7	胶合板 5mm	m²	CD0020				1.05	16.34			16.34
8	聚醋酸乙烯乳液	kg	JA2150				0.1404	2.18			2.18
9	铝塑板	m²	AG0460						1.1484	17.87	17.87
10	玻璃胶 350g	支	JB0342						0.8608	13.39	13.39
11	密封胶	支	JB0642						0.5053	7.86	7.86

【例 19-6】 某证券营业厅用 4 根钢筋混凝土柱包装饰铜板圆形面，做法如图 19-23 所示。圆形木龙骨，夹板基层上包装饰铜板面层，同法包圆锥形柱帽、柱脚。试计算工程量。

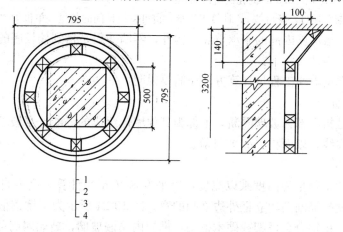

图 19-23 方柱包圆铜板饰面

1—钢筋混凝土柱；2—木龙骨；3—3mm 夹板基层；

4—装饰铜板包面（δ=1mm）

【解】 按工程量计算规则，柱身、柱帽及柱脚应合并计算其工程量

（1）柱身工程量

按图计算，装饰铜板面层直径按 795mm 计算，则外围面积为：

$$0.795 \times 3.1416 \times 2.92 \times 4 = 29.17 \text{m}^2$$

（2）柱帽、柱脚工程量

柱帽、柱脚均为圆锥台，其斜表面积为：

$$\text{圆锥台斜(侧)表面积} = \frac{\pi}{2} \times \text{母线长} \times (\text{上面直径} + \text{下面直径}) \qquad (19\text{-}8)$$

柱帽、柱墩饰面面积 $= (\pi/2) \times \sqrt{0.1^2 + 0.14^2} \times (0.795 + 0.995) \times 8 = 3.87\text{m}^2$

（3）该证券营业厅钢筋混凝土柱包圆铜的工程量：

$$S = 29.17 + 3.87 = 33.04\text{m}^2$$

四、幕墙工程量计算

"13 计算规范"中，幕墙分"带骨架幕墙"和"全玻（无框玻璃）幕墙"两种，分别计算其工程量：

1. 带骨架幕墙工程量，按设计图示框外围尺寸，以面积（m²）计算。

其中，与幕墙同种材质的窗所占面积不扣除。

2. 全玻璃（无框玻璃）幕墙工程量，按设计图示尺寸，以面积（m²）计算。

其中，带肋全玻幕墙按展开面积计算工程量。所谓带肋全玻幕墙是指玻璃幕墙带玻璃肋，玻璃肋的工程量应合并在玻璃幕墙工程量中。

五、隔断工程量计算

隔断（011210）共有 6 个项目，工程量均可按设计图示框外围尺寸以面积（m²）计算，公式如下：

$$隔断工程量\ S = 图示框外围面积 + S_b \tag{19-9}$$

说明：（1）式中，S_b 指当浴厕门的材质与隔断相同时，浴厕门的面积并入隔断面积内。

（2）不扣除单个面积 $\leqslant 0.3\text{m}^2$ 的孔洞所占面积。

（3）"成品隔断"项目，既可按 m² 计算工程量，也可按设计间的数量（单位为"间"）计算。

隔断与隔墙是指房屋内部的非承重隔离构件，隔墙一般是指到楼板底的隔离墙体，隔断是指不到顶的隔离构件。

下面对几种常见隔断工程量计算方法作简要说明：

1. 半玻璃隔断

半玻璃隔断是指上部为玻璃隔断，下部为其他墙体组成的隔断。半玻璃隔断工程量按半玻璃设计边框外边线，以面积（m²）计算。

2. 全玻璃隔断

全玻璃隔断的工程量为高度乘以宽度，以平方米（m²）计算。高度自下横档底面算至上横档顶面。宽度指隔断两边立框外边之间的宽。图 19-24 所示为不锈钢框架玻璃隔断，其中不锈钢框架可采用铝合金框架或硬木框架，框架内镶嵌玻璃，玻璃四周可用压条固定，并采用密封胶封闭。

3. 玻璃砖隔断

玻璃砖隔断工程量按玻璃砖格式框外围面积计算。玻璃砖隔断由外框和玻璃砖砌体组成，分嵌缝玻璃砖隔断和全砖隔断，外框可用钢框、铝合金框、木框等。玻璃砖的常见规格有：190×190×80（或 95），240×240×80，240×115×80，145×145×80（或 95）（mm）等几种。

4. 花式木隔断

花式隔断有栅漏空式和井格式，工程量均以框外围面积计算。这类隔断俗称花格隔断，所用的花格材料有木制、竹制花格、水泥制品花格，金属花格等，花格可拼装成各种图案，故多为空透式隔断。

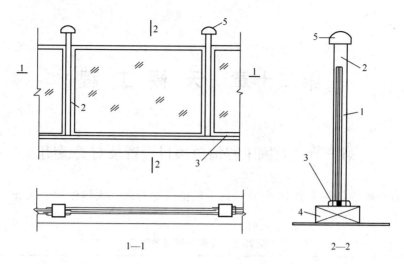

图 19-24　不锈钢框架玻璃隔断构造简图
1—钢化玻璃；2—不锈钢管；3—不锈钢条饰面；4—基座；5—不锈钢柱顶

5. 浴厕木隔断

浴厕木隔断工程量按隔断长度乘以高度，以面积（m²）计算。隔断长度按图示长度，高度自下横档底面算至上横档顶面。当浴厕门的材料与隔断相同时，门扇面积不扣除，并入隔断面积内计算。

第二十章 天 棚 工 程

第一节 天棚工程清单项目设置及有关说明

天棚工程清单项目共 4 节 10 个分项目。包括天棚抹灰、天棚吊顶、采光天棚和天棚其他装饰，如表 20-1 所示。

表 20-1 天棚工程清单项目

节号	清单项目及编码	项 目 名 称
N.1	天棚抹灰 （011301）	001 天棚抹灰
N.2	天棚吊顶 （011302）	001 吊顶天棚，002 格栅吊顶，003 吊筒吊顶，004 藤条造型悬挂吊顶，005 织物软雕吊顶，006 装饰网架吊顶
N.3	采光天棚 （011303）	001 采光天棚
N.4	天棚其他装饰 （011304）	001 灯带（槽），002 送风口、回风口

有关说明：

1. 采光天棚和天棚设保温、隔热吸音层时，应按"13 计算规范"附录 K.1 中相关项目编码列项，计算工程量。

2. 采光天棚骨架不包括在工作内容中，应按"13 计算规范"附录 F 金属结构工程相应项目编码列项。

3. 天棚装饰刷油漆、涂料以及裱糊，按"13 计算规范"附录 P 油漆、涂料、裱糊工程相应项目编码列项。

4. 天棚形式：指平面、跌级、锯齿形、阶梯形、吊挂式、藻井式，矩形、圆形、弧形、拱形，上人或不上人天棚等。

5. "天棚抹灰"项目中的基层类型：指混凝土现浇板、预制混凝土板、木板条等基层。抹灰材料种类指面层抹灰砂浆的种类。

6. 天棚抹灰装饰线条道数：是以一个突出的棱角为一道线，通常有三道线、五道线等。

7. "灯带（槽）"项目中的格栅片：指灯带格栅片材料，有不锈钢格栅、铝合金格栅、玻璃类格栅等。

8. "送风口、回风口"项目中的风口材料：指金属、塑料、木质风口。

第二节　天棚工程简介

天棚，亦称顶棚、吊顶、天花板、平顶等，其构造主要由龙骨、面层（及基层）和吊筋三大部分组成。天棚龙骨，也常称骨架层，是一个由大龙骨、中龙骨和小龙骨（或称为主龙骨、主搁栅、次龙骨、次搁栅）所形成的骨架体系，用以承受顶棚的荷载。常用的天棚龙骨有木龙骨和金属龙骨两大类。天棚面层是用各类饰面板制作，少数为漏空式天棚。基层是指面层背后（即龙骨与面层之间）的加强层。图20-1是天棚吊顶的构成及材料类型框图。

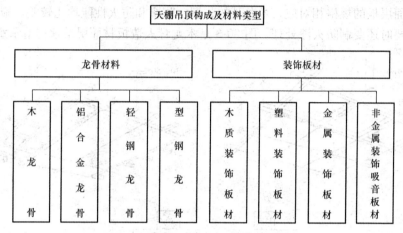

图 20-1　天棚吊顶的构成及材料类型

目前的天棚外观造型多种多样，主要有三种类型，即

（1）平面天棚　天棚面层在同一标高，也可称为一级天棚。

（2）天棚面层不在同一标高的称为跌级天棚，也可称为二级天棚。平面天棚和跌级天棚是指一般的直线型天棚，构造形状比较简单，不带灯槽，且一个空间内有一个"凸"或"凹"状的天棚。

（3）艺术造型天棚　这是一类外观造型复杂的天棚，称艺术造型天棚，其构造断面示意图见图20-2。此外，还有弧形、拱形等造形。

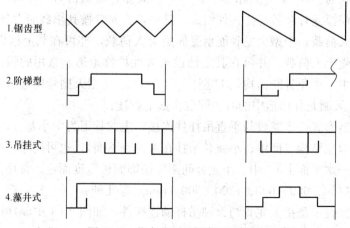

图 20-2　艺术造型天棚断面示意图

下面对相关项目内容作简要说明。

一、天棚龙骨

天棚龙骨分木龙骨、轻钢龙骨、铝合金龙骨三类。

1. 木龙骨

天棚木龙骨由大龙骨、中龙骨和吊木等组成，并有圆木龙骨和方木龙骨之分。木龙骨的安装可有两种方法：一种是将大龙骨搁在墙上或混凝土梁上，再用铁钉和木吊筋将中龙骨吊在主龙骨下方；另一种是用吊筋将龙骨吊在混凝土楼板下。安装龙骨时，大龙骨沿房间短向布置，然后按设计要求分档划线钉中龙骨，最后钉横撑龙骨。中龙骨、横撑龙骨的底面要相平，间距与面层板的规格相对应。木龙骨的防潮、防腐和防火性能均比较差，施工时要刷防腐油漆，必要时还要刷防火漆处理。图 20-3 是木龙骨人造板材面层吊顶构造示意图。

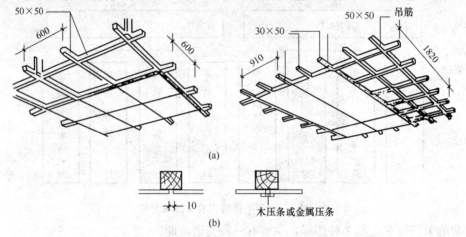

图 20-3　木龙骨板材面天棚构造示意图

(a) 吊顶示意图；(b) 板材拼缝

2. 轻钢龙骨

天棚轻钢龙骨一般是采用冷轧薄钢板或镀锌薄钢板，经剪裁冷弯、辊轧成型。按载重能力分为装配式 U 型上人型轻钢龙骨和不上人型轻钢龙骨；按其型材断面分为 U 型和 T 型龙骨，因为断面形状为"U"（"ㄩ"）型和"T"（"⊥"）型，故而得名。轻钢龙骨由大龙骨、中龙骨、小龙骨、横撑龙骨和各种连接件组成。其中，大龙骨按其承载能力分为三级：轻型大龙骨不能承受上人荷载；中型大龙骨能承受偶然上人荷载，亦可在其上铺设简易检修走道；重型大龙骨能承受上人荷载，并可在其上铺设永久性检修走道。常用的轻钢龙骨是 U 型龙骨系列（其大、中、小龙骨断面均匀 U 型），图 20-4 是 U 型天棚骨构造示意图。

现就图 20-4 天棚龙骨构造中的有关问题作如下叙述：

（1）基本构造形式　主龙骨与垂直吊挂件连接，主龙骨下为中小龙骨，中小龙骨相间布置。龙骨可采用双层结构（即中、小龙骨吊挂在大龙骨下面），也可用单层结构形式（即大、中龙骨底面在同一水平面上）。中、小龙骨间距应按饰面板宽度而定。常用的面层板规格有：300×300、450×450、600×600、1200×600（mm）等几种。

（2）垂直吊挂件　是指大龙骨与天棚吊杆的连接件，如图 20-4 中(a)所示，以及大龙骨与中小龙骨的连接件，如图 20-4 中(b)所示。

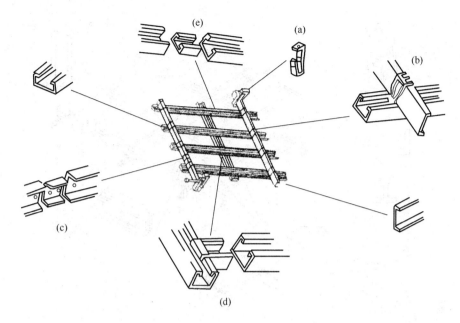

图 20-4 U 型吊顶轻钢龙骨构造示意图

(a) 大龙骨垂直吊挂件；(b) 中龙骨垂直吊挂件；(c) 大龙骨纵向连接件；

(d) 中、小龙骨平面连接件；(c) 中、小龙骨纵向连接件

（3）平面连接件 是指中小龙骨与横撑相搭接的连接件，如图 20-4(d)所示。

（4）纵向连接件 是指大、中、小龙骨因本身长度不够，而需各自接长所用的连接件，如图 20-4 中的（c）和（e），也称为主接件、次接件和小接件。

U 型轻钢龙骨适用于隐蔽式装配顶棚，所谓隐蔽式装配是将面板装固在次龙骨底缘下面，使面板包住龙骨，这样天棚面层平整一致，整体效果好。

3. T 型铝合金天棚龙骨

铝合金天棚龙骨是目前使用最多的一种吊顶龙骨，常用的是 T 型龙骨，T 型龙骨也由大龙骨、中龙骨、小龙骨、边龙骨及各种连接配件组成。大龙骨也分轻型、中型和重型系列，其断面与 U 型轻钢大龙骨相同；中、小龙骨断面均匀"⊥"型，边龙骨的断面为"L"型（也称小龙骨边横撑、封口角铝）。图 20-5 是 T 型铝合金吊顶龙骨构造简图。图中，中龙骨与大龙骨的连接用垂直吊挂连接件，中龙骨与小龙骨相交叉，用螺栓或铁丝连接，或用吊钩连接。

T 型铝合金天棚龙骨适合于活动式装配顶棚。所谓活动式装配是指将面层直接浮搁在次龙骨上，龙骨底翼外露，这样更换面板方便。

T 型铝合金龙骨与轻钢龙骨相同，分上人型和不上人型，面层规格有：300×300、450×450、600×600 及 1200×600（mm）等几种。

4. 铝合金方板天棚龙骨

铝合金方板天棚龙骨是专为铝合金"方形饰面板"配套使用的龙骨。铝合金方板龙骨按方板的安装形式分为浮搁式方板龙骨和嵌入式方板龙骨两种。

（1）浮搁式方板龙骨

浮搁式方板龙骨的大龙骨为 U 型断面，中小龙骨为"⊥"形断面，中、小龙骨垂直相

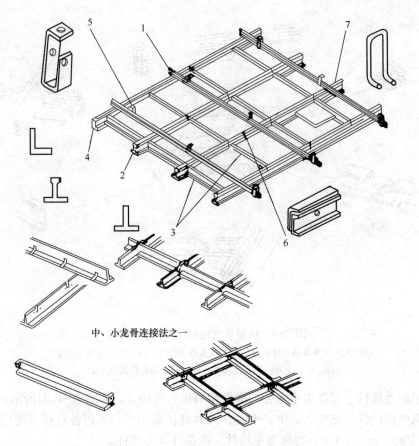

中、小龙骨连接法之一

图 20-5　T 型铝合金吊顶龙骨构造

1—U 型大龙骨；2—中龙骨；3—小龙骨及横撑；4—边龙骨；

5—大龙骨吊挂件；6—大龙骨纵向连接件；7—中、小龙骨吊钩

交布置，装饰面板直接搁在 T 型龙骨组成的方框形翼缘上，搁置后形成格子状，且为离缝，故称为浮搁式或搁置式，方板的这种安装方法也就称为搁置法，如图 20-6 所示。

（2）嵌入式方板龙骨

嵌入式（也称卡入式）方板天棚的大龙骨为 U 型断面，中龙骨为 T 型，断面尺寸为：高 30.5mm，宽 45mm，厚 0.8mm，图 20-7 是嵌入式方板天棚的构造示意图。安装时，中龙骨垂直于大龙骨布置，间距等于方板宽度，由于金属方板卷边向上，形同有缺口的盒子，一般边上轧出凸出的卡口，插入 T 型龙骨的卡内，使方板与龙骨直接卡接固定，不需用其他方法加固。

铝合金方板龙骨可按浮搁式和嵌入式、上人型和不上人型及面层规格分列项目，面层规格有为：500×500、600×600 和 1200×600（mm）等几种。

5. 铝合金条板天棚龙骨

铝合金条板天棚龙骨是为与专用铝合金条板配套使用而设计的一种天棚龙骨形式。铝合金条板天棚龙骨是采用 1mm 厚的铝合金板，经冷弯、辊轧、阳极电化而成，龙骨断面为"Π"型。条板天棚龙骨的褶边形状按条板的安装方式分为开放型和封闭型两种，相应的便称为开放型（开缝）条板天棚的封闭型（闭缝）条板天棚（图 20-8）。

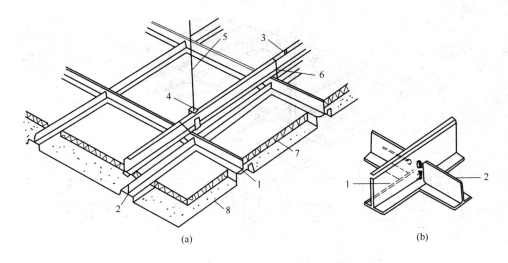

图 20-6　浮搁式铝合金方板顶棚

（a）预棚示意图；（b）十字交叉处构造

1—T 型次龙骨；2—T 型小龙骨；3—U 型主龙骨；4—主龙骨吊挂件；5—吊件；

6—次龙骨吊挂件；7—玻璃棉垫板；8—搁置式金属穿孔方板

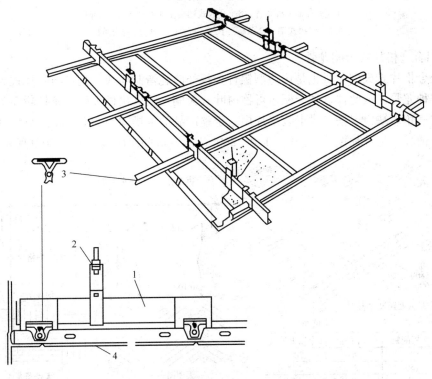

图 20-7　嵌入式铝合金方板天棚构造示意图

1—主龙骨；2—主龙骨吊挂件；3—中龙骨；4—方形金属板

　　另外，铝合金条板龙骨分中型和轻型条板龙骨。中型条板天棚龙骨由 U 型大龙骨和 TG 型铝合金条板龙骨组成，承受负载稍大；轻型条板龙骨是指由一种 TG 型龙骨构成的骨架体系。

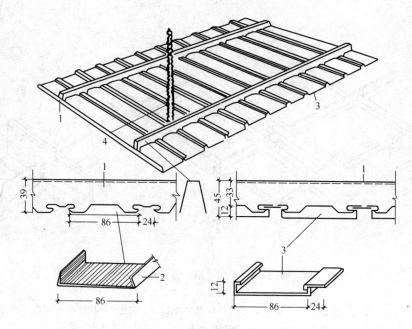

图 20-8　铝合金条板龙骨外形图

1—铝合金条板龙骨；2—开放式铝合金条板（长 5～8m）；

3—封闭式铝合金条板（长 5～8m）；4—螺纹钢筋吊杆

6. 铝合金格片式天棚龙骨

铝合金格片式天棚龙骨也是用薄型铝合金板经冷轧弯制而成，是专与叶片式天棚饰面板配套的一种龙骨。因此，这种天棚也可称窗叶式天棚，或假格栅天棚。龙骨断面为"⊓"型，褶边轧成三角形缺口卡槽，供卡装格片用。定整产品的卡槽间距为 50mm，安装时可根据叶片的疏密情况，将叶片按 50、100、150、200（mm）等间距配装，如图 20-9 所示。

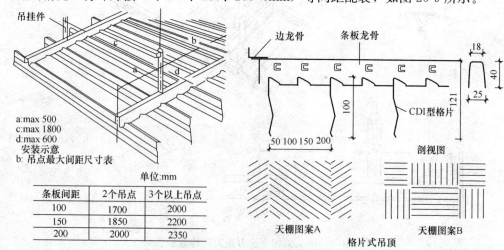

图 20-9　铝合金格片式天棚龙骨及顶棚布置图案

7. 双层结构和单层结构龙骨

轻钢龙骨、铝合金龙骨都可设置为双层结构和单层结构两种不同构造形式。双层结构是指中、小龙骨紧贴，吊挂在大龙骨下面。单层龙骨即指大、中龙骨或大、小龙骨的底面均在同一平面上。

无论是简单造型天棚还是艺术造型天棚，其龙骨均可做成单层结构或双层结构，这要根据承载负荷的情况而定，但一般单层结构多为不上人型天棚。

二、天棚面层

随着新材料、新工艺的不断出现，天棚饰面板的品种类型增多，例如：木质饰面板、埃特板、石膏板、装饰吸声板、塑料装饰罩面板、钢板网、铝板网、铝塑板、金属装饰板、玻璃纤维饰面板、纤维水泥加压板等。以下是常用饰面板材和安装方法，供选参考。

1. 木质饰面板

木质饰面板包括胶合板、薄板、板条、刨花板、水泥木丝板等。其中最常用的胶合板，是用桃、杨、椴、桦、松木和水曲柳等硬杂木，经刨切成薄片（最薄可达 0.8mm），整理干燥后，再横直相叠、层层上胶（可用酚醛树脂液、脲醛树脂液和三聚氰氨树脂等），用压力机压制而成，故称为夹板。根据薄板叠胶层数分为三夹板（3mm）、五夹板（5mm）、七夹板（7mm）、九夹板（9mm）等。这种产品具有表面平整、抗拉抗剪强度好、不裂缝、不翘曲等优点，可用于封闭式天棚，也可用于浮搁式天棚。

2. 塑料装饰罩面板

塑料装饰罩面板包括塑料、聚苯乙烯泡沫塑料装饰吸声板、聚氯乙烯塑料天花板、钙塑板等。钙塑罩面板或称钙塑泡沫装饰吸声板，又称钙塑天花板，是以聚氯乙烯和轻质碳酸钙为主要原料，加入抗老化剂、阻燃剂等，搅拌后压制而成的一种复合材料。其特点为不怕水、吸湿性小、不易燃、保温隔热性能好。规格有：500×500×（6～7）；600×600×8；300×300×6；1600×700×10（mm）等。钙塑板天棚面层可安装在 U 型轻钢龙骨上，也可搁在 T 型铝合金龙骨上，做成活动式。

3. 金属装饰板

金属装饰板包括铝合金罩面板、金属微孔吸声板、铝合金单体构件等。铝合金罩面板有铝合金方板和铝合金条板，铝合金方板是用 0.4～0.6mm 厚的铝合金板冷轧而成，其断面形状如图 20-6 及图 20-7 所示。板面规格为 600mm×600mm，有平板和多种规格冲孔板选择。铝合金方板的安装方法是：当嵌入式装配时，可将板边直接插入龙骨中，也可在铝板边孔用铜丝扎结；当用浮搁式安装时，方板直接搁在龙骨，不需任何处理，余边空隙用石膏板填补。

铝合金条板，常称铝合金扣板，它是用厚 0.5～1.2mm 的铝合金板经裁剪、冷弯冷轧而成，吴长条形，两边有高低槽，其断面如图 20-8 所示。

铝合金条板的安装方法一般有两种：卡固法和钉固法。

卡固法是利用条板两侧弯曲翼缘（图 20-8）直接插入龙骨卡口内，条板与条板之间不需作任何处理。若采用开放型（开缝）装配，两条板之间留有一条间隙。若采用封闭型（闭缝）装配，应在两条板之间插入一块插缝板。这种方法一般适用于板厚在 0.8mm、板宽在 100mm 以下的条板。

钉固法是将条板用螺丝钉、自攻螺丝等固定在龙骨上，条板与条板的边缘相互搭接，可遮盖住螺钉头，条板之间留有间隙，可增加吊顶的纵深感，也可以不留间隙。板厚超过 1mm、板宽超过 100mm 的条板，多采用螺钉钉结。

铝合金条板有银白色、茶色和彩色（烘漆），一般采用银白色和彩色的居多。条板有窄条、宽条之分，板厚一般为 0.5、0.8、1.0（mm）几种。

注意，铝合金方板、条板与方板、条板铝合金龙骨应配套使用，即凡方板天棚面层应配套使用方板铝合金龙骨，龙骨项目以面板的尺寸确定；凡条板天棚面层就配套使用条板铝合金龙骨。

4. 装饰吸声罩面板

装饰吸声罩面板的品种有多种，矿棉板面层就是其中一种。矿棉板面层是指矿棉听声板，是以矿渣棉为主要原料，加入适量的胶粘剂、防潮剂、防腐剂，经加压、烘干、饰面而成的一种新型顶棚材料。矿棉吸声板具有质轻、吸声、防火、隔热、保温、美观大方、施工简便等特点，适用于各类公共建筑的天棚饰面，可改善音响效果、生活环境和劳动环境。矿棉饰板面的常用规格为：500×500，600×600，1200×600（mm）等。常用厚度为12、15、20、25（mm）等。

矿棉板的安装，可以将矿棉板搁置在龙骨上（用于T型金属龙骨或木龙骨），也可用胶粘剂（如万能胶）将板材直接粘贴在吊顶木条上，或贴在混凝土板下。

在实际工程中，有多种矿棉吸声板材可供选用，包括：矿棉装饰吸声板、岩棉吸声板、钙塑泡沫装饰吸声板、膨胀珍珠岩装饰吸声制品、玻璃棉装饰吸声板、贴塑矿（岩）棉吸声板、聚苯乙烯泡沫装饰吸声板、纤维装饰吸声板、石膏纤维装饰吸声板、以及金属（如铝合金）微孔板等，都是吸声效果良好的天棚装饰面层板。

三、其他结构天棚

1. 木格栅吊顶天棚

木格栅吊顶属于敞开式吊顶，也称格栅类天棚。它是用木制单体构件组成格栅，其造型多种多样，形成各种不同风格的木格栅顶棚。图20-10所示为长板条顶棚；图20-11所示为木制方格子顶棚；图20-12所示为用方形木与矩形板交错布置所组成的顶棚，其透视效果别具一格；图20-13所示为横、竖板条交叉布置形成的顶棚。

防火装饰板具有重量轻、加工方便，并具有防火性能好的优点，同时其表面又无需再进行装饰，因此，近年来防火装饰板在开敞式木制吊顶中得到了广泛应用。

2. 铝合金格栅天棚

铝合金格栅天棚也是敞开式天棚的一种，是在藻井式天棚的基础上发展形成的，吊顶的表面也是开口的。铝合金格栅的构造形式很多，它是由单体构件组合而成。单体构件的拼装，通常是将预拼安装的单体构件插接、挂接或榫接在一起，如图20-14所示。

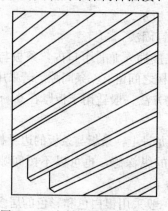 

图 20-10　木制长板条顶棚示意图　　图 20-11　木制方格子顶棚示意图

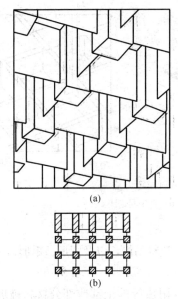

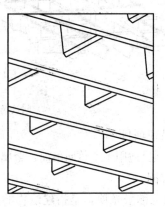

图 20-12 方形木与矩形板组合顶棚
(a) 透视图；(b) 单元构件平、剖面图

图 20-13 横、竖板条交叉
布置的天棚

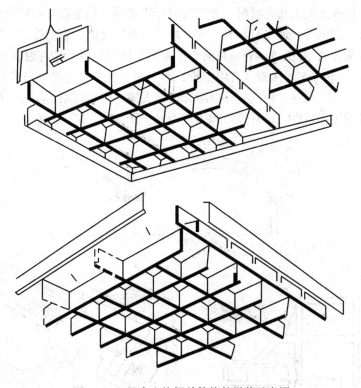

图 20-14 铝合金格栅单体构件拼装示意图

图 20-15 是格栅天棚的两种固定方法。间接固定法是先将单体构件用卡具连成整体，再用通长的钢管与吊杆相连；直接固定法可用吊点铁丝或铁件，与固定在单体或多体顶棚架上的连接件进行固定连接。

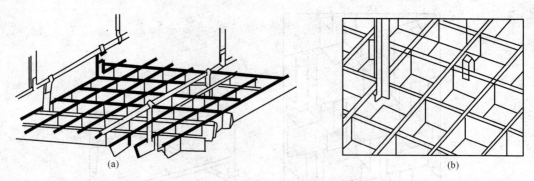

图 20-15　格栅吊顶固定方法

(a) 间接固定法；(b) 直接固定法

3. 吊筒吊顶项目

吊筒吊顶项目适用于木竹质吊筒、金属吊筒、塑料吊筒，以及圆形、矩形、扁钟形吊筒等。

4. 采光天棚

采光天棚也称采光顶，是指建筑物的屋顶、雨篷等的全部或部分材料被玻璃、塑料、玻璃钢等透光材料所代替，形成具有装饰和采光功能的建筑顶部结构构件。采光天棚可用于宾馆、医院、大型商业中心、展览馆，以及建筑物的入口处等场所。

采光天棚的构成主要由透光材料、骨架材料、连接件、粘结嵌缝材料组成。骨架材料主要有铝合金型材、型钢等。透光材料有：夹丝玻璃、夹层玻璃、中空玻璃、钢化玻璃、透明塑料片（聚碳酸酯片）、有机玻璃等。目前市售采光天棚的主要产品有聚碳酸酯（PC）耐力板（俗称阳光板）、玻璃卡普隆板（有中空板、耐力板、瓦楞板之分）。PC 板已被广泛用于建筑物采光天棚、商店雨篷、高速公路屏障、温室大棚、大型灯箱、广告、标牌、候车亭等场所。采光天棚所用连接件一般有钢质和铝质两种。图 20-16 是 PC 板采光天棚构造组成示

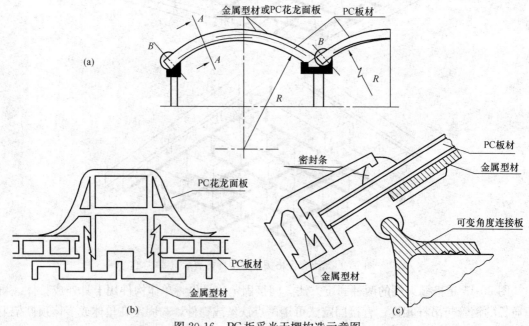

图 20-16　PC 板采光天棚构造示意图

(a) PC 板采光天幕剖面图；(b) 板材横向拼接方式；(c) 板材端头封口方式

意图。嵌缝材料为橡皮垫条、垫片、玻璃胶和建筑油膏等。

第三节　天棚工程量计算及示例

一、天棚抹灰工程量计算

天棚抹灰工程量计算规则：按设计图示尺寸以水平投影面积（m²）计算，见下式：

$$天棚抹灰 S = 图示水平投影面积 + S_b \tag{20-1}$$

式中　S_b——在有带梁天棚时，梁两侧抹灰面积并入天棚面积内。

计算时应注意，不扣除间壁墙、垛、柱、附墙烟囱、检查口和管道所占的面积。

二、吊顶天棚工程量计算

吊顶天棚（011302001）工程量按设计图示尺寸以水平投影面积（m²）计算，计算式如下：

$$吊顶天棚工程量 S = 图示水平投影面积 - S_k \tag{20-2}$$

式中　S_k——应扣除单个面积 $>0.3m^2$ 的孔洞、独立柱及与天棚相连的窗帘盒所占面积。

计算吊顶天棚工程量时还应注意：

（1）不论天棚面是平面、灯槽、跌级、锯齿形、吊挂形、藻井式或其他形式，其天棚面积均不展开计算；

（2）间壁墙、检查口、附墙烟囱、柱垛和管道所占面积不予扣除。其中"柱垛"是指与墙体相连的柱面突出墙体的部分。

【例 20-1】　若某宾馆有图 19-22 所示标准客房 20 间，每间标准客房的窗帘盒断面，如图 20-17 所示。试计算并列出顶棚工程量清单。顶棚构造按图 19-22 中说明所示。

【解】　（1）客房各部位工程量应分别计算

① 房间顶棚（木龙骨三夹板面上贴顶纸）工程量

根据计算规则，此标准客房吊顶属于附录 N.2 节吊顶天棚（011302001）项目，按图示面积计算，与天棚相连的窗帘盒（图 20-17）面积应扣除。故本例工程量为 S1；

② 走道顶棚工程量

过道天棚构造与房间类似，壁橱到顶部分不做顶棚，胶合板硝基清漆工程量按夹板面积计算。则走道木龙骨、三夹板面、硝基漆工程量为 S2；

③ 卫生间天棚工程量

卫生间用木龙骨白塑料扣板吊顶，其工程量仍按面积计算，设为 S3。

（2）工程量计算及工程量清单列于表 20-2 及表 20-3 内。

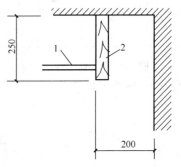

图 20-17　标准客房（图 19-22）
窗帘盒断面示意图
1—顶棚；2—窗帘盒

表 20-2　标准客房顶棚工程量计算表

序号	清单项目编码	清单项目名称	计算式	工程量合计	计量单位
1	011302001001	木龙骨三夹板壁纸天棚	S1＝(4－0.2－0.12)×3.2×20	235.52	m²

序号	清单项目编码	清单项目名称	计算式	工程量合计	计量单位
2	011302001002	木龙骨三夹板面硝基漆天棚	S2=(1.85-0.12)×(1.1-0.12)×20	33.91	m²
3	011302001003	木龙骨白塑料扣板吊顶	S3=(1.6-1.2)×(1.85-0.12)×20	51.21	m²

表 20-3　标准客房顶棚工程和单价措施项目清单与计价表

序号	项目编码	项目名称	项目特征描述	单位	工程量	金额（元）	
						综合单价	合价
1	011302001001	木龙骨三夹板壁纸天棚	1. 吊顶形式、吊杆规格、高度：平面，详见图19-22所示 2. 龙骨材料种类、规格、中距：木龙骨，详见图19-22所示 3. 基层材料种类、规格：三夹板，详见图19-22所示 4. 面层材料品种、规格：壁纸	m²	235.52		
2	011302001002	木龙骨三夹板面硝基漆天棚	1. 吊顶形式、吊杆规格、高度：平面，详见图19-22所示 2. 龙骨材料种类、规格、中距：木龙骨，详见图19-22所示 3. 基层材料种类、规格：三夹板，详见图19-22所示 4. 面层材料品种、规格：硝基漆	m²	33.91		
3	011302001003	木龙骨白塑料扣板吊顶	1. 吊顶形式、吊杆规格、高度：平面，详见图19-22所示 2. 龙骨材料种类、规格、中距：木龙骨，详见图19-22所示 3. 面层材料品种、规格：白塑料扣板	m²	51.21		

【**例 20-2**】　图 20-18 为某客厅不上人型轻钢龙骨石膏板吊顶，龙骨间距为 450×450（mm），计算工程量。

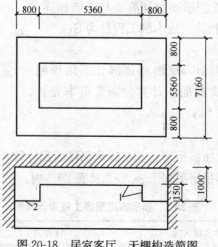

图 20-18　居室客厅　天棚构造简图

1—金属墙纸；2—织锦缎贴面

【解】 由图可见，该天棚属跌级天棚，工程量按"13 计算规范"N.2 节项目（编码：011302001）计算（面积不展开）结果为：$S=6.96×7.16=49.83m^2$。

三、其他各类天棚工程量计算

这里的"其他各类天棚"是指包括 N.2、N.3、N.4 中除"吊顶天棚"外的其他 8 个天棚项目，其工程量计算规则如表 20-4 所示。

表 20-4　其他天棚工程量计算规则表

序号	项目名称及编码	计量单位	工程量计算规则
1	格栅吊顶（011302002），吊筒吊顶（011302003），藤条造型悬挂吊顶（011302004）织物软雕吊顶（011302005），装饰网架吊顶（011302006）	m²	按设计图示尺寸以水平投影面积计算
2	采光天棚（011303001）		按图示框外围展开面积计算
3	灯带（槽）（011304001）		按设计图示尺寸以框外围面积计算
4	送风口、回风口（011304002）	个	按图示数量计算

四、楼梯底面抹灰工程量计算

楼梯底面抹灰的工程量计算，"13 计算规范"规定如下：

1. 板式楼梯底面抹灰，其工程量按斜面积计算。

2. 锯齿形楼梯底面抹灰，其工程量按展开面积计算。

第二十一章　油漆、涂料、裱糊工程

第一节　油漆、涂料、裱糊工程量清单项目内容及有关说明

本分部包括油漆、涂料、裱糊三个分部工程，共 8 节 36 个项目，包括门油漆、窗油漆、木扶手及其他板条、线条油漆、木材面油漆、金属面油漆、抹灰面油漆、喷刷涂料、裱糊等，具体项目见表 21-1 示。

表 21-1　油漆、涂料、裱糊工程项目设置

序号	分部项目及编码	项目名称
P.1	门油漆（011401）	001 木门油漆，002 金属门油漆
P.2	窗油漆（011402）	001 木窗油漆，002 金属窗油漆
P.3	木扶手及其他板条线条油漆（011403）	001 木扶手油漆，002 窗帘盒油漆，003 封檐板、顺水板油漆，004 挂衣板、黑板框油漆，005 挂镜线、窗帘棍、单独木线油漆
P.4	木材面油漆（011404）	001 木护墙、木墙裙油漆，002 窗台板、筒子板、盖板、门窗套、踢脚线油漆，003 清水板条天棚、檐口油漆，004 木方格吊顶天棚油漆，005 吸声板墙面、天棚面油漆，006 暖气罩油漆，007 其他木材面油漆，008 木间壁、木隔断油漆，009 玻璃间壁露明墙筋油漆，010 木栅栏、木栏杆（带扶手）油漆，011 衣柜、壁柜油漆，012 梁柱面油漆，013 零星木装修油漆，014 木地板油漆，015 木地板烫硬蜡面
P.5	金属面油漆（011405）	001 金属面油漆
P.6	抹灰面油漆（011406）	001 抹灰面油漆，002 抹灰线条油漆，003 满刮腻子
P.7	喷刷涂料（011407）	001 墙面喷刷涂料，002 天棚喷刷涂料，003 空花格、栏杆刷涂料，004 线条刷涂料，005 金属构件刷防火涂料，006 木材构件喷刷防火涂料
P.8	裱糊（011408）	001 墙纸裱糊，002 织锦缎裱糊

清单项目有关说明：

（1）木门油漆应区分木大门、单层木门、双层（一玻一纱）木门、双层（单裁口）木门、全玻自由门、半玻自由门、装饰门及有框门或无框门等项目，分别编码列项。

（2）金属门油漆应区分平开门、推拉门、钢制防火门等项门，分别编码列项。

（3）木窗油漆应区分单层木窗、双层（一玻一纱）木窗、双层框扇（单裁口）木窗、双层框三层（二玻一纱）木窗、单层组合窗、双层组合窗、木百叶窗、木推拉窗等项目，分别编码列项。

（4）金属窗油漆应区分平开窗、推拉窗、固定窗、组合窗、金属隔栅窗等项目，分别编码列项。

（5）"门类型"，通常分：镶板门、木板门、胶合板门、装饰（实木）门、木纱门、木质防火门、连窗门、平开门、推拉门、单扇门、双扇门，带纱门、全玻自由门（带木扇框）、半玻自由门、半百叶门、全百叶门，单层木门、双层（一玻一纱）木门、双层（单裁口）木门，以及带亮子、不带亮子，有门框、无门框和单独门框等。

（6）"窗类型"分：平开窗、推拉窗、提拉窗、固定窗、空花格、百叶窗，以及单扇窗、双扇窗、多扇窗，单层窗、双层（一玻一纱）窗、双层框扇（单裁口）木窗、双层框三层（二玻一纱）木窗、单层组合窗、双层组合窗，以及带亮子、不带亮子等。

（7）关于"木扶手"、"木栏杆"：①木扶手应区分带托板与不带托板，分别编码列项；②规范 P.3 和 P.4 中分别列有"木扶手"和"木栏杆（带扶手）"项目，若是木栏杆带扶手，木扶手不应单独列项，应包括在木栏杆油漆中，按 P.4 木栏杆（带扶手）011404010 项目列项。

（8）关于"刮腻子"：①"13 计算规范"中单独列有"满刮腻子"项目，此项目只适用于仅做"满刮腻子"的项目，不得将抹灰面油漆和刷涂料中"刮腻子"内容单独分出执行满刮腻子项目。②刮腻子有遍数（道数）、满刮腻子或找补腻子等内容。③"腻子种类"：石膏油腻子（熟桐油、石膏粉、适量水）、胶腻子（大白粉、色粉、羧甲基纤维素）、漆片腻子（漆片、酒精、石膏粉、适量色粉）、油腻子（矾石粉、桐油、脂肪酸、松香）等。

（9）连窗门油漆，可按门油漆项目编码列项。

（10）墙纸和织锦缎的裱糊，应按要求分对花和不对花分别列项。

第二节　油漆、涂料、裱糊工程简述

一、油漆、涂料施工简介

1. 油漆与涂料释义

油漆，是古代的叫法；涂料，是现代文明称呼，包含更多的科技成分，在现代科技和工业领域应用广泛。

油漆是一种能牢固覆盖在物体表面，起保护、装饰、标志和其他特殊用途的化学混合物涂料。所谓涂料是涂覆在被保护或被装饰的物体表面，并能与被涂物形成牢固附着的连续薄膜，通常是以树脂、或油、或乳液为主，添加或不添加颜料、填料，添加相应助剂，用有机溶剂或水配制而成的黏稠液体。我国涂料界比较认可的《涂料工艺》一书是这样定义的："涂料是一种材料，这种材料可以用不同的施工工艺涂覆在物件表面，形成粘附牢固、具有一定强度、连续的固态薄膜。这样形成的膜通称涂膜，又称漆膜或涂层。"

传统的油漆主要由天然油脂和天然树脂制成，是溶剂型的；而涂料的原料中大量使用合成树脂及其乳液、无机硅酸盐和硅溶胶后，这样，涂料就成了包括油漆和涂料的一种建筑装饰涂饰材料。或者可以说油漆是包括在涂料里面的，而涂料可以不一定是油漆。

2. 涂料施工基本工艺

涂料施工的基本工序是：基层处理→打底子→刮腻子→磨光→涂刷涂料，其基本做法如下：

（1）基层处理

木材面上的灰尘、污垢等在施工前应清理干净。木材表面的缝隙、毛、掀岔和脂囊修整后应用腻子补平，并用砂纸磨光，较大的脂囊应用木纹相同的木料粘胶镶嵌。节疤处应点漆片。

金属表面在施涂前应将灰尘、油渍、鳞皮、锈斑、毛刺等清除干净。

混凝土和抹灰面表面施涂前应将基层的缺棱掉角处用 1：3 水泥砂浆修补；表面的麻面及缝隙应用腻子填补齐平；基层表面上的灰尘、污垢、溅沫和砂浆残痕应清除干净。

（2）打底子

① 木材面涂刷混色油漆时，一般用自配的清油打底。若涂刷清漆，则应用油粉或水粉进行润粉，使表面平滑并有着色作用。

② 金属表面应刷防锈漆打底。

③ 抹灰或混凝土表面涂刷油性涂料时，一般可用清油打底。

（3）刮腻子、磨光

刮腻子的作用是使表面平整。腻子应按基层、底层涂料和面层涂料的性质配套使用，腻子应具有塑性和易涂性，干燥后应坚固。

刮腻子的次数依涂料质量等级的高低而定，一般以三道为限。先是局部刮腻子，然后再满刮腻子，头道要求平整，二、三道要求光洁。每刮一道腻子待其干燥后，都应用砂纸磨光一遍。对于做混色涂料的木材面，头道腻子应在刷过清油后才能批嵌；做清漆的木材面，则应在润粉后才能批嵌；金属面应等防锈漆充分干燥后才能批嵌。

（4）施涂涂料

涂料可用刷涂、喷涂、滚涂、弹涂、抹涂等方法施工。

① 刷涂　是用排笔、棕刷等工具蘸上涂料直接涂刷于装饰物表面上。涂刷应均匀、平滑一致，涂刷方向、距离长短一致。刷涂一般不少于两道，应在前一道涂料表面干燥后再涂刷下一道，两道涂料的间隔时间一般为 2～4h。

② 喷涂　是借助于喷涂机具将涂料呈雾状（或粒状）喷出，使其均匀分散地沉积在装饰物表面上。喷涂施工中要求喷枪运行时，喷嘴中心线必须与墙面、顶棚面垂直，喷枪相对于墙、顶棚有规则地平行移动，运行速度应一致；涂层的接槎应留在分格缝处；门、窗及不喷涂料的部位，应认真遮挡。喷涂操作一般应连续进行，一次成活，不得漏喷、流淌。室内喷涂一般先喷涂顶棚，后喷涂墙面，两遍成活，间隔时间约 2h。

③ 滚涂　是利用长毛绒辊、泡沫塑料辊、橡胶辊等辊子蘸上少量涂料，在待涂物件表面施加轻微压力，上下垂直来回滚动而成。

④ 弹涂　先在基层刷涂 1～2 道底涂层，干燥后进行弹涂。弹涂时，弹涂器的喷出口应垂直正对墙面，距离保持在 300～500mm，按一定速度自上而下、由左至右弹涂。

⑤ 抹涂　是先在基层刷涂或滚涂 1～2 道底层涂料，待其干燥后（常温下 2h 以上），用不锈钢抹子将涂料抹到已涂刷的底层涂料上，一般抹 1～2 遍（总厚度 2～3mm），间隔 1h 后再用不锈钢抹子压平。

3. 常用建筑装饰油漆的种类

主要建筑装饰油漆种类包括：油脂漆、天然树脂漆、酚醛树脂漆、醇酸漆、硝基漆、沥青漆、过氯乙烯漆、乙烯漆、环氧漆、聚氨酯漆，丙烯酸漆等。

4. 常用涂料的主要品种及适用范围

按涂料主要成膜物质可将建筑涂料分为三类：

（1）有机涂料，常用的有三种类型：①溶剂型涂料，常用的如过氯乙烯、聚乙烯醇缩丁醛、氯化橡胶、丙烯酸酯等；②水溶型涂料，一般只用于内墙，常用品种有聚乙烯醇水玻璃内墙涂料、聚乙烯醇甲醛内墙涂料、改性系内墙涂料；③乳胶涂料，又称乳胶漆，常用品种有聚醋酸乙烯乳胶漆、丙烯酸酯乳胶漆、水乳型环氧树脂漆。

（2）无机涂料，以水玻璃、硅溶胶、水泥等基料而制成的涂料。

（3）有机-无机复合涂料。

按使用部位可分为内墙涂料、外墙涂料、地坪涂料、顶棚涂料、木质结构涂料等。下面是一些具体应用：

106 内墙涂料、水泥砂浆：砖墙等内墙；

803 内墙涂料：混凝土、纸筋石灰等内墙抹灰面；

206 内墙涂料：内、外墙面；

氯偏乳胶内墙涂料：内墙面；

过氯乙烯内墙涂料：内、外墙及地坪；

苯乙烯-丙烯酸酯乳胶漆：内墙面；

各色丙烯酸平光乳胶涂料：内墙面；

JH80—1 无机涂料：内、外墙面；

JH80—3 耐擦洗无机涂料：一般墙面；

777 型水性地面涂料：地坪；

好涂壁：内室墙、柱面及天棚面；

多彩涂料：室内墙、柱、天棚面；

乳胶漆内墙涂料：内墙。

二、油漆

1. 木材面油漆

木材面油漆可分为混色和清色两种类型：混色油漆（也称色漆、混水油漆），使用的主漆一般为调和漆、磁漆；清色油漆亦称清水漆，使用的一般为各种类型的清漆并需磨退。按装饰标准，一般可分为普通涂饰和高级涂饰两种。

（1）木材面混色油漆

混色油漆属于传统的油漆工艺，按质量标准分为普通涂饰和高级涂饰，主要施工程序如下：

基层处理→刷底子漆→满刮腻子→砂纸打磨→嵌补腻子→砂纸磨光→刷第一遍油漆→修补腻子→细砂纸磨光→刷第二遍油漆→砂纸磨光→刷最后一遍油漆。

（2）木材面清漆

清漆分为油脂清漆和树脂清漆两种。油脂清漆包括酚醛清漆和醇酸清漆两种。清漆的涂饰质量也分普通涂饰和高级涂饰。

酚醛清漆的施工程序一般为：

清理基层→磨砂纸→抹腻子→刷底油、色油→刷酚醛清漆二遍；

或按如下施工程序：

清理基层→磨砂纸→润油粉→刮腻子→刷（底油）→刷色油→刷酚醛清漆二遍或三遍。

醇酸清漆的一般施工程序：

清理基层→磨砂纸→润油粉→刮腻子→刷色油→刷醇酸清漆四遍、磨退出亮。

（3）木材面聚氨酯清漆

聚氨酯清漆是目前使用较为广泛的一种清漆，是优质的高级木材面用漆。聚氨酯漆的一般施工程序是：

清理基层→磨砂纸→润油粉→刮腻子→刷聚氨酯漆二遍或三遍；

彩色聚氨酯漆（简称色聚氨酯漆）的做法为：

刷底油→刮腻子→刷色聚氨酯漆二遍或三遍。

（4）木材面硝基清漆磨退

硝基清漆属树脂清漆类，漆中的胶粘剂只含树脂，不含干性油。木材面硝基清漆磨退是一种高级涂饰工艺，施工程序为：

清理基层→磨砂纸→润油粉→刮腻子→刷理硝基清漆、磨退出亮；

或按下列操作过程：

清理基层→磨砂纸→润油粉二遍→刮腻子→刷理漆片→刷理硝基清漆→磨退出亮等。

（5）木材面丙烯酸清漆

木材面丙烯酸清漆的做法与硝基清漆磨退类似，是一种高级涂饰，一般施工程序为：

清理基层→磨砂纸→润油粉一遍→刮腻子→刷醇酸清漆一遍→刷丙烯酸清漆三遍→磨退出亮。

2. 金属面油漆

金属面油漆按油漆品种可分为醇酸磁漆、过氯乙烯磁漆、清漆、沥青漆、防锈漆、银粉漆、防火漆和其他油漆等。其做法一般包括底漆和面漆两部分，底漆一般用防锈漆，面漆通常刷磁漆、或银粉漆两遍以上。

金属面油漆的主要工序为：除锈去污→清扫磨光→刷防锈漆→刮腻子→刷漆等。

3. 抹灰面油漆

抹灰面油漆按油漆品种可分为乳胶漆、墙漆王乳胶漆、过氯乙烯漆、真石漆等。适用于内墙、墙裙、柱、梁、天棚等各种抹灰面，木夹板面，以及混凝土花格、窗栏杆花饰、阳台、雨篷、隔板等小面积的装饰性油漆。

抹灰面油漆的主要工序归纳为：清扫基层→磨砂纸→刮腻子→找补腻子→刷漆成活等内容。

油漆遍数按涂刷要求而定，普通油漆：满刮腻子一遍→油漆二遍→中间找补腻子。中级油漆：满刮腻子二遍→油漆三遍成活。

乳胶漆是近年来最常用的一种抹灰面油漆，也称乳胶涂料，主要由成膜物质、颜料及填料、各种助剂几部分组成。其中：①成膜物质，也称乳胶、乳液、基料，由合成树脂（如聚醋酸乙烯乳液、丙烯酸乳液等）、乳化剂（常用烷基苯酚环氧乙炔缩合物）、保护胶（如酪类）、酸碱度调节剂（如氢氧化钠、碳酸氢钠等）、消泡剂（如松香醇、辛醇等）和增韧剂（如苯二甲酸二丁酯、磷酸三丁酯等）配制而成。②颜料及填料（常称颜填料），颜料浆也称色浆，是颜料、体质颜料和助剂经研磨而成的水分散体。由着色颜料（如钛白粉、立德粉）、体质颜料（如滑石粉）与分散剂等组成。③其他助剂（如防腐防霉剂、防锈剂、防冻剂、增白剂等）和水等经研磨处理而成。

乳胶漆的特点是不用溶剂而以水为分散介质，在漆膜干燥后，不仅色泽均佳，而且耐久性和抗水性良好。适用于室内外抹灰面、混凝土面和木材表面涂刷。

常用的乳胶漆有：普通乳胶漆、苯丙外墙乳胶漆、聚醋酸乙烯乳胶漆、丙烯酸乳胶漆等。

过氯乙烯漆也是常用的一种抹灰面漆，它是以过氯乙烯树脂为主要成膜物质，加入适量其他树脂（如干性油改性醇酸树脂、顺丁烯二酸酐树脂等）和增韧剂（如邻苯二甲酸二丁酯、磷酸三甲苯酯、氯化石蜡等），溶于酯、酮、苯等组合溶液中调制而成。

过氯乙烯漆是由底漆、磁漆和清漆为一组配套使用的。底漆附着力好清漆作面漆防腐性能强，磁漆作中间层，能使底漆与面漆很好的结合。抹灰面过氯乙烯漆的施工要点是：清扫基层、刮腻子、刷底漆、磁漆和面层清漆。

三、涂料饰面

1. 内墙乳胶涂料

内墙乳胶涂料可刷涂、滚涂，施工时最低温度5℃，其施工工艺流程为：

基层处理→ 刮腻子补孔→ 磨平→ 满刮腻子→ 磨光→ 满刮第二遍腻子→ 磨光→ 涂刷乳胶→ 磨光→ 涂刷第二遍乳胶→ 清扫。

2. 多彩花纹内（外）墙涂料

多彩花纹内墙涂料，属于水包油型涂料，饰面由底、中、面层涂料复合组成，是一种色泽优雅、立体感强的高档内墙涂料，可用于混凝土、抹灰面、石膏板面的内墙与顶棚。

三层涂料分别为：①底层涂料：溶剂型过氯乙烯树脂溶液或丙烯酸酯乳液，常称封闭乳胶底涂料；②中层涂料：耐洗刷性好的乳液涂料；③面层涂料：根据设计要求选定。

多彩花纹内墙涂料的施工工艺流程为：

基层处理→ 第一遍满刮腻子→ 磨平→ 第二遍满刮腻子→ 磨平→ 施涂封底涂料→ 施涂主层涂料→ 滚压→ 面层涂料喷涂→ 清扫。

3. 地面涂料

地面涂料是以高分子合成树脂等材料为基料，加入颜料、填料、溶剂等组成的一种地面涂饰材料。

常用的地面涂料主要有：苯乙烯地面涂料、HC—1地面涂料、过氯乙烯地面涂料、多功能聚氨酯弹性地面涂料、H80—环氧地面涂料、777型水性地面涂料等，其基本施工工艺流程为：

基层处理→ 涂底层涂料→ 打磨→ 涂两遍涂料→ 按设计要求次数涂刷涂料→ 划格 →表面处理。

4. 防霉涂料

防霉涂料有水性防霉内墙涂料和高效防霉内墙涂料，高效防霉涂料可对多种霉菌、酵母菌有较强的扼杀能力，涂料使用安全，无致癌物质。涂膜坚实、附着力强、耐潮湿、不老化脱落。适用于医院、制药、食品加工、仪器仪表制造行业的内墙和天棚面的涂饰。

防霉涂料施工方法简单，一般分为清扫墙面、刮腻子、刷涂料几步工序，但基层清除要严格，应去除墙面浮灰、霉菌，施工作业应采用涂刷法。

5. 彩砂喷涂、砂胶喷涂

（1）彩砂喷涂

彩砂喷涂又称彩色喷涂，是一种丙烯酸彩砂涂料，用空压机喷枪喷涂于基面上。彩砂涂料是以丙烯酸共聚乳液为胶粘剂，由高温烧结的彩色陶瓷粒或以天然带颜色的石屑作为骨料，外加添加剂等多种助剂配制而成。涂料的特点是：无毒、无溶剂污染、快干、不燃、耐强光、不褪色、耐污染等。利用骨料的不同组配和颜色，可使涂料色彩形成不同层次，产生类似天然石材的彩色质感。

彩砂涂料的品种有单色和复色两种。单色有：粉红、铁红、紫红咖啡、棕色、黄色、棕黄、绿色、黑色、蓝色等系列；复色是由单色组配形成的一种基色，并可附加其他颜色的斑点，质感更为丰富。

彩砂涂料主要用于各种板材及水泥砂浆抹面的外墙面装饰。

彩色喷涂的基本施工工艺为：清理基层、补小洞孔、刮腻子、遮盖不喷部位，喷涂、压平、清铲、清洗喷污的部位等操作过程。彩色喷涂要求基面平整（达到普通抹灰标准），若基面不平整，应填补小洞口，且需用防水胶水、水泥腻子找平后再喷涂。

（2）砂胶喷涂

砂胶喷涂是将粗骨料砂胶涂料喷涂于基面上形成的保护装饰涂层。砂胶涂料是以合成树脂乳液（一般为聚乙烯醇水溶液及少量氯乙烯偏二氯乙烯乳液）为胶粘剂，加入普通石英砂或彩色砂子等制成。具有无毒、无味、干燥快、抗老化、粘结力强等优点。一般用 4～6mm 口径喷枪喷涂。

6. 滚花涂饰

滚花涂饰是使用刻有花纹图案的胶皮辊在刷好涂料的墙面上进行滚印图案的施工工艺。主要操作工序包括：

基层处理→ 批刮腻子→ 涂刷底层涂料→ 弹线→ 滚花→ 划线。

7. 假木纹涂饰

假木纹亦称仿木纹、木丝，一般是仿硬质木材的木纹，如黄菠萝、水曲柳、榆木、核桃木等，多用于做墙裙等处。仿木纹的施工做法为：

清理基层→ 弹水平线→ 刷涂清漆→ 刮腻子→ 砂纸磨平→ 刮色腻子→ 砂纸磨光→ 涂饰调和漆→ 再涂饰调和漆→ 弹分格线→ 刷面层涂料→ 做木纹→ 用干刷轻扫→ 划分格线→刷罩面清漆。

8. 仿石纹涂饰

仿石纹涂饰是在装饰面上用涂料仿制出如大理石、花岗岩等石纹图案，多用于做墙裙和室内柱面的装饰。

仿石纹涂饰的主要施工方法有刷涂法和喷涂法两种。

（1）刷涂法施工

该法主要适用于涂饰油性调和漆或醇酸调和漆，一般用于小面积涂饰，其主要操作工序为：

刷底漆→ 刮腻子→ 磨平→ 刷白调和漆→ 磨平→ 刷石纹→ 面层清漆罩光。

（2）喷涂施工法

喷涂施工方法一般适用于大面积涂饰，其主要工序包括：

涂刷底层涂料→ 划分格线→ 挂丝棉→ 喷涂三色→ 取下丝棉→ 划分格线→ 刷清漆。

四、喷塑

喷塑就是用喷塑涂料在物体表面制成一定形状的喷塑膜，以达到保护、装饰作用的一种涂饰施工工艺。喷塑涂料是以丙烯酸脂乳液和无机高分子材料为主要成膜物质的有骨料的新型建筑涂料。适用于内外墙、天棚、梁、柱等饰面，与木板、石膏板、砂浆及纸筋灰等表面均有良好的附着力。

喷塑涂层的结构：按涂层的结构层次，可分为三部分，即底层、中层和面层；按使用材料可分为底料、喷点料和面料三个组成部分，并配套使用。

（1）底料：也称底油、底层巩固剂、底漆或底胶水，用作基层打底，可用喷枪喷涂，也可涂刷。它的作用是渗透到基层，增加基层的强度，同时又对基层表面进行封闭，并消除基层表面有损于涂层附着力的因素，增加骨架与基层之间的结合力，底油的成分为乙烯-丙烯酸酯共聚乳液。

（2）喷点料：即中（间）层涂料，又称骨料，是喷涂工艺特有的一层成型层，是喷塑涂层的主要构成部分。此层为大小颗粒混合的糊状厚涂料，用空压机喷枪或喷壶喷涂在底油之上，分为平面喷涂（即无凹凸点）和花点喷涂两种。花点喷涂又分大、中、小三种，即定额中的大压花、中压花、喷中点、幼点。大、中、小花点由喷壶的喷嘴直径控制，它与定额规定的对应关系如表 21-2 所示。喷点料 10～15 分钟后，用塑料辊筒滚压喷点，即可形成质感丰富、新颖美观的立体花纹图案。

表 21-2　喷点面积与喷嘴直径间的关系

名称	喷点面积（cm²）	喷嘴直径（mm）
大压花	喷点压平、点面积在 1.2cm² 以上	8～10
中压花	喷点压平、点面积在 1～1.12cm² 以内	6～7
中点、幼点	喷点面积在 1cm² 以下	4～5

（3）面料：又称面油或面层高光面油、面漆，一般加有耐晒材料，使喷塑深层带有柔和色泽。面油有油性和水性两种。在喷点料后 12～24 小时开始罩面，可喷涂，也可涂刷，一般要求喷涂不低于二道，即通常的一塑三油（一道底油、二道面油、一道喷点料）。

五、裱糊饰面

裱糊墙纸包括在墙面、柱面、天棚面裱糊墙纸或墙布。裱糊装饰材料品种繁多，花色图案各异，色彩丰富，质感鲜明，美观耐用，具有良好的装饰效果，因而颇受欢迎。

建筑装饰墙纸，种类很多，分类方法尚不统一，常用的裱糊饰面材料有：装饰墙纸、金属墙纸和织锦缎等。

1. 裱糊饰面材料

（1）墙纸

墙纸又称壁纸，有纸质墙纸和塑料墙纸两大类。纸质型透气、吸声性能好；塑料型光滑、耐擦洗。一般有大、中、小三种规格。

大卷：幅宽 920～1200mm，长 50m，40～60m²/卷；

中卷：幅宽 760～900mm，长 25～50m，20～45m²/卷；

小卷：幅宽 530～600mm，长 10～12m，5～8m²/卷。

（2）织锦缎墙布

织锦缎墙布是用棉、毛、麻、丝等天然纤维或玻璃纤维制成各种粗、细纱或织物，经不同纺纱编织工艺和印色拈线加工，再与防水防潮纸粘贴复合而成。它具有耐老化、无静电、不反光、透气性能好等优点。其规格为：幅宽 500～1500mm，长 10～40m。

2. 裱糊饰面的基本施工方法

裱糊饰面的施工操作过程如下：

清扫基层→批补→刷底油→找补腻子→磨砂纸→配置贴面材料→裁墙纸（布）→裱糊刷胶→贴装饰面等。

（1）基层表面处理

基层表面清扫要严格，做到干燥、坚实、平滑。局部麻点需先用腻子补平，再视情况满刮一遍腻子或满刮两遍腻子，而后用砂纸磨平，使墙面平整、光洁，无飞刺、麻点、砂粒和裂缝，阴、阳角处线条顺直。这一工序是保证裱糊质量的关键，否则，在光照下会出现阴阳面、变色、脱胶等质量缺陷。

裱糊墙纸前，宜在基层表面刷一道底油，以防止墙身吸水太快使粘结剂脱水而影响墙纸粘贴。

（2）弹线

为便于施工，应按设计要求，在墙、柱面基层上弹出标志线，即弹出墙纸裱糊的上口位置线，并弹出垂直基准线，作为裱糊的准线。

（3）裁墙纸（布）

根据墙面弹线找规矩的实际尺寸，确定墙纸的实际长度，下料长度要预留尺寸，以便修剪，一般此实贴长度略长 30~50mm。然后按下料长度统筹规划裁割墙纸，并按裱糊顺序编号，以备逐张使用。若用贴墙布，则墙布的下料尺寸，应比实际尺寸大 100~150mm。

（4）闷水

塑料墙纸遇到水或胶液，开始自由膨胀，约 5~10 分钟胀足，而后自行收缩。掌握和利用这个特性，是保证裱糊质量的重要环节。为此，须先将裁好的墙纸在水中浸泡约 5~10 分钟，或在墙纸背面刷清水一道，静置，亦可将墙纸刷胶后叠起静置，使其充分胀开，上述过程俗称闷水或浸纸。玻璃纤维墙布，无纺墙布，锦缎和其他纤维织物墙布，一般由玻璃纤维、化学纤维和棉麻植物纤维的织物为基材，遇水不胀，故不必浸纸。

（5）涂刷胶粘剂

将浸泡后膨胀好的墙纸，按所编序号铺在工作台上，在其背面薄而均匀地刷上胶粘剂。宽度比墙纸宽约 30~50mm，且应自上而下涂刷。裱糊胶粘剂有成品胶粘剂和现场调制胶粘剂，现场调制胶粘剂的重量配合比如表 21-3 所列。

表 21-3 裱糊工程常用胶粘料现场调制配方

材料组成	配合比（重量比）	适用壁纸墙布	备 注
白乳胶：2.5%羧甲基纤维素：水	5：4：1	无纺墙布或 PVC 壁纸	配比可经试验调整
白乳胶：2.5%羧甲基纤维素溶液	6：4	玻璃纤维墙布	基层颜色较深时可掺入 10% 白色乳胶漆
SI-801 胶：淀粉糊	1：0.2		
面粉（淀粉）：明矾：水	1：0.1：适量	普通壁纸 复合纸基壁纸	调配后煮成糊状
面粉（淀粉）：酚醛：水	1：0.002：适量		
面粉（淀粉）：酚醛：水	1：0.002：适量		
成品裱糊胶粉或化学浆糊	加水适量	墙毡、锦缎	胶粉按使用说明

注：根据目前的裱糊工程实践，宜采用与壁纸墙布产品相配套的裱糊胶粘剂，或采用裱糊材料生产厂家指定的胶粘剂品种，尤其是金属壁纸等特殊品种的壁纸墙布裱糊，应采用专用壁纸胶粉。此外，胶粘剂在使用时，应按规范规定先涂刷基层封闭底胶。

注意，在涂刷织锦缎胶粘剂时，由于锦缎质地柔软，不便涂刷，需先在锦缎背面裱衬一层宣纸，使其挺括而不变形，然后将胶粘剂涂刷在宣纸上即成。也有织锦缎连裱宣纸的，这样施工时就不需再裱衬宣纸了。

（6）裱糊贴饰面

墙纸上墙粘贴的顺序是从上到下。先粘贴第一幅墙纸，将涂刷过胶粘剂的墙纸胶面对胶面折叠，用手握墙纸上端两角，对准上口位置线，展开折叠部分，沿垂直基准线贴于基层上，然后由中间向外用刷子铺平，如此操作，再铺贴下一张墙纸。

墙纸裱贴是要将一幅一幅的墙纸（布）拼成一个整体，并有对花和不对花之分。墙纸裱糊拼缝的方法一般有四种：对接拼缝、搭接拼缝、衔接拼缝和重叠裁切拼缝。图案对花一般有横向排列图案、斜向排列图案和不对花排列图案三种情况。按规定方法拼缝、对花，就能取得满意的装饰效果。

（7）修整

裱糊完后，应及时检查，展开贴面上的皱折、死折。一般方法是用干净的湿毛巾轻轻揩擦纸面，使墙纸湿润，再用手将墙纸展平，用压滚或胶皮刮板赶压平整。对于接缝不直、花纹图案拼对不齐的，应撕掉重贴。

第三节　油漆、涂料、裱糊工程量计算及示例

一、门窗油漆工程量计算

木门窗、金属门窗油漆工程量，均按设计图示数量或设计图示洞口尺寸以面积计算，单位以樘或 m^2 计。

二、木材面、木扶手及其他板条线条油漆工程量计算

木材质物料油漆的工程量可以 m^2 或 m 计量，各分项的计算规则如表 21-4 所示。

表 21-4　木材面、木扶手及其他板条线条油漆工程量计算规定

序号	项目名称及编码	工程量计算规则
1	011403001 木扶手油漆，002 窗帘盒油漆，003 封檐板、顺水板油漆，004 挂衣板、黑板框油漆，3005 挂镜线、窗帘棍、单独木线油漆	按设计图示尺寸以长度（m）计算
2	011404001 木护墙、木墙裙油漆，002 窗台板、筒子板、盖板、门窗套、踢脚线油漆，003 清水板条天棚、檐口油漆，004 木方格吊顶天棚油漆，005 吸声板墙面、天棚面油漆，006 暖气罩油漆，007 其他木材面油漆	按设计图示尺寸以面积（m²）计算
3	011404008 木间壁、木隔断油漆，009 玻璃间壁露明墙筋油漆，010 木栅栏、木栏杆（带扶手）油漆	按设计图示尺寸以单面外围面积（m²）计算
4	011404011 衣柜、壁柜油漆，012 梁柱饰面油漆，013 零星木装修油漆	按设计图示尺寸以油漆部分展开面积（m²）计算
5	011404014 木地板油漆，015 木地板烫硬蜡面	按设计图示尺寸以面积（m²）计算，并入空洞、空圈、暖气包槽、壁龛的开口部分面积

应注意的是：（1）楼梯木扶手工程量，按中心线斜长（m）计算，弯头长度计算在扶手长度内。

（2）博风板工程量按中心线斜长（m）计算。有大刀头的，每个大刀头增加长度0.5m。博风板又称拨风板、顺风板，它是山墙的封檐板，博风板两端（檐口部位）的刀形头，称大刀头、或称勾头板。

三、金属面、抹灰面油漆工程量计算

金属面P.5、抹灰面P.6油漆工程量计算归纳在表21-5中。

表21-5　金属面、抹灰面油漆工程量计算规则

序号	项目名称及编码	计算规则		
		m²	m	t
1	011405001 金属面油漆	按设计展开面积计算		按设计图示尺寸以质量计算
2	011406001 抹灰面油漆，003 满刮腻子	按设计图示尺寸以面积计算		
3	011406002 抹灰线条油漆		按设计图示尺寸以长度计算	

四、喷刷涂料工程量计算

喷刷涂料工程量清单项目共列6个分项，工程量计算规则如表21-6所示。

表21-6　喷刷涂料（011407）工程量计算规则

序号	项目名称及编码	计算规则		
		m²	m	t
1	001 墙面喷刷涂料，002 天棚喷刷涂料，006 木材构件喷刷防火涂料	按设计图示尺寸以面积计算		
2	003 空花格、栏杆刷涂料	按设计图示尺寸以单面外围面积计算		
3	005 金属构件刷防火涂料	按设计展开面积计算		按设计图示尺寸以质量计算
4	004 线条刷涂料		按设计图示尺寸以长度计算	

五、裱糊工程量计算

裱糊工程量按设计图示尺寸以面积（m²）计算。

【例21-1】　图15-12所示中套住房，若设计为硬木窗涂刷酚醛清漆二遍，试计算C-9、C-12、C-15 木窗的油漆工程量。

【解】　　本住宅为单层玻璃硬木窗，其油漆工程量计算结果如下：

C-9 1樘，或按面积计算 S1$=1.5 \times 1.6 = 2.4 \mathrm{m}^2$；

C-12 1樘，或按面积计算 S2$=1.0 \times 1.6 = 1.6 \mathrm{m}^2$；

C-15 1樘，或按面积计算 S3$=0.6 \times 1.6 = 0.96 \mathrm{m}^2$；

综合工程量：按樘计，3樘；按面积计，S$=2.4+1.6+0.96=4.96 \mathrm{m}^2$

【例 21-2】 图 19-22 单间客房的过道、房间贴装饰，硬木踢脚线（150mm×20mm）硝基清漆，试计算其工程量清单及墙面墙纸材料用量。

【解】（1）计算工程量（表 21-7），工程量清单列于表 21-8。

① 过道、房间贴装饰墙纸，工程量按设计面积计算，其中过道壁厨到顶，不贴墙纸。

$$S1 = (1.85 + 1.1 \times 2) \times (2.2 - 0.15) + 4 - 0.12 + 3.2) \times 2 \times (2 - 0.15)$$

$$- 0.9 \times (2 - 0.15) \times 3 - 0.8 \times (2 - 0.15) - 1.8 \times 1.8$$

$$= 24.78 \mathrm{m}^2 （其中门窗框料断面取 75mm \times 100mm）$$

② 踢脚线按垂直投影面积，即踢脚线的（长×宽）计算工程量：踢脚线长为 L；工程量 S2。

（2）计算墙面贴装饰墙纸消耗量（表 21-9）。

表 21-7 单间客房装饰工程量计算表

序号	清单项目编码	清单项目名称	计算式	工程量合计	计量单位
1	011408001001	墙纸裱糊	S1	24.78	m²
2	011404002001	硬木踢脚线	$L = (1.85 + 1.1 \times 2) + (4 - 0.12 + 3.2) \times 2 - 0.9$ $\times 3 - 0.8 + 0.24 \times 2 = 15.19\mathrm{m}$ $S2 = 15.19 \times 0.15$	2.28	m²

表 21-8 分项工程和单价措施项目清单与计价表

序号	项目编码	项目名称	项目特征描述	计量单位	工程量	金额（元）	
						综合单价	合价
1	011408001001	墙纸裱糊	1. 基层类型：抹灰面 2. 裱糊部位：墙面 3. 腻子种类：胶腻子 4. 刮腻子遍数：2 遍 5. 粘结材料种类：聚醋酸乙烯乳液 6. 面层材料品种、规格、颜色：素花墙纸，市售	m²	24.78		
2	011404002001	硬木踢脚线	1. 腻子种类：漆片腻子 2. 刮腻子遍数：2 遍 3. 油漆品种、刷漆遍数：硝基清漆，2 遍	m²	2.28		

表 21-9　客房墙面贴装饰墙纸人工、材料用量表

定额编号			B5-343			
定额项目			墙面贴装饰墙纸，对花			
单　位			100m²			
材料类别	材料编号	材料名称	数量	工程量	消耗量	单位
人工	jz0002	综合工日	19.05		4.72	工日
材料	210300D038	油漆溶剂油	3.00		0.74	kg
	220101D104	羧甲基纤维素	1.65		0.41	kg
	210300D007	大白粉	23.50	0.248	5.83	kg
	210200D075	聚醋酸乙烯乳液（胶）	25.10		6.22	kg
	210200D023	酚醛清漆	7.00		1.74	kg
	060206D003	墙纸	115.79		28.72	m²

【例 21-3】　若图 19-22 中过道、房间贴装饰墙纸改为刷乳胶漆。设计规定乳胶漆的施工做法为：抹灰墙面批二遍腻子、磨砂纸、刷乳胶漆三遍。试计算刷乳胶漆工程量及消耗量。

【解】 按计算规则，抹灰面乳胶漆工程按面积计算，则其工程量与贴墙纸面积相同，即为 24.78m²。

按做法要求，应套定额 B5-276，则人工、材料用量如表 21-10 所示。

表 21-10　客房抹灰面油漆乳胶漆人工、材料用量表

定额编号			B5-276			
定额项目			抹灰面油漆，乳胶漆，三遍			
单　位			100m²			
材料类别	材料编号	材料名称	数量	工程量	用量	单位
人工	jz0002	综合工日	4.90		1.22	工日
材料	240300D003	白布（豆包布）0.9m 宽	0.07		0.02	m²
	210300D044	砂纸	8.00		1.98	张
	210300D022	石膏粉	2.05		0.51	kg
	220101D104	羧甲基纤维素	0.34	0.248	0.08	kg
	210300D007	大白粉	1.43		0.35	kg
	210200D075	聚醋酸乙烯乳液（胶）	1.70		0.42	kg
	210200D063	乳胶漆	43.26		10.73	kg
	210300D059	滑石粉	13.86		3.44	kg

【例 21-4】　某房间轴线尺寸 3800mm×4800mm，墙厚（1 砖）240mm，设计为轻钢龙骨石膏板平面吊顶，白色乳胶漆（满刮腻子二遍，刷乳胶漆三遍）饰面。计算天棚乳胶漆工程量。

【解】 按工程量计算规则，图示尺寸面积 S 为：
$$S=（3.8-0.24）\times（4.8-0.24）=16.23m²$$

第二十二章　其他装饰工程

第一节　其他装饰工程清单项目设置及有关说明

一、清单项目划分

其他装饰工程包括 8 节 62 个项目，它们是：柜类、货架、压条、装饰线、扶手、栏杆、栏板装饰、暖气罩、浴厕配件、雨篷、旗杆、招牌、灯箱、美术字等。62 个项目的具体名称见表 22-1。

二、清单项目的有关说明

1. 本章（附录 Q）清单项目"刷油漆"说明：柜类、货架、雨篷、旗杆、招牌、灯箱、美术字等单件项目，工作内容中包括了"刷油漆"，主要考虑整体性。不得单独将油漆分离，单列油漆清单项目；附录 Q 的其他项目，工作内容中没有包括"刷油漆"，则可单独按附录 P 相应项目编码列项。

2. 凡栏杆、栏板含扶手的项目，不得单独将扶手进行编码列项。

3. "项目特征"中"台柜规格"：是以能分离的成品单体长、宽、高来表示。例如，一个组合书柜分上下两部分，下部为独立的矮柜，上部为敞开式的书柜，应以上、下两部分标注尺寸。

4. "项目特征"中装饰线条、美术字等的"基层类型"：指装饰线、美术字的依托体材料，例如：砖墙、木墙、石墙、混凝土墙、抹灰墙、钢支架等。

5. "项目特征"中镜面玻璃和灯箱等的"基层材料"：是指玻璃背面的衬垫材料，如胶合板、油毡等。

6. 旗杆高度指旗杆台座上表面至杆顶的高度尺寸（包括球珠）。

7. 旗杆台座：金属旗杆的砖砌或混凝土台座，可按相关附录章节（如附录 D，E）另行编码列项。

8. 美术字项目中的"固定方式"：指以粘贴、焊接、以及铁钉、螺栓、铆钉固定等方式。

第二节　其他装饰清单项目简介

一、柜类、货架

清单"柜类、货架"项目共列 20 个子目，其中包括：柜台、货架、收银台、展台、试衣间、酒吧台（酒吧吊柜、吧台背柜）、壁柜、矮柜、衣柜、书柜、酒柜、厨房短橱、吊橱、壁橱等。

壁柜与吊柜的区分：厨房壁柜，嵌入墙内的为壁柜，以支架固定在墙上的为吊柜。

二、压条、装饰线条

压条和装饰线条是用于各种交接面、分界面、层次面、封边封口线等的压顶线和装饰条，起封口、封边、压边、造型和连接的作用。目前，压条和装饰条的种类也很多，按材质分，主要有木线条、铝合金线条、铜线条、不锈钢线条和塑料线条、石膏线条等；按用途分，有天花角线、天花线、压边线、挂镜线、封边角线、造型线、槽线等。

1. 木装饰条：木质装饰线条的规格常用的有：19×6，13×6，25×25，50×20，44×51，80×20，41×85，100×12，25×101，150×15，200×15，250×20（mm）等数种。

2. 金属装饰条：有铝合金线条、铜线条和不锈钢线条等。常见金属装饰条规格：金属压条 10mm×2.5mm、金属槽线 50.8mm×12.7mm×1.2mm、金属角线 30mm×30mm×1.5mm、铜嵌条 15mm×2mm 和镜面不锈钢装饰条。

3. 塑料线条：塑料装饰线条是用硬质聚氯乙烯塑料制成，具有耐磨、耐腐蚀、绝缘性好，且一次成形后不需再经处理。常见的线条有聚氨酯（PU）硬泡饰线，PPC 高分子材料饰线和 PP 型塑料雕花线条等。

4. 石膏装饰线：石膏装饰线是以半水石膏为主要原料，掺加适量增强纤维、胶结剂、促凝剂、缓凝剂，经料浆配制、浇注成型、烘干而制成的线条。它具有重量轻、易于锯拼安装、浮雕装饰性强的优点。规格有：石膏装饰条 50mm×10mm，石膏顶角线 80mm×30mm，120mm×30mm 等。

5. GRC 装饰构件：GRC 是"玻璃纤维增强水泥"（或混凝土）的缩写，它是水泥、砂子、水、耐碱玻璃纤维、外加剂以及其他集料与混合物组成的复合材料。水泥与水发生反应后硬化，形成胶凝体——水泥石，把砂子（或其他集料）牢固地胶结在一起，并胶结锚固玻璃纤维，形成了具有良好性能的新材料。砂子在 GRC 中起填充和骨架作用，耐碱玻璃纤维起增强作用，主要是增强水泥基材的抗拉性。

GRC 的应用十分广泛，构件包括 GRC 装饰线条、线脚、腰线、檐口线、GRC 门窗套、GRC 老虎窗、GRC 梁托（斗拱、支托）以及栏杆扶手、柱墩、山花、城市雕塑、艺术小品等，还有 GRC 装饰柱（GRC 罗马柱）、多孔轻质内隔墙板、外墙板、屋面瓦、排水管以及其他大型装饰构件等。随着人民生活水平的不断提高，居住小区的品位也随之提高，GRC 构件的应用将越来越多。

三、扶手、栏杆、栏板

扶手、栏杆、栏板分项是指装饰工程中用于楼梯、走廊、回廊、阳台、平台、以及其他装饰部位的栏杆、栏板和扶手。典型的栏杆、栏板、扶手造型如图 22-1 所示。栏杆、栏板、扶手种类包括铝合金栏杆玻璃栏板、不锈钢管栏杆、不锈钢管栏杆钢化玻璃栏板、不锈钢管栏杆有机玻璃栏板、铜管栏杆钢化玻璃栏板、大理石栏板、铁花栏杆、木栏杆；各种金属（不锈钢、铜、铝质）扶手、硬木扶手、塑料扶手、大理石扶手、以及各种材质靠墙扶手等。

扶手常用的规格为：铝合金扁管扶手 100×44×1.8（mm）；不锈钢管扶手用 ϕ60mm 和 ϕ75mm 的不锈钢管；硬木扶手规格有 100×60、150×60、60×60（mm）；钢管扶手分圆管和方管，规格分别为 ϕ50 和 100×60（mm）；铜管扶手分 ϕ60 和 ϕ75 两种。

四、暖气罩

暖气罩是指在房间放置暖气片的地方，用以遮挡暖气片或暖气管道的装饰物。一般做法是在外墙内侧留槽，槽的外面做隔离罩，此隔离罩常用金属网片或夹板制作。当外墙无法留

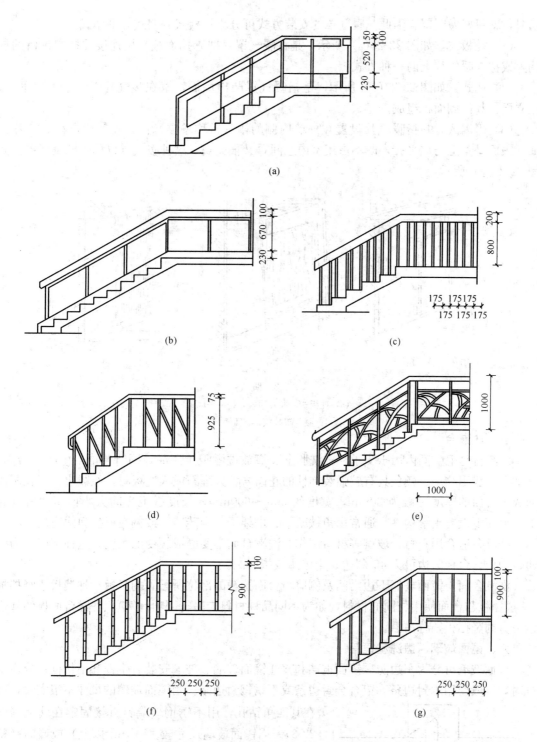

图 22-1 栏板、栏杆、扶手构造示意图

（a）金属栏杆、半坡栏板；（b）金属栏杆、全玻栏板；（c）金属栏杆，直线形（竖条式）；
（d）金属栏杆，直线形（其他）；（e）铁花栏杆，钢材、型钢；（f）车花木栏杆；（g）不车花木栏杆槽时，就只好做明罩。因此，暖气罩的安装方式可分为挂板式、明式和平墙式。

（1）挂板式，如图 22-2（a）所示，是将暖气罩（即遮挡面板）用连接件挂在预留的挂钩上或挂在暖气片上的一种方式。

（2）明式，如图 22-2（b）所示，是指暖气罩凸出墙面，罩在暖气片上。它由顶平板、正立面板和两侧面板组成。

（3）平墙式，是指暖气片设置在外墙内侧的槽（常称壁龛）内，暖气罩设在暖气片正面，表面基本上与墙平齐，既不占用室内空间，又很美观。这种暖气罩也称暗槽暖气罩。如图 22-2（c）所示。

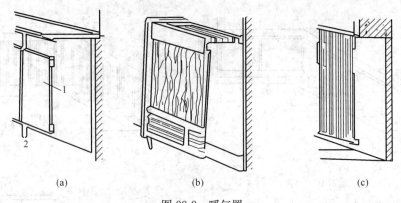

(a)　　　　　　　(b)　　　　　　　(c)

图 22-2　暖气罩

（a）挂板式，（b）明式，（c）平墙式

1—暖气罩挂板；2—暖气管

五、洗漱台

洗漱台是卫生间内用于支承台式洗脸盆、搁放洗漱卫生用品，同时装饰卫生间的台面。洗漱台一般用纹理、颜色具有较强装饰性的花岗岩、大理石或人造板材，经磨边、开孔制作而成。台面的厚度一般为 20mm，宽度约 500～600mm，长度视卫生间大小而定，另设侧板。台面下设置支承构件，通常用角铁架子、木架子、半砖墙、或搁在卫生间两边的墙上。

洗漱台适合用石材、玻璃等材料制作。洗漱台面常要磨成缓变的角度，这种工序称为磨边、削角。台板磨边可为 45°斜边、半圆边或指甲圆。

洗漱台面与镜面玻璃下边沿间及侧墙与台面接触的部位所配置的竖板，称挡板或竖挡板（一般挡板与台面使用相同的材料，如为不同品种材料应另行列项计算）。洗漱台面板的外边沿下方的竖挡板，称吊沿。

六、镜面玻璃、盥洗室镜箱

镜面玻璃可分为车边防雾镜面玻璃和普通镜面玻璃。玻璃安装有带框和不带框之分。带框时，一般要用木封边条、铝合金封边条或不锈钢封边条。当镜面玻璃的尺寸不很大时，可在其四角钻孔，用不锈钢玻璃钉直接固定在墙上（图 22-3）。当镜面玻璃尺寸较大（1m² 以上）或墙面平整度较差时，通常要加木龙骨木夹板基层，使基面平整，固定方式采用嵌压式，如图 22-4 所示。

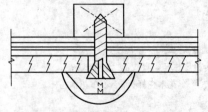

图 22-3　装饰螺钉固定镜面玻璃

七、招牌、灯箱

招牌分为平面招牌、箱体招牌、竖式标箱、灯箱，

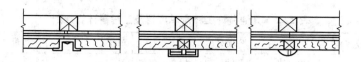

图 22-4　嵌压式固定镜面玻璃

在此基础上又分为一般招牌、矩形招牌、复杂招牌和异形招牌。平面招牌是指安装在门前墙面上的一种招牌，箱体招牌、竖式标箱是指将六面体固定在墙面上的招牌，沿雨篷、檐口、阳台走向的立式招牌，按平面招牌考虑。

一般招牌和矩形招牌是指正立面平整无凸面，复杂招牌和异形招牌是指正立面有凹凸造型的一种招牌。

招牌、灯箱制作安装分为木结构灯箱和钢结构灯箱。

八、美术字

美术字的制作、运输、安装，不分字体（不论字体形式如何，即使是外文或拼音，也应以中文意译的单字或单词进行计量，而不以字符来计量）。清单按字的材质列 4 个分项，即泡沫塑料字、有机玻璃字、木质字和金属字。

美术字按大小规格分类，规格以字的外接矩形长、宽和字的厚度表示。常见字的长、宽尺寸有四个档次，即：

长×宽＝ 400mm×400mm，控制范围在 0.2m² 以内；

长×宽＝ 600mm×600mm 或 600×800mm，控制范围在 0.5m² 以内；

长×宽＝ 900mm×1000mm，控制范围在 1.0m² 以内；

长×宽＝1000mm×1250mm，控制范围在 1.0m² 以外；

"项目特征"中的"基层类型"，是指美术字的依托体材料，如（大理）石面、混凝土面、砖墙面、钢支架和其他面。

第三节　工程量计算及示例

一、工程量计算规则

其他装饰工程（附录 Q）的分项目多，工程量计算规则经归纳列于表 22-1 中，计算时按表中规定执行即可。应该说明的是：

1."附录 Q.1"柜类、货架中"台""柜"计量单位中以"个"计量时，"个"是指能分离的同规格的单体个数。例如：有同规格 1500×400×1200（mm）的柜台 5 个单体，另有一个规格为 1500×400×1150（mm）的单体柜台，该柜台的底部安装 4 个胶轮，以便营业员由此活动柜台出入。这 6 个柜台应分开列项为：1500×400×1200（mm）规格的柜台 5 个，规格为 1500×400×1150（mm）的柜台 1 个。

另外，台柜项目的"个"，应按设计图纸或说明，包括台柜架、台面材料（石材、金属型材、实木料等）、侧面材料（镜面玻璃、玻璃、装饰板材等）、内隔板材料、连接件、配件等。

2."附录 Q.5"中"洗漱台"的工程量按台面外接矩形面积计算。这是由于洗漱台在放置洗面盆的部位必须开洞，根据洗漱台摆放的位置，有些还需选形、切角等，故洗漱台的工程量按外接矩形计算更合理。

表 22-1 其他装饰工程清单项目及工程量计算规则

节号	分部项目及编号	分项名称	单位	工程量计算规则
Q.1	柜类、货架 (011501)	001 柜台，2 酒柜，3 衣柜，4 存包柜，5 鞋柜，6 书柜，7 厨房壁柜，8 木壁柜，9 厨房低柜，10 厨房吊柜，11 矮柜，12 吧台背柜，13 酒吧吊柜，14 酒吧台，15 展台，16 收银台，17 试衣间，18 货架，19 书架，20 服务台	个 m m³	按设计图示数量计算； 按设计图示尺寸延长米计算； 按设计图示尺寸以体积计算
Q.2	压条、装饰线 (011502)	001 金属装饰线，2 木质装饰线，3 石材装饰线，4 石膏装饰线，5 镜面玻璃线，6 铝塑装饰线，7 塑料装饰线，8 GRC 装饰线条	m	按设计图示尺寸以长度计算
Q.3	扶手、栏杆、栏板装饰 (011503)	001 金属扶手、栏杆、栏板，2 硬木扶手、栏杆、栏板，3 塑料扶手、栏杆、栏板，4 GRC 栏杆、扶手，5 金属靠墙扶手，6 硬木靠墙扶手，7 塑料靠墙扶手，8 玻璃栏板	m	按设计图示以扶手中心线长度（包括弯头长度）计算
Q.4	暖气罩 (011504)	001 饰面板暖气罩，2 塑料板暖气罩，3 金属暖气罩	m²	按设计图示尺寸以垂直投影面积（不展开）计算
Q.5	浴厕配件 (011505)	001 洗漱台	m² 个	按设计图示尺寸以台面外接矩形面积计算，不扣除孔洞、挖弯、削角所占面积，挡板、吊沿板面积并入台面面积内；按图示数量
		2 晒衣架，3 帘子杆，4 浴缸拉手，5 卫生间扶手	个	按设计图示数量计算
		6 毛巾杆（架）	套	
		7 毛巾环	副	
		8 卫生纸盒，9 肥皂盒，11 镜箱	个	按设计图示尺寸以边框外围面积计算
		10 镜面玻璃	m²	
Q.6	雨篷、旗杆 (011506)	001 雨篷吊挂饰面，3 玻璃雨篷	m²	按设计图示尺寸以水平投影面积计算
		2 金属旗杆	根	按设计图示数量计算
Q.7	招牌、灯箱 (011507)	001 平面、箱式招牌	m²	按设计图示尺寸以正立面边框外围面积计算。复杂形的凸凹造型部分不增加面积
		2 竖式标箱，3 灯箱，4 信报箱	个	
Q.8	美术字 (011508)	001 泡沫塑料字，2 有机玻璃字，3 木质字，4 金属字，5 吸塑字	个	按设计图示数量计算

二、工程量计算示例

【例 22-1】 设图 19-22 所示单间客房卫生间内采用大理石洗漱台、同种材料挡板、吊沿，并设车边镜面玻璃及毛巾架等配件尺寸如下：大理石台板 1400mm×500mm×20mm，挡板宽度 120mm，吊沿 180mm，开单孔；台板磨半圆边；玻璃镜 1400（宽）×1120（高）×6（mm），不带框；毛巾架为不锈钢架，1 只／间。试计算 15 个标准间客房卫生间上述配件的工程量并列清单。

【解】（1）工程量计算表如表 22-2 所示；（2）工程量清单见表 22-3。

表 22-2　客房浴厕配件工程量计算表

序号	清单项目编码	清单项目名称	计　算　式	工程量合计	计量单位
1	011505001001	大理石洗漱台	$S[1.4 \times 0.5 + (1.40 + 0.50 \times 2) \times 0.12$ 挡板 $+ 1.40 \times 0.18$ 吊沿 $] \times 15$	18.6	m²
2	011505006001	不锈钢毛巾架		15	套
3	011505010001	镜面玻璃	$S = 1.40 \times 1.12$	1.57	m²

表 22-3　客房浴厕配件分项工程和单价措施项目清单与计价表

序号	项目编码	项目名称	项目特征描述	计量单位	工程量	金额（元）	
						综合单价	合价
1	011505001001	大理石洗漱台	1. 材料品种、规格、颜色：大理石，白色带纹　2. 支架品种、规格：角钢 40mm×3mm	m²	18.6		
2	011505006001	不锈钢毛巾架	1. 材料品种、规格、颜色：不锈钢毛巾架	套	15		
3	011505010001	镜面玻璃	1. 镜面玻璃品种、规格：镀银镜面车边玻璃　2. 框材质：不带框　3. 基层材料种类：胶合板 3mm	m²	1.57		

第五篇 拆除工程

第二十三章 拆除工程

第一节 拆除工程简述

一、拆除工程概述

随着我国城市现代化建设的加快，城市建设进一步发展，老城区改造的任务越来越重，老旧建筑物的拆除工程量越来越大，拆除难度也越来越高。规范拆除工程管理，使之有序发展，利于提高拆除质量、安全拆除、文明施工，最终达到提高经济效益的目标。

拆除是与建筑物建造相反的过程。建筑物建造时，建筑物从开始时的多个单体结构件逐步变成平面组合结构和空间立体结构，从开始的不稳定结构逐步变成稳定结构，最终成形的建筑物能够承受来自屋面、楼面等各个部位的各种垂直和水平的压力。在建造过程中，为防止意外出现，施工方往往需要采取临时支撑或临时加固等技术措施。拆除旧建筑物与上述情况刚好相反，建筑物从开始的平面组合结构或空间立体结构逐步变成平面的、单体的结构，从开始的稳定结构逐步变成不稳定结构。

二、拆除工程的基本分类

(1) 按拆除的标的物，可分为民用建筑的拆除、工业厂房的拆除、地基基础的拆除、机械设备的拆除、工业管道的拆除、电气线路的拆除、施工设施的拆除等；

(2) 按拆除的程度，可分为全部拆除(或整体拆除)和部分拆除(或叫局部拆除、室内拆除)：整体拆除，如酒店、宾馆拆迁工程，就是整栋楼房拆除。室内拆除包括：拆强电弱电、拆机电设备、拆通风系统、拆消防系统、拆吊顶、拆隔间、砸墙、拆地板、打地平、垃圾清运。

(3) 按拆除建筑物和拆除物的空间位置不同，又有地上拆除和地下拆除之分。

目前，拆除物的结构已从砖木结构发展到了混合结构、框架结构、板式结构等，从房屋拆除发展到烟囱、水塔、桥梁、码头等构筑物的拆除。

三、房屋拆除的基本方法及顺序

根据不同的拆除对象，拆除施工应当采取不同的拆除方法和拆除顺序，且应遵循"先上后下、先非承重结构后承重结构"的基本原则。

常见房屋的拆除方法有人工拆除、人工与机械相结合拆除、机械拆除、爆破拆除、静力破碎等。

1. 人工拆除

拆除对象：砖木结构平房。

拆除顺序：屋面瓦→板→椽子→檩条→屋架或木架→砖墙（或木柱）→基础。

拆除方法：人工用简单的工具，如倒链、撬棍、大锤、铁锹、瓦刀等。上面几个人拆，下面几个人接运拆下来的建筑材料。其中砖墙的拆除方法一般不许用推倒或拉倒的方法，而是由上而下拆除，如果必须采用推倒或拉倒的方法，必须有人统一指挥，待人员全部撤离到安全地方才可进行。拆屋架时可用简单的起重设备，三木塔挂导链或滑轮拆下。

2. 人工与机械相结合的方法

拆除对象：混合结构多层楼房。

拆除顺序：屋顶防水和保温屋→屋顶混凝土和预制板→屋顶梁→顶层砖墙→楼层楼板→楼板下的梁→下层砖墙，如此逐层往下拆，最后拆基础。

拆除方法：人工与机械配合，人工剔凿、用机械将楼板、梁板构件吊下去，人工拆砖墙、用机械吊运转。

需注意的是，人工拆除方法只能用于拆除木结构、砖木结构、混合结构的民用建筑工程。拆除混合结构、框架结构、排架结构、钢结构和各类基础、地下构筑物等房屋建筑或构筑物时，采用人工拆除危险程度较大，必须采用机械或爆破方式进行拆除。

3. 机械拆除

所用拆除机械有：液压锤、液压剪（如剪刀机、长臂液压剪、挖土机或重锤锤击（如镐头机、液压锤）、或专业房屋拆除机等。

为了保证安全拆除，必须先了解拆除对象的结构，弄清组成房屋的各部分结构构件的传力关系，才能合理地确定拆除顺序和方法。

一般说来房屋的结构组成，由屋顶板（或楼板）、屋架（或梁）、砖墙（或柱）、基础四大部分组成。其传力关系也很明确：屋顶板（或楼板）传力给屋架（或梁），屋架（或梁）传力给砖墙（或柱），最后，砖墙（或柱）传力给基础。

因此，拆除的顺序，原则上就是按承受力的主次关系，或者说按传力关系的次序来确定。即先拆最次要的受力构件，然后拆除次之受力构件，最后拆主要受力构件。拆除顺序是：屋顶板→屋架或梁→承重砖墙或柱→基础。如此由上而下，一层一层往下拆。至于不承重的维护结构，如不承重的砖墙、隔墙可以最先拆，但有的砖墙虽不承重，可是起到木柱的支撑作用，这样的情况就不急于拆除，可以等到拆木柱时一起拆。另外，除了摸清上部结构的情况之外，还必须弄清基础地基的情况，否则也要出问题。例如，某工地在拆除一幢临时平房时，就是因为不了解该房是建在很浅的土地基上，而且由于地面水长期浸泡地基，导致地基土松软，当屋盖拆除之后，砖墙失去压力后发生倾斜倒塌，造成了伤人事故。

以下再说明几个拆除注意事项：

（1）连接阳台的墙体不可拆

有的人为了改善房间的采光，把连接阳台的部分墙体拆除，增加阳台门口的宽度，这是不允许的。因为房子的外墙通常都是承重墙，即使在上面凿洞开窗也非常危险。

另外，有的房间与阳台之间的墙上，原本开设有一窗一门，这些门窗都可以拆除，但是窗户下面的墙体就不能拆。窗户下面的这段墙称为"配重墙"，它起着挑起阳台的作用。如果拆除这堵墙，会使阳台的承重力下降，导致阳台下坠。

（2）顶面横梁不可拆

有的人觉得房子顶面的横梁影响美观，打算把这些横梁突出的部分拆除。但是房屋中间的横梁是绝对不能拆改的，因为横梁支撑上层的楼板，拆除或改造将会造成上层楼板下坠。

另外需要注意的是，有些墙体的上方连接着横梁，拆除墙体时只能拆到横梁的下方。比如某工地拆除了卧室与书房之间的墙面，但是墙面上面有横梁，这里是不能动的，否则存在安全隐患。遇到横梁不能拆除时，可以利用吊顶把横梁隐藏起来，同样不会影响美观。

（3）承重墙不可拆

承重墙是墙体上无预制圈梁的墙面，户型图上承重墙的墙体厚度明显画得比非承重墙要厚，实体墙壁的厚度一般是 240mm，实体墙很多为混凝土结构。非承重墙厚度则为 100～150mm。外墙通常都是承重墙，和邻居共用的墙也是承重墙。一般非承重墙建在卫生间、储藏间、厨房及过道。

4. 爆破拆除

利用火药与炸药进行爆破的技术运用范围日益扩大，而且目前都是可控爆破技术，或称控制爆破，拆除爆破亦属此列，如大型块体的切割和解体，地坪、路面、跑道的拆除，建筑物和构筑物的拆除以及水压爆破拆除等。建筑物（如楼房）爆破（常称定向爆破）是常用的城市拆除爆破技术，主要用于城市大型建筑物的拆除。对楼房爆破的不同情况，其爆破后楼房的倒塌方式有以下四种：原地坍塌、定向倒塌、折叠倒塌、连续倒塌。

5. 静力破碎

静力破碎技术是利用静力破碎剂固化膨胀力破碎混凝土、岩石等的一种技术。多用于不宜采用爆破技术拆除的大体积混凝土结构、石材开采加工等。进行建筑基础或局部块体拆除时，也宜采用静力破碎的方法。

四、拆除工程适用范围

本章拆除工程是房屋建筑计量规范中新增内容，适用于房屋工程的维修、加固、二次装修前的拆除，不适用于房屋的整体拆除和其他拆除。

第二节　拆除工程项目设置及相关说明

拆除工程划分为 15 节共 37 个项目，分别为砖砌体拆除，混凝土及钢筋混凝土构件拆除，木构件拆除，抹灰层拆除，块料面层拆除，龙骨及饰面拆除。屋面拆除，铲除油漆涂料裱糊面，栏杆栏板、轻质隔断隔墙拆除，门窗拆除，金属构件拆除，管道及卫生洁具拆除，灯具、玻璃拆除，其他构件拆除，开孔（打洞）等。详细项目划分及编码如表 23-1 所示。

表 23-1　拆除工程项目划分、工程量计算规则

序号	项目名称及编码	计量单位	工程量计算规则
R.1	011601001 砖砌体拆除	m^3、m	按拆除的体积计算；按拆除的延长米计算
R.2	011602001 混凝土构件，002 钢筋混凝土构件拆除	m^3、m^2、m	按拆除构件的混凝土体积计算；按拆除部位的面积、延长米计算
R.3	011603001 木构件拆除	m^3、m^2、m	按拆除构件的体积计；按拆除面积、延长米计算
R.4	011604001 平面抹灰层拆除，002 立面抹灰层拆除，003 天棚抹灰面拆除	m^2	按拆除部位的面积计算
R.5	011605001 平面块料拆除，002 立面块料拆除		

序号	项目名称及编码	计量单位	工程量计算规则
R.6	011606001 楼地面龙骨及饰面拆除，002 墙柱面龙骨及饰面拆除，003 天棚面龙骨及饰面拆除	m²	按拆除面积计算
R.7	011607001 刚性层拆除，002 防水层拆除	m²	按铲除部位的面积计算
R.8	011608001 铲除油漆面，002 铲除涂料面，003 铲除裱糊面	m²、m	按铲除部位的面积、延长米计算
R.9	011609001 栏杆、栏板拆除	m²、m	按拆除部位的面积、延长米计算
	002 隔断隔墙拆除	m²	按拆除部位的面积计算
R.10	011610001 木门窗拆除，002 金属门窗拆除	m²	按拆除面积计算
		樘	按拆除樘数计算
R.11	011611001 钢梁拆除，002 钢柱拆除，004 钢支撑、钢墙架拆除，005 其他金属拆除	m	按拆除延长米计算
	003 钢网架拆除	t	按拆除构件的质量计算
R.12	011612001 管道拆除	m	按拆除管道的延长米计算
	002 卫生洁具拆除	个、套	按拆除数量计算
R.13	011613001 灯具拆除	套	
	002 玻璃拆除	m²	按拆除面积计算
R.14	011614001 暖气罩拆除，002 柜体拆除，003 窗台板拆除，004 筒子板拆除	个、块	按拆除数量计算
		m	按拆除延长米计算
	005 窗帘盒拆除，006 窗帘轨拆除	m	按拆除延长米计算
R.15	011615001 开孔（打洞）	个	按数量计算

清单项目相关说明：

（1）本"拆除工程"适用于房屋建筑工程、仿古建筑、构筑物、园林景观工程等项目拆除，可按此附录 R 编码列项；市政工程、园路、园桥工程等项目拆除，按《市政工程工程量计算规范》相应项目编码列项；城市轨道交通工程拆除，按《城市轨道交通工程工程量计算规范》相应项目编码列项。

（2）项目特征栏中，在 R.1 节的"砌体名称"是指砖砌墙、柱、水池等；在 R.3 节的"构件名称"是指拆除构件应按木梁、木柱、木楼梯、木屋架、承重木楼板等分别列项，在"构件名称"中描述。

（3）项目特征栏中，对"附着物"的描述，在不同分项含义有所差异：在 R.1 节，砌体表面的附着物种类指抹灰层、块料层、龙骨及装饰面层等；在 R.2 节，混凝土及钢筋混凝土构件表面的附着物种类指抹灰层、块料层、龙骨及装饰面层等；在 R.3 节，木构件表面的附着物种类指抹灰层、块料层、龙骨及装饰面层等。

（4）对于只拆面层的项目，在项目特征中，不必描述基层（或龙骨）类型（或种类）；对于基层（或龙骨）和面层同时拆除的项目，在项目特征中，必须描述（基层或龙骨）类型

（或种类）。

（5）关于项目特征栏中"拆除的基层类型"的描述：在 R.5 节"拆除的基层类型"是指砂浆层、防水层、干挂或挂贴所采用的钢骨架层等；在 R.6 节是指龙骨及饰面拆除时的基层、砂浆层、防水层等。

（6）关于"拆除部位名称"的描述：R.8"铲除油漆涂料裱糊面"项目中铲除部位是指铲除墙面、柱面、天棚、门窗等；在 R.13 灯具玻璃拆除中拆除部位是指门窗玻璃、隔断玻璃、墙玻璃、家具玻璃等；在打孔（打洞）分项中，其"部位"是指墙面或楼板等。

（7）特殊的描述"门窗拆除"节的"室内高度"是指室内楼地面至门窗的上边框间的高度。

第三节　拆除工程量计算及示例

一、拆除项目工程量计算

拆除项目的工程量计算规则已归纳汇总在表 23-1 中，供读者参阅使用。计算拆除工程量时，选用计量单位还应遵守如下规定：

（1）"砖砌体拆除"项目中，以米计量的，如砖地沟、砖明沟等必须描述拆除部位的截面尺寸；以立方米计量，截面尺寸则不必描述。

（2）"混凝土及钢筋混凝土拆除"项目和"木构件拆除"项目中，以立方米作为计量单位时，可不描述构件的规格尺寸；以平方米作为计量单位时，则应描述构件的厚度；以米"m"作为计量单位时，必须描述构件的规格尺寸。

（3）"铲除油漆涂料裱糊面"时，按米计量的，必须描述铲除部位的截面尺寸；以平方米计量时，不用描述铲除部位的截面尺寸。

另外，拆除工程量与建造工程量的计算具有较大的一致性，但也有相当差异。拆除工程量计算规则中加了些说明、限定，还多了些选项。例如，混凝土及钢筋混凝土构件拆除的工程量计算规则中，用"拆除的体积"、"拆除部位"来显示，工程量的计量单位有三种选择（m^3，m^2，m），这既是多了选择的灵活性，也是差异所在；栏杆、栏板拆除有两个选择（m^2，m），增加了 m^2 为计量单位。

二、工程量计算示例

【例 23-1】　某工程做二次装修前的拆除工作，拆除项目包括砖墙、木窗、墙面涂料和天棚四项。试列出该工程拆除工程量清单。

【解】　实际拆除的工程量计算及工程量清单分别示于表 23-2 及表 23-3 中。

表 23-2　拆除工程量计算表

序号	清单项目编码	清单项目名称	计算式	工程量合计	计量单位
1	011601001001	砖砌隔墙拆除	$S = 12.3 \times 3.1 \times 0.24$	9.15	m^3
2	011606003001	天棚龙骨及饰面拆除	$S = 6.2 \times 7.5$	46.5	m^2
3	011608002001	铲除乳胶漆面	$S = 39.3 \times 2.9$	113.97	m^2
4	011610001001	木窗拆除	$S = 1.5 \times 1.6 \times 14$	33.6	m^2

表 23-3　拆除工程分项工程和单价措施项目清单与计价表

序号	项目编码	项目名称	项目特征描述	计量单位	工程量	金额（元）	
						综合单价	合价
1	011601001001	砖砌隔墙拆除	1. 砌体名称：多孔砖隔墙 2. 砌体材质：多孔砖 3. 拆除高度：3.1m 4. 拆除砌体的截面尺寸：0.24×3.1（m²） 5. 砌体表面的附着物种类：一般抹灰	m³	9.15		
2	011606003001	天棚龙骨及饰面拆除	1. 拆除的基层类型：砂浆层 2. 龙骨及饰面种类：木龙骨，乳胶漆	m²	46.5		
3	011608002001	铲除乳胶漆面	1. 铲除部位名称：墙面 2. 铲除部位的截面尺寸：1砖墙	m²	113.97		
4	011610001001	木窗拆除	室内高度：2.5m	m²	33.6		

第六篇 措 施 项 目

第二十四章 措 施 项 目

第一节 措施项目工程量清单项目设置

本"措施项目"共设置 7 节 52 个项目，内容包括：脚手架工程，混凝土模板及支架（撑），垂直运输，超高施工增加，大型机械设备进出场及安拆，施工排水、降水，安全文明施工及其他措施项目。具体项目设置分别列于表 24-1～表 24-4 内。

表 24-1 "脚手架工程"清单项目设置、工程量计算规则

序号	项目编码及项目名称	单位	工程量计算规则
1	011701001 综合脚手架	m²	按建筑面积计算
2	011701005 挑脚手架	m	按搭设长度乘以搭设层数以延长米计算
3	011701004 悬空脚手架，006 满堂脚手架	m²	按搭设的水平投影面积计算
4	011701002 外脚手架，003 里脚手架，007 整体提升架，008 外装饰吊篮	m²	按所服务对象的垂直投影面积计算

表 24-2 "混凝土模板及支架（撑）"清单项目设置、工程量计算规则

序号	项目编码及项目名称	单位	工程量计算规则
1	011702001 基础，002 矩形柱，003 构造柱，004 异形柱，005 基础梁，006 矩形梁，007 异形梁，008 圈梁，009 过梁，010 弧形、拱形梁，011 直形墙，012 弧形墙，013 短肢剪力墙、电梯井壁，014 有梁板，015 无梁板，016 平板，017 拱板，018 薄壳板，011 空心板，020 其他板，021 栏板	m²	按模板与现浇混凝土构件的接触面积计算。 ①现浇钢筋混凝土墙、板单孔面积≤0.3m² 的孔洞不予扣除，洞侧壁模板亦不增加；单孔面积>0.3m² 时应予扣除，洞侧壁模板面积并入墙、板工程量内计算； ②现浇框架分别按梁、板、柱有关规定计算；附墙柱、暗梁、暗柱并入墙内工程量计算； ③柱、梁、墙、板相互连接的重叠部分，均不计算模板面积； ④构造柱按图示外露部分计算模板面积
2	011702023 雨篷、悬锁板、阳台板		按图示外挑部分尺寸的水平投影面积计算，挑出墙外的悬臂梁及板边不另计算

序号	项目编码及项目名称	单位	工程量计算规则
3	011702024 楼梯		按楼梯（包括休息平台、平台梁、斜梁和楼层板的连接梁）的水平投影面积计算，不扣除宽度≤500mm的楼梯井所占面积，楼梯踏步、踏步板、平台梁等侧面模板不另计算，伸入墙内部分亦不增加
4	011702022 天沟、檐沟，025 其他现浇构件		按模板与现浇混凝土构件的接触面积计算
5	011702026 电缆沟、地沟		按模板与电缆沟、地沟接触的面积计算
6	011702027 台阶	m²	按图示台阶水平投影面积计算，台阶端头两侧不另计算模板面积。架空式混凝土台阶，按现浇楼梯计算
7	011702028 扶手		按模板与扶手的接触面积计算
8	011702029 散水		按模板与散水的接触面积计算
9	011702030 后浇带		按模板与后浇带的接触面积计算
10	011702031 化粪池		按模板与混凝土接触面积计算
11	011702032 检查井		

表 24-3　附录"S.3、S.4、S.5、S.6"清单项目及工程量计算规则

序号	项目编码及项目名称	单位	工程量计算规则
S.3	011703001 垂直运输	m²	按建筑面积计算
		天	按施工工期日历天数计算
S.4	011704001 超高施工增加	m²	按建筑物超高部分的建筑面积计算
S.5	011705001 大型机械设备进出场及安拆	台次	按使用机械设备的数量计算
S.6	011706001 成井	m	按设计图示尺寸以钻孔深度计算
	002 排水、降水	昼夜	按排、降水日历天数计算

表 24-4　安全文明施工及其他措施项目

项目编码	项目名称	工作内容及包含范围
011707001	安全文明施工	1. 环境保护：现场施工机械设备降低噪声、防扰民措施；水泥和其他易飞扬细颗粒建筑材料密闭存放或采取覆盖措施等；工程防扬尘洒水；土石方、建渣外运车辆防护措施等；现场污染源的控制，生活垃圾清理外运、场地排水排污措施；其他环境保护措施 2. 文明施工："五牌一图"；现场围挡的墙面美化（包括内外粉刷，刷白、标语等）、压顶装饰；现场厕所便槽刷白、贴面砖、水泥砂浆地面或地砖，建筑物内临时便溺设施；其他施工现场临时设施的装饰装修、美化措施；现场生活卫生设施；符合卫生要求的饮水设备、淋浴、消毒等设施；生活用洁净燃料；防煤气中毒、防蚊虫叮咬等措施；施工现场操作场地的硬化；现场绿化、治安综合治理；现场配备医药保健器材、物品和急救人员培训；现场工人的防暑降温、电风扇、空调等设备及用电；其他文明施工措施

项目编码	项目名称	工作内容及包含范围
011707001	安全文明施工	3. 安全施工：安全资料、特殊作业专项方案的编制，安全施工标志的购置及安全宣传；"三宝"（安全帽、安全带、安全网）、"四口"（楼梯口、电梯井口、通道口、预留洞门）、"五临边"（阳台围边、楼板围边、屋面围边、槽坑围边、卸料平台两侧），水平防护架、垂直防护架、外架封闭等防护；施工安全用电，包括配电箱三级配电、两级保护装置要求、外电防护措施；起重机、塔吊等起重设备（含井架、门架）及外用电梯的安全防护措施（含警示标志）及卸料平台的临边防护、层间安全门、防护棚等设施；建筑工地起重机械的检验检测；施工机具防护棚及其围栏的安全保护设施；施工安全防护通道；工人的安全防护用品、用具购置；消防设施与消防器材的配置；电气保护、安全照明设施；其他安全防护措施 4. 临时设施：施工现场采用彩色、定型钢板，砖、混凝土砌块等围挡的安砌、维修、拆除；施工现场临时建筑物、构筑物的搭设、维修、拆除，如临时宿舍、办公室，食堂、厨房、厕所、诊疗所、临时文化福利用房、临时仓库、加工场、搅拌台、临时简易水塔、水池等；施工现场临时设施的搭设、维修、拆除，如临时供水管道、临时供电管线、小型临时设施等；施工现场规定范围内临时简易道路铺设，临时排水沟、排水设施安砌、维修、拆除；其他临时设施搭设、维修、拆除
011707002	夜间施工	1. 夜间固定照明灯具和临时可移动照明灯具的设置、拆除 2. 夜间施工时，施工现场交通标志、安全标牌、警示灯等的设置、移动、拆除 3. 包括夜间照明设备及照明用电、施工人员夜班补助、夜间施工劳动效率降低等
011707003	非夜间施工照明	为保证工程施工正常进行，在地下室等特殊施工部位施工时所采用的照明设备的安拆、维护及照明用电等
011707004	二次搬运	由于施工场地条件限制而发生的材料、成品、半成品等一次运输不能到达堆放地点，必须进行的二次或多次搬运
011707005	冬雨季施工	1. 冬雨（风）季施工时增加的临时设施（防寒保温、防雨、防风设施）的搭设、拆除 2. 冬雨（风）季施工时，对砌体、混凝土等采用的特殊加温、保温和养护措施 3. 冬雨（风）季施工时，施工现场的防滑处理、对影响施工的雨雪的清除 4. 包括冬雨（风）季施工时增加的临时设施、施工人员的劳动保护用品、冬雨（风）季施工劳动效率降低等
011707006	地上、地下设施、建筑物的临时保护设施	在工程施工过程中，对已建成的地上、地下设施和建筑物进行的遮盖、封闭、隔离等必要保护措施
011707007	已完工程及设备保护	对已完工程及设备采取的覆盖、包裹、封闭、隔离等必要保护措施

注：本表所列项目应根据工程实际情况计算措施项目费用，需分摊的应合理计算摊销费用。

第二节　脚手架工程

一、项目划分及有关说明

脚手架工程项目划分为：综合脚手架、外脚手架、里脚手架、悬空脚手架、挑脚手架、满堂脚手架、整体提升架、外装饰吊篮，参见表24-1。相关事项说明如下：

1. 使用综合脚手架时，不得再使用外脚手架、里脚手架等单项脚手架；综合脚手架适用于能够按"建筑面积计算规则"计算建筑面积的建筑工程，不适用于房屋加层、构筑物及附属工程。综合脚手架是针对整个房屋建筑的土建和装饰装修部分的。

2. 同一建筑物有不同檐高时，按建筑物竖向切面分别按不同檐高编列清单项目。如图24-1所示，该建筑物应按①～②之间，②～③之间，③～④之间，分别列项计算脚手架。

3. 整体提升架已包括2m高的防护架体设施。

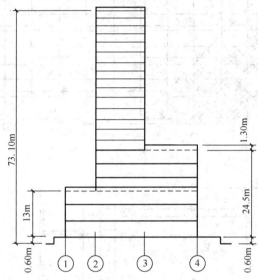

图 24-1 高度不同脚手架计算示意图

二、脚手架工程简介

1. 综合脚手架

为了简化脚手架工程量的计算，一些省、直辖市、自治区采用综合脚手架的方法来进行脚手架的工程量计算。综合脚手架是指一个单位工程在全部施工过程中常用的各种脚手架的总体。这个总体除有规定可另行计算的特殊脚手架外，一般已综合了砌筑、浇筑、吊装、抹灰、油漆、料等所需的脚手架、运料斜道、上料平台、金属卷扬机架等。凡是能够按"建筑面积计算规则"计算建筑面积的建筑工程均可按综合脚手架计算。凡不能按"建筑面积计算规则"计算建筑面积的建筑工程，但施工组织设计规定需搭设脚手架时，按相应单项脚手架计算脚手架摊销费。

综合脚手架一般按单层建筑物或多层建筑物分不同檐口高度，以建筑面积为综合脚手架的工程量。

檐口高度是指建筑物的滴水高度。平屋面从室外地坪算至屋面板底（图24-2），凸出屋面的楼梯出口间、电梯间、水箱间等不计算檐高。屋顶上的特殊构筑物（如葡萄架等）和女儿墙的高度也不计入檐口高度。

2. 外脚手架

外脚手架是指沿建筑物外墙外围搭设的，供外墙体砌筑和外墙的外部装饰使用的脚手架。外脚手架搭设方式有

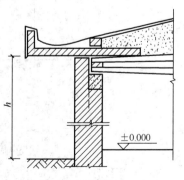

图 24-2 平屋面檐口高度

单排和双排之分，如图 24-3 所示是双排钢管外脚手架搭设示意图。

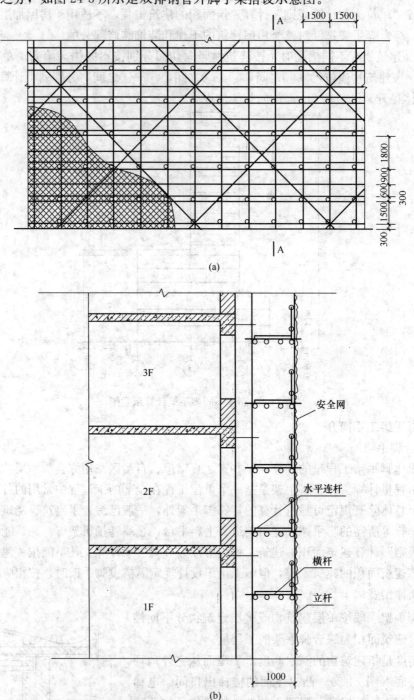

图 24-3　钢管外脚手架搭设示意图
（a）钢管外脚手架立面；（b）钢管外脚手架 A-A 剖面

3. 里脚手架

里脚手架也称内脚手架，是指沿室内墙面搭设的脚手架，用于供各层内墙砌筑，室内装修或框架外墙砌筑及围墙等。里脚手架一般为工具式，常用的有折叠式里脚手架、支柱式里脚手架和马凳式里脚手架。按材质有木架、竹架、钢管架等。

4. 悬空脚手架

有屋架的建筑物，高度超过3.6m时，其屋面板底面油漆、抹灰、勾缝和屋架油漆等项作业，可采用悬空的脚手架施工。

5. 挑脚手架

挑脚手架是从建筑物内部通过窗洞口向外挑出的一种脚手架，如图24-4所示，图中是直接用脚手杆搭设的挑脚手架，适用于挑檐、阳台和其他突出部分的施工，也用于高层建筑的施工。

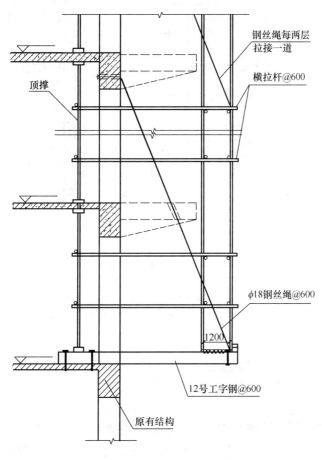

图 24-4　悬挑脚手架

6. 满堂脚手架

满堂脚手架是指在工作范围内满设的脚手架，形如棋盘井格，如图24-5所示。主要用于满堂基础和室内天棚的安装、装饰等的施工。

7. 整体提升脚手架

在超高层建筑的主体施工中，整体升降式脚手架有明显的优越性，它结构整体性好、升降快捷方便、机械

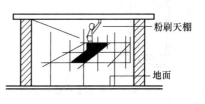

图 24-5　满堂脚手架

化程度高，是超高建筑常用的外脚手架。

整体提升脚手架以电动捯链为提升机，使整个外脚手架沿建筑物外墙或柱整体向上爬升。脚手架为双排，宽0.8～1m，里排杆离建筑物净距0.4～0.6m。整体提升架的架体宜沿建筑物外围分成若干单元，每个单元一般在5～9m之间，如图24-6所示。

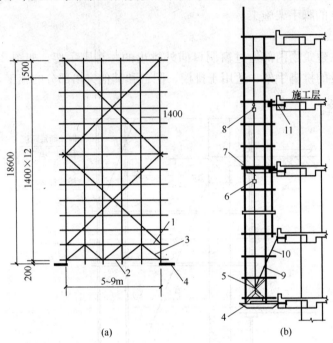

(a)　　　　　　(b)

图24-6　整体提升脚手架

（a）立面图；（b）侧面图

1—上弦杆；2—下弦杆；3—承力桁架；4—承力架；5—斜撑；6—电动捯链；

7—挑梁；8—捯链；9—花篮螺栓；10—拉杆；11—螺栓

8. 吊篮脚手架

吊篮可分为卷扬式和爬升式两类。卷扬式吊篮一般是将卷扬机构布置在建筑物屋顶的悬挂装置车架上，驱动钢丝绳向外引出，绳端与吊篮固结，如图24-7所示。

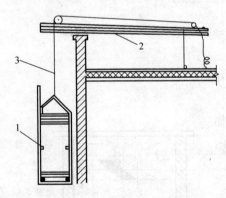

图24-7　吊篮脚手架示意图

1—吊篮；2—支承设施；3—吊索

9. 防护架

防护架分水平防护架和垂直防护架，是在脚手架以外单独搭设的，用于车辆通道、人行通道、临街防护和施工与其他物体隔离等的防护。

10. 安全网

当多层或高层建筑物用外脚手架时，砌筑高度超过4m或立体交叉作业时，需在脚手架外侧设置安全网，当用里脚手架施工外墙时，也要沿墙外架设安全网、安全网的搭设方式如图24-8所示，在多层和高层建筑中，除设安全平网外，还应设置安全立网或塑料编织布，如图24-9所示。

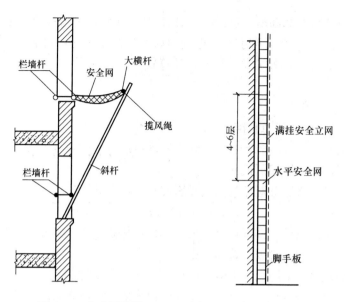

图 24-8　安全网搭设　　　　图 24-9　高层建筑施工中的安全网

三、脚手架工程量计算及示例

脚手架工程量计算规则已综合在表 24-2 内，现以示例对脚手架工程量计算的具体应用作如下解说：

【例 24-1】　某七层办公楼为钢筋混凝土空心板的屋面结构，室外地坪标高为 0.45m，每层层高 3.20m，屋面板厚 120mm，建筑面积为 3496m²，试计算综合脚手架工程量。

【解】　该建筑属于可用"建筑面积计算规则"计算建筑面积的建筑物。按规定应计算综合脚手架。

$$综合脚手架工程量\ S=建筑面积=3496m^2$$

【例 24-2】　图 24-10 是某七层砖混住宅平面，女儿墙顶面标高 20.80m，楼层高 2.9m，

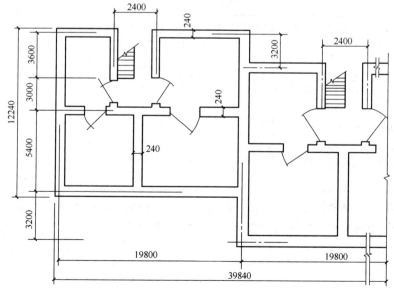

图 24-10　某七层砖混住宅平面图

楼板厚 0.12m，室内外高差 0.3m，试计算并列出该住宅工程内外墙脚手架工程量清单。

【解】 首先，再重述一下外脚手架工程量的计算，按规定是：可表述为按外墙外边线长度乘以外墙砌筑高度以平方米（m²）计算，计算式为：

$$S = L_{外} \times H \tag{24-1}$$

式中 S——外脚手架工程量，m²；

  $L_{外}$——建筑物外墙外边线总长度，m；

  H——外墙砌筑高度，是指设计室外地坪至檐口底或檐口滴水的高度，有女儿墙的，其高度算至女儿墙顶面。

里脚手架的工程量为所服务对象的垂直投影面积，计算式为：

$$S = L_{内} \times H \tag{24-2}$$

式中 $L_{内}$——所服务内墙净长之总和（m），这是用于内墙砌筑，如果是内墙面装饰抹灰等施工，应取其2倍，因为两面都要装饰施工。

按题意，住宅砖墙砌筑高度 21.1m，外脚手架按钢管双排脚手架计算，室内净高为：2.9－0.12＝2.78m，低于 3.6m，内墙脚手架按里脚手架计算，亦采用钢管架。

本住宅外墙钢管式双排外脚手架工程量及内墙里脚手架工程量计算见表 24-5；工程量清单示于表 24-6 内。

表 24-5　住宅项目工程量计算表

序号	清单项目编码	清单项目名称	计　算　式	工程量合计	计量单位
1	011701002001	外脚手架	$L_{外}=(39.84+12.24+3.2)\times2=110.56m$ $S=110.56\times21.1$	2332.82	m²
2	011701003001	里脚手架	$L_{内}=[(19.8-0.24)+5.4-0.24)+(6.6-0.24)\times2]\times2$ $+(12.24-3.2-0.48)=83.44m$ $S=83.44\times(2.9-0.12)\times7$	1623.74	m²

表 24-6　住宅项目分项工程和单价措施项目清单与计价表

序号	项目编码	项目名称	项目特征描述	计量单位	工程量	金额（元）	
						综合单价	合价
1	011701002001	外脚手架	1. 搭设方式：钢管双排落地式 2. 搭设高度：21m	m²	2332.82		
2	011701003001	里脚手架	1. 搭设方式：工具式钢管里脚手架 2. 搭设高度：2.0m	m²	1623.74		

【例 24-3】 试计算图 24-11 所示某健身活动室顶棚装饰满堂脚手架工程量。

【解】 满堂脚手架工程量按搭设的水平投影面积计算。大部分情况分是楼地面面积或天棚面积。计算式可表示为：

$$S = L \times W \tag{24-3}$$

式中 L、W——分别为室内净长和净宽，m。

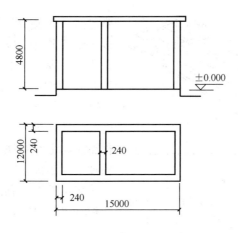

图 24-11　某健身活动室示意图

本例活动室满堂脚手架面积 $S = (12 - 0.48) \times (15 - 0.24 \times 3) = 164.51\text{m}^2$

【例 24-4】　试计算图 24-11 健身活动室内墙抹灰粉刷脚手架工程量。

【解】　按规定，内墙面粉饰可计算里脚手架，其工程为服务对象的垂直投影面积。这里是墙面抹灰，内墙部分应计算双面，按公式（24-3）：

$$S = [(15 - 0.24 \times 3) \times 2 + (12 - 0.24 \times 2) \times 4] \times 4.8 = 358.27\text{m}^2$$

第三节　混凝土模板及支架（撑）

一、项目设置及相关说明

混凝土模板及支架（撑）共设 32 个项目，列项情况请参见表 24-2，相关事项作如下说明：

1. "混凝土模板及支撑（架）"项目，只适用于以平方米计量，按模板与混凝土构件的接触面积计算。以立方米计量的模板及支撑（支架），按混凝土及钢筋混凝土实体项目执行，其综合单价中应包含模板及支撑（支架）。

2. 原槽浇灌的混凝土基础，不计算模板。底面和侧面都由原槽充当模板，非原槽浇灌就要计算侧模。同样，构造柱模板就不再计算柱混凝土与砌体接触面的模板。

3. 若现浇混凝土梁、板支撑高度超过 3.6m 时，项目特征应描述支撑高度。

4. "混凝土模板及支撑（架）"项目按混凝土及钢筋混凝土构件品种、类型、截面形状等不同编码列项，不区分现浇构件或预制构件，也不区分模板品种、材质。

5. 模板工作内容包括：（1）模板制作；（2）模板安装、拆除、整理堆放及场内外运输；（3）清理模板粘结物及模内杂物、刷隔离剂等。

二、模板工程简要说明

模板工程由模板和支架（撑）两部分组成。模板是使混凝土及钢筋混凝土具有结构构件所要求的形状和尺寸的一种模型，而支架（撑）则是混凝土及钢筋混凝土从浇灌起至养护拆模止的承力结构。现就常见模板类型作简要叙述。

1. 组合钢模板

组合钢模板又称组合式定型小钢模，由钢模板、连接件和支承件三部分组成。钢模板主

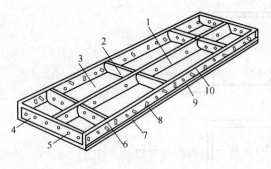

图 24-12 平面模板

1—中纵肋；2—中横肋；3—面板；4—横肋；5—插销孔；

6—纵肋；7—凸棱；8—凸鼓；9—U 形卡孔；10—钉子孔

要包括平面模板、阴角模板、阳角模板和连接角模。平面模板（图 24-12），由面板和肋条组成，膜板尺寸采用模数制，宽度以 100mm 为基础，按 50mm 进级，最宽为 300mm；长度以 450mm 为基础，按 150mm 进级，最长为 1500mm。这样就可以根据工程需要，将不同规格的模板横竖组合拼装成各种不同形状、尺寸的大块模板。

转角模板，有阴角、阳角和连接角模板三种（图 24-13），主要用于结构的转角部位。

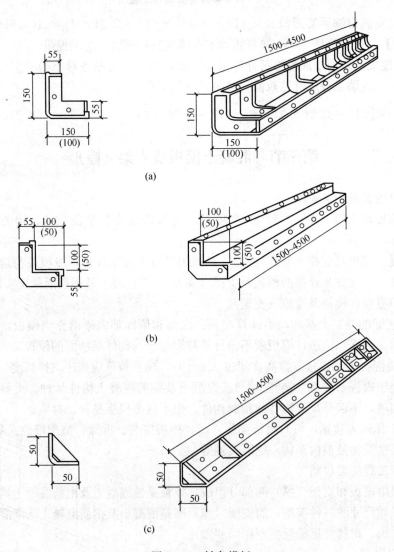

图 24-13 转角模板

（a）阴角模板；（b）阳角模板；（c）连接角模板

2. 钢木组合模板

钢木组合模板由钢框和面板组成。钢框由角钢或其他异形钢材构造，面板材料有胶合板、竹塑板、纤维板、蜂窝纸板等，面板表面均做防水处理。钢木组合模板的品种有钢框覆膜胶合板组合模板、钢框木（竹）组合模板等。钢木组合模板的构造与图 24-15 类似，只是木边框用钢框来代替。

3. 木模板

木模板及其支撑系统一般在加工厂或现场制成单元，再在现场拼装，图 24-14（a）是基本单元，称为拼板。拼板的长短、宽窄可根据混凝土或钢筋混凝土构件的尺寸，设计出几种标准拼板，以便组合使用。也可以在木边框（40×50 方木）上钉木板制成木定型模板，木定型模板的规格为 1000mm×500mm，如图 24-15 所示。图 24-14（b）是用木拼板组装成的柱模板构造图，它是由两块相对的内拼板夹在两块外拼板之内所组成的。

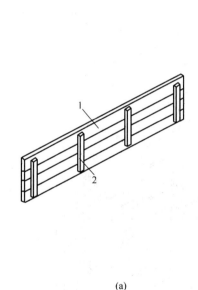

(a)

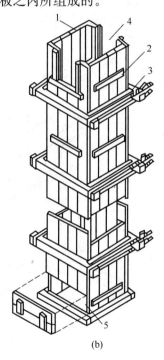

(b)

图 24-14　木模板

（a）拼板；（b）柱模板

1—板条；2—拼条；3—柱箍；4—梁缺口；5—清理口

4. 复合木模板

复合木模板是指用胶合成木制、竹制或塑料纤维等制成的板面。用钢、木等制成框架，并配置各种配件而组成的复合模板。常用的有钢框胶合板模板、钢框竹胶板模板等。

5. 定型钢模板

定型钢模板是由钢板与型钢焊接而成的，一般构造如图 24-16 所示。分小钢模板和大钢模板

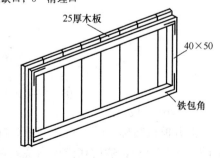

图 24-15　木定型模板

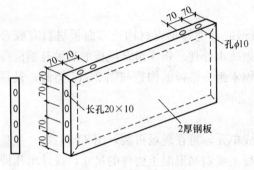

图 24-16　定型钢模板

两种。

小钢模板的构造：面层一般为 2mm 厚的钢板，肋用 50mm×5mm 扁钢点焊焊接，边框上钻有 20mm×10mm 的连接孔。小钢模的规格较多，以便适用于基础梁、板、柱、墙等构件模板的制作，并有定型标准和非标准之分。

大钢模板也称大模板，是一种大型的定型模板，主要用于浇筑混凝土墙体，模板尺寸与大模板墙相配套，一般与楼层高度和开间尺寸相适应，例如高度为 2.7m、2.9m，长度为 2.7m、3.0m、3.3m、3.6m 等。大钢模板主要由板面系统、支撑系统、操作平台和附件组成。面板一般采用 4～5mm 的整块钢板焊成或用厚 2～3mm 的定型组合钢模板拼装而成。图 24-17 是整体式大模板的构造示意图，它是一面墙的一块模板。

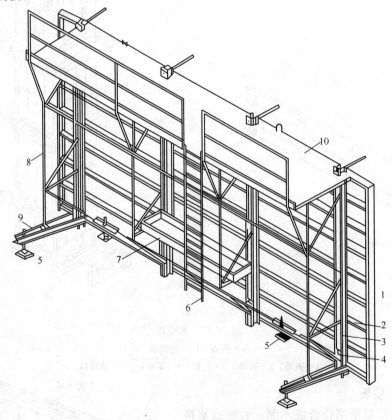

图 24-17　整体式平模

1—面板；2—横肋；3—竖肋；4—穿墙螺栓；5—调整螺栓；
6—爬梯；7—工具箱；8—支撑桁架；9—支腿；10—操作平台

6. 滑升模板

滑升模板简称滑模，它是由一套高约 1.2m 的模板、操作平台和提升系统三部分组装而成的（图 24-18），然后在模板内浇筑混凝土并不断向上绑扎钢筋，同时利用提升装置将模板不断向上提升，直至结构浇筑完成。

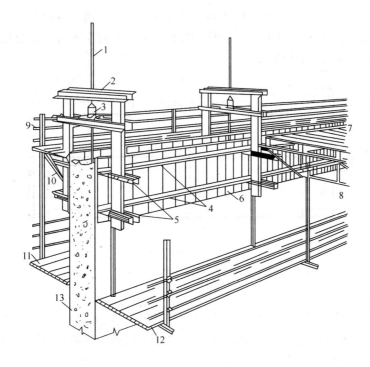

图 24-18 滑升模板装置示意图

1—支承杆；2—提升架；3—液压千斤顶；4—围圈；5—围圈支托；

6—模板；7—操作平台；8—平台桁架；9—栏杆；10—外挑三角架；

11—外吊脚手架；12—内吊脚手架；13—混凝土墙体

模板（图 24-18 中的"6"）可用钢模板、木模板或钢木混合模板，最常用的是钢模板（故此滑模亦称滑升钢模），钢模板可采用厚 2～3mm 的钢板和 L30～L50 的角钢制成（图 24-19），也可采用定型组合钢模板。按所在部位和作用的不同，模板可分为内模板，外模板、堵头模板、角模以及变截面处的衬模板等。

液压千斤顶是提升系统的组成部分，它是使滑升模板装置沿支承杆（图 24-18 中的"1"）向上滑升的主要设备（由此亦称滑升钢模为液压滑升钢模）。液压千斤顶是一种专用的穿心式千斤顶，只能沿支承杆向上爬升，不能下降，按其卡头形式的不同可分为钢珠式液压千斤顶和楔块式液压千斤顶。

滑升模板适用于各类烟囱、水塔、筒仓、沉井及贮罐，大桥桥墩、挡土墙、港口扶壁及水坝等构筑物、多层及高层民用及工业建筑等的施工。

7. 长线台、钢拉模

（1）长线台

先张法预应力构件的生产需要用专门设计的台座，此台座的长度可达 100～200m，故称长线台、在这种台座上生产预应力构件

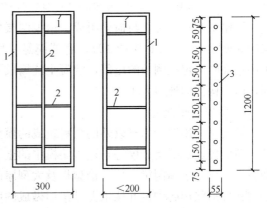

图 24-19 平模板块

1—边框；2—肋；3—连接孔

的方法也就称长线法。普通的长线台座由两个承受张拉力的台墩和台面组成，台面可为夯实的素土台面或薄混凝土台面，用作预制构件的底模（后一种混凝土台面即为长线台混凝土地模），图 24-20 为长线台的结构形式之一。

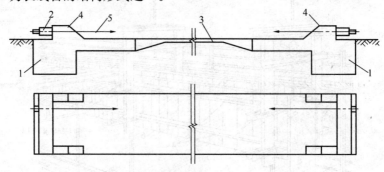

图 24-20　墩式台座

1—台墩；2—横梁；3—台面（局部加厚）；4—牛腿；5—预应力钢丝

（2）钢拉模

在长线台座上用拉模生产钢筋混凝土构件是一种广泛采用的新工艺，图 24-21 是生产空心板的水平拉模，其构造主要包括钢模、框架以及用于脱模和移动框架的卷扬机。

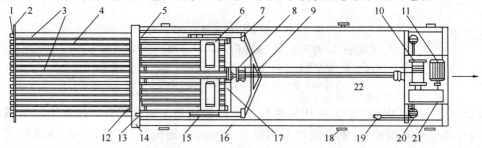

图 24-21　水平拉模构造示意图

1—定位插销；2—后端头板；3—侧模板；4—芯管；5—滑轮；6—附着式振动器；

7—导向装置；8—滑轮组；9—保护层控制架；10—卷扬机卷筒；11—电动机；

12—前端头板；13—限位器；14—框架后梁；15—限位板；16—框架；17—钢模横梁；

18—滚轮；19—限位器；20—框架偏心轮式止动装制；21—减速箱；22—钢丝绳

钢模由侧板、芯管与横梁组成、钢模两端分别有前后端模（板）各一块、前端模焊在框架的后横梁上（图 24-21 中 12），后端模是一块活动钢板（图 24-21 中 2），浇筑混凝土时，用插销临时固定在侧板的尾部，混凝土浇捣成型后，拆除后端模板。侧板、端模板形成的空间，即为构件的外型大小。

8. 胎模、砖地模

胎模是指用钢、木材以外的材料筑成的模型来代替模板浇灌混凝土，常用的胎模有土胎模、砖胎模、混凝土胎模等，这些胎模中的土、砖、混凝土作为构件外型的地模，常用木料做边模。可用于预制梁、柱、槽型板及大型屋面板等构件。图 24-22 是工字形柱砖胎模，它是按构件形状用砖砌模并抹水泥砂浆而做成的胎模。另一种是砖地模，它是按构件的平面尺寸，用砖砌后再用水泥砂浆抹平而做成的一种底模。图 24-23 是大型屋面板混凝土胎模，它是在土坯上再浇筑一层薄混凝土面层抹光而成。

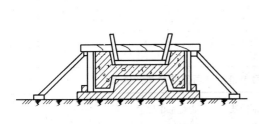

图 24-22 工字形柱砖胎模

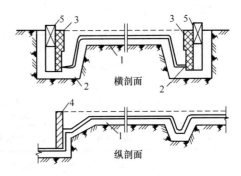

图 24-23 大型屋面板混凝土胎模

1—胎模；2—L65×5；3—侧模；4—端模；5—木楔

三、混凝土模板及支架（撑）工程量计算及示例

混凝土模板及支架（撑）工程量按表 24-2 的规则进行计算，归纳起来有两点：

（1）以平方米计量，按模板与现浇混凝土构件的接触面积计算。

（2）以立方米计量，按混凝土及钢筋混凝土实体项目执行。即属于这种情况，混凝土及钢筋混凝土实体项目中包含模板及支架，其综合单价中包含了模板及支撑（支架），措施项目清单中不再编列现浇混凝土模板项目清单。

【例 24-5】 图 24-24 为某工程框架结构建筑物某层现浇钢筋混凝土柱、梁、板结构图，层高 3.0m，其中板厚为 120mm，梁、板顶标高为 +6.00m，柱为 +3.0～+6.00m。若模板单列，试列出该层钢筋混凝土柱、梁、板模板工程量清单。

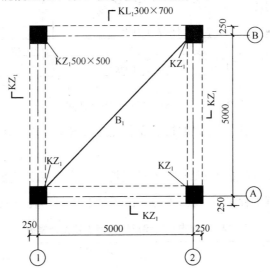

图 24-24 某工程现浇钢筋混凝土柱、梁、板结构平面图

【解】 本项目工程量计算列于表 24-7 内，分部分项工程量清单示于表 24-8 中。

表 24-7 某柱、梁、板项目清单工程量计算表

序号	清单项目编码	清单项目名称	计 算 式	工程量合计	计量单位
1	011702002001	矩形柱	$S=4\times[3\times0.5\times4-0.3\times0.7\times2-(0.5-0.3)\times2\times0.12]$	22.13	m^2

序号	清单项目编码	清单项目名称	计 算 式	工程量合计	计量单位
2	011702006001	矩形梁	$S=(5-0.5)\times(0.7\times2+0.3-0.12)\times4$	28.44	m²
3	011702014001	板	$S=(5+0.5)\times(5+0.5)-(5-0.5)$ $\times0.3\times4-0.5\times0.5\times4$ $=23.85$	23.85	m²

表 24-8　某柱、梁、板项目单价措施项目清单与计价表

序号	项目编码	项目名称	项目特征描述	计量单位	工程量	金额（元）	
						综合单价	合价
1	011702002001	矩形柱		m²	22.13		
2	011702006001	矩形梁	支撑高度：2.2m	m²	28.44		
3	011702014001	板	支撑高度：2.78m	m²	23.85		

【例 24-6】 图 24-25 为一混凝土筒壳板工程示意图，试列出该建筑物中间跨拱板的现浇钢筋混凝土拱板模板工程量清单及工、料、机消耗量。

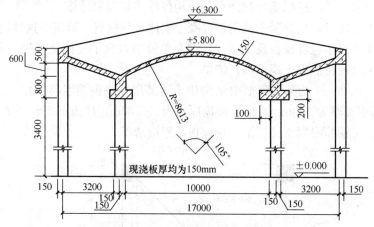

图 24-25　筒壳板工程示意图（开间为 52m）

【解】 按计算规则，拱板支模板的接触面积应为其内拱面积（即混凝土与模板的接触面积），则：

$$拱板模板工程量 = 弧线长 \times 拱板长 = \frac{\pi R}{180} \times 弧线度数 \times 拱长 \qquad (24\text{-}4)$$

由图 24-25，代入数据有工程量 S（表 24-9），工程量清单列于表 24-10 中。

表 24-9　筒壳板工程拱板模板工程量计算表

清单项目编码	清单项目名称	计 算 式	工程量合计	计量单位
011702017001	拱板	$S=\dfrac{\pi\times8.613}{180}\times105\times52$	820.78	m²

表 24-10　筒壳板工程拱板模板和单价措施项目清单与计价表

项目编码	项目名称	项目特征描述	计量单位	工程量	金额（元）	
					综合单价	合计
011702017001	拱板	支撑高度：4.6～5.5m	m²	820.78		

拱形板模板采用木模板、木支撑，按××省建筑工程消耗量定额（2006 年）工料用量计算结果如表 24-11 所示。

表 24-11　现浇混凝土拱板模板，支撑消耗量计算结果

定额编号		A10-55				
定额项目		现浇混凝土，拱板，木模板				
单位		10m²				
材料类别	材料编号	材料名称	数量	工程量	消耗量	单位
人工	jz0002	综合工日	6.80		558.14	工日
材料	170400D008	镀锌铁丝	0.49		40.22	kg
	010600D002	铁件	0.79		64.84	kg
	170700D031	铁钉	2.75		225.72	kg
	030103D030	模板木材	0.11	82.08	9.03	m³
	030102D053	木支撑	0.08		6.57	m³
	180200D007	零星卡具	0.25		20.52	kg
机械	jx07012	木工圆锯机　直径500mm 小	0.14		11.49	台班
	jx04004	载货汽车　装载质量4t 中	0.02		1.64	台班

【例 24-7】　某小区住宅楼有现浇钢筋混凝土构造柱 10 根，其中 4 根布置在 L 形拐角处，4 根在 T 形接头处，另有 2 根在十形交叉处，该建筑物墙体厚度为（1 砖墙）240mm，构造柱高 19.65m，计算该幢楼构造柱木模板工程量。

【解】　构造柱模板工程量

$$S = 接触面水平长（包括马牙）\times 柱高 \times 柱根数 \qquad (24-5)$$

实际计算中，当构造柱与砌体为马牙槎连接时，按外露面的最大宽厚计算，将数据代入公式（24-5），则：

（1）L 形拐角处，2 个接触面，模板工程量 S_1：

$$S_1 = (0.24 \times 2 + 0.06 \times 4 \text{ 马牙}) \times 19.65 \times 4 = 56.69\text{m}^2$$

（2）T 形接头处，1 个接触面，模板工程量 S_2：

$$S_2 = (0.24 + 0.06 \times 6) \times 19.65 \times 4 = 47.16\text{m}^2$$

（3）十形交叉处，只有马牙，工程量 $S_3 = 0.06 \times 8 \times 19.65 \times 2 = 18.86\text{m}^2$；

因此，该幢楼构造柱木模板工程量 $S = 56.69 + 47.16 + 18.86 = 122.61\text{m}^2$。

【例 24-8】　图 24-26 是钢筋混凝土雨篷构造示意图，请计算其模板工程量。

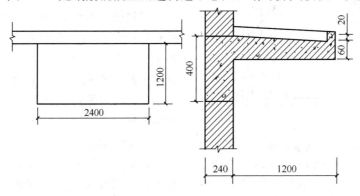

图 24-26　带反沿雨篷示意图

【解】 按规则，现浇钢筋混凝土雨篷模板按外挑部分水平投影面积计算，则本例模板工程量 $S=1.2\times2.4=2.88\text{m}^2$。

第四节　垂直运输、超高施工增加

一、垂直运输、超高施工增加简述

1. 垂直运输

垂直运输就是指建筑施工工程在合理工期内所需要的垂直运输机械。建筑施工中，大量的建筑材料、施工设备的运送和施工人员的上下，都需要依靠垂直运输设施。塔式起重机、混凝土泵、龙门架（井架）物料提升机和外用电梯无疑是建筑施工中最为常见的垂直运输设备。

塔式起重机简称塔吊，是一种塔身直立、起重臂回转的起重机械，由包括底架、塔帽、塔身、起重臂、平衡臂、转台等部分组成。在建筑施工中已经得到广泛的应用，成为建筑安装施工中不可缺少的建筑机械。

按起重性能，塔吊可分为轻型塔吊、中型塔吊和重型塔吊。按工作方法：塔吊可分为固定式塔吊和运行式塔吊。

龙门架、井字架都是使用工作笼（吊笼）沿导轨架作垂直（或倾斜）运动用来运送人员和物料的机械。龙门架、井字架是因架体的外形结构而得名。龙门架由天梁及两立柱组成，形如门框，井架由四边的杆件组成，形如"井"字的截面架体，提升货物的吊篮在架体中间上下运行。图24-27是用角钢搭设的井架构造图。

建筑施工外用电梯又称施工电梯、附壁式升降机，是一种垂直井架（立柱）导轨式外用笼式电梯，主要用于工业、民用高层建筑施工的物料和人员的垂直运输。施工电梯有单笼式和双笼式之分，图24-28是双笼式外用电梯简图。

2. 超高施工增加

超高施工增加是指建筑物施工超过一定高度后，引起施工效率降低，主要影响因素包括：

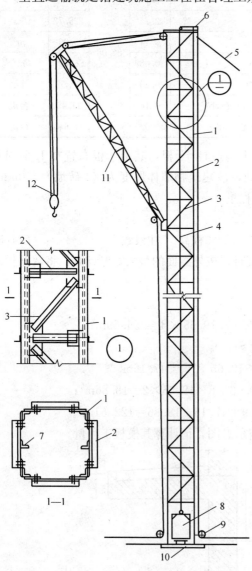

图 24-27　角钢井架

1—立柱；2—平撑；3—斜撑；4—钢丝绳；5—缆风绳；
6—天轮；7—导轨；8—吊盘；9—地轮；10—垫木；
11—摇臂拔杆；12—滑轮组

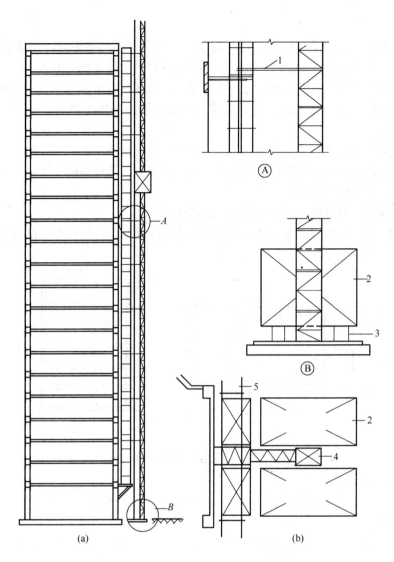

图 24-28 双笼式施工电梯

(a) 立面图；(b) 平面图

1—附着装置；2—梯笼；3—缓冲机构；4—塔架；5—脚手架

（1）建筑物超高引起的人工工效降低，如高空作业中，工人上下班降低工效，上楼工作前的休息以及自然休息增加的时间引起人工降效。

（2）人工工效降低引起的机械降效，高层垂直运输影响的时间也导致降效。

（3）高层施工用水加压水泵的安装、拆除及工作台班引起施工消耗增加。

（4）通信联络设备的使用及摊销引起施工消耗增加。

二、垂直运输、超高施工增加项目工程量计算规则及相关说明

垂直运输 S.3 及超高施工增加 S.4 项目的工程量计算规则已列在表 24-3 中，有关事项说明如下：

1. 建筑物的檐口高度是指设计室外地坪至檐口滴水的高度（平屋顶是指屋面板底高度），突出主体建筑物屋顶的电梯机房、楼梯出口间、水箱间、瞭望塔、排烟机房等不计入檐口高度。

2. 对垂直运输、超高施工增加项目，若同一建筑物有不同檐高时，按建筑物的不同檐高做纵向分割，分别计算建筑面积，以不同檐高分别编码列项（参见图 24-1）。

3. "超高施工增加"的标准规定为：单层建筑物檐口高度超过 20m，多层建筑物超过 6 层时（即超过 6 层部分），可按超高部分的建筑面积计算超高施工增加。但计算层数时，地下室不计入层数。

4. 特别说明：建筑物檐口高度在 3.6m 内的单层建筑物或围墙，不计算垂直运输；施工中使用垂直运输机械的，就按规则计算垂直运输工程量。计算超高施工增加工程量时，只可计算建筑物超高部分的建筑面积。

三、垂直运输、超高施工增加工程量计算示例

【例 24-9】 图 24-29 所示为一混合结构办公楼，试计算用卷扬机作垂直运输机械进行施工的工程量及机械台班量。

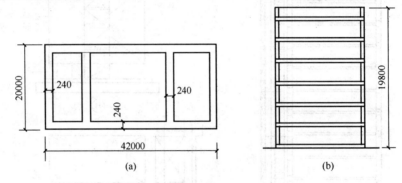

图 24-29 多层混合结构办公楼简图

【解】 （1）建筑面积：

$$42 \times 20 \times 6 = 5040 \text{m}^2 = 50.4 \times 100 \text{m}^2$$

（2）卷扬机台班数：

按××省建筑工程消耗量定额 C0103003，采用电动卷扬机，单筒快速牵引力 5kN，则：

卷扬机用量 =（11.04 台班/100m² × 50.4 × 100m² = 556.42 台班。

【例 24-10】 某商务大厦立面及平面简图如图 24-1 及图 24-30 示，设计为框剪结构，塔楼、裙楼组合，层高分别为：1、2 层 4.50m，3～5 层 4.00m，6 层 3.50m，7～21 层

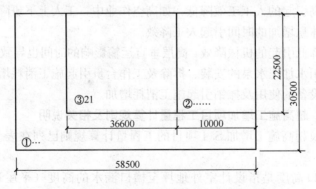

图 24-30 图 24-1 塔式裙楼平面示意图

3.20m，室内外高差 0.60m，女儿墙高 1.30m。施工组织设计垂直运输采用塔式吊机和单笼施工电梯。

试编制该商务高层建筑的垂直运输、超高施工增加工程量清单。

【解】 根据表 24-3 工程量计算规则，该组合建筑的檐高不同，分①、②、③部分计算垂直运输工程量；同样，超高施工增加也分三部分考虑，根据建筑高度，6 层及以上应计算超高增加。工程量计算示于表 24-12 中；工程量清单计列于表 24-13 内。

表 24-12　某商务大厦工程量计算表

序号	清单项目编码	清单项目名称	计 算 式	工程量合计	计量单位
1	011703001001	垂直运输（③檐高 73.1m）	$S_1=36.5\times22.5\times21$	17246.25	m^2
2	011703001002	垂直运输（②檐高 25.1m）	$S_2=22.5\times10\times6$	1350	m^2
3	011703001003	垂直运输（①檐高 13.6m）	$S_3=(58.5\times30.5-46.5\times22.5)\times3$	2214	m^2
4	011704001001	超高施工增加（③6 层以上）	$S_4=36.5\times22.5\times16$	13140	m^2
5	011704001002	超高施工增加（②6 层）	$S_5=22.5\times10$	225	m^2

表 24-13　某商务大厦分项工程和单价措施项目清单与计价表

序号	项目编码	项目名称	项目特征描述	计量单位	工程量	金额（元）	
						综合单价	合价
1	011703001001	垂直运输（③檐高 73.1m）	1. 建筑物建筑类型及结构形式：商业，现浇框剪 2. 建筑物檐口高度、层数：73.1m，21 层	m^2	17246.25		
2	011703001002	垂直运输（②檐高 25.1m）	1. 建筑物建筑类型及结构形式：商业，现浇框剪 2. 建筑物檐口高度、层数：25.1m，6 层	m^2	1350		
3	011703001003	垂直运输（①檐高 13.6m）	1. 建筑物建筑类型及结构形式：商业，现浇框剪 2. 建筑物檐口高度、层数：13.6m，3 层	m^2	2214		
4	011704001001	超高施工增加（③6 层以上）	1. 建筑物建筑类型及结构形式：商业，现浇框剪 2. 建筑物檐口高度、层数：73.1m，21 层	m^2	13140		
5	011704001002	超高施工增加（②6 层以上）	1. 建筑物建筑类型及结构形式：商业，现浇框剪 2. 建筑物檐口高度、层数：25.1m，6 层	m^2	225		

第七篇 工程量清单编制案例

第二十五章 建筑与装饰工程量清单编制实例

第一节 工程项目资料

某 14＃门卫工程，施工图包括建筑施工图、结构施工图如附录Ⅱ所示。

一、设计说明

1. 本工程位于××市，使用功能为小区门卫用房，采用钢筋混凝土框架结构，钢筋混凝土平板基础，室外地坪标高为－0.100m。

2. 本工程设计标高（±0.000）相当于绝对标高（23.000m），本工程图纸所注尺寸均以毫米为单位。

3. 本施工图需与给排水、电气等有关专业图纸密切配合使用。

4. 建筑结构安全等级：二级；设计使用年限：50 年。

5. 建筑抗震设防等级：三级。

6. 建筑物耐火等级：二级。

7. 砌体施工质量控制等级：B 级。有关质量验收需严格遵守国家现行的各项规范及规定。

二、施工说明

1. 墙体

（1）±0.00 以上内外墙体除有特殊标注外，均为页岩模数砖。

（2）到顶的非承重墙与楼板接触时，应斜砌砌块，砂浆密实，保证砌体与梁板紧密接紧。

（3）凡水、电穿管线、固定管线、插头、门窗框连接等构造及技术要求由制作厂家提供。

（4）墙上施工孔洞用 1：2 水泥砂浆嵌实。

（5）外墙台面抹灰必须明显向外坡，坡度＝5％。

（6）女儿墙顶面抹灰必须明显向内坡，坡度≥6％。

（7）所有檐口滴水做法应规范，统一做 20×10 水泥砂浆滴水。

（8）外墙门窗框四周用防水砂浆灌缝，门窗框与外粉刷间设缝，硅胶嵌填。

2. 屋面防水（防水等级为Ⅱ级）

（1）基层与突出屋面结构（女儿墙、墙、管道、天沟等）的转角处做 C20 细石混凝土

60×60 倒角。

（2）女儿墙转角处加铺一层 JS 防水涂料。

（3）凡管道穿屋面等，屋面留洞孔位置须检查核实后再做防水材料，避免做防水材料后凿洞。

（4）屋面找坡坡向雨水口，在雨水口部坡度加大成积水区，雨水口位置及坡向详见屋面平面图。

（5）有防水涂料防水的房间地面或屋面，防水涂料刷至侧墙或女儿墙 500 高。

3. 门窗

（1）门窗应委托合格的专业生产厂制作，门窗立面尺寸为墙柱洞口定位尺寸，施工尺寸由现场测量，门窗数量现场核实，分格、开启形式及框料颜色、规格供施工设计参考，门窗加工图纸、技校要求、断面构造（包括风压要求）由生产厂家提供，并按设计要求及甲方要求配齐五金零件，经设计单位及使用单位认可后方能施工。

（2）窗立樘位置除注明外均立墙中。

（3）除注明者外，外开门立樘于墙中，内开门立樘平开启方向墙粉刷面。（除注明外墙体门垛均为 200）。

（4）门窗预埋在墙或柱内的木、铁构件、应做防腐、防锈处理。

（5）外墙玻璃门采用钢化中空白玻。中空玻璃（5＋9A＋5）

4. 油漆

（1）所有木门均刷底漆一道，浅色调和漆两道。

（2）所有金属制品露明部分用红丹（防锈漆）打底，面刷调和漆二度，不露明的金属制品仅刷红丹二度，金属制品刷底漆前应先除锈。

（3）雨水管、排水管等均刷防锈漆一道，调和漆三道，颜色同墙面。

三、装修材料及做法

1. 地面

（1）8～10mm 厚防滑地砖楼面，白水泥擦缝。

（2）5mm 厚 1：1 水泥细石砂浆结合层。

（3）120mm 厚 C20 细石混凝土，内配 $\phi6@150$ 双向。

（4）20mm 厚 1：2.5 水泥砂浆找平层。

（5）35mm 厚复合聚氨酯发泡保温板。

（6）2mm 厚 JS 防水涂料。

（7）60mm 厚 C15 混凝土，随捣随抹平。

（8）100mm 厚碎石或碎砖夯实。

（9）素土夯实。

2. 屋面

（1）50mm 厚 C30 细石防水混凝土，内配 $\phi4@150$ 双向钢筋，表面撒 1：1 水泥中粗砂压实抹光。

（2）干铺土工无纺布隔离层。

（3）4mm 厚 SBS 改性沥青防水卷材。

（4）20mm 厚 1：3 水泥砂浆找平层。

（5）6mm 厚 1∶3 聚合物抗裂砂浆（压入耐碱玻纤网格布）。

（6）30mm 厚复合聚氨酯发泡保温板（A 级防火）。

（7）1.2mm 厚聚氨酯防水涂料二度在山墙四周，屋面管道周围涂刷加强层，宽度不小于 250，卷起高度不小于 500。

（8）体积比 1∶3∶8（水泥∶砂∶陶粒）陶粒混凝土找坡 2‰压平，最薄处 20mm。

（9）现浇钢筋混凝土楼板。

3. 外墙面

（1）粘贴剂粘贴 6～10mm 厚面砖，白水泥勾缝。

（2）4mm 厚抗裂砂浆。

（3）锚栓固定。

（4）热镀锌金属网一层。

（5）4mm 厚抗裂砂浆。

（6）20mm 厚复合聚氨酯发泡保温板（A 级防火，锚栓固定）。

（7）3mm 厚粘结砂浆。

（8）20mm 厚 1∶3 水泥砂浆找平层（加 5％防水剂）。

（9）3mm 厚专用界面剂（钢筋混凝土墙）。

（10）基层墙体。

（11）节能构造节点做法参见 10J121 附录 3-1～3-9。

4. 内墙面

（1）刷乳胶漆二度。

（2）批白水泥腻子二遍。

（3）10mm 厚 1∶0.3∶3 水泥石灰膏砂浆粉面。

（4）15mm 厚 1∶1∶6 水泥石灰砂浆打底。

（5）刷界面剂一道（仅混凝土墙有此层）。

5. 平顶

（1）现浇钢筋混凝土板。

（2）内墙腻子批白。

（3）刷内墙乳胶漆二度。

6. 踢脚

（1）8mm 厚地砖，素水泥浆擦缝，高 120mm。

（2）5mm 厚 1∶1 水泥细砂浆结合层。

（3）12mm 厚 1∶3 水泥砂浆打底。

7. 挑檐板防水

（1）25mm 厚 1∶2 水泥砂浆加 3％～5％防水剂，分两次粉，表面压光，放 2％坡。

（2）素水泥浆一道。

（3）现浇钢筋混凝土板。

8. 女儿墙内侧抹灰

（1）8mm 厚 1∶2.5 石灰砂浆粉面。

（2）12mm 厚 1∶3 水泥砂浆粉面。

（3）现浇钢筋混凝土墙面。

根据上述工程项目基本资料及现行国家标准"13 计算规范"，以及其他相关规定，编制该工程项目建筑与装饰工程分部分项工程和措施项目清单。（注：其他项目清单、规费、税金项目计价表，主要材料、工程设备一览表，本案例不计列。）

第二节　项目工程量计算实例

1. 工程量计算相关说明

（1）土壤类别为三类土壤，土方全部通过人力车运输堆放在现场 50m 处，人工回填，均为天然密实土壤，余土外运 1km。

（2）混凝土考虑为现场搅拌，基础混凝土垫层原槽浇捣，平板基础浇灌混凝土支模板，垂直运输机械卷扬机，排水、降水、已完工程保护及安全文明施工按工程实际情况定。

（3）内墙门窗侧面、顶面和底面刷乳胶漆，按 0.12m 计算，并入内墙面刷乳胶漆项目内；外墙保温，其门窗侧面、顶面和底面不做；外墙贴面砖，其门窗侧面、顶面和底面宽度按 0.12m 计算。

2. 工程量计算式及结果列于表 25-1 中。

表 25-1　14♯门卫工程量计算表

序号	清单项目编码	清单项目名称	计　算　式	工程量合计	计量单位
一、土方工程					
1	010101001001	平整场地	$S=$ 建筑面积 $=4\times4+$ 挑廊 $(0.475+1.745-0.12)\times(4-0.375+0.775)/2$	20.62	m^2
2	010101004001	挖基坑土方	三类土，垫层原槽，平板基础支模板 $C=0.3$ $V_1=Sh=(4.8+0.6)\times(6.6+0.6)\times1$	38.88	m^3
3	010103001001	回填土	①室内回填至 ±0.000 $V_{21}=Sh=3.52\times3.52\times(0.8-0.25-0.35)=2.48$ ②室外部分回填至 −0.100 $V_{22}=V_1-4\times4\times0.45-4.8\times6.6\times0.25-(4.8+0.6)\times(6.6+0.6)\times0.3=12.1$ ③回填土 $V_2=V_{21}+V_{22}=2.48+12.1=14.58$	14.58	m^3
4	010103002001	弃土	$V_3=V_1-V_2=38.88-14.58=24.3$	24.3	m^3
二、砌筑工程					
5	010401004001	砖外墙	①长度 $L=(4-0.24)\times4-$ 柱 $2.18=12.86m$ ②应扣门窗 $S=15.93m^2$ ③应扣混凝土梁（见三） $V_1=0.3294+0.12+0.3448+0.1688+0.2215=1.1844$ $V=[12.86\times(3.15+0.55)-15.93]\times0.24-1.1844=6.41$	6.41	m^3

序号	清单项目编码	清单项目名称	计 算 式	工程量合计	计量单位
6	010401004002	砖内墙	①$L=1.31+1.61=2.92$m ②$h=3.15+0.1=3.25$m ③$V=(2.92×3.25-M0.7×2.2)×0.1-(0.7+0.24×2)×0.09×0.1=0.79$	0.79	m³
7	010404001001	基础/砂石垫层	$V=(4.8+0.6)×(6.6+0.6)×0.2=7.78$	7.7	m³
三、混凝土及钢筋混凝土工程					
8	010501001001	基础/混凝土垫层	$V=5.4×7.2×0.1=3.89$	3.89	m³
9	010501004001	平板基础	$V=4.8×6.6×0.25=7.92$	7.92	m³
10	010502001001	矩形柱	①KZ1 $V_1=(0.35×0.35×3+0.25×0.25×0.65)×2$ 　　$=0.82$ ②KZ2 $V_2=0.24×0.475×3.8=0.433$ ③$V=V_1+V_2=0.82+0.433=1.25$	12.5	m³
11	010502003001	异形柱	$V=[0.24×(0.24+0.235)+0.24×0.15]=0.57$	0.57	m³
12	010502002001	构造柱	①GZ1 $V_1=(0.3×0.24+0.06×0.24)×3.8×2$ 　　$=0.6566$ ②GZ2 $V_2=[(0.24×0.35+0.03×0.24)×3.8+0.03$ 　　$×0.24×(3.8-1.8)]×2$ 　　$=0.722$ ③$V=V_1+V_2=0.6566+0.722=1.38$	1.38	m³
13	010503002001	矩形框架梁	KL1 $V=0.2×(0.3-0.12)×1.45×2=0.104$	0.10	m³
14	010503002002	矩形框架梁	KL2(1) $V=0.25×(0.3-0.12)×(3.25-0.35)=0.13$	0.13	m³
15	010505001001	屋面有梁板	1. 矩形屋面梁 KL1(1) $V=0.24×0.45×(4-0.475×2)=0.3294$ 2. 矩形悬挑梁 XL1 $V=XL+挂板=(0.2×0.3+0.15×0.2)×1.35$ 　$=0.1215$ 3. 圈梁 QL1(1) ①$V_1=0.24×0.24×(3.76-0.24)+0.21×0.4×2.8$ 　$=0.3448$ ②$V_2=0.24×0.24×2.93=0.1688$ ③$V_3=0.24×0.24×2.27+挂0.21×0.24×1.8$ 　$=0.2215$ ④$V=V_1+V_2+V_3=0.735$ 4. 屋面板 $V=(板-柱梁)×0.12$ 　$=[(3.76+0.24)×(3.76+0.24)-(Z0.576$ $+L3.095)]$ 　　$×0.12$ 　$=1.92-0.44=1.48$ 5. 屋面有梁板 $V=0.3294+0.1215+0.735+1.48=2.67$	2.67	m³

序号	清单项目编码	清单项目名称	计 算 式	工程量合计	计量单位
16	010503005001	过梁	$V=0.09\times0.1\times(0.7+0.24\times2)=0.01$	0.01	m³
17	010505007001	挑檐板、檐沟	$V_1=$（板-2KZ1 柱面）$\times0.12$ $=[(1.745-0.12+0.475)\times(3.25+0.375\times2$ $+0.4)+(0.25+0.15)\times(1.8+0.39)-2$ $\times0.35\times0.35]\times0.12$ $=(2.1\times4.4+0.4\times2.19-0.245)\times0.12$ $=9.871\times0.12=1.1845$ $V_2=2$ 条沟凸起$=0.25\times0.18\times6.5+0.15\times0.18$ $\times10.98=0.589$ $V=V_1+V_2=1.1845+0.589=1.77$	1.77	m³
18	010504001001	女儿墙	$V=(0.6\times0.15-0.04\times0.06)\times(4-0.15)\times4=1.35$	1.35	m³
19	010507001001	散水、坡道	$S_1=$三面散水$=4\times0.6\times3+0.6\times0.6\times2=7.92$ $S_2=$人行通道$=1.745\times(4.4+0.6)=8.73$ $S=S_1+S_2=16.65$	16.65	m²
20	010515001001	KZ2 钢筋（1）	本工程有 KZ1～KZ3，GZ1～GZ2 共 8 根，作为示例计算 KZ2 钢筋，余略 ①按 03G101-1；$l_{aE}=37d$，$l_{lE}=1.2$，l_{aE}，$c=30$ ②4 根纵筋⏀14 $l_1=(3.15-0.24+0.65+1.5l_{aE})\times4=17.348$m ③2 根纵筋⏀14 $l_2=(3.56-0.03+12\times0.014)\times2=7.396$m ④基础插筋 6 ⏀ $l_3=(0.15-0.04+1.2\times37d)\times6$ $=4.44$m ⑤⏀钢筋长 $L=l_1+l_2+l_3=29.18$m ⏀质量 $M=29.28\times1.208=35.25$	35.25	kg
		KZ2 钢筋（2）	⏀8 箍筋 ①单根箍筋长 $l=2\times(b+h)-8c+28d=2\times(240+475)-8\times30$ $+28\times8=1.414$m ②基础部位加密$\left(\dfrac{1150-50}{100}+1\right)=12$ ③上部加密$\left(\dfrac{840}{1000}+1\right)=10$ ④非加密区$\dfrac{3800-1150-840-100}{200}-1=8$ ⑤箍筋总长 $L=1.414\times(12+10+8)42.42$m ⑥拉筋单根长 $l=240-2\times30+2\times11.87d=369.92$mm 拉筋长$=369.92\times30=11.098$m ⑦⏀8 筋质量 $M=(42.42+11.098)\times0.395=21.14$	21.14	kg

序号	清单项目编码	清单项目名称	计 算 式	工程量合计	计量单位
21	010515001002	KL1(1)	本工程有 KL1，KL1(1)，KL2(1)，QL1(1)，XL1，过梁等，计算框架梁 KL1(1)钢筋，余略 1. 纵筋 2 Φ 14 ①上部纵筋 2 Φ 14，$c=25$ $l_1=[(4000-2\times25)+(450-2\times25)\times2]\times2=9.5\text{m}$ ②下部纵筋 2 Φ 14 $l_2=(4000-2\times25+2\times15d)\times2=8.74\text{m}$ ③ Φ 14 纵筋质量 $M=(9.5+8.74)\times1.208=22.03$	22.03	kg
			2. 箍筋 Φ 8 ①单根长 $l=2\times(240+450)-8\times25+28\times14=1404\text{mm}$ ②加密区根数 $\left(\dfrac{1.5\times450-50}{100}+1\right)\times2=16$ ③非加密区 $\dfrac{4000-475\times2-675\times2}{200}-1=8$ ④箍筋长$=1.404\times(16+8)=33.696\text{m}$ ⑤拉筋单根长 $l=240-2\times25+2\times11.87\times8=379.92\text{mm}$ 拉筋根数$=\dfrac{3050-50\times2}{400}+1=9$ 拉筋长$=379.92\times9=3.419\text{m}$ ⑥ Φ 8 筋质量 $M=0.395\times(33.696+3.419)=14.66$	14.66	kg
			3. 构造筋 G4 Φ 12 $l=(4000-2\times25)\times4=15.8\text{m}$ Φ 12 质量 $M=0.888\times15.8=14.03$	14.03	kg
22	010515001003	屋面板钢筋	屋面板双向双层配筋 ①底层 Φ 10@200 双向　单根长：37600 根数 $\dfrac{37600-50\times2}{200}+1=20$ 双向 40 根 Φ 10 质量 $M=0.617\times3.76\times40=92.80$	92.80	kg
			②上层　双向 Φ 8@150 根数 $\left(\dfrac{3760-100}{150}+1\right)\times2=52$ Φ 8 钢筋质量 $M=0.395\times3.76\times52=77.23$	77.23	kg
	四、门窗工程				
23	010801001001	木门	$S=0.7\times2.2=1.54$；1 樘	1.54	m²
24	010802001001	铝合金门连窗	$S=2.4\times2.7=6.48$；1 樘	6.48	m²
25	010807001001	铝合金推拉窗	$S=1.5\times1.8+1.8\times1.8=2.7+3.24=5.94$；2 樘	5.94	m²
26	010807001002	铝合金上悬窗	$S=0.6\times1.8=1.08$；1 樘	1.08	m²
27	010807001003	铝合金固定窗	$S=1.35\times1.8=2.43$；1 樘	2.43	m²

序号	清单项目编码	清单项目名称	计 算 式	工程量合计	计量单位
五、屋面及防水工程					
28	010902001001	屋面 SBS 卷材防水	$S=(4-0.15\times2)\times(4-0.15\times2)+$弯起$(4-0.15\times2)\times4\times0.35=13.69+5.18=18.87$	18.87	m²
29	010902003001	刚性屋面（有保温层）	$S=(4-0.15\times2)\times(4-0.15\times2)=13.69$	13.69	m²
30	010902003001	挑檐板防水	$S=$平面＋侧边 $=(2.1\times4.4+0.4\times2.19)+(6.5\times2+10.98+6.04)\times(0.3-0.12)=15.52$	15.52	m²
六、楼地面装饰工程					
31	010404001002	地面/碎石垫层	$V=(4-0.48)\times(4-0.48)\times0.10=1.24$	1.24	m³
32	010501001002	地面/混凝土垫层	$V=(4-0.48)\times(4-0.48)\times0.12=1.49$	1.49	m³
33	010501010003	地面/混凝土垫层	$V=(4-0.48)\times(4-0.48)\times0.06=0.74$	0.74	m³
34	011102003001	地面地砖（有保温层）	$S=(4-0.48)\times(4-0.48)-$隔墙$(2.92-0.7)\times0.1+$门开口$1.2\times0.24=12.46$	12.46	m²
35	011105003001	踢脚线	地砖踢脚 $h=120mm$ $S=[(4-0.48)\times4-2.4-0.7]\times0.12=1.32$	1.32	m²
七、墙、柱面装饰工程					
36	011204003001	外墙面面砖	$S=$主墙面＋挑板侧面－门窗＋窗外侧面 $=4\times4\times3.9+0.3\times(2.1\times2+4.4+2.19+0.4)$ $-0.12\times(4+2.19)-15.93-1.35\times(3.7-1.8)$ $+0.12\times2\times12.45$ $=62.4+3.357-0.7428-15.93-2.565+2.988$ $=49.51$	49.51	m²
37	011201001001	女儿墙内侧抹灰	$S=$周长×高$=4\times(4-0.15\times2)\times(0.25-0.06)=2.8$	2.8	m²
八、油漆工程					
38	011407001001	内墙乳胶漆	$S=$主室－门窗＋卫生间内＋门窗侧面$=[(4-0.48)\times4\times3.03-15.93+0.6\times1.8-0.7\times2.2]+(2.92\times2\times3.03-0.7\times2.2-0.6\times1.8)+(2.4+2.7)\times2\times0.12$ $=42.0$	42.0	m²
39	011407002001	顶棚乳胶漆	$S=$室内＋挑廊$=(4-0.48)\times(4-0.48)-(2.92-0.7)\times0.1+10.12$ $=22.29$	22.29	m²
40	011401001001	木门油漆	$S=0.7\times2.2=1.54$；1樘	1.54	m²

序号	清单项目编码	清单项目名称	计 算 式	工程量合计	计量单位
九、措施项目					
41	011701001001	综合脚手架	$S=$ 建筑面积 $=20.62$	20.62	m²
42	011702001001	平板基础模板	$S=$ 与混凝土接触面积 $=(4.8+5.505+0.52+0.575)\times2\times0.25=5.7$	5.7	m²
43	011702002001	框架柱 KZ1 模板	$S=0.35\times4\times(2.35+0.1)\times2+0.25\times4\times(3-2.35-0.12)\times2=6.86+1.06=7.92$	7.92	m²
44	011703001001	垂直运输	$S=$ 建筑面积 $=20.62$	20.62	m²

第三节　项目工程量清单编制实例

本案例按"招标控制价"的编制要求，编制分部分项工程项目清单、措施项目清单，其他项目清单、规费项目清单、税金项目清单不列举。现按"分部分项工程和措施项目计价表"格式编制"分部分项工程和单价措施项目清单与计价表"，详细见表 25-2。

表 25-2　14＃门卫分项工程和单价措施项目清单与计价表

序号	项目编码	项目名称	项目特征描述	计量单位	工程量	金额（元）	
						综合单价	合价
一、土方工程							
1	010101001001	平整场地	1. 土壤类别：三类 2. 取弃土运距：就地	m²	20.62		
2	010101004001	挖基坑土方	1. 土壤类别：三类 2. 挖土深度：1m 3. 弃土运距：50m	m³	38.88		
3	010103001001	回填土	1. 密实度要求：符合规范 2. 填方运距：50m	m³	14.58		
4	010103002001	弃土	运距：1km	m³	24.3		
二、砌筑工程							
5	010401004001	砖外墙	1. 砖品种、规格、强度等级：页岩模数标准砖，MU10 2. 砂浆强度等级、配合比：M5 水泥砂浆	m³	6.41		
6	010401004002	砖内墙	1. 砖品种、规格、强度等级：页岩模数标准砖，MU10 2. 砂浆强度等级、配合比：M5 水泥砂浆	m³	0.79		

序号	项目编码	项目名称	项目特征描述	计量单位	工程量	金额(元)	
						综合单价	合价
7	010404001001	基础/砂石垫层	垫层材料种类、配合比、厚度：1：1砂石垫层，厚200mm	m³	7.78		

三、混凝土及钢筋混凝土工程

序号	项目编码	项目名称	项目特征描述	计量单位	工程量	金额(元)	
8	010501001001	基础混凝土（找平层）	1. 混凝土种类：现场搅拌 2. 混凝土强度等级：C10 素混凝土，$h=100$mm	m³	3.89		
9	010501004001	平板基础	1. 混凝土种类：现场搅拌 2. 混凝土强度等级：C30，$h=250$mm	m³	7.92		
10	010502001001	矩形柱	1. 混凝土种类：现场搅拌 2. 混凝土强度等级：C30	m³	1.25		
11	010502003001	异形柱	1. 柱形状：L 2. 混凝土种类：现场搅拌 3. 混凝土强度等级：C30	m³	0.57		
12	010502002001	构造柱	1. 混凝土种类：现场搅拌 2. 混凝土强度等级：C30	m³	1.38		
13	010503002001	矩形框架梁	1. 混凝土种类：现场搅拌 2. 混凝土强度等级：C30	m³	0.10		
14	010503002002	矩形框架梁	1. 混凝土种类：现场搅拌 2. 混凝土强度等级：C30	m³	0.13		
15	010505001001	屋面有梁板	1. 混凝土种类：现场搅拌 2. 混凝土强度等级：C30	m³	2.67		
16	010503005001	过梁	1. 混凝土种类：现场搅拌 2. 混凝土强度等级：C30	m³	0.01		
17	010505007001	挑檐板、檐沟	1. 混凝土种类：现场搅拌 2. 混凝土强度等级：C30	m³	1.77		
18	010504001001	女儿墙	1. 混凝土种类：现场搅拌 2. 混凝土强度等级：C30	m³	1.35		
19	010507001001	散水、坡道	1. 垫层材料种类、厚度：碎石（砖），$h=100$mm 2. 面层厚度、混凝土强度等级：60mm，C15	m²	16.65		
20	010515001001	KZ2 钢筋(1)	钢筋种类、规格：Φ14	kg	35.25		
		KZ2 钢筋(2)	钢筋种类、规格：Φ8	kg	21.14		

序号	项目编码	项目名称	项目特征描述	计量单位	工程量	金额（元）	
						综合单价	合价
21	010515001002	KL1(1)	钢筋种类、规格：Φ14	kg	22.03		
			钢筋种类、规格：Φ8	kg	14.66		
			钢筋种类、规格：Φ12	kg	14.03		
22	010515001003	屋面板钢筋	钢筋种类、规格：Φ10@200	kg	92.80		
			钢筋种类、规格：Φ8@150	kg	77.23		
四、门窗工程							
23	010801001001	木门	门代号及洞口尺寸：M0722, 0.7m×2.2m	m²	1.54		
24	010802001001	铝合金门连窗	1. 门代号及洞口尺寸：LMC2427, 2.4m×2.7m 2. 镶嵌玻璃品种、厚度：中空白玻璃（5+9A+5）	m²	6.48		
25	010807001001	铝合金推拉窗	1. 门代号及洞口尺寸：LC1518, LC1818 2. 镶嵌玻璃品种、厚度：中空白玻璃（5+9A+5）	m²	5.94		
26	010807001002	铝合金上悬窗	1. 门代号及洞口尺寸：LC0618 2. 镶嵌玻璃品种、厚度：中空白玻璃（5+9A+5）	m²	1.08		
27	010807001003	铝合金固定窗	1. 门代号及洞口尺寸：ZJC,（500+800)m×1800m 2. 镶嵌玻璃品种、厚度：中空白玻璃（5+9A+5）	m²	2.43		
五、屋面及防水工程							
28	010902001001	屋面SBS卷材防水	1. 卷材品种、规格、厚度：SBS改性沥青防水卷材，4mm厚 2. 防水做法：见"施工说明"	m²	18.87		
29	010902003001	刚性屋面（有保温层）	1. 刚性层厚度：50mm 2. 混凝土种类：现场搅拌 3. 混凝土强度等级：C30 4. 钢筋规格、型号：A4@150双向	m²	13.69		
30	010902003001	挑檐板防水	1. 刚性层厚度：25mm厚1：2水泥砂浆加3‰～5‰防水剂，分两次粉 2. 素水泥浆一道	m²	15.52		

序号	项目编码	项目名称	项目特征描述	计量单位	工程量	金额（元）	
						综合单价	合价
六、楼地面装饰工程							
31	010404001002	地面/碎石垫层	垫层材料种类、厚度：碎石或碎砖垫层，厚100mm	m³	1.24		
32	010501001002	地面/混凝土垫层	1. 混凝土种类：现场搅拌 2. 混凝土强度等级：C20 素混凝土，$h=120mm$	m³	1.49		
33	010501010003	地面/混凝土垫层层	1. 混凝土种类：现场搅拌 2. 混凝土强度等级：C15 素混凝土，$h=60mm$	m³	0.74		
34	011102003001	地面地砖（有保温层）	1. 找平层厚度、砂浆配合比：20mm 厚1∶2.5 水泥砂浆 2. 结合层厚度、砂浆配合比：5mm 厚1∶1 水泥细石砂浆 3. 面层材料品种、规格、颜色：白色防滑地砖厚8～10mm 4. 嵌缝材料种类：白水泥素浆	m²	12.46		
35	011105003001	踢脚线	1. 踢脚线高度：120mm 2. 粘贴层厚度、材料种类：5mm 厚1∶1 水泥细石砂浆 3. 面层材料品种、规格、颜色：8mm 厚地砖，颜色同地面	m²	1.32		
七、墙、柱面装饰工程							
36	011204003001	外墙面砖	1. 墙体类型：砖外墙 2. 安装方式：粘贴 3. 面层材料品种、规格、颜色：红色外墙面砖，6～10mm 厚 4. 缝宽、嵌缝材料种类：10mm，白水泥素浆	m²	49.51		
37	011201001001	女儿墙内侧抹灰	1. 墙体类型：钢筋混凝土 2. 底层厚度、砂浆配合比：12mm 厚，1∶3水泥砂浆 3. 面层厚度、砂浆配合比：8mm 厚，1∶2.5石灰砂浆粉面	m²	2.8		

序号	项目编码	项目名称	项目特征描述	计量单位	工程量	金额(元)	
						综合单价	合价
八、油漆工程							
38	011406001001	内墙乳胶漆	1. 基层类型：抹灰墙面 2. 腻子种类：白水泥腻子膏 3. 刮腻子遍数：两遍 4. 油漆品种、刷漆遍数：立邦乳胶漆、两遍	m²	42.0		
39	011407002001	顶棚乳胶漆	1. 基层类型：混凝土 2. 腻子种类、刮腻子要求：内墙腻子批白 3. 涂料品种、喷刷遍数：内墙乳胶漆二度	m²	22.29		
40	011401001001	木门油漆	1. 门类型：木门 2. 门代号及洞口尺寸：M0722，0.7m×2.2m 3. 油漆品种、刷漆遍数：底漆一道，浅色调和漆两道	m²	1.54		
九、措施项目							
41	011701001001	综合脚手架	1. 建筑结构形式：钢筋混凝土框架结构 2. 檐口高度：3.13m	m²	20.62		
42	011702001001	平板基础模板	基础类型：平板基础，h=250mm	m²	5.7		
43	011702002001	框架柱 KZ1 模板		m²	7.92		
44	011703001001	垂直运输	1. 建筑类型及结构形式：单层，钢筋混凝土框架 2. 檐口高度：3.13m	m²	20.62		

参 考 文 献

［1］ 中华人民共和国住房和城乡建设部《建设工程工程量清单计价规范》GB 50500—2013. 北京：中国计划出版社，2013.

［2］ 中华人民共和国住房和城乡建设部《房屋建筑与装饰工程工程量计算规范》GB 50854—2013. 北京：中国计划出版社，2013.

［3］ 中华人民共和国住房和城乡建设部《建设工程工程量清单计价规范》GB 50500—2008. 北京：中国计划出版社，2008.

［4］ 李宏扬. 建筑与装饰工程量清单计价——识图、工程量计算与定额应用［M］. 北京：中国建材工业出版社，2010.

［5］ 李宏扬等. 建筑工程工程量清单计价与投标报价［M］. 北京：中国建材工业出版社，2006.

［6］ 李宏扬. 装饰装修工程量清单计价与投标报价(第三版)［M］. 北京：中国建材工业出版社，2010.

［7］ 中华人民共和国建设部. 全国统一建筑工程预算工程量计算规则(土建工程)GJD$_{GZ}$-101-95. 北京：中国计划出版社，1995.

［8］ 张建平等. 工程计量学［M］. 北京：机械工业出版社，2006.

［9］ 马维珍. 工程计价与计量［M］. 北京：清华大学出版社，2005.

［10］ 邢莉燕. 工程量清单的编制与投标报价［M］. 山东：山东科学技术出版社，2004.

附录图纸明细

附录 I

<table>
<thead>
<tr><th colspan="3">图纸名称</th><th>图名</th><th>个数</th></tr>
</thead>
<tbody>
<tr><td rowspan="7">建施图</td><td rowspan="2">建筑
（1张）</td><td>建施 01</td><td>一层平面、二层平面、屋顶平面
2 个立面、2 个剖面、门窗表及门窗大样</td><td rowspan="7">见"建施图目录"</td></tr>
<tr><td>建施 02</td><td>节能设计专篇、构造示意图 6 个</td></tr>
<tr><td rowspan="5">建详
（3张）</td><td>建详 1-1</td><td>建筑施工图设计总说明</td></tr>
<tr><td>建详 1-2</td><td>装修材料做法表</td></tr>
<tr><td>建详-4-1</td><td>楼梯大样（一）</td></tr>
<tr><td>建详-6-3</td><td>墙身节点①-⑤</td></tr>
<tr><td>建详-6-4</td><td>墙身节点①-⑥</td></tr>
<tr><td rowspan="8" colspan="2">结施图（1张）</td><td>结施-01</td><td>结构设计总说明（一）</td><td rowspan="8">见"结构图目录"</td></tr>
<tr><td>结施-02</td><td>结构设计总说明（二）</td></tr>
<tr><td>结施-03</td><td>基础平面、地梁配筋及大样</td></tr>
<tr><td>结施-04</td><td>柱平面</td></tr>
<tr><td>结施-05</td><td>二层梁配筋平面、二层板配筋平面</td></tr>
<tr><td>结施-06</td><td>屋面梁配筋、屋面板配筋</td></tr>
<tr><td>结施-07</td><td>结构详图 ①-⑥</td></tr>
<tr><td>结施-08</td><td>1-c 型楼梯大样 2 平 1 剖和节点</td></tr>
</tbody>
</table>

附录 II

<table>
<thead>
<tr><th colspan="2">图纸名称</th><th>图名</th><th>个数</th></tr>
</thead>
<tbody>
<tr><td>建施图
（1张）</td><td>建施-1</td><td>一层平面、屋顶平面、立面 4、剖面 1、节点，门窗表及简图</td><td>见"建施-1"</td></tr>
<tr><td>结施图
（1张）</td><td>结施-01a</td><td>基础结构平面、屋面板配筋平面、屋面梁配筋平面、砖础造型墙及 A-A 剖面，节点大样</td><td>见"结施-1"</td></tr>
</tbody>
</table>

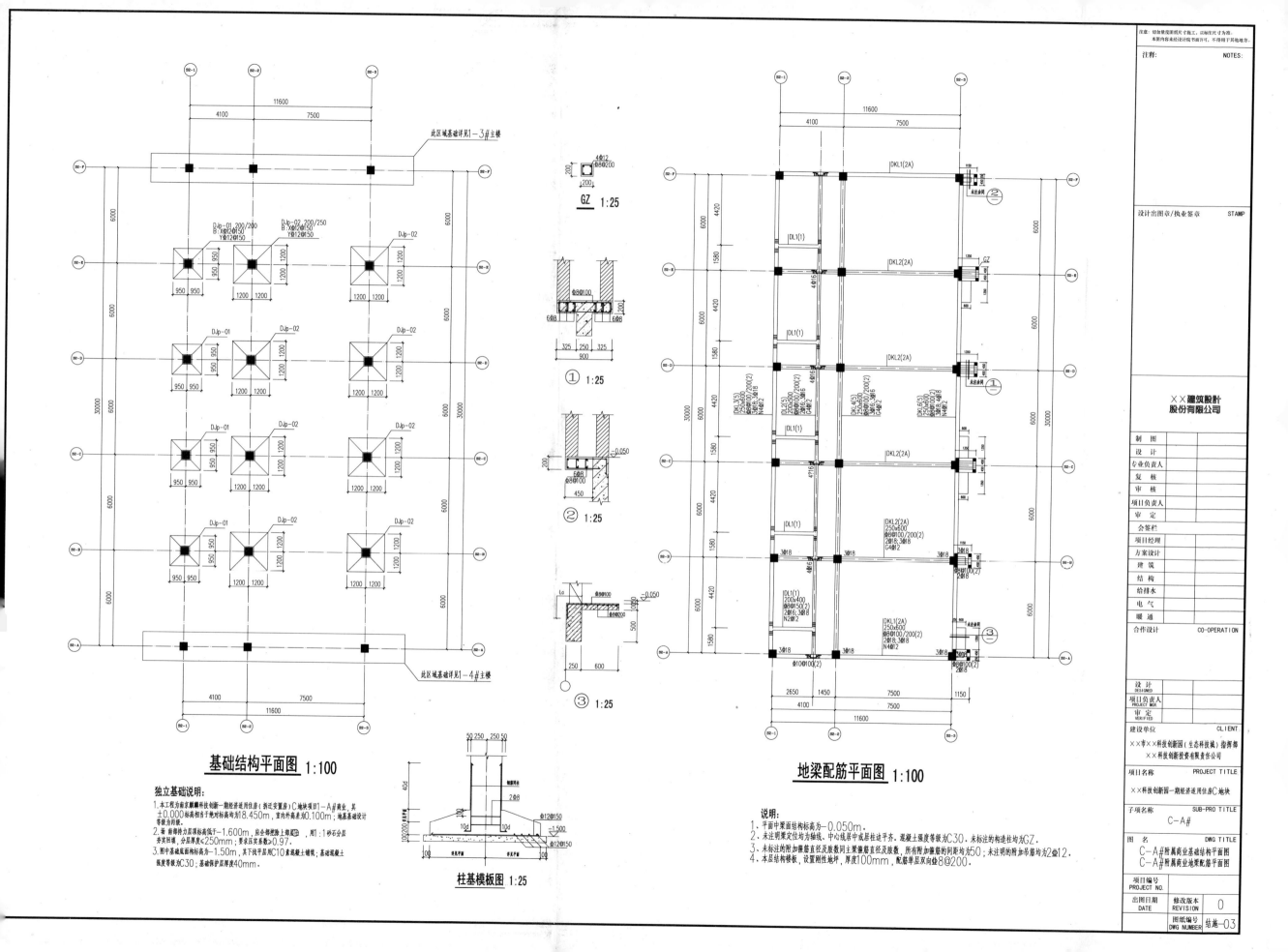

基础结构平面图 1:100

独立基础说明:

1. 本工程为南京麒麟科技创新一期经济适用住房(拆迁安置房)C地块项目1—A#商业,其±0.000标高相当于绝对标高均为18.450m,室内外高差为0.100m;地基基础设计等级为丙级。
2. 当相得持力层顶标高低于—1.600m,应全部挖除上部原土,用1:1砂石分层夯实回填,分层厚度≤250mm;要求压实系数>0.97。
3. 图中基础底面标高为—1.50m,其下找平层用C10素混凝土铺垫;基础混凝土强度等级为C30;基础保护层厚度40mm。

GZ 1:25

① 1:25

② 1:25

③ 1:25

柱基模板图 1:25

地梁配筋平面图 1:100

说明:

1. 平面中梁面结构标高为—0.050m。
2. 未注明梁定位均为轴线、中心线居中或居柱边平齐。混凝土强度等级为C30。未标注的构造柱均为GZ。
3. 未注的附加箍筋直径及肢数同主梁箍筋直径及肢数;所有附加箍筋的间距均为50;未注明的附加吊筋均为2±12。
4. 本层结构楼板,设置刚性地坪,厚度100mm,配筋单层双向±8@200。

××建筑设计股份有限公司

制 图	
设 计	
专业负责人	
复 核	
审 核	
项目负责人	
审 定	

会签栏
项目经理	
方案设计	
建 筑	
结 构	
给排水	
电 气	
暖 通	

合作设计 CO-OPERATION

设 计 DESIGNED
项目负责人 PROJECT MGR
审 定 VERIFIED

建设单位 CLIENT
××市××科技创新园(生态科技城)指挥部
××科技创新投资有限责任公司

项目名称 PROJECT TITLE
××科技创新园一期经济适用住房C地块

子项名称 SUB-PRO TITLE
C-A#

图 名 DWG TITLE
C-A#附属商业基础结构平面图
C-A#附属商业地梁配筋平面图

项目编号 PROJECT NO.

出图日期 DATE | 修改版本 REVISION 0
图纸编号 DWG NUMBER 结施-03

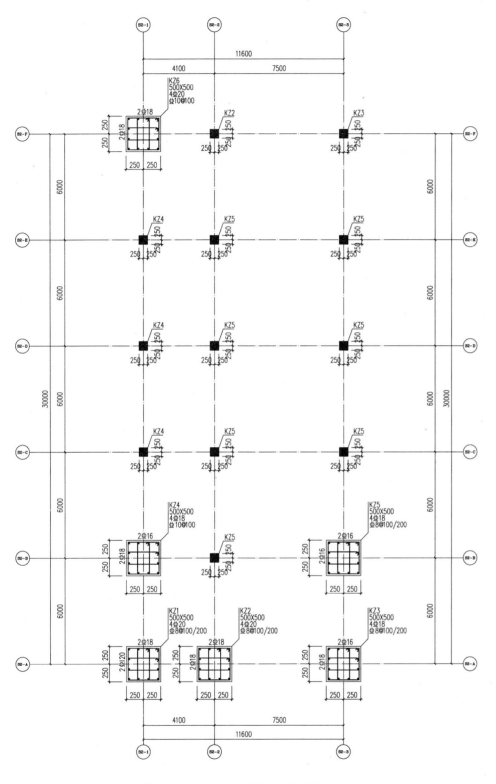

基础~3.950m标高柱平面布置图 1:100

说明:
1. 未标注的柱轴线居中。
2. 柱混凝土强度等级为:C30。
3. ○~○轴上框架柱在2.000m至3.950m标高间箍筋均加密,加密规格为Φ10@100。

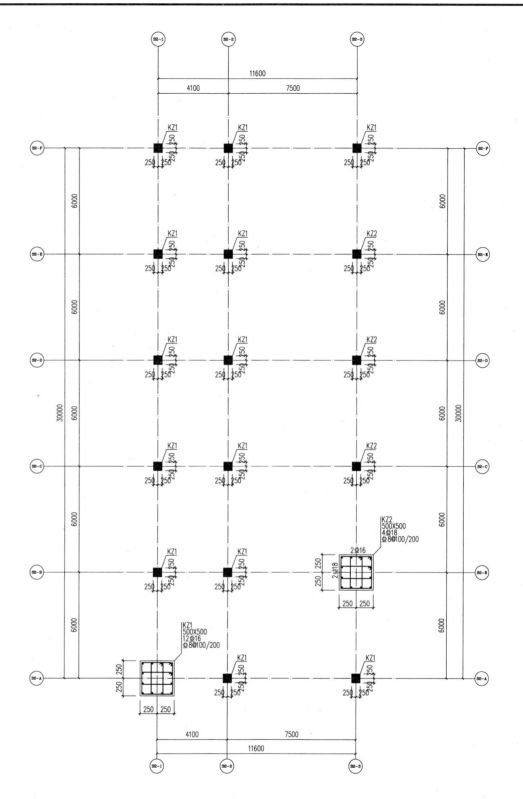

3.950m~6.950m标高柱平面布置图 1:100

说明:
1. 未标注的柱轴线居中。
2. 柱混凝土强度等级为:C30。

注释: NOTES:

××建筑设计股份有限公司

制 图	
设 计	
专业负责人	
复 核	
审 核	
项目负责人	
审 定	

会签栏

项目经理	
方案设计	
建 筑	
结 构	
给排水	
电 气	
暖 通	

合作设计 CO-OPERATION

设 计 DESIGNED	
项目负责人 PROJECT MGR.	
审 定 VERIFIED	

建设单位 CLIENT
××市××科技创新园(生态科技城)指挥部
××市科技创新投资有限责任公司

项目名称 PROJECT TITLE
××科技创新园一期经济适用住房C地块

子项名称 SUB-PRO TITLE
C-A#

图 名 DWG TITLE
C-A#附属商业柱平面布置图

项目编号 PROJECT NO.

| 出图日期 DATE | 修改版本 REVISION | 0 |
| 图纸编号 DWG NUMBER | | 结施-04 |

设计出图章/执业签章 STAMP

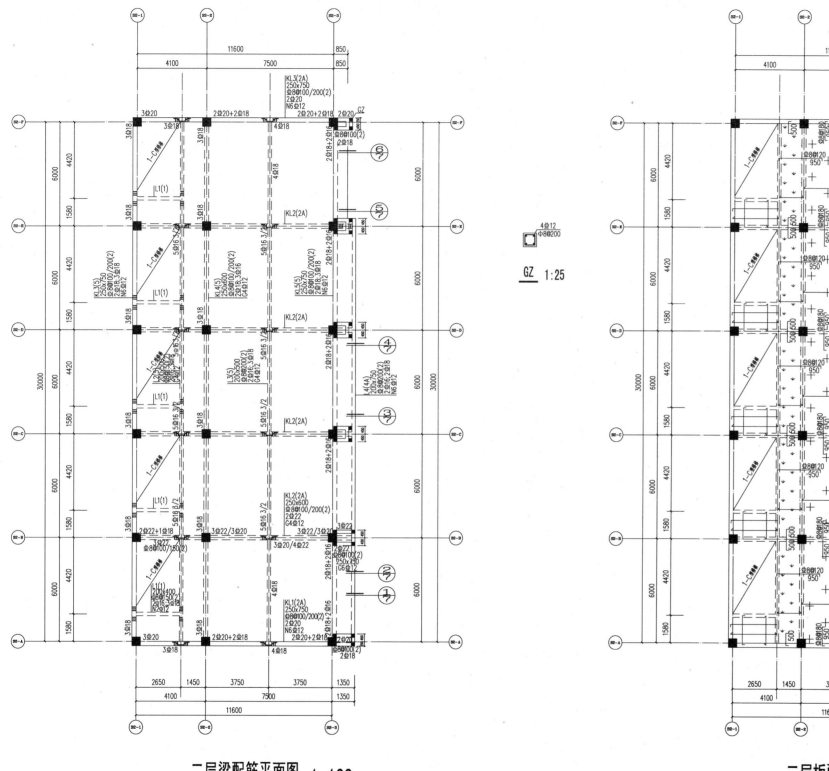

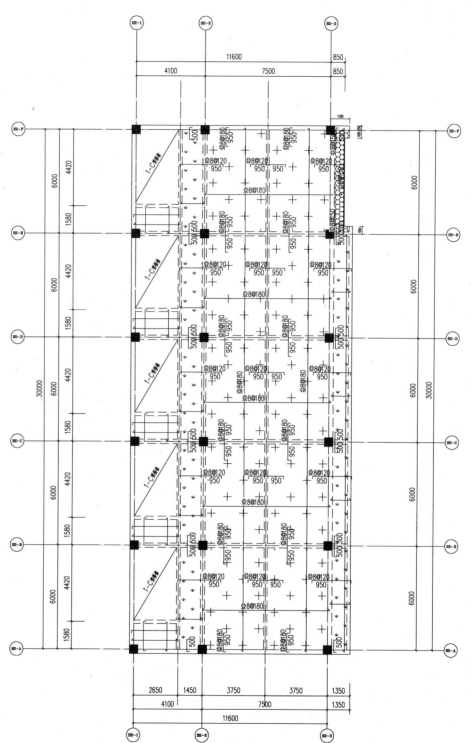

二层梁配筋平面图 1:100

GZ 1:25

说明:
1、图中梁面结构标高为3.950m。
2、未注明梁定位均为轴线、中心线居中或居柱边平齐。混凝土强度等级为C30。图中未标注构造柱均为GZ。
3、未标注的附加箍筋直径及肢数同主梁箍筋直径及肢数,所有附加箍筋的间距均为50;未注明的附加吊筋均为2Φ12。

二层板配筋平面图 1:100

说明:
1、未注明的板厚为120mm,板厚为150mm;板厚为100mm,板厚为130mm。板面结构标高为3.950m。
2、混凝土强度等级为C30;未注明的板钢筋为Φ8@200;楼板负筋下所标数字为出梁边的长度。

××建筑股计股份有限公司

制 图	
设 计	
专业负责人	
复 核	
审 核	
项目负责人	
审 定	

会签栏
项目经理	
方案设计	
建 筑	
结 构	
给排水	
电 气	
暖 通	

合作设计 CO-OPERATION

设 计 DESIGNED	
项目负责人 PROJECT MGR.	
审 定 VERIFIED	

建设单位 CLIENT
××市××科技创新园(生态科技城)指挥部
××市科技创新投资有限责任公司

项目名称 PROJECT TITLE
××科技创新园一期经济适用住房C地块

子项名称 SUB-PRO TITLE
C-A#

图 名 DWG TITLE
C-A#附属商业二层梁配筋平面图
C-A#附属商业二层板配筋平面图

项目编号 PROJECT NO.

出图日期 DATE | 修改版本 REVISION | 0

图纸编号 DWG NUMBER | 结施-05

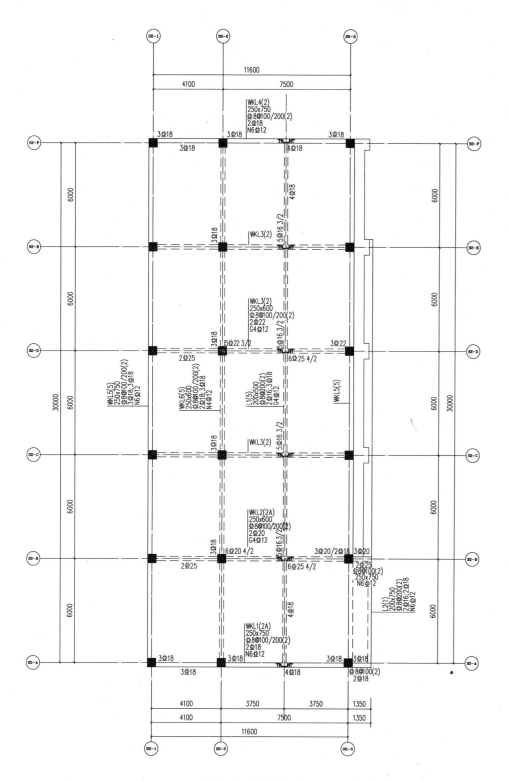

屋面层梁配筋平面图 1:100

说明:
1、平面中梁面结构标高为6.950m。
2、未注明梁定位均为轴线,中心线居中或居柱边平齐。混凝土强度等级为C30。图中未标注构造柱均为GZ。
3、未标注的附加箍筋直径及肢数同主梁箍筋直径及肢数,所有附加箍筋的间距均为50;未注明的附加吊筋均为2Φ12。

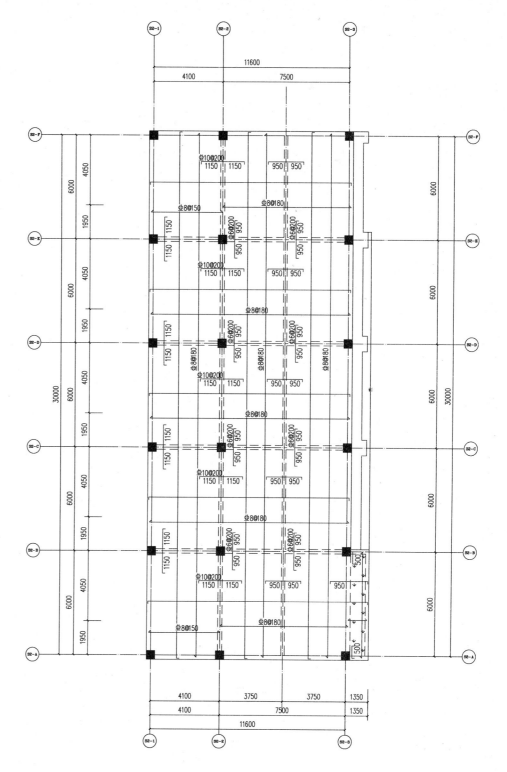

屋面层板配筋平面图 1:100

说明:
1、未注明的板厚为130mm;▨▨▨ 板厚为100mm。
  板面结构标高为6.950m。
2、混凝土强度等级为C30;未注明的板钢筋为Φ8@200;
  楼板负筋下所标数字为出梁边的长度。

注释: NOTES:

设计出图章/执业签章   STAMP

××建筑设计股份有限公司

制 图	
设 计	
专业负责人	
复 核	
审 核	
项目负责人	
审 定	
会签栏	
项目经理	
方案设计	
建 筑	
结 构	
给排水	
电 气	
暖 通	
合作设计	CO-OPERATION

设 计 DESIGNED	
项目负责人 PROJECT MGR.	
审 定 VERIFIED	

建设单位   CLIENT
××市××科技创新园(生态科技城)指挥部
××市科技创新投资有限责任公司

项目名称   PROJECT TITLE
××科技创新园一期经济适用住房C地块

子项名称   SUB-PRO TITLE
C-A#

图 名   DWG TITLE
C-A#附属商业屋面层梁配筋平面图
C-A#附属商业屋面层板配筋平面图

项目编号
PROJECT NO.

| 出图日期 DATE | 修改版本 REVISION | 0 |
| 图纸编号 DWG NUMBER | | 结施-06 |

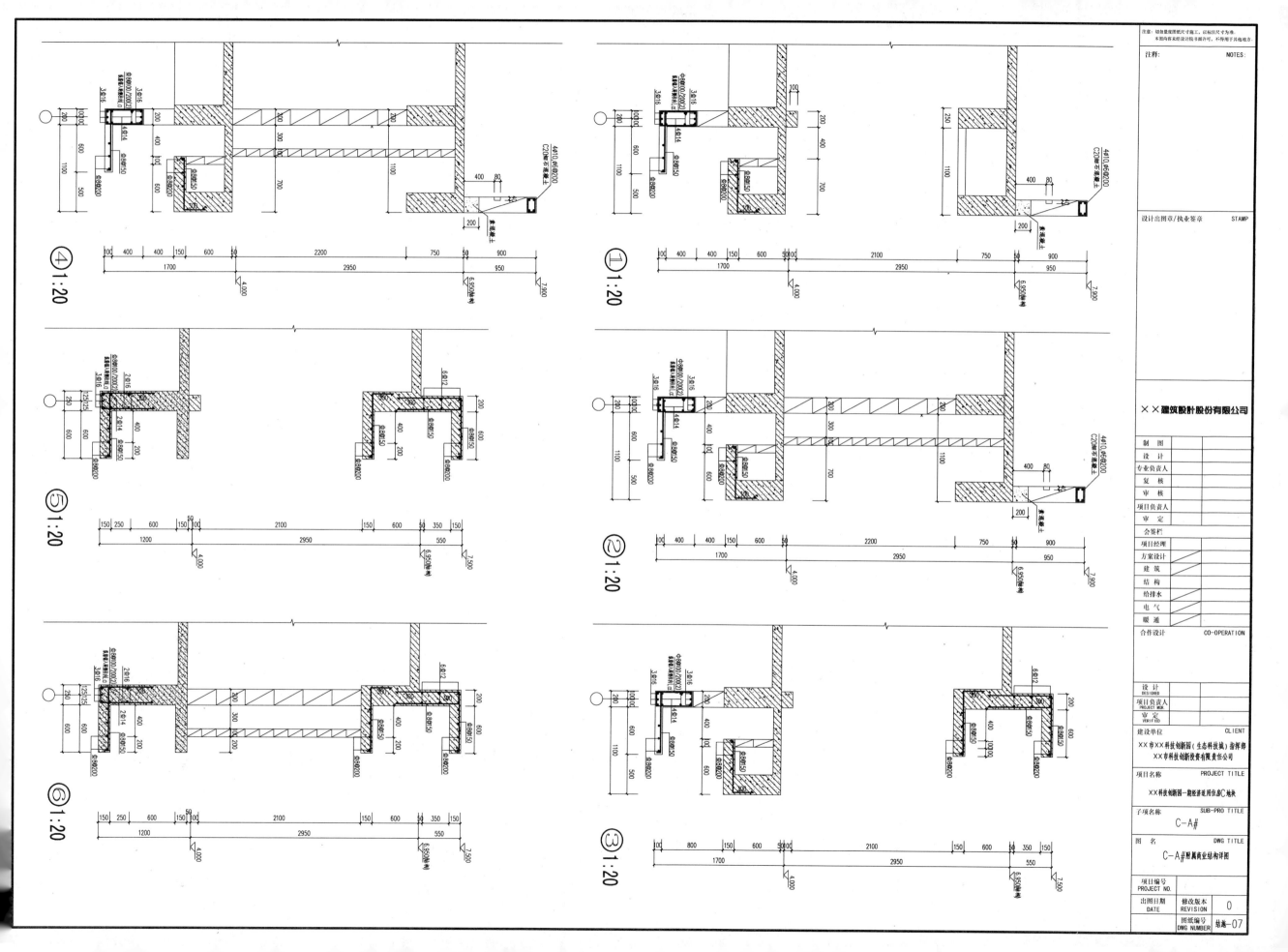

注意：切勿量度图纸尺寸施工，以标注尺寸为准。
本图内容未经设计院书面许可，不得用于其他地方。

注释： NOTES：

设计出图章/执业签章　STAMP

××建筑设计股份有限公司

制　图	
设　计	
专业负责人	
复　核	
审　核	
项目负责人	
审　定	
会签栏	
项目经理	
方案设计	
建　筑	
结　构	
给排水	
电　气	
暖　通	

合作设计　CO-OPERATION

设　计 DESIGNED	
项目负责人 PROJECT MGR	
审　定 VERIFIED	

建设单位　CLIENT
××市××科技创新园（生态科技城）指挥部
××市科技创新投资有限责任公司

项目名称　PROJECT TITLE
××科技创新园一期经济适用住房C地块

子项名称　SUB-PRO TITLE
C-A#

图　名　DWG TITLE
C-A#附属商业结构详图

项目编号
PROJECT NO.

出图日期　修改版本　0
DATE　REVISION

图纸编号　结施-07
DWG NUMBER

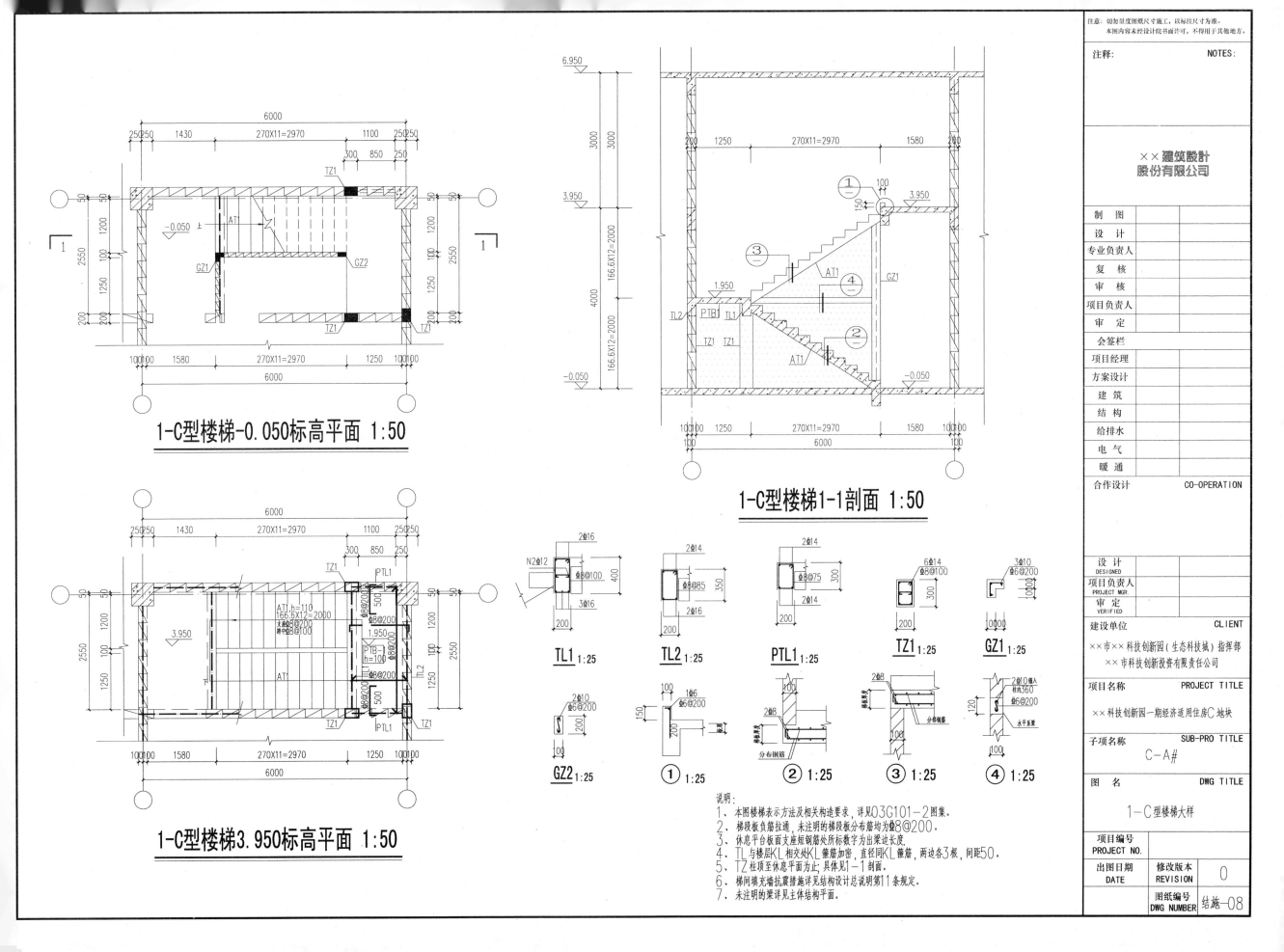

1-C型楼梯-0.050标高平面 1:50

1-C型楼梯1-1剖面 1:50

1-C型楼梯3.950标高平面 1:50

TL1 1:25   TL2 1:25   PTL1 1:25   TZ1 1:25   GZ1 1:25

GZ2 1:25   ① 1:25   ② 1:25   ③ 1:25   ④ 1:25

说明:
1、本图楼梯表示方法及相关构造要求,详见03G101-2图集。
2、梯段板负筋拉通,未注明的梯段板分布筋均为Φ8@200。
3、休息平台板面支座短钢筋处所标数字为出梁边长度。
4、TL与楼层KL相交处KL箍筋加密,直径同KL箍筋,两边各3根,间距50。
5、TZ柱顶至休息平面为止,具体见1-1剖面。
6、梯间填充墙抗震措施详见结构设计总说明第11条规定。
7、未注明的梁详见主体结构平面。

注意:切勿量度图纸尺寸施工,以标注尺寸为准。
本图内容未经设计院书面许可,不得用于其他地方。

注释: NOTES:

××建筑设计
股份有限公司

制 图	
设 计	
专业负责人	
复 核	
审 核	
项目负责人	
审 定	
会签栏	
项目经理	
方案设计	
建 筑	
结 构	
给排水	
电 气	
暖 通	
合作设计	CO-OPERATION

设 计 DESIGNED	
项目负责人 PROJECT MGR.	
审 定 VERIFIED	

建设单位   CLIENT
××市××科技创新园(生态科技城)指挥部
××市科技创新投资有限责任公司

项目名称   PROJECT TITLE
××科技创新园一期经济适用住房C地块

子项名称   SUB-PRO TITLE
C-A#

图 名   DWG TITLE
1-C型楼梯大样

项目编号
PROJECT NO.

出图日期   修改版本   0
DATE   REVISION

图纸编号   结施-08
DWG NUMBER

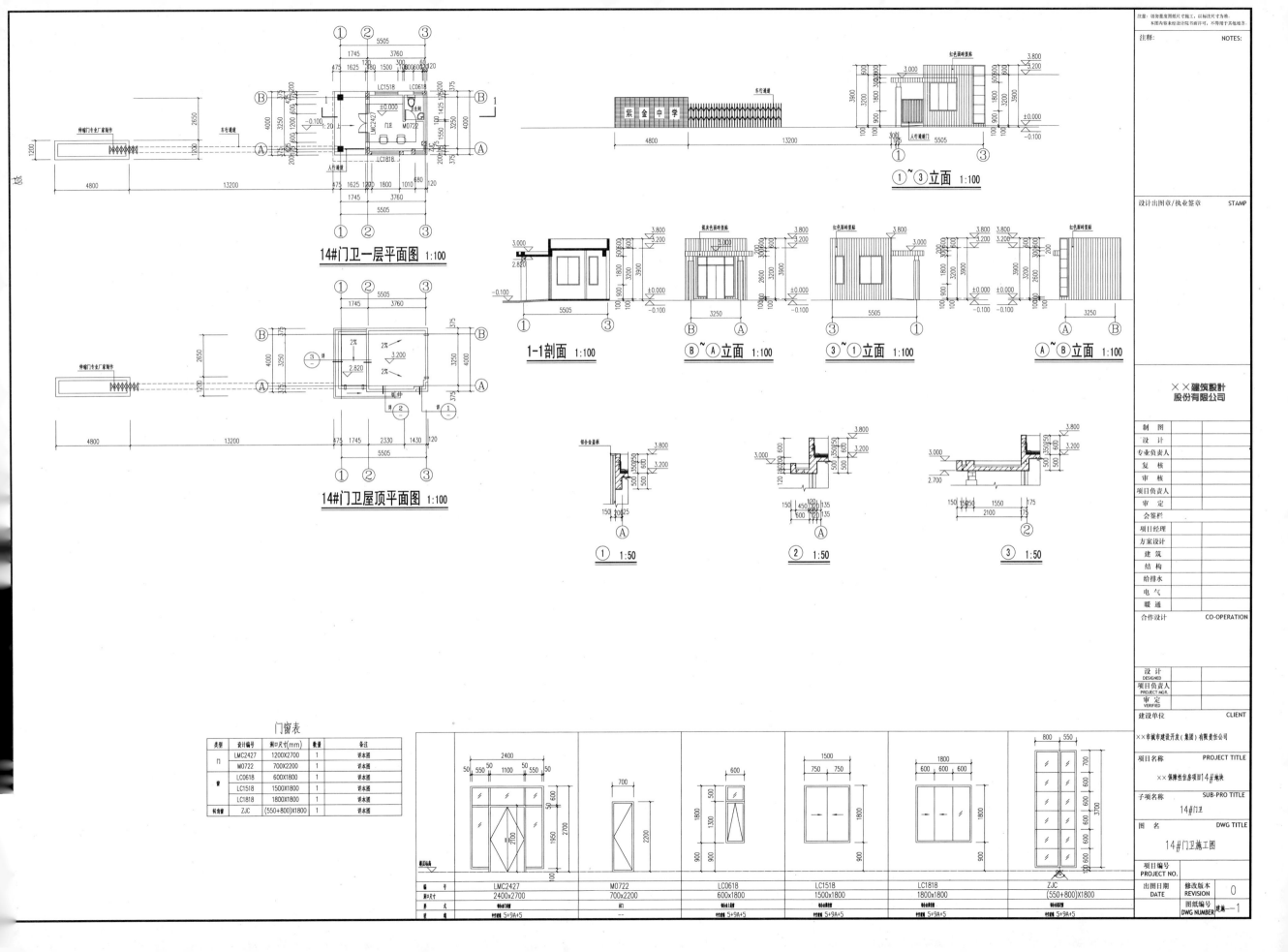

14#门卫一层平面图 1:100

14#门卫屋顶平面图 1:100

①~③立面 1:100

1-1剖面 1:100

B~A立面 1:100

③~①立面 1:100

A~B立面 1:100

① 1:50

② 1:50

③ 1:50

门窗表

类型	设计编号	洞口尺寸(mm)	数量	备注
门	LMC2427	1200X2700	1	详本图
	M0722	700X2200	1	详本图
窗	LC0618	600X1800	1	详本图
	LC1518	1500X1800	1	详本图
	LC1818	1800X1800	1	详本图
转角窗	ZJC	(550+800)X1800	1	详本图

紫金中学

	LMC2427	M0722	LC0618	LC1518	LC1818	ZJC
洞口尺寸	2400x2700	700x2200	600x1800	1500x1800	1800x1800	(550+800)X1800
	5+9A+5	--	5+9A+5	5+9A+5	5+9A+5	5+9A+5

注意：如遇量度图纸尺寸施工，以标注尺寸为准。
本图内容未经设计院书面许可，不得用于其他地方。

注释：　　　　　　NOTES:

设计出图章/执业签章　　STAMP

××建筑设计
股份有限公司

制　图	
设　计	
专业负责人	
复　核	
审　核	
项目负责人	
审　定	

会签栏

项目经理	
方案设计	
建　筑	
结　构	
给排水	
电　气	
暖　通	
合作设计	CO-OPERATION

设　计 DESIGNED	
项目负责人 PROJECT MGR.	
审　定 VERIFIED	

建设单位　　CLIENT

××市城市建设开发(集团)有限责任公司

项目名称　　PROJECT TITLE
××保障性住房项目14#地块

子项名称　　SUB-PRO TITLE
14#门卫

图　名　　DWG TITLE
14#门卫施工图

项目编号
PROJECT NO.

出图日期 DATE		修改版本 REVISION	0
		图纸编号 DWG NUMBER	建施—1

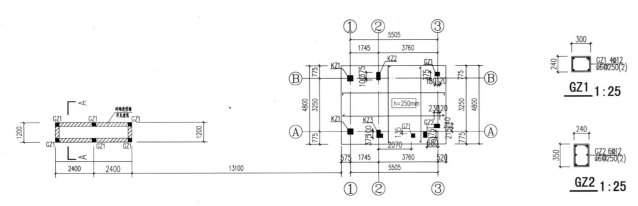

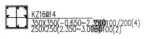

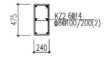

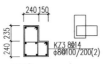

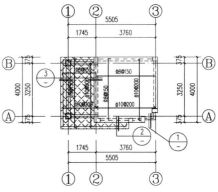

KZ1 350×350(-0.650~2.350)φ8@100/200(4)
250×250(2.350~3.000)φ8@100/200(2)

KZ1 1:25

KZ2 6φ14 φ8@100/200(2)

KZ2 1:25

KZ3 8φ14 φ8@100/200(2)

KZ3 1:25

GZ1 4φ12 φ6@250(2)

GZ1 1:25

GZ2 6φ12 φ6@250(2)

GZ2 1:25

14#门卫基础结构平面图 1:100

说明：
1. 1#门卫室内标高±0.000相当于绝对标高3.000m，
采用平板基础，地基采用强夯法或置换土层法处理，处理后地基承载力fk不小于60kpa。
2. 混凝土强度等级为：C30，未注明的基础底板配筋为 Φ12@150双层双向。
3. 基础底板标高相对于（标高±0.00）为-0.800m。
4. 砖砌采用MU10混凝土标准砖，M5水泥砂浆砌筑
5. 基础下100厚找平层用C10廉混凝土制作，找平层下做1：1砂石垫层（厚200mm）。

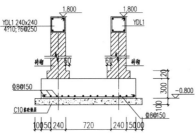

YDL1 240×240 4φ10；φ6@250

A-A 1:25

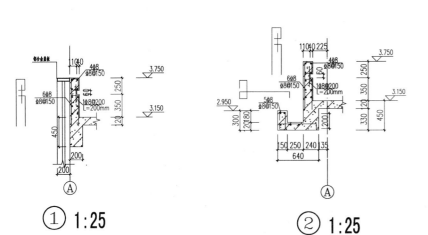

① 1:25   ② 1:25   ③ 1:25

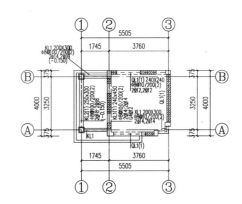

14#门卫屋面板配筋平面 1:100

说明：1、图中未注明的板厚均为120mm，标高3.150m，混凝土强度等级为C30。
2、填充 部分板厚 h=120mm，板面标高为2.820m。
板标标高不同时，板钢筋在支座梁处断开。
3、填充墙、外墙墙角等位置应结合建筑平、立、剖面及大样图及相关结构详图施工。

14#门卫屋面梁平面图 1:100

说明：图中未注明梁标高均为：3.150m，未定位梁为居轴线中或贴墙边。
墙砌体上门窗洞口应设置钢筋混凝土过梁，见图一；当洞口上方有承重梁通过
且该梁底标高与门窗洞顶距离过近、放不下过梁时，可直接在梁下挂板，见图二。

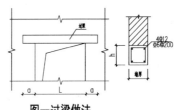

图一过梁做法

图二梁底挂板做法

注意：切勿量度图纸尺寸施工。以标注尺寸为准。
本图内容未经设计批复许可，不得用于其他地方。

注释：   NOTES：

设计出图章/执业签章   STAMP

××建筑设计
股份有限公司

制 图	
设 计	
专业负责人	
复 核	
审 核	
项目负责人	
审 定	
会签栏	
项目经理	
方案设计	
建 筑	
结 构	
给排水	
电 气	
暖 通	
合作设计	CO-OPERATION

设 计 DESIGNED	
项目负责人 PROJECT AGR.	
审 定 VERIFIED	

建设单位   CLIENT
××市城市建设开发（集团）有限责任公司

项目名称   PROJECT TITLE
××保障性住房项目14#地块

子项名称   SUB-PRO TITLE
14#门卫

图 名   DWG TITLE
14#门卫施工图

项目编号 PROJECT NO.

出图日期 DATE	修改版本 REVISION	0
图纸编号 DWG NUMBER	结施-1	

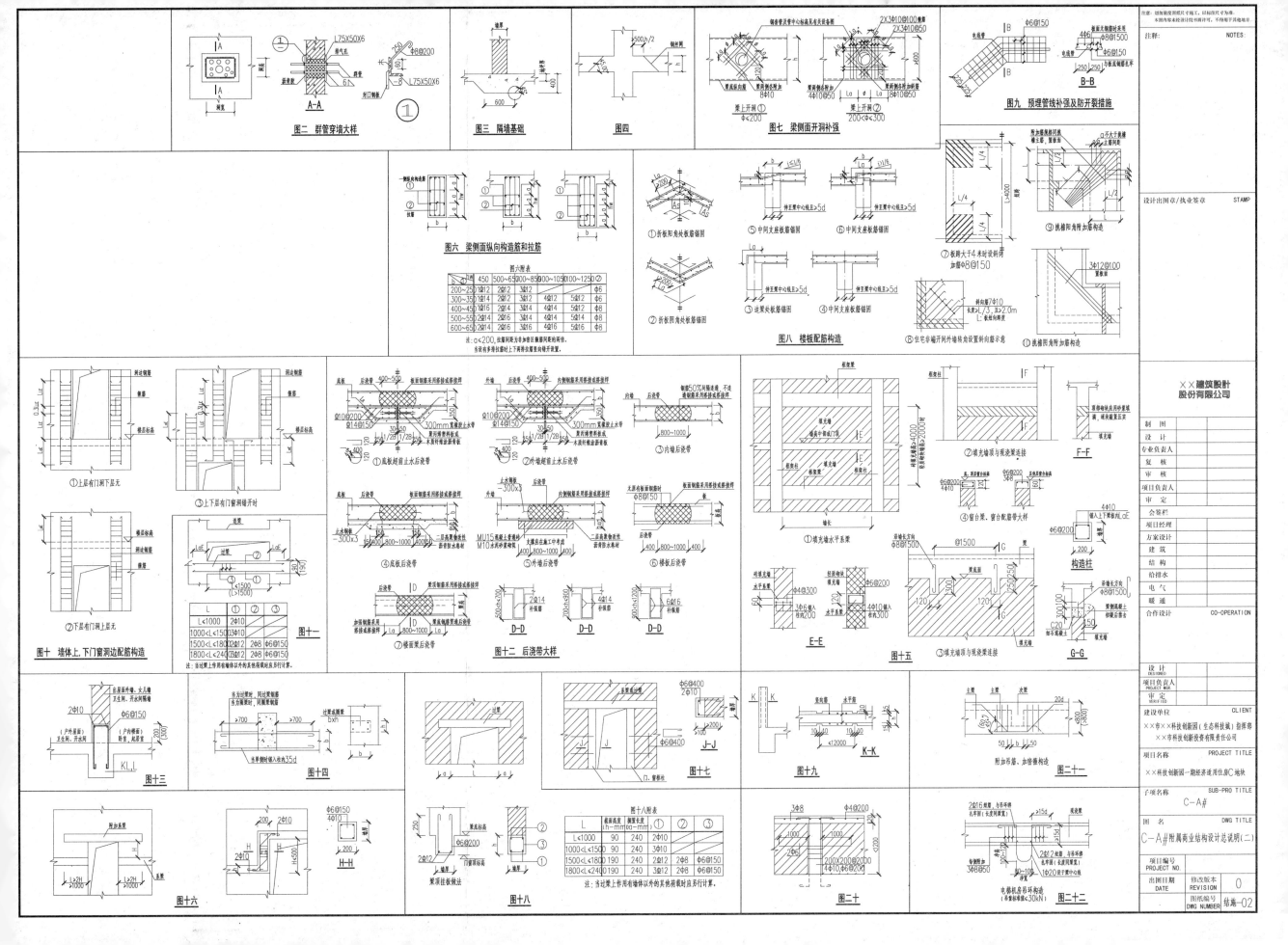

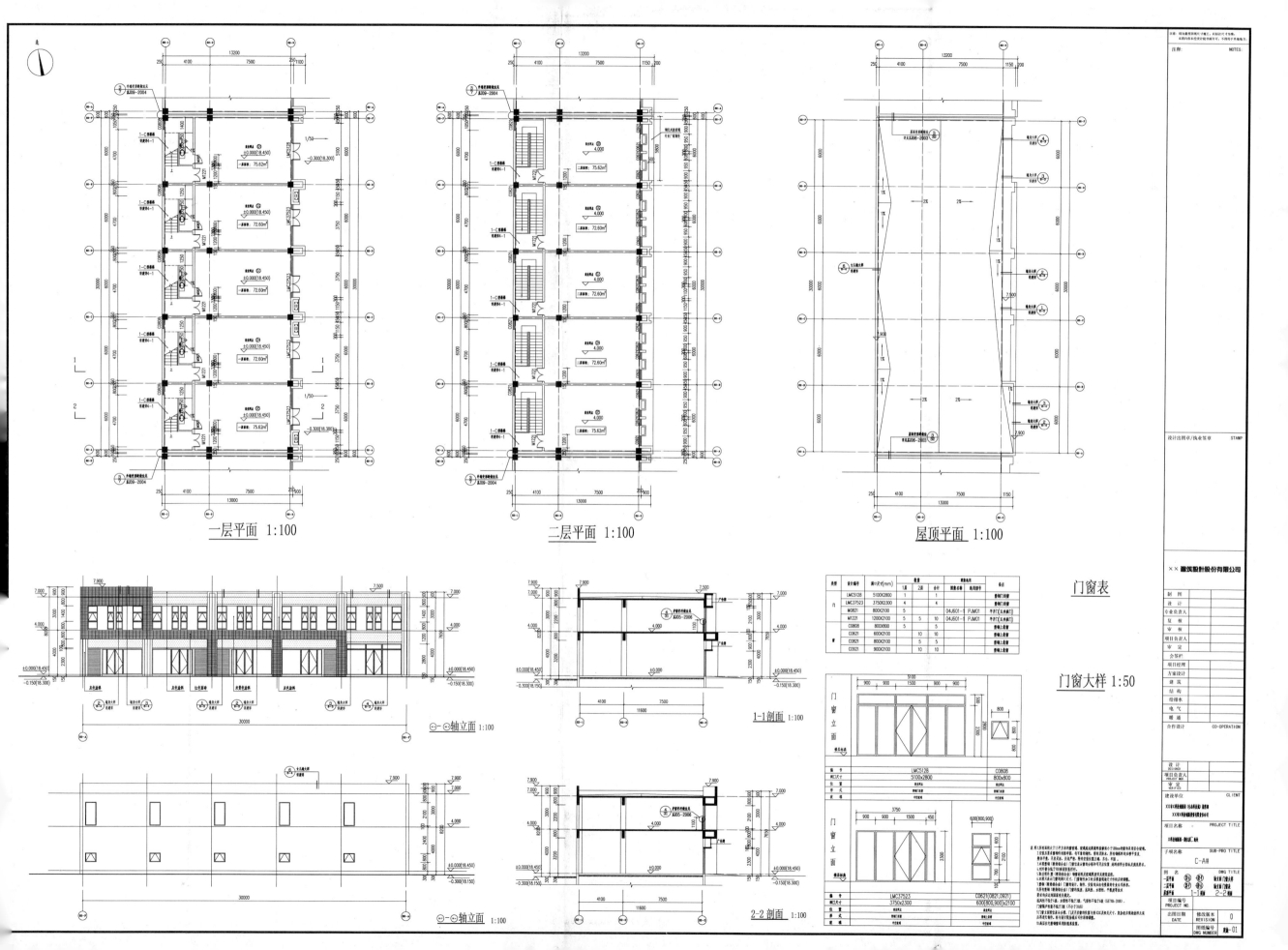

一层平面 1:100

二层平面 1:100

屋顶平面 1:100

①-①轴立面 1:100

1-1剖面 1:100

②-②轴立面 1:100

2-2剖面 1:100

门窗表

门窗大样 1:50

节能设计专篇(C-A#)

1、工程概况

所在城市	气候分区	结构形式	层数	节能计算面积(m²)	节能设计标准	节能设计方法
	夏热冬冷	框架	2	738.09	50%	天正节能软件

2、设计依据(略)

3、建筑物围护结构热工性能

围护结构部位	主要保温材料 名称	导热系数 [W/(m·k)]	厚度 (mm)	传热系数 K[W/(m²·k)] 工程设计值	传热系数 K[W/(m²·k)] 规范限值	备注
屋面	复合聚氨酯发泡保温板(A级)	0.024	35	0.67	0.70	满足
外墙	复合聚氨酯发泡保温板(A级)	0.024	20	0.92	1.00	满足
底面接触室外空气的架空楼板或外挑楼板	无	无	无	无	无	无

本工程外墙墙体材料为 200 厚 混凝土多孔砖 ，内墙为 100,200 厚 加气混凝土砌块 。

4、地面和地下室外墙热工性能

围护结构部位	主要保温 材料名称	厚度 (mm)	传热系数 K[W/(m²·k)] 工程设计值	传热系数 K[W/(m²·k)] 规范限值	备注
地面(地下室)	硬质聚氨酯泡沫塑料	30	1/1.239	1/1.2	满足
地下室外墙	无	无	无	无	无

5、窗的热工性能和气密性

朝向	窗框	玻璃	窗墙面积比/天窗屋面比 工程设计值	窗墙面积比/天窗屋面比 规范限值	传热系数 K[W/(m²·k)] 工程设计值	传热系数 K[W/(m²·k)] 规范限值
南	无	无	无	无	无	无
北	无	无	无	无	无	无
东	断桥铝合金	low-e中空玻璃(5+9A+5)	0.39	0.70	2.90	3.0
西	断桥铝合金	low-e中空玻璃(5+9A+5)	0.08	0.70	2.90	4.70
屋面	无	无	无	无	无	无

朝向	遮阳系数 SC 工程设计值	遮阳系数 SC 规范限值	遮阳形式	可见光透射比 工程设计值	可见光透射比 规范限值	可开启面积比 工程设计值	可开启面积比 规范限值
南	无	无	无	无	无	无	无
北	无	无	无	无	无	无	无
东	0.40	无	固定遮阳	0.61	0.40	45%	30%
西	0.46	无	固定遮阳	0.61	0.40	45%	30%
屋面	无	无	无	无	无	无	无

本工程窗的气密性不低于《建筑外窗气密性能分级及其方法》 GB 7106-2008规定的 6 级。

6、节能构造图详： 见下图

说明：
1. 设计工程无某项内容时，空格应注"无"。
2. 各部位名称与施工做法表内的名称应一致。
3. 有多种屋面、地面、墙体等保温做法时，应逐项列出。
4. 施工图应绘制节能构造图。
5. 施工图门窗表应注明每樘门窗的用料和热工性能。

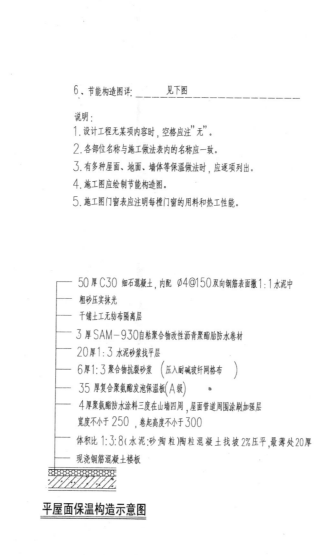

- 50厚C30 细石混凝土，内配 Ø4@150双向钢筋表面撒1:1水泥中
- 粗砂压实抹光
- 干铺土工无纺布隔离层
- 3厚SAM-930自粘聚合物改性沥青聚酯胎防水卷材
- 20厚1:3 水泥砂浆找平层
- 6厚1:3 聚合物抗裂砂浆（压入耐碱玻纤网格布）
- 35厚复合聚氨酯发泡保温板(A级)
- 4厚聚氨酯防水涂料三度在山墙四周，屋面管道周围涂刷加强层宽度不小于250，卷起高度不小于300
- 体积比 1:3:8(水泥:砂:陶粒)陶粒混凝土找坡2%压实，最薄处20厚
- 现浇钢筋混凝土楼板

平屋面保温构造示意图

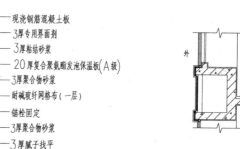

- 现浇钢筋混凝土板
- 3厚专用界面剂
- 3厚粘结砂浆
- 20厚复合聚氨酯发泡保温板(A级)
- 3厚聚合物砂浆
- 耐碱玻纤网格布(一层)
- 锚栓固定
- 3厚聚合物砂浆
- 3厚腻子找平
- 刷白色防水乳胶漆二度

架空楼板保温构造示意图

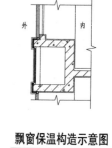

飘窗保温构造示意图

- 粘贴剂粘贴6-10厚面砖，白水泥勾缝
- 4厚抗裂砂浆
- 锚栓固定
- 热镀锌金属网一层
- 4厚抗裂砂浆
- 20厚复合聚氨酯发泡保温板(A级)
- 3厚粘结砂浆
- 20厚1:3水泥砂浆找平层（加5%防水剂）
- 3厚专用界面剂（钢筋混凝土墙）
- 基层墙体

外墙面保温构造示意图

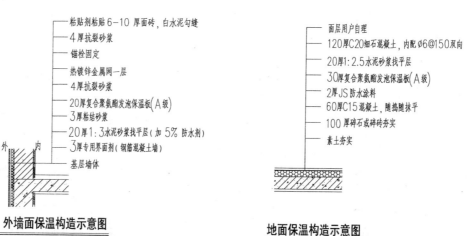

- 面层用户自理
- 120厚C20细石混凝土，内配Ø6@150双向
- 20厚1:2.5水泥砂浆找平层
- 30厚复合聚氨酯发泡保温板(A级)
- 2厚JS防水涂料
- 60厚C15混凝土，随捣随抹平
- 100厚碎石或砖碴夯实
- 素土夯实

地面保温构造示意图

外窗保温构造示意图

注意：切勿量度图纸尺寸施工，以标注尺寸为准。
本图内容未经设计院书面许可，不得用于其他地方。

注释： NOTES：

××建筑设计股份有限公司

制 图	
设 计	
专业负责人	
复 核	
审 核	
项目负责人	
审 定	
会签栏	
项目经理	
方案设计	
建 筑	
结 构	
给排水	
电 气	
暖 通	

| 合作设计 | CO-OPERATION |

设 计 DESIGNED	
项目负责人 PROJECT MGR.	
审 定 VERIFIED	

建设单位 CLIENT
XX市X科技创新园(生态科技园)指挥部
XX市X科技创新投资有限责任公司

项目名称 PROJECT TITLE
X科技创新园一期住宅C 地块

子项名称 SUB-PRO TITLE
C-A#

图 名 DWG TITLE
节能专篇

项目编号 PROJECT NO.

| 出图日期 DATE | 修改版本 REVISION | 0 |

图纸编号 DWG NUMBER 建施-02

注意：如与现值图纸尺寸不符，以标注尺寸为准。
本图内容未经设计院书面许可，不得用于其他地方。

注释：　　　　　　NOTES：

结构一起整浇一道钢筋混凝土防水圈。

4.8 屋面找平层，刚性整浇层均需设分格缝，分格缝间距不宜大于 3m，缝宽不应大于 30mm 且不小于 12mm，做法详平 J01-2005I屋面做法说明八。

五、楼地面工程:

5.1 除特殊注明外，门外踏步、坡道、混凝土垫层厚度做法同相邻室内地面。
5.2 所有电梯井、管道井每层在楼板处用同层楼板等厚度的现浇 C20 混凝土做好分隔，内配φ6@150双向，不得有空隙。
5.3 卫生间建筑完成面宜比相邻地坪低最小值为30。
5.4 凡有地坪漏有水房间(包括阳台及室外平台)，楼地面应找不小于1%排水坡度坡向地漏，地漏上比相邻地面低5mm。
5.5 上、下楼楼梯的踏步口完成面应在同一直线，楼板梁下口挂面线的位置专用10x10塑料滴水槽，楼梯平台通窗洞对处砌筑100高结构墙，露脚线之之贯通，并做护窗栏杆。
5.6 设备专业预留洞口、现浇楼板上预留洞详结构施工图。小于 200 的洞口施工时，土建与设备安装工种应密切配合，做好预留、预埋。
5.7 地面基层、垫层、面层施工应符合《建筑地面工程施工质量验收规范》 GB50209-2002

六、内外装修工程

6.1 本工程上有关材料质量和颜色要选好样板并做出样板轻甲方与设计部门认可后方可施工。
6.2 外装修主体部分采用墙砖饰面，具体色彩、做法详建筑施工图和装修材料做法表。
6.3 内装修做法详见装修材料做法表。施工图所示用户的应得取做到一次装修或参照《商品住宅装修一次到位实施导则》的要求进行二次装修。
6.4 室内项棚墙及梁、柱在粉刷之前应用刷刮处理，防止粉刷开裂。
6.5 内墙阳角、柱及门窗窗洞阳角处均做暗剿 50宽200高20厚1:2水泥砂浆护角及粉刷。
6.6 凡水电与砖墙接触部位均应采取防裂措施。
6.7 墙上施工洞用1:2防水水泥砂浆填实。
6.8 外露台、腰线、外挑板等部位必须粉出不小于2%的排水坡度，且靠墙根部处应粉成圆角。
6.9 所有窗洞口滴水做法应按规范要求施工。
6.10 空调、热水器及排气孔应穿管道管均与内外抹灰面平，内高外低均向外倾斜10°，洞口内预埋PVC套管，管洞尺寸及定位尺寸应详大样图。
6.11 墙体面层涂料前待基层墙面于燥方可施工。
6.12 女儿墙顶涂抹灰须刷亮刮向内坡，坡度i≥6%。
6.13 外门窗框四周用防水砂浆嵌缝，门窗框与粉刷刷均同平，硅胶嵌缝。
6.14 墙体不同基层的材料(混凝土、砖、砌块墙)之间间墙缝及顶棚缝接相应处铺设钢丝网(丝径0.6mm,孔径10mm)钢丝网间间距 200x200木杆钉定，钢丝网搭接端宽度从墙边起每边不得小于 150mm。
6.15 有吊顶的房间楼、梁、柱粉刷或墙面自做到粉顶标高以上100。
6.16 所有预埋水和砖墙接触的材料应做防裂处理。
6.17 露脚线与墙面齐平，不应凸出墙面。

七、门窗工程

7.1
公共建筑外窗型材选用断桥铝合金型材，玻璃选用双层 中透光中空玻璃 LOW-E 5+9A+5

7.2 公共建筑外门窗的气密性不应低于《建筑外窗气密性能分级及检测方法》 GB7106-2008规定的6级。外窗应符合《公共建筑节能设计标准》 GB50189-2005表的规定。
7.3 门窗的选用应执行《建筑玻璃应用技术规程》 JGJ113-2009及《建筑安全玻璃管理规定》(发改运行〔2003〕2116 号)及地方主管部门的有关规程。
7.4 凡窗的单块玻璃面积大于 1.5M²有框门单块玻璃面积大于 0.5M²玻璃应做高层装修面高度小于500mm的幕地窗均应用安全玻璃 应执行《建筑安全玻璃管理规定》发改运行 〔2003〕2116
7.5 制作门窗前需复核建门窗尺寸及门窗洞口尺寸，料表、门窗详图所标注内门窗尺寸(不含粉刷层)，下料尺寸均按不同外墙体料相应小。
7.6 门窗玻璃选用应执行国家有关设计规范、规程。
7.7 门窗五金件、附件、紧固件应符合国家现行有关规定，潮湿敏锈不得选用铝合金材料应采用钢制件。高层住宅楼窗需设置防脱落装置。
7.8 外窗窗台低于 900的窗均应 900护窗栏杆，见建筑图。
7.9 门窗框理地窗墙处边均应作防水处理，钢窗使用前须除锈、防腐处理，防盗门、防火门等特殊加工窗由厂家提供，按要求制作。
7.10 门窗工程应执行国家有关技术规程及《住宅工程质量通病控制标准》 DGJ32/J16-2005

八、防水工程

八、防水工程

8.1 屋面防水
8.1.1 屋面防水等级为 II级，防水层合理使用年限为15年，执行《屋面工程技术规范》 GB50345-2004
8.1.2 屋面采用二道防水设防，做法详见装修材料做法表。
8.1.3 屋面各道防水施工时，伸出屋面管子管壁、井(烟)道及高出面的结构处，均应用柔性防水材料做高不应小于 250mm,管道泛水上翻 300mm,最后一道水应卷材，并用管箍或压条将柔上口压紧，再用密封材料封口。
8.1.4 屋面防水工程施工应须由专业施工队按国家标准《屋面工程质量验收规范》 GB50207-2002 施工验收。

8.2 厨房、卫生间防水
8.2.1 厨房、卫生间楼地四周墙门洞外，应向上做一道高度不小于 200mm的混凝土翻边，与楼板一同浇筑，宽度同门墙体，楼地面必须设置防水隔离层，防水层的泛水高度不得小于 300mm,防水涂料在墙面翻起到涂刷于墙内表面。
8.2.2 井(烟)道做翻的上 300mm范围内采用 JS防水涂料。
8.2.3 管道穿楼板处应设置金属套管。

8.3 外墙防水
8.3.1 外墙面采用一道墙防水砂浆防水，详见装修材料做法表。
8.3.2 外墙砌体填充墙缝位应严格按有关规程及砌筑施工，安装在外墙上的构件(各类孔洞、管道、螺栓)等均应预埋，位于外墙体时并应在预埋件四周填入聚合物砂浆封密。
8.3.3 外墙窗脚手孔及洞用混凝土分层灌实，并在洞口外侧先加钢一道防水强筑层。
8.3.4 所有平台、露台接触的墙体做大于 300 钢筋混凝土墙，宽度同墙体厚。

九、防火设计

9.1 总平面: 小区设消防车道宽度≥4m,高层建筑贴高面一侧设有15mX8m的消防登高硬地。
9.2 单体: 管井均为内隔防火井其具有自行关闭的功能。地下室与地上部分分楼梯均采用乙级防火门，防火隔墙进行分开。首层单元门均应通屋方向开启；商品建筑的封闭楼梯间门采用乙级防火门。
9.3 防火卷帘的耐火极限不应低于 3.00h,当防火卷帘做用耐火极限符合现行国家标准《门和卷帘耐火试验方法》GB7633有关耐火完整性的判定条件时，不可设置自动喷水灭火系统保护；符合现行国家标准《门和卷帘耐火试验方法》GB7633有关背火面辐射热的判定条件时，应设置自动喷水灭火系统保护。
9.4 防火墙上敞开的开启防火门或门，及房开于防火门安装闭门器和顺序开启防火门质安装信号控制闭门反应窗置防火墙两侧应应安装通风建筑重要内件上；防火卷帘具有防烟性能，配有自动灭水保护。
9.5 所有砌体墙(除说明外)均值至梁底或板底。
9.6 建筑内电缆井、管道井在每层楼板处与楼板及墙等的耐火性能做好分隔。
9.7 管道穿过隔墙、楼板时，应采用不燃烧材料将周围的缝隙填塞紧实。
9.8 外墙保温材料的燃烧性能不应低于A级。
9.9 内装修施工执行《建筑内部装修设计防火规范》GB50222-95,施工验收执行《建筑内部装修施工及验收规范》。 二次装修不得随意改变原施工图及防火设计。

十、节能设计

10.1 见节能设计专篇，节能设计算节能及装修材料做法表。
10.2 施工单位应按照《建筑节能工程施工质量验收规范》GB50411-2007、《民用建筑节能工程质量验收规程》DGJ32/J19-2006以及相关规范，规定施工。
10.3 本工程节能设计须经施工图审查通过后方可施工。

十一、无障碍设计

11.1 本工程无障碍设计范围包括入口、公共走道、电梯。
11.2 有残疾人进出入口平台与建筑室高度室内地坪高差15，并以斜披过渡。
11.3 小区道路及公共绿地的无障碍设计见景观设计图。
11.4 执行《城市道路和建筑物无障碍设计规范》JGJ50-2001有关规定。

十二、油漆

12.1 所有金属制品裸露部分红丹(防锈漆打底)，面刷调和漆二道，除注明外颜色同所在墙面。墙面、不露明的金属制品仅刷红丹二道，所有金属制品底漆刷应应先做底。
12.2 屋面檐棚板、雨水管、排水管等均刷防锈漆一道，调和漆二道，颜色同所在墙面。
12.3 雨水管、空调立管等(不包括煤气、消防车引水管)均做喷涂，颜色同所在墙面。

十三、室外

13.1 外墙面、露台、室外小台阶、披道等做法见建筑详图。
13.2 埋入式散水埋入地下 300，上做碳化，其余室外做法详见环境设计图。

十四、室内环境控制

14.1 本工程控制室内环境污染的分类为 I类。
14.2 本工程所使用的无机非金属建筑材料，包括砖石、石、水泥、商品混凝土、予制构件和新砌墙体装修材料等，装采用 A类，其放射性的照射指数(IRa)应小于或等于1.0。放射性内照射指数(Ir)应小于或等于1.0。
14.3 本工程所使用的无机非金属装修材料，包括石材、建筑卫生陶瓷、石膏板、吊顶材料等，装采用A类，其放射性的照射指数(IRa)应小于或等于1.0，放射性内照射指数(Ir)应小于或等于1.3。
14.4 室内二次装修时，必须按照《I类人造木板及饰面人造木板、木地板及其他木质材料严禁使用沥青、煤沥青类防腐、防潮处理剂。其它材料杂应符合《民用建筑工程室内环境污染控制规范》的要求。
14.5 本工程空气中室内权限声量，分户隔墙和楼板不应小于40dB,车库顶板不应小于55dB，外窗不应小于30dB，户门不应小于25dB。
14.6 水、泵、电、气专业穿过楼板墙部位时，孔洞周边应采取密封隔声材料封堵。
14.7 其他施工技术措施应符合《城市区域环境噪声标准》和《民用建筑隔声设计规范》。
14.8 本工程室内空气污染物浓度限值应符合下表要求:
氡<200Bq/m,游离甲醛<0.08mg/m,苯<0.09mg/m,氨<0.2mg/m.

十五、施工中注意事项

15.1 施工场地设地置标设地置坡总平面图施工，各工种室外管线分别按照各工种要求记敷设，注意各工种之间配合，注意已有地的城市各种管线的走向与位置，避免地现有城市管线的损坏。
15.2 本施工图所示法的各种预留孔洞时应与各工种密切配合，确认无误后方可施工。
15.3 预埋木砖应做防腐处理，幕墙铁件均做防锈防腐处理。
15.4 本施工图及各专业设计图协切配合施工。设计末尽事项，在施工中各方应及时沟通，共同确定。
15.5 墙身及楼板等有管道及孔洞均需正确预留及细心制制，其他未尽事宜均按国家及地方有关规范及规程执行。
15.6 施工中应严格执行国家现行的施工操作规程及及施工验收规范，不得任意改变设计图内容，必须严的严合格方可以下道工序并加以验收上人员关系，协商解决。
15.7 本说明未尽事项均应按国家有关规范及《住宅工程质量通病控制标准》严格执行。
15.8 本工程设计质量经施工图审查机构审查通过后方可进行施工依据。

十六、其它

16.1 本工程内装修交付标准由建设单位确定。本工程除特殊注明者外，一般室内设施、家具均由使用单位自定。
16.2 外装修各种材料品种、颜色、铺贴方式、节点详建筑单与建设单位共同确定之后方可施工，在施工中应严格执行操作规程，精心施工，确保质量。

×× 建筑设计股份有限公司

设计出图章/执业签章　STAMP

制 图	
设 计	
专业负责人	
复 核	
审 核	
项目负责人	
审 定	
会签栏	
项目经理	
方案设计	
建 筑	
结 构	
给排水	
电 气	
暖 通	
合作设计	CO-OPERATION

设 计	DESIGNED
项目负责人	PROJECT MGR
审 定	VERIFIED
建设单位	CLIENT

××市××科技创新园I(生态科技)指挥部
×××科技创新投资有限责任公司

项目名称	PROJECT TITLE
××科技创新园一期经济适用住房C地块	
子项名称	SUB-PRO TITLE
建筑施工图	
图 名	DWG TITLE
建筑施工图设计总说明	

项目编号 PROJECT NO.	
出图日期 DATE	修改版本 REVISION 0
图纸编号 DWG NUMBER	建施1-1

一、项目概况

1.1 工程名称: 麒麟科技创新园一期 C-A# 镶嵌于每两幢主体建筑之间商业网点
1.2 建设单位: ××市麒麟科技 新园(生态科技园)指挥部, ××科技创新投资有限责任公司
1.3 建筑设计范围: 单体施工图
1.4 建筑面积: 738.1m2
1.5 建筑层数: 2层
1.6 建筑高度: 建筑物檐口标高7.00m
1.7 建筑分类: 二类
1.8 建筑耐火等级: 二级
1.9 建筑防水等级: 屋面II级
1.10 抗震设防烈度: 7度
1.11 工程设计使用年限: 50年
1.12 结构类型: 框架结构

二、设计标高及尺寸单位

2.1 本工程相对标高 ±0.00相当于绝对标高18.45m
2.2 各层标高均为建筑完成面标高。
2.3 标高以米为单位，其它尺寸以毫米为单位。

三、墙体工程

3.1 ±0.000以外墙采用混凝土多孔砖，±0.000以上及以下内隔墙采用加气混凝土砌块。
3.2 凡不同墙体支接处及墙身每层一层钢柱间或混凝土梁内增设横向配筋，各条墙体接宜内不应小于150，以保证抹墙面刷灰层整体性。砂浆标号、施工要求等均详见墙体设计说明。
3.3 墙体中的构造柱与圈梁、门窗上的过梁布置配筋见结构图，其截面尺寸应与梁等一致，凡结构柱或构造柱边口尺寸小于 100口采用配素混凝土与柱整体一起浇注，构造配筋详结构图。
3.4 室内门、窗洞口过梁在一砖墙间用C20细石混凝土，梁高与墙均孔洞抹墙密实。
3.5 所有穿过墙体的管线在嵌入墙内的设备安装完毕后须将孔洞周之墙壁嵌密实。

3.6 到项的非承重墙与楼板接触时，应斜砌砌块，砂浆密实，保证砌体与楼板接触严密。
3.7 预留洞封堵应凿界与墙面对好结缝，应在两水墙间用细石混凝土填实，变形缝处及墙面同粉同结构，应在左右墙增设横向配筋 带混凝土填实应1:2水泥水泥砂浆，防水墙间洞口对墙应1:2水泥砂浆。

四、屋面工程:

4.1 屋面防水等级为 II，屋面做法见装修材料做法表。
4.2 屋面排水组织见屋面平面图，屋面找坡按坡向平面，在雨水口处加大成积水区，雨水口处标高应比屋面标高低，以利排水，坡度及汇水见屋面平面图，坡度i5%的落平坡率。外墙水雨水管、雨水斗及非水管做法详见 J03-2006第 55~58页。
4.3 基层有凸出面的结构(女儿墙、烟道、变形缝、烟囱、管道)等阴阳角处水泥砂浆粉刷均做成半径为150mm的圆圆、圆圆应用应成形，确保两角一致。
4.4 穿面面层凸出屋面的管穿的管穿，先预用止水钢套管，安装后用细石混凝土封严，管根四周加设防水胶防及防水层后凿洞。
4.5 防水卷材加强层的做法，防水涂料刷女儿墙面高墙面高300。
4.6 保温隔层压女儿墙根部向侧塑的渗长凝管 30mm油浸塑管。
4.7 屋面抗震楼选用现浇钢筋混凝土盖板，其强度等级不得低于C30，伸出屋面烟道用应同屋面。

装修材料做法表（摘编）

第一栏

项 目	构 造 做 法（从上至下）	使用部位
墙基防潮	• 20厚1:2水泥砂浆掺 5%防水浆的防潮层	−0.060米 地面有高差处
地面一（水泥地面）	• 面层用户自理 • 120厚C20细石混凝土，内配 Φ6@150双向 • 20厚1:2.5水泥浆找平层 • 30厚复合聚氨脂发泡保温板（A级防火） • 60厚JS防水涂料 • 60厚C15混凝土，随捣随抹平 • 100厚碎石或碎砖夯实 • 素土夯实	商业局部一层 局部室外地坪
楼面一（水泥砂浆楼面）	• 10厚1:2水泥砂浆压实抹光 • 20厚1:2水泥砂浆找平层 • 钢筋混凝土楼板	楼梯间（除一层）

第二栏

项 目	构 造 做 法（从上至下）	使用部位
楼面二（地砖楼面）	• 8~10厚防滑地砖楼面，白水泥擦缝 • 5厚1:1水泥细石砂浆结合层 • 30厚C20细石混凝土 • 素水泥浆结合层一道 • 钢筋混凝土楼板	公共走道，门厅，电梯厅架空层，物业管理楼梯间一层
楼面三（水泥砂浆楼面）	• 15厚1:2水泥砂浆压实抹光 • 35厚细石混凝土随捣随抹找平层 • 素水泥浆结合层一道 • 钢筋混凝土楼板	住宅居室，卧室及餐厅商业地下一层自行车库
屋面一（有保温层）	• 50厚C30细石混凝土，内配 Φ4@150双向钢筋表面撒 1:1水泥中粗砂压实抹光 • 干铺土工无纺布隔离层 • 3厚SAM-930高聚物改性沥青聚酯胎防水卷材 • 20厚1:3水泥浆找平层 • 6厚1:3聚合物砂浆（压入耐碱玻纤网格布） • 30厚复合聚氨脂发泡保温板（A级防火） • 2厚JS防水涂料三度在山墙四周，屋面管道周围涂刷加强层宽度不小于 250卷起高度不小于 300 • 体积比 1:3:8水泥:砂:淘粒淘粒混凝土找坡2%压平，最薄处20厚 • 现浇钢筋混凝土楼板	各主楼屋面核心筒屋面商业屋面
内墙面一（涂料内墙面）	• 批白水泥腻子二遍 • 10厚1:0.3:3水泥石灰膏砂浆粉面 • 15厚1:1:6混合物水泥石灰砂浆打底 • 2~3厚专用界面剂	住宅起居室，卧室及餐厅商业设备用房

第三栏

项 目	构 造 做 法（从上至下）	使用部位
内墙面		
外墙面一	• 粘贴剂粘贴6~10厚面砖，白水泥勾缝 • 4厚抗裂砂浆 • 锚栓固定 • 热镀锌金属网一层 • 4厚抗裂砂浆 • 20厚复合聚氨脂发泡保温板（A级防火、锚栓固定） • 3厚粘结砂浆 • 20厚1:3水泥砂浆找平层（加 5%防水剂） • 3厚专用界面剂（钢筋混凝土墙） • 基层墙体 节能构造节点做法参见10J121附录3−1~3−9	面砖外墙
外墙面二	• 外墙弹性涂料两度 • 柔性耐水腻子 • 3厚复合砂浆 • 锚栓固定 • 耐碱玻纤网格布一层（首层增加一层加强型玻纤网格布） • 3厚复合砂浆 • 20厚复合聚氨脂发泡保温板（A级防火、锚栓固定） • 3厚粘结砂浆 • 20厚1:3水泥砂浆找平层（加 5%防水剂） • 3厚专用界面剂（钢筋混凝土墙） • 基层墙体 节能构造节点做法参见10J121附录3−1~3−9	涂料外墙及电梯机房外墙
外墙面三	• 外墙弹性涂料两度 • 柔性耐水腻子 • 6厚1:2.5水泥砂浆粉面 • 12厚1:3水泥砂浆打底 • 刷界面处理剂一道 • 基层墙体	窗缝、线条
平顶一（涂料平顶）	• 现浇钢筋混凝土板 • 内墙腻子抱白 • 涂料面层由用户自理	住宅户内阳台设备用房
平顶二（乳胶漆平顶）	• 现浇钢筋混凝土板 • 内墙腻子抱白 • 刷内墙乳胶漆二度	商业、物管住宅公共部分自行车库储藏室

第四栏

项 目	构 造 做 法（从上至下）	使用部位
内墙面		
平顶		
踢脚一（水泥砂浆踢脚）	• 10厚1:2.5水泥砂浆压实抹光 • 15厚1:3水泥砂浆打底（在混凝土上要刷内掺水重 3%−5%建筑胶的素水泥浆结合层一道）踢脚高 120，且不应凸出墙面.卫生间掺 5%防水剂	

注释：　　　　　NOTES：

设计出图章/执业签章　STAMP

××建筑设计股份有限公司

制 图	
设 计	
专业负责人	
复 核	
审 核	
项目负责人	
审 定	
会签栏	
项目经理	
方案设计	
建 筑	
结 构	
给排水	
电 气	
暖 通	
合作设计	CO-OPERATION

设 计 DESIGNED	
项目负责人 PROJECT MGR.	
审 定 VERIFIED	
建设单位	CLIENT

××科技创新园（生态科技城）指挥部
××市科技创新投资有限责任公司

项目名称　PROJECT TITLE
××科技创新园一期经济适用住房C地块

子项名称　SUB-PRO TITLE
建筑详图

图 名　DWG TITLE
装修材料做法表

项目编号 PROJECT NO.

出图日期 DATE ｜ 修改版本 REVISION ｜ 0

图纸编号 DWG NUMBER ｜ 建订1-2

注释： NOTES:

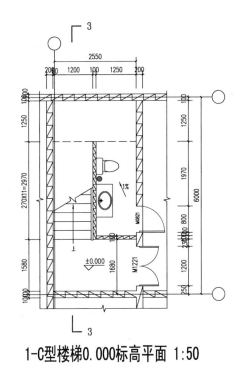

1-C型楼梯0.000标高平面 1:50

2550
2060 1200 100 1250 200

10000
1250
270X11=2970
1580
10000

1970
6000
800
1200

M0821
M1221
±0.000
1680

1-C型楼梯4.000标高平面 1:50

2550
2060 1200 100 1250 200

10000
1250
270X11=2970
1580
10000

2.000
4.000
M1221

1970
6000
1200

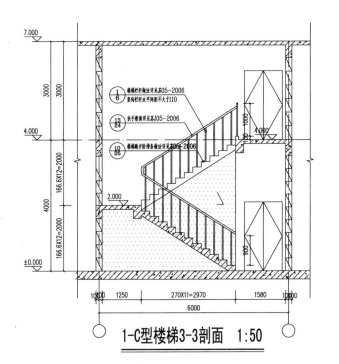

1-C型楼梯3-3剖面 1:50

7.000
3000
4.000
166.6X12=2000
4000
166.6X12=2000
±0.000

楼梯栏杆做法详见志J05-2006
装饰栏杆水平间距不大于110
扶手断面详见J05-2006
楼梯踏步防滑条做法详见J05-2006

2.000

10000 1250 270X11=2970 1580 10000
6000

设计出图章/执业签章   STAMP

××建筑設計股份有限公司

制　图	
设　计	
专业负责人	
复　核	
审　核	
项目负责人	
审　定	
会签栏	
项目经理	
方案设计	
建　筑	
结　构	
给排水	
电　气	
暖　通	
合作设计	

设　计 DESIGNED	
项目负责人 PROJECT MGR.	
审　定 VERIFIED	

建设单位   CLIENT
××市××科技创新园（生态科技城）指挥部
××市科技创新投资有限责任公司

项目名称   PROJECT TITLE
××科技创新园一期经济适用住房C地块

子项名称   SUB-PRO TITLE
建筑详图

图　名   DWG TITLE
商业楼梯大样(一)

项目编号
PROJECT NO.

出图日期 DATE	修改版本 REVISION	0
图纸编号 DWG NUMBER	建详—4-1	

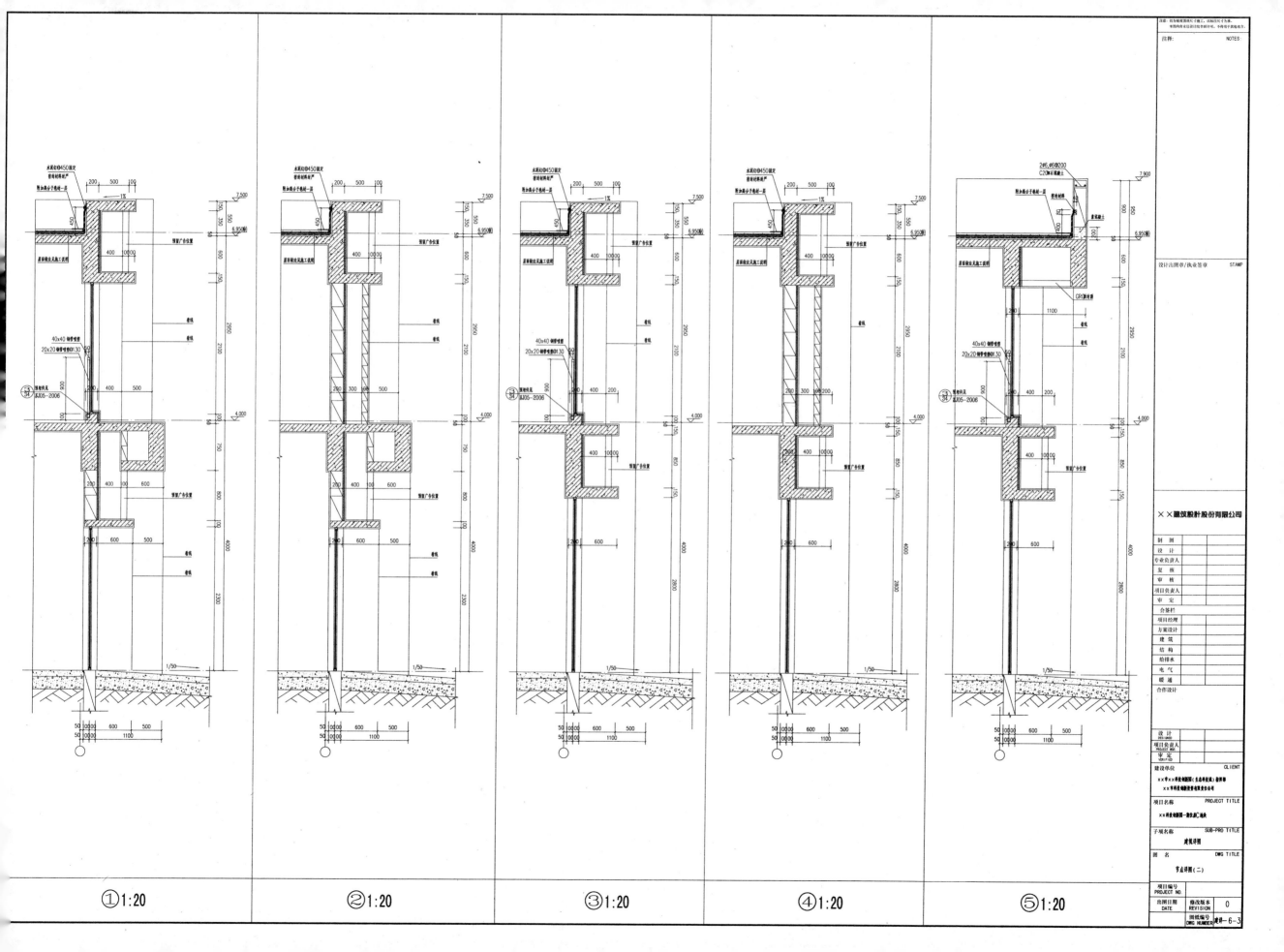

×× 建筑设计股份有限公司

制 图	
设 计	
专业负责人	
复 核	
审 核	
项目负责人	
审 定	
会签栏	
项目经理	
方案设计	
建 筑	
结 构	
给排水	
电 气	
暖 通	
合作设计	

设 计 DESIGNED	
项目负责人	
审 定 VERIFIED	

建设单位　　　　　　CLIENT
××市××科技制药园（生态科技城）指挥部
××科技制药投资有限责任公司

项目名称　　　　　　PROJECT TITLE
××科技制药园一期住宅C地块

子项名称　　　　　　SUB-PRO TITLE
建筑详图

图 名　　　　　　　DWG TITLE
节点详图（二）

项目编号
PROJECT NO.

出图日期　　　修改版本　　0
DATE　　　　　REVISION

图纸编号　　　　建详-6-3
DWG NUMBER

①1:20　　②1:20　　③1:20　　④1:20　　⑤1:20

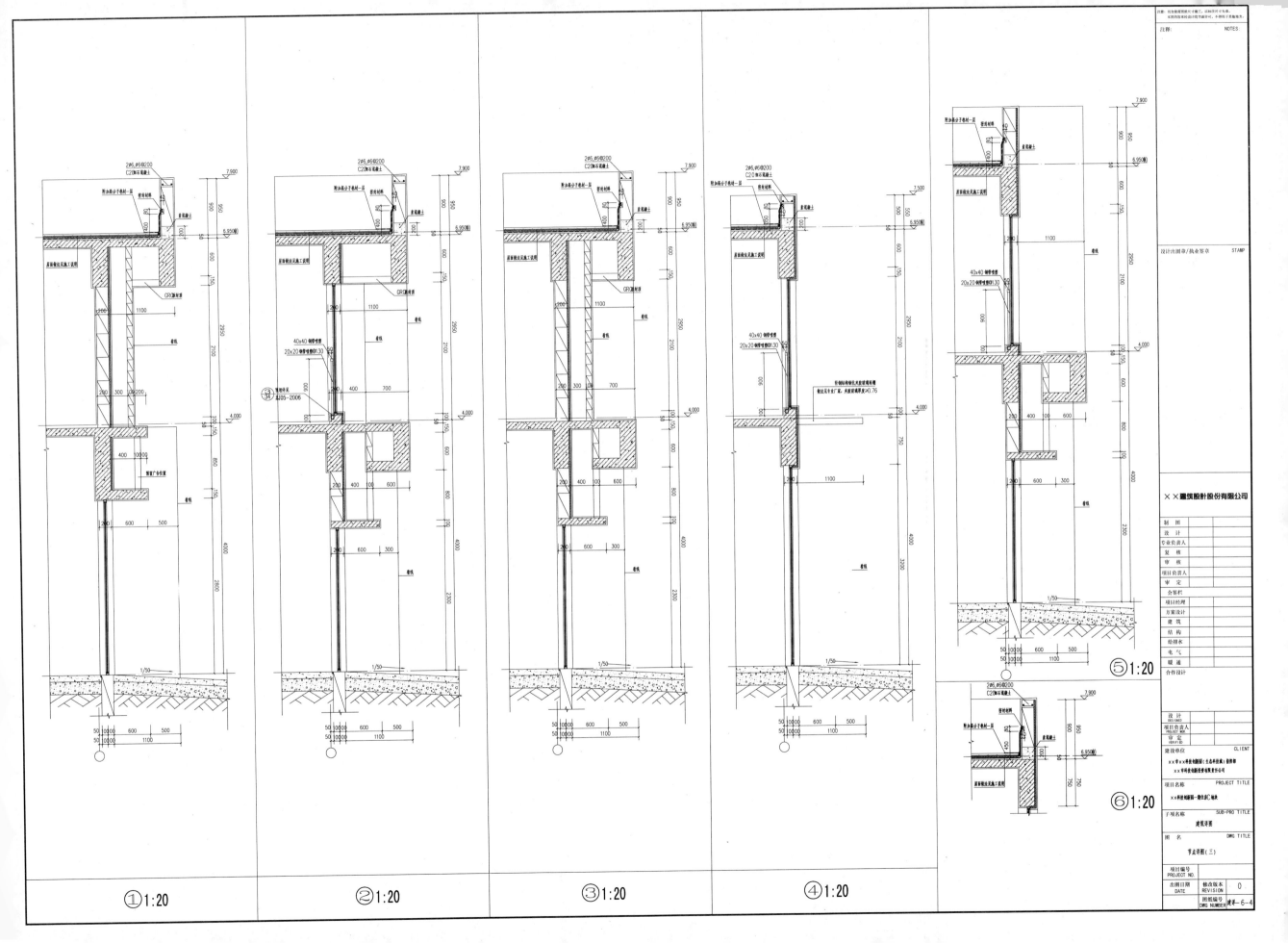

××建筑股计股份有限公司

制　图	
设　计	
专业负责人	
复　核	
审　核	
项目负责人	
审　定	
会签栏	
项目经理	
方案设计	
建　筑	
结　构	
给排水	
电　气	
暖　通	
合作设计	

设　计 DESIGNED	
项目负责人 PROJECT MGR	
审　定 VERIFIED	
建设单位	CLIENT
××市××科技创新园（生态科技城）指挥部	
××市科技创新投资有限责任公司	
项目名称	PROJECT TITLE
××科技创新园一期住宅C地块	
子项名称	SUB-PRO TITLE
建筑详图	
图　名	DWG TITLE
节点详图（三）	

项目编号 PROJECT NO.			
出图日期 DATE	修改版本 REVISION		0
	图纸编号 DWG NUMBER	建详-6-4	

① 1:20　② 1:20　③ 1:20　④ 1:20　⑤ 1:20　⑥ 1:20

结构设计总说明(摘编)

1. 工程概况

1.1 本工程位于xx市xx区xx街道。
主要使用功能为小区商业用房。地上二层，无地下室。

1.2 采用钢筋混凝土框架结构，基础形式为柱下独立基础。

1.3 房屋高度7.00米(指室外地面至主要屋面高度)。
房屋总长度30.50米，房屋总宽度12.10米，高宽比0.58，长宽比2.52。

2. 设计与控制等级

2.1 建筑结构(及基础)的安全等级：二级。设计使用年限：50年。

2.2 建筑抗震设防类别：标准设防类，简称丙类。
框架抗震等级：三级。

2.3 地基基础设计等级：丙级 建筑桩基设计等级：丙级。

2.4 建筑物耐火等级：二级。

2.5 混凝土结构构件的裂缝控制等级：三级。

2.6 砌体施工质量控制等级：B级。

3. 本工程室内地面标高±0.000相当于绝对标高18.450米

4. 地基基础

4.1 柱下独立基础。基础设计说明详见结施-03，与1-3#、1-4#轴的柱下独立基础做法见图1-3#、1-4#主体施工。

4.2 基坑(槽)开挖时，不应划伤基底以外的原状土层。如经扰动应挖去扰动部分，选用级配砂石(或素土、素砼等)进行回填换土。回填要求见施工规范。

4.3 基坑周边填载不得超过设计荷载限制的5kN/m²。

4.4 基坑应在降低地下水位至施工面下500mm，开挖基坑时应注意边坡稳定，定期观测其对周围道路、市政设施和建筑物有无不利影响，非自然放坡开挖时应基坑支护由专门设计。

4.5 基坑土方开挖应分阶段设计要求，不得超挖。挖土应均衡分层进行开挖。机械开挖时应按有关规范要求进行，坑底应保留不少于200mm的土层用人工开挖。

4.6 基础施工应注意验槽，如发现基土质及地质报告不符合时，须会同勘察、施工、设计、建设监理单位共同协商研究处理。

4.7 基坑开挖完毕后应立即用素混凝土垫层封闭。除注明者外混凝土基础底板下设100厚C15素混凝土垫层，每边放出100。

4.8 基础回填土及位于设备基础、地面、散水、踏步等基础之下的回填土，均须分层夯实，每层厚度不大于250，压实系数不小于0.9同填用级配砂石或压实性好的素土。

4.9 底层内地坪、非承载地面(大于4米)，设计无要求时可直接砌筑于混凝土地面上。如图三所示。

5. 主要结构材料

5.1 混凝土强度等级如下表：

楼层	标高	构件	强度等级	抗渗等级
基础~一层	~-3.950	基础、墙、柱	C30	地梁
			C30	P6
一层以上	-3.950~屋面	墙、柱	C30	屋面
		梁、板	C30	P6
其它		基础垫层	C10	
		构造柱、圈梁、过梁、压顶梁	C20	

5.2 钢筋、钢材：

1) 钢筋采用HPB235级(Φ)、HRB335级(Φ)和HRB400级(Φ)。HRB335和HRB400钢筋的外观标记区别不明显，应严格管理以防混用。

2) 预埋件钢板采用Q235-B钢。

3) 吊钩、吊环应采用HPB235级钢筋，不得采用冷加工钢筋。

4) 抗震等级为一、二、三级的框架和斜撑构件(含楼梯)，其纵向受力普通钢筋的抗拉强度实测值与屈服强度实测值的比值不应小于1.25，钢筋的屈服强度实测值与强度标准值的比值不应大于1.3，且钢筋应有不小于9%的伸长率实测值应不小于9%。

5) 钢筋的强度标准值应具有不小于95%的保证率。

5.3 防锈：凡露筋铁件必须经除锈后涂防锈漆、面漆两道，并经常注意维修。

5.4 非承重墙体(应采用预拌砂浆)：

1) ±0.00以下与土壤接触或处于潮湿环境的墙体采用MU15混凝土普通砖，M10水泥砂浆砌筑。

2) 外墙用MU10混凝土多孔砖，顶层及女儿墙用M7.5砂浆，其他层用M5.0混合砂浆砌筑。

3) 内墙：a. 轻质材料(混凝土加气块)，容重不大于7.0kN/m³。强度不小于MJ5.0。顶层用7.5其他用Mb5.0混合砂浆砌筑。

6. 混凝土构件的构造要求

6.1 结构混凝土环境类别及耐久性要求

1) 地下室底板、地梁、外墙、顶板(暴露在室外或上有覆土时)、水池及外露构件(如雨蓬)为二a类，其他为一类。

2) 结构混凝土耐久性基本要求如下表：

环境类别	最大水灰比	最低混凝土强度等级	最小水泥用量(kg/m³)	最大氯离子含量(%)	最大碱含量(kg/m³)
一	0.65	C20	225	1.0	不限制
二a	0.60	C25	250	0.3	3.0
二b	0.55	C30	275	0.2	3.0

6.2 纵向受力钢筋混凝土保护层厚度(钢筋外边缘至混凝土表面的距离)(mm)不应小于钢筋的公称直径，且应符合下表的规定。

环境类别	板、墙、壳			梁			柱		
	<C20	C25~C45	>550	<C20	C25~C45	>550	<C20	C25~C45	>550
一	20	15	15	30	25	25	30	30	30
二a		20	20		30	30		30	30
二b		20	20		35	30		35	30

注1：梁、柱中箍筋和构造钢筋的保护层厚度不应小于15。

注2：当保护层厚度大于40时，应对保护层采取有效的防裂构造措施(设Φ6@200钢筋网片)。

注3：水、土中防水基础结构构件与水、土接触的一侧保护层为50。地上墙柱伸入土中可从大截面尺寸加厚保护层。地下室外墙分内侧与外侧为50，水平分布筋置其内侧。

注4：基础纵筋保护层厚度：有垫层40。

6.3 纵向受拉钢筋最小锚固及搭接长度：详见国标03G101-1《钢筋混凝土结构施工图平面整体表示方法制图规则和构造详图》页33~34。

6.4 梁、柱构造要求：

1) 梁、柱箍筋和拉筋弯钩构造要求见国标03G101-1页35.

2) 框架柱的构造要求见国标03G101-1页54~69；框架柱的构造要求见页36~46. 斜梁、折梁等折线钢筋构造见图五。

3) 梁侧面构造、拉筋和梁上开洞要求：

a. 当h w≥450时，在梁的两侧面沿梁高度配置纵向构造钢筋，图中未注明时按梁配置详见图六附表。

b. 梁上开洞尽可能设置在拉力、剪力较小的跨中1/3L段内，见图七，洞口补强筋距洞边50处设置，间隔50。

7. 砌体与混凝土墙、柱的连接及圈梁、过梁、构造柱的要求：

7.1 卫生间、开水间等砌体部及出屋面和楼、女儿墙底部均做现浇钢筋混凝土翻边详如图十三。

7.2 与后砌墙连接的框架柱、剪力墙，于框架柱、剪力墙内预留500埋置Φ6拉结筋，锚入框架柱、剪力墙内不小于La，伸入隔墙内长度：6、7度及7度以下不得于700和1/5墙长；7度乙类和8、9度沿墙全长贯通。墙体大样详图03G329-1页34。

7.3 隔墙、过梁、柱与墙连接：锚固柱内不小于35d，伸出墙、柱外不小于700，伸入圈梁、过梁窗台板等钢筋搭接，如图十四所示(位置及标高参见有关专业图纸)。

7.4 隔墙长大于5米时墙身与应拉结，如图十五，或设置构造柱使墙长不超过5米(轻质砌块隔墙构造柱间距不大于3米)，当设墙过门且间高超过700和预留门/5墙长；7度隔墙部位和砌电梯井四角应做构造柱。构造柱与隔墙间拉结筋2Φ6@500，伸入墙内1000，03G329-1页34，纵横相交隔墙在相应位置处设2Φ6@500拉结筋，伸入每边墙700。墙梯间隔墙两端应与框架柱等构造柱连接，沿高每隔500设2Φ6构造筋贯通全长，锚入柱内35d。

7.5 当墙超长(轻质墙块高超过2米)时在墙体半高或门顶处设置与柱连接且沿墙全长贯通的钢筋混凝土水平系梁；外墙窗台应设通长钢筋混凝土水平压顶配筋梁。见图十五。当墙体为门洞切断时，应在洞口设置一道不小于被切断的系梁断面和配筋的钢筋混凝土加强梁，其配筋尚需应满足有关要求，其搭接长度不小于1000；当两系梁高不大于500时，系梁也可沿洞口起拱弯与过梁连成商梁。见图十六。

71.6 门窗要求：轻质墙体门、窗洞边除施工图中注明外，应设置钢筋混凝土过梁，混凝土强度等级C20，做法见图十七。

7.7 门窗过梁：墙体门、窗洞口应设置钢筋混凝土过梁，见图十八附表。当洞口上方有连系梁通过，且该梁底标高与门窗洞顶距过梁、放不下过梁时，可直接在梁下挂板，见图十八。

7.8 对于外墙的现浇钢筋混凝土女儿墙、挂板、栏板、槽口等构件，其水平直线长度超过12m时，应设置诱导缝。诱导缝间距≤12m。见图十九。砌体女儿墙构造柱和压顶做法见图二十。

8. 施工要求：

8.1 采用标准图、重复使用图或通用图时，均应按所用图集要求进行施工。

8.2 施工安装过程中，应采取有效措施保证构件的稳定，以确保施工安全。

8.3 混凝土施工前应注意预留孔、预埋件、楼梯栏杆和阳台栏杆等位置与各专业图纸加以核对，并与设备及各工种密切配合施工。

8.4 设备基础应须待设备到位、经核对尺寸无误后方可施工。

8.5 材料代用时应详细核算，对承重钢筋的代换，应征得设计单位同意。

8.6 悬臂构件需待混凝土达到设计强度的100%后方可拆除模板。

8.7 当梁与柱侧平时，梁的纵向筋应放在柱子内，满足梁筋锚固长度的要求。

8.8 当梁的跨度大于4米时，跨中应起拱0.2%板厚。

8.9 施工期间不得超负荷堆放建材和施工垃圾，并须注意梁集中负荷对结构受力和变形的不利影响。

8.10 施工期砌块墙、隔墙：应在主体结构完工后由顶层向下逐层砌筑，或将模块砌到梁板底部适当位置后再用料砌块填实。构造柱顶采用干硬性砼灌实。

9. 电气避雷做法：

电气避雷引下线位置见有关电气平面图。做为引下线的纵向钢筋(至少两根对角纵向筋)，均须从上到下焊成通路，搭接长度不小于100mm，其下端电气接引地线须近与基础的底部钢筋焊接，焊接长度不小于100mm，其上端须露柱顶现浇混凝土女儿墙150mm，与屋面避雷带零零连接。基础钢筋应与楼板、梁、柱钢筋连成通路作为避雷接地使用。须须会合电气图纸施工。